航空航天导航系统

Aerospace Navigation Systems

[美] 亚历山大·V·涅贝洛夫
约瑟夫·沃森 著
崔吉俊 薛辉 唐建 译

国防工业出版社
·北京·

著作权合同登记 图字:军-2016-158号

图书在版编目(CIP)数据

航空航天导航系统/(美)亚历山大·V.涅贝洛夫(Alexander V. Nebylov),(美)约瑟夫·沃森(Joseph Watson)著;崔吉俊,薛辉,唐建译. —北京:国防工业出版社,2020.1

书名原文:Aerospace Navigation Systems

ISBN 978-7-118-12013-4

Ⅰ.①航… Ⅱ.①亚… ②约… ③崔… ④薛… ⑤唐… Ⅲ.①航空导航-导航系统②航天导航-无线电导航系统 Ⅳ.①V249.32②TN967.6③V448

中国版本图书馆CIP数据核字(2020)第010547号

※

国防工業出版社出版发行
(北京市海淀区紫竹院南路23号 邮政编码100048)
三河市腾飞印务有限公司印刷
新华书店经售

*

开本710×1000 1/16 印张22¾ 字数405千字
2020年5月第1版第1次印刷 印数1—2000册 定价150.00元

(本书如有印装错误,我社负责调换)

国防书店:(010)88540777 发行邮购:(010)88540776
发行传真:(010)88540755 发行业务:(010)88540717

译 者 序

《航空航天导航系统》原版书于 2016 年 1 月由美国的 Wiley 出版社出版。Wiley 成立于 1807 年，是世界范围内科技类图书出版商中的佼佼者，其对选题和内容质量有着严格的论证体系和标准。原书作者分别来自美国、欧盟和俄罗斯，他们均是航空航天导航系统研究领域的顶尖专家，具有高深的造诣。本书由国际自动控制联合会航空航天技术委员会决定出版，代表了当今该领域理论研究和工程实践的最新成果。

本书探讨了 7 种不同类型的导航系统以及导航输出滤波算法和导航信息显示手段，汇总了现代导航系统的各种类型，论述了各类导航系统的原理、组成、功能和应用，在理论研究和工程应用中有很好的综合性。第一种为惯性导航系统，主要讲述惯性导航系统的设计原理、功能算法和实现的精度，并重点介绍使用最广泛的捷联惯性导航系统。第二种为近年来确定航空航天器位置和速度最常用的卫星导航系统，重点介绍世界上几种卫星导航系统的结构、信号及系统观测方法和误差源，阐述卫星导航的增强系统，以及与其他经典导航系统的组合使用等。第三种为远程无线电导航系统，这种导航系统几乎覆盖所有可能的航空线路，在缺少卫星导航系统接收机或丧失卫星导航系统工作能力的情况下，可以有效地确定飞行器的航线位置。第四种为短程导航系统，主要在要求精确运动控制的特定区域进行准确可靠的定位，这种导航系统可以用于机场附近，也可以用于飞机或航天器交会对接。第五种为着陆导航系统，这种导航系统允许飞行器在运动参数的控制下准确保持下降和降落的路径，可有效提高飞行器的安全，是所有较高级别机场的强制性使用设备。第六种为相关极值导航系统，这种导航系统的原理是：借助地球表面地势的高度及地形地貌作为导航参考信息，用机载仪器测量这些参数，并将其与预先准备的地图进行比较，由此得到的信息将给出飞行器位置的坐标。第七种为自导航系统，用于专门解决两个飞行器对接相关的问题，如导弹引导，需要知道一个飞行器相对另一个飞行器的相对位置信息，该信息可以通过不同频段范围内的主动或被动定位原理实现。

本书的翻译和出版可满足国内航空航天领域对导航理论与工程的需求，甚至对精确打击武器的制导精度、无人机飞行控制和空间交会对接技术等都有所帮助，对推动我国导航系统不断自主创新、促进航空航天装备发展、提升我国空天竞争能力具有一定的现实意义。对于从事自主导航技术研究的工程技术人员，这将是一部全面而权威的参考用书。

我们愿意通过自己的努力，把这本书的中文版奉献给读者。尽管我们在国防工业出版社已经翻译出版了几本专著，但是，本书的翻译对我们来说还是具有很大的挑战性。其中，第1章和第2章由崔吉俊完成，第3章～第5章由薛辉完成，第6章～第10章由唐建完成。受专业知识和翻译水平的局限，书中错误在所难免，敬请读者朋友批评指正。

我们特别感谢装备科技译著出版基金评审委员会为该书翻译和出版提供的资金支持，感谢中国科学院国家空间科学中心的熊蔚明研究员和北京航空航天大学电子信息工程学院的常青教授，从科研和工程应用角度，积极推荐本书的翻译和出版。

译者

2019年10月5日

前　言

“航空航天器”是指空中及太空中的飞行器，之所以将这两者相提并论，是因为它们均可以较高的运动速度实现三维可控运动，遵循类似的运动方程和参数，也都需要精确导航定位。导航定位是本书重点探讨的内容。

各种航空航天导航系统的主要区别在于其组成的复杂程度。通常，一个导航系统可能由若干传感器和其他组合器件（如惯性导航系统）组成，或由一组机载和地面器件（如无线电导航系统）组成，或由一组机载和空间器件（如卫星导航系统）组成，或基于雷达/光学测量原理构建（如相关极值测量系统或地图匹配系统）。尽管组成不尽相同，但是导航系统的目的是相同的——提供关于任意航空航天器导航参数变化的有价值和可靠的信息。事实上，在组合导航系统中，所有的传感器和导航系统都非常重要，它们对导航效率的贡献并不是由设计复杂性决定的，而是由测量误差的动态特性和频谱特性决定的。

导航系统的这些属性对确保组合导航系统的高精度非常重要——这些内容将是本书的主要议题。当选择最佳的机载导航系统组合时，重要的是知道各系统的误差特性、可靠性、质量和尺寸，以及成本效益。本书还介绍了不同类型导航系统未来的发展前景及提高它们性能的可能性。

本书探讨了7种不同类型的导航系统，但其中只有1种导航系统能在各种条件下提供完整的自主导航，虽然可能只在短时间内保证导航精度。这就是基于陀螺仪和加速度计的惯性导航系统，陀螺仪和加速度计在所有导航设备中技术相对成熟，统称为惯性传感器。惯性传感器种类繁多，包括精度非常高的传感器，如光纤陀螺和电子陀螺，以及体积小且廉价的基于MEMS的传感器。

第1章主要描述了惯性导航系统的设计原理、功能算法和可实现的精度，并重点讨论了所有航空航天导航系统中使用最广泛的捷联惯性导航系统。

第2章介绍了近年来导航领域最常用的卫星导航系统。全球卫星导航系统是一场导航革命，从根本上改变了以往的导航方式。在一定条件下，卫星导航系统可以将导航误差降至数米，甚至达到分米和厘米量级（在载波相位测量模式下）。然而，由于卫星测量中的完整性损失风险和卫星导航的低抗干扰能力，卫星导航系统难以满足快速增长的导航测量精度和可靠性要求。对于大城市的个人导航，特别是室内导航，卫星导航系统可以通过基于 Wi-Fi 网络信号电子地图的本地导航系统进行补充。对于大多数航空航天器来说，卫星导航系统需要与经典无线电导航系统配合一起使用。

第 3 章介绍了远程无线电导航系统，与卫星导航系统相比，远程无线电导航系统精度不高，但是可靠性相对较高。远程无线电导航网络几乎覆盖到所有可能的航空路线，这使得它能够在缺少卫星导航系统接收机或失去卫星导航的情况下，确定飞机的航线位置。

第 4 章介绍了短程无线电导航系统，该系统用于在要求精确运动控制的特定区域进行非常准确和可靠的定位，通常是在机场附近。这种方法也可用于飞机或航天器交会任务中。

第 5 章介绍了无线电着陆导航系统，该系统允许飞机在所有必要运动参数的控制下准确地保持着陆的路径。甚高频全相信标/测距仪系统内的航向、下滑和指点信标可以为飞机控制着陆轨迹提供无线电信号。这些着陆系统的应用提高了飞机着陆的安全性，它们是任何高等级机场必须配置的助航设备。

第 2 章 ~ 第 5 章中介绍的无线电导航系统都需要部署一套数量不菲的地面无线电信标，其目的是为飞机导航提供无线电信号。然而，在大自然中也存在与地球和其他行星表面相关的各种自然物理信息，这些信息可以用于精确导航。飞机的高度及其下面的地形地貌肯定可以作为飞机导航的参考信息，目前可以借助机载仪器来测量这些参数，并将这些数值与预先准备的地图进行比较。还有其他一些物理参数，其实际值可以与地图值进行比较，由此得到的信息可以计算出飞机位置的坐标，这些方法通常通过相关极值图像分析的原理实现。第 6 章就介绍了基于此原理的导航系统。

第 7 章专门针对与两个航空航天器对接相关的自动寻的系统，如导弹引导，需要知道一个运载器相对于另一个运载器的相对位置信息。该信息可以通过不同频段范围内的有源或无源定位原理获得。制导系统的性能正在迅速提高并变得更“聪明”，本章也介绍了制导系统的发展趋势。

第 8 章介绍了集成两个或多个具有不同物理特性和操作原理的传感器的导航系统中采用的多种滤波算法。这种导航系统传感器的输出信号需要进行滤波处理，以便更有效地抑制每个传感器的测量误差。在采用两个不同传感器的情况下，它们的输出通常分别通过低通和高通滤波器。但是，这些滤波器的具体参数必须根据最优线性滤波理论进行选择；近年来，非线性滤波的使用非常频繁。组合导航系统的信号综合是开发和检验最优和次优滤波方法可靠性的常用的测试项目之一，整章将深入讨论该主题。本章还介绍了滤波问题的主要衍生类型及用于解决这些问题的算法。

第9章介绍了在机组人员和飞机自动导航系统之间提供有效信息交换的现代导航显示系统。导航显示系统显示了整个驾驶和导航系统操作的结果。这些显示系统的硬件和实现方式广泛应用于各种类型的商业、军事和通用航空器,用于显示各种复杂的座舱航电系统。

第10章讨论了无人操作航空航天器(统称为“无人机”)的导航要求。其目的是为读者理解这一新兴领域的发展提供基础知识,这一领域既涉及民用,也涉及军用。

进入21世纪以来,上述导航相关技术和导航系统发展突飞猛进。并已广泛应用于航空航天领域。在民用航空方面,国际民航组织制定了使用各种导航仪器的标准,世界上几乎所有国家都采用了统一的标准。在军用航空领域,不存在完全统一的标准,但不同的开发者使用的设计原则都是类似的,这是因为各方在并行开发时都需要根据设备中使用的基本物理原理找到最佳的技术解决方案。例如,美国的GPS、俄罗斯的GLONASS和欧洲的“伽利略”系统在结构原理上都很类似。

实际上,航空航天导航系统的开发主要在美国、欧盟与俄罗斯等国家和组织开展,本书的作者也主要来自这些国家和组织。这本书的想法源自国际自动控制联合会航空航天技术委员会会议专家的讨论,亚力山大·V·涅贝洛夫就是该委员会的委员。此外,多年来,他一直在俄罗斯圣彼得堡的州立航空航天大学工作,这为他从该市众多的科研和制造中心选择几位作者提供了便利。苏联的“暴风雪”号航天飞机(类似美国的航天飞机)的全自动着陆系统就是在这里设计出来的。西方作者则由约瑟夫·沃森确定,他同时也负责全书的英文格式化。在撰写本书之前,编辑们还合作出版了一本相关著作《航空航天传感器》(动量出版社,2013)。

本书的主要目的是向飞机、无人机、航天飞机、导弹等各种航空航天器控制系统领域的工程师、设计人员和研究人员介绍航空航天导航和制导系统的设计、构造和应用的基础知识。当然,它也可以作为航空航天工程、航空电子等各相关领域的本科生和研究生的学习指南。最后,编辑们希望其他对现代航空航天技术感兴趣的读者也能从中找到他们想得到的有用信息。

目　录

第1章 惯性导航系统

Michael S. Braasch 俄亥俄大学航空电子工程中心电气工程与
计算机科学学院,雅典市,俄亥俄州,美国

1.1 概述

惯性导航系统是根据航位推测法发展起来的技术复杂的现代导航系统。系统的基本原理是首先已知初始位置,通过跟踪速度和方向,进而确定随时间连续变化的位置。顾名思义,其基础理论涉及惯性原理,具体来说,就是在未受外力的作用下,静止的物体一直保持静止状态,而运动物体则一直保持运动状态。

根据牛顿第二运动定律,可以获得如下公式:

$$\boldsymbol{F} = m\boldsymbol{a} \tag{1.1}$$

式中:$\boldsymbol{F}$ 是力矢量;m 是质量;$\boldsymbol{a}$ 是加速度矢量。

从概念上来说,可以通过测量力进而确定加速度,然后可以通过积分确定速度,最后积分确定位置。

在本书的姐妹篇[1]中的第5章描述的每种加速度计都可以完成一维线性加速度的测量,据此可以推断需要多维加速度计确定一般三维空间的运动。除此之外,还需要确定每个加速度计的指向,考虑到飞行器绕3个轴转动,这项工作并不简单。如果加速度计刚性安装到运载器上(通常情况),则理论上它们可以指向任意方向。如果不能正确处理方向随时间的变化,那么,加速度计输出的二次积分是没有用的。

通过处理陀螺的输出数据[2],可以完成方向(姿态)的确定。这些器件既可以测量角速度,也可以测量角位移。导航级陀螺测量角速率的精度可以达到0.01(°)/h 量级。我们需要这类敏感器确定姿态,以便在给定坐标系中确定速度和位置。

惯性导航系统分为两种主要类型:框架式和捷联式[3]。在框架式系统中,加速度计安装在与运载器转动相隔离的平台上。这种平台提供一个当地水平面,在水平面有两个加速度计提供数据,满足计算水平速度和位置的需要。在捷联系统中，加速度计与运载器本身为刚性连接。框架系统在机械结构上较为复杂，但不需要强大的计算能力。捷联系统在机械结构上简单，但需要更强大的计算能力处理运载器的姿态变化。本章全部内容都将假定为捷联工作方式，因为计算要求不会对现代处理器构成挑战。此外，简化的机械设计（以及现代光学陀螺）使系统的平均无故障时间（MTBF）可以达到上万工作小时（20 世纪 70 年代后期典型框架系统 MTBF 为几百小时）。

1.2 加速度计敏感方程

式（1.1）描述了力与加速度的关系。求解加速度得出如下公式：

$$\frac{\boldsymbol{F}}{m} = \boldsymbol{a} \tag{1.2}$$

式中：左边的量称为“比力”，是由加速度计本身测量的量。然而，在重力场存在的情况下，加速度计测量的比力不等于经典牛顿加速度。例如，参考文献[1]中科诺瓦洛夫描述的摆式加速度计利用了惯性，其中的摆锤会在加速度下产生位移。然而，即使敏感器是固定的，摆锤仍然会受重力影响而产生位移。具体来说，摆锤会向下移动，就像装置实际上向上加速时一样。因此，加速度计测量的是牛顿加速度和重力反作用力的合成，即

$$\boldsymbol{f} = \boldsymbol{a} - \boldsymbol{g} \tag{1.3}$$

式中：$\boldsymbol{f}$ 是所测量的比力矢量；$\boldsymbol{a}$ 是牛顿加速度矢量；$\boldsymbol{g}$ 是地球重力矢量，这就是所谓的加速度敏感方程。

因此，下面方程可以给出所测量的牛顿加速度矢量，即

$$\boldsymbol{a} = \boldsymbol{f} + \boldsymbol{g} \tag{1.4}$$

虽然方程很简单，但它揭示了惯性导航的基本概念。为了根据比力确定加速度，惯性系统需要确定在当地位置的重力矢量值，因为这个重力矢量值根据地理位置尤其是高度的不同而差异很大。过去的 60 年已经开发出多种重力模型，惯性导航系统使用的一种典型模型的精度可达到 5 ~ 10μg 的量级（即地球表面重力平均值的 5/1000000 ~ 10/1000000）[4]。

1.3 坐 标 系

在惯性导航系统中要用到一系列坐标（或参考坐标系）系[5]。加速度计和陀螺相对于惯性空间（惯性坐标系）进行测量，但它们输出的数据则是相对于固连在运载器上的坐标系。此外，速度通常用东、北、上（当地水平面坐标系）这些

分量来表述,而位置通常根据纬度和经度(即地球固连坐标系)描述。因此,掌握各种坐标系并学会如何将一个坐标系所描述的量转换到另一个坐标系是很重要的。

1.3.1 真惯性坐标系

真惯性坐标系是相对于银河系中的恒星不产生加速度的任意坐标系。经典物理学以这些"恒星"定义惯性坐标系(牛顿定律成立的参考系)。

1.3.2 地心惯性坐标系或 i 坐标系

地心惯性坐标系(ECI)或 i 坐标系,其中心位于地心,但不随地球旋转——方向相对于恒星保持固定。地心惯性坐标系不是真惯性坐标系,因为地球绕着太阳旋转,所以该坐标系相对于恒星的加速度并非为零。然而,对于地球表面或附近的导航任务来说,这个加速度可以忽略不计。

1.3.3 地心地球固连坐标系或 e 坐标系

地心地球固连坐标系(ECEF)或 e 坐标系,也是中心位于地心,但与地球固连的一个参考系,因此,它随地球旋转。其中两个坐标轴位于赤道面内,第三个坐标轴与地球自转轴一致。虽然可以在赤道面任意定义 X 坐标轴,但是最普遍的选择是指定 X 轴相交于本初子午线(通过英国格林尼治)。

1.3.4 导航坐标系

导航坐标系或 n 坐标系中心位于运载器内,但它不随运载器转动——保持在一个当地水平面上。平面坐标轴的选择是任意的,但最普遍的一种选择是指定 X 轴为北向,Y 轴为东向,Z 轴向下(近似沿着重力矢量方向)。这个特有的约定有时称作"北-东-下"或者"NED"参考系。然而,在某些情况中,并不强制要求当地水平面坐标系有一个指北的坐标轴。当当地水平面坐标系允许转动(绕垂直轴)而离开北向时,由此产生的坐标系有时称作"漂移系"。绕垂直轴转动的角度称为"漂移角",具体用 α 表示。i 坐标系、e 坐标系和 n 坐标系如图 1.1所示。

1.3.5 体坐标系

体坐标系或 b 坐标系的中心位于运载器内,且与运载器固连(图 1.2)[6]。体坐标系通常规定与运载器的主要坐标轴一致。作为一架飞机,其约定是 X 轴与运载器纵轴一致(头向为正),Y 轴指向右翼,Z 轴指向运载器下方(运载器为水平状态的“下方”)。因此,这个约定使得绕这些坐标轴正旋转与正欧拉角(滚动、俯仰和偏航)一致。

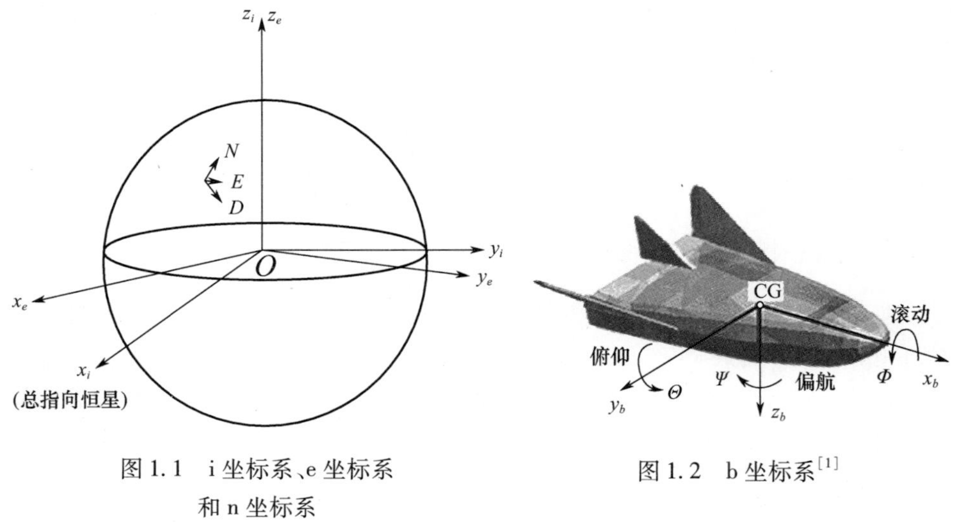

图 1.1 i 坐标系、e 坐标系和 n 坐标系

图 1.2 b 坐标系[1]

1.3.6 敏感器坐标系(a 坐标系、g 坐标系)

敏感器坐标系是根据 3 个正交敏感器规定的。一组 3 个正交加速度计形成 a 坐标系,一组 3 个正交陀螺形成 g 坐标系。a 坐标系与 g 坐标系并不一致,因为从物理结构上来说,要把加速度计和陀螺精确地安装在相同空间是不可能的。此外,3 个加速度计敏感器安装一般并不能完全与 b 坐标系平行。实际上,为安装方便起见,a 坐标系与 b 坐标系之间存在大角度偏差也很常见。然而,本章其余部分都将假设,这个偏差在安装时已经确定,敏感器输出已经转换为它们 b 坐标系相应的数值。

1.4 方向余弦矩阵和四元数

惯性导航要用到各种坐标系的转换。例如,在计算速度和位置之前,用 b 坐标系表示的加速度计输出需要变换到 n 坐标系。假设读者已经熟悉转换矩阵的概念,因此,在这里只对惯性导航的关键关系式概括一下。对于基础概念的详细讨论,读者可以参阅参考文献[7]。

b 坐标系所描述的矢量可以按下面表达式转换到 n 坐标系,即

$$\boldsymbol{f}^{\mathrm{n}} = \boldsymbol{C}_{\mathrm{b}}^{\mathrm{n}} \boldsymbol{f}^{\mathrm{b}} \tag{1.5}$$

式中:体坐标系 – 导航坐标系方向余弦矩阵(DCM)由下面方程给出,即

$$
\boldsymbol{C}_{\mathrm{b}}^{\mathrm{n}}=\begin{bmatrix}\cos\theta\cos\psi & -\cos\phi\sin\psi+\sin\phi\sin\theta\cos\psi & \sin\phi\sin\psi+\cos\phi\sin\theta\cos\psi\\ \cos\theta\sin\psi & \cos\theta\cos\psi+\sin\phi\sin\theta\sin\psi & -\sin\phi\cos\psi+\cos\phi\sin\theta\sin\psi\\ -\sin\theta & \sin\phi\cos\theta & \cos\phi\cos\theta\end{bmatrix} \tag{1.6}
$$

式中:ϕ 为滚动角;θ 为俯仰角;ψ 为偏航角。

方向余弦矩阵通过确定当地水平面 n 坐标系和与运载器固连的 b 坐标系之间的转动差确定运载器的方向(姿态);矩阵的初始化和修正在本章后面讨论。虽然矩阵内有 9 个元素,但是只有 6 个需要修正(其他 3 个可以根据矩阵的正交特性获得)。正如参考文献[7]中讨论的那样,四元数也能给出等价的姿态表达式。四元数只有 4 个元素,因此,它比至少需要 6 个元素才能唯一确定的方向余弦矩阵效率更高。再次说明,这两种表达式完全等价,本章其余部分将只考虑方向余弦矩阵作为姿态的表达式。

地球坐标系和导航坐标系之间的转动差由纬度、经度以及(可选地)漂移角确定,地球坐标系 - 导航坐标系之间的方向余弦矩阵为

$$
\boldsymbol{C}_{\mathrm{e}}^{\mathrm{n}}=\begin{bmatrix}-\cos\alpha\ \sin\mathrm{Lat}\ \cos\mathrm{Lon}-\sin\alpha\ \sin\mathrm{Lon} & -\cos\alpha\ \sin\mathrm{Lat}\ \cos\mathrm{Lon}+\sin\alpha\ \sin\mathrm{Lon} & \cos\alpha\ \cos\mathrm{Lat}\\ \sin\alpha\ \sin\mathrm{Lat}\ \cos\mathrm{Lon}-\cos\alpha\ \sin\mathrm{Lon} & \sin\alpha\ \sin\mathrm{Lat}\ \sin\mathrm{Lon}+\cos\alpha\ \cos\mathrm{Lon} & -\sin\alpha\ \cos\mathrm{Lat}\\ -\cos\mathrm{Lat}\ \cos\mathrm{Lon} & -\cos\mathrm{Lat}\ \sin\mathrm{Lon} & -\sin\mathrm{Lat}\end{bmatrix} \tag{1.7}
$$

式中:α 为漂移角;Lat 为纬度;Lon 为经度。

由于方向余弦矩阵是正交矩阵,所以它们的逆矩阵等于它们的转置矩阵,即

$$
\boldsymbol{C}_{\mathrm{n}}^{\mathrm{b}}=(\boldsymbol{C}_{\mathrm{b}}^{\mathrm{n}})^{-1}=(\boldsymbol{C}_{\mathrm{b}}^{\mathrm{n}})^{\mathrm{T}}
$$

$$
\boldsymbol{C}_{\mathrm{n}}^{\mathrm{e}}=(\boldsymbol{C}_{\mathrm{e}}^{\mathrm{n}})^{-1}=(\boldsymbol{C}_{\mathrm{e}}^{\mathrm{n}})^{\mathrm{T}}
$$

1.5 姿态修正

为了对运载器速度和位置状态进行修正,加速度计输出需要从 b 坐标系转换到感兴趣的坐标系。对飞机来说,感兴趣的坐标系通常是 n 坐标系。正如前面所描述的,体坐标系 - 导航坐标系方向余弦矩阵可以用来实现这个转换。然而,这个方向余弦矩阵还需要持续修正才能描述 b 坐标系和 n 坐标系的转动。

两个相应的角速率驱动这两个转动:

(1) $\boldsymbol{\omega}_{\mathrm{ib}}^{\mathrm{b}}$为相对于 i 坐标系在 b 坐标系表述的 b 坐标系的角速率;

(2) $\boldsymbol{\omega}_{\mathrm{in}}^{\mathrm{n}}$为相对于 i 坐标系在 n 坐标系表述的 n 坐标系的角速率。

下式给出控制体坐标系－导航坐标系方向余弦矩阵变化速率的微分方程[8]，即

$$\dot{\boldsymbol{C}}_{\mathrm{b}}^{\mathrm{n}}=\boldsymbol{C}_{\mathrm{b}}^{\mathrm{n}}[\boldsymbol{\omega}_{\mathrm{ib}}^{\mathrm{b}}\times]-[\boldsymbol{\omega}_{\mathrm{in}}^{\mathrm{n}}\times]\boldsymbol{C}_{\mathrm{b}}^{\mathrm{n}} \tag{1.8}$$

其中

$$[\boldsymbol{\omega}_{\mathrm{ib}}^{\mathrm{b}}\times]=\text{体坐标系速率矢量 }\boldsymbol{\omega}_{\mathrm{ib}}^{\mathrm{b}}\text{ 的斜对称矩阵形式}$$

$$=\begin{bmatrix}0 & -\omega_{\mathrm{ib}}^{\mathrm{b}}(z) & \omega_{\mathrm{ib}}^{\mathrm{b}}(y)\\ \omega_{\mathrm{ib}}^{\mathrm{b}}(z) & 0 & -\omega_{\mathrm{ib}}^{\mathrm{b}}(x)\\ -\omega_{\mathrm{ib}}^{\mathrm{b}}(y) & \omega_{\mathrm{ib}}^{\mathrm{b}}(x) & 0\end{bmatrix}$$

$$[\boldsymbol{\omega}_{\mathrm{in}}^{\mathrm{n}}\times]=\text{导航坐标系速率矢量 }\boldsymbol{\omega}_{\mathrm{in}}^{\mathrm{n}}\text{ 的斜对称矩阵形式}$$

$$=\begin{bmatrix}0 & -\omega_{\mathrm{in}}^{\mathrm{n}}(z) & \omega_{\mathrm{in}}^{\mathrm{n}}(y)\\ \omega_{\mathrm{in}}^{\mathrm{n}}(z) & 0 & -\omega_{\mathrm{in}}^{\mathrm{n}}(x)\\ -\omega_{\mathrm{in}}^{\mathrm{n}}(y) & \omega_{\mathrm{in}}^{\mathrm{n}}(x) & 0\end{bmatrix}$$

因为体角速率可能很大（如特技飞行的飞机可达几百度每秒），而 n 坐标系速率则很小（后面将会讨论），所以方向余弦矩阵修正由两部分完成：一部分用于 b 坐标系修正；另一部分用于 n 坐标系修正。

1.5.1 体坐标系修正

b 坐标系相对于惯性坐标系的转动由陀螺进行测量。下式给出了计算体转动的体坐标系－导航坐标系方向余弦矩阵时间离散修正[8]，即

$$\boldsymbol{C}_{\mathrm{b}[k+1]}^{\mathrm{n}}=\boldsymbol{C}_{\mathrm{b}[k]}^{\mathrm{n}}\mathrm{e}^{[\boldsymbol{\sigma}\times]} \tag{1.9}$$

式中：k 为时间指数，并且

$$[\boldsymbol{\sigma}\times]=\text{转动矢量 }\boldsymbol{\sigma}\text{ 的斜对称矩阵形式}$$

$$=\begin{bmatrix}0 & -\sigma_z & \sigma_y\\ \sigma_z & 0 & -\sigma_x\\ -\sigma_y & \sigma_x & 0\end{bmatrix}$$

转动矢量的分量根据陀螺输出进行计算。如果体角速率矢量有一个固定方向，那么，转动矢量可以简化为

$$\boldsymbol{\sigma}\approx\int_{t_k}^{t_{k+1}}\boldsymbol{\omega}_{\mathrm{ib}}^{\mathrm{b}}\mathrm{d}t \tag{1.10}$$

然而，在实际情况中，由于振动的影响，体角速率矢量会改变方向，至少部分改变方向。当飞机要完成所谓的 S 形转弯时，在更大尺度上这种改变也可能发生[9]。角速率矢量方向的变化称为“圆锥度”，这个术语是指转动轴扫出的圆锥

体的几何图形。当这发生在角速率被积分的间隔期间时，会计算出一个不正确的角位移。这样，转动矢量的计算要用到圆锥度补偿算法[10]。

在继续后面的讨论之前，我们注意到，通常使用泰勒级数展开式的前面几项近似式(1.9)中的矩阵指数。

1.5.2 导航坐标系修正

n坐标系相对于惯性坐标系的转动是两个转动的作用结果——地球速率和视速率，即

$$\boldsymbol{\omega}_{\mathrm{in}}^{\mathrm{n}} = \boldsymbol{\omega}_{\mathrm{ie}}^{\mathrm{n}} + \boldsymbol{\omega}_{\mathrm{en}}^{\mathrm{n}} \tag{1.11}$$

n坐标系的转动速率也称为“空间速率”。现在介绍它的两个分量。

1.5.2.1 地球速率

即使运载器相对地球是静止的，为使其在当地保持水平，n坐标系也应该以地球转速相对i坐标系转动，即

$$\boldsymbol{\omega}_{\mathrm{ie}}^{\mathrm{n}} = \boldsymbol{C}_{\mathrm{e}}^{\mathrm{n}} \boldsymbol{\omega}_{\mathrm{ie}}^{\mathrm{e}}$$

$$\boldsymbol{\omega}_{\mathrm{ie}}^{\mathrm{e}} = [0 \quad 0 \quad \omega_{\mathrm{ie}}]^{\mathrm{T}}$$

$$\omega_{\mathrm{ie}} \approx 7.292115e-5\mathrm{rad/s}$$

1.5.2.2 视速率

此外，如果运载器相对地球运动，那么，为使其保持当地水平，n坐标系也必须转动，以描述运载器在弯曲的地球表面的运动。显然，这是水平速度分量的作用结果。在指北坐标系中，视速率矢量由下式给出[8,9]，即

$$\boldsymbol{\omega}_{\mathrm{en}}^{\mathrm{n}} = \left[\frac{V_E}{R_p + h} \quad -\frac{V_N}{R_M + h} \quad -\frac{V_E \tan \mathrm{Lat}}{R_p + h} \right]^{\mathrm{T}} \tag{1.12}$$

式中：V_E 为速度东向分量；V_N 为速度北向分量；h 为高度；R_M = 地球北-南方向上的曲率半径(也称为曲率子午线半径) $= \frac{a(1-e^2)}{(1-e^2\sin^2\mathrm{Lat})^{32}}$；$R_p$ = 地球东-西方向上的曲率半径(也称为曲率主半径)，$R_p = \frac{a}{(1-e^2\sin^2\mathrm{Lat})^{12}}$，$a$ 为地球椭圆的半长轴(赤道半径)，e 为地球椭圆的偏心率。

我们注意到，视速率的垂直分量在地球南北极各有一个奇点。具体地说，随着纬度接近±90°，纬度的正切趋向无穷大。对于运载器停留在中纬度或赤道区域，不必讨论这个问题；对于跨过极点或极点附近，必须由方位漂移机制来代替指北机制，方位漂移机制不会强制n坐标系其中一个坐标轴指北[11]。

1.5.2.3 导航坐标系修正算法

空间速率矢量的幅值很小。即使以500kn速度飞行的商业喷气飞机,其视速率的幅值大约只有地球速率的1/2。这样,时间离散修正一般采用简单的梯形近似法,即

$$\boldsymbol{C}_{\mathrm{b}}^{\mathrm{n}[k+1]}=\left\{\boldsymbol{I}-\frac{1}{2}([\boldsymbol{\omega}_{\mathrm{in}}^{\mathrm{n}}(t_k)\times]+[\boldsymbol{\omega}_{\mathrm{in}}^{\mathrm{n}}(t_{k+1})\times])\Delta t\right\}\boldsymbol{C}_{\mathrm{b}}^{\mathrm{n}[k]} \tag{1.13}$$

式中:$[\boldsymbol{\omega}_{\mathrm{in}}^{\mathrm{n}}(t_k)\times]$为$\boldsymbol{\omega}_{\mathrm{in}}^{\mathrm{n}}$在$t_k$时刻的斜对称矩阵形式;$\Delta t=t_{k+1}-t_k$。

1.5.3 欧拉角提取

一旦完成体坐标系-导航坐标系方向余弦矩阵对b坐标系和n坐标系转动的修正,则可以用以转换式(1.5)所表示的加速度输出。我们还会注意到,修正后的方向余弦矩阵本质上就包含运载器或惯性系统姿态的修正表达式。根据式(1.6),欧拉角可随之从修正后的方向余弦函数提取,即

$$\begin{cases}\phi=\arctan2(\boldsymbol{C}_{\mathrm{b}}^{\mathrm{n}}(3,2),\boldsymbol{C}_{\mathrm{b}}^{\mathrm{n}}(3,3))\\ \theta=\arcsin(-\boldsymbol{C}_{\mathrm{b}}^{\mathrm{n}}(3,1))\\ \psi=\arctan2(\boldsymbol{C}_{\mathrm{b}}^{\mathrm{n}}(2,1),\boldsymbol{C}_{\mathrm{b}}^{\mathrm{n}}(1,1))\end{cases} \tag{1.14}$$

注意:需要四象限反正切函数维持滚动和偏航角的满量程。

1.6 导航机制

下式给出控制速度矢量变化速率的微分方程,即

$$\dot{\boldsymbol{v}}_{\mathrm{e}}^{\mathrm{n}}=\boldsymbol{C}_{\mathrm{b}}^{\mathrm{n}}\boldsymbol{f}^{b}-[2\boldsymbol{\omega}_{\mathrm{ie}}^{\mathrm{n}}+\boldsymbol{\omega}_{\mathrm{en}}^{\mathrm{n}}]\times\boldsymbol{v}_{\mathrm{e}}^{\mathrm{n}}+\boldsymbol{g}_{\mathrm{eff}}^{\mathrm{n}} \tag{1.15}$$

式中:叉乘项代表地球自转和n坐标系转动的柯氏影响,其中

$$\boldsymbol{g}_{\mathrm{eff}}^{\mathrm{n}}=\boldsymbol{g}^{n}-\boldsymbol{\omega}_{\mathrm{ie}}^{\mathrm{n}}\times\boldsymbol{\omega}_{\mathrm{ie}}^{\mathrm{n}}\times\boldsymbol{R}$$

称为“有效重力”“显重力”“当地重力”或“铅垂重力”。这个量是地球引力(第一项)和地球自转引起的向心力(矢量三乘积项$\boldsymbol{R}$是原点在地心的位置矢量)的合成。首先规定有效重力与当地垂直线一致(注意:因为地球为椭圆,当地垂直线向下延长到赤道面并不相交于地球的质心,除非位于极点或在赤道上)。

从概念上来说,柯氏项可以做下面的解释:考虑一个运载器,从北极开始沿子午线向南飞(恒定的经度路径)。相对于地球,水平路径是“直的”(没有东-西向运动)。然而,相对于i-坐标系,由于地球的自转作用,其飞行路径显然是弯曲的。惯性敏感器在空中检测到实际的弯曲路径,而柯氏项只允许这些方程

计算相对地球的速度，而不是相对惯性系的速度。

结合式(1.14)，时间离散修正很简单，即

$$\boldsymbol{v}_{\mathrm{e}}^{\mathrm{n}}[k+1]=\boldsymbol{v}_{\mathrm{e}}^{\mathrm{n}}[k]+\boldsymbol{C}_{\mathrm{b}}^{\mathrm{n}}\Delta\boldsymbol{V}_{\mathrm{k}}^{\mathrm{b}}+\{-[2\boldsymbol{\omega}_{\mathrm{ie}}^{\mathrm{n}}+\boldsymbol{\omega}_{\mathrm{en}}^{\mathrm{n}}]\times\boldsymbol{v}_{\mathrm{e}}^{\mathrm{n}}[k]+\boldsymbol{g}_{\mathrm{eff}}^{n}[k]\}\Delta t \tag{1.16}$$

其中

$$\Delta\boldsymbol{V}_{\mathrm{k}}^{\mathrm{b}}\approx\int_{t_k}^{t_{k+1}}\boldsymbol{f}^{b}\mathrm{d}t$$

如果需要，比力矢量的积分可以用数字方法实现，但是，某些加速度计自身可以完成这项积分。对于高精度应用来说，两项校正都需要包含在此比力积分中：划船效应和尺寸效应。当加速度计摆的末端前后晃动时，划船误差则会上升。转动和加速度的综合作用导致敏感加速度为非零网络，即使加速度计的平均位移为零。在实际中，振动作用会产生这种运动。划船误差可以用吸收了加速度计输出和补偿圆锥型陀螺输出的补偿算法进行校正[12,13]。另外，以远高于可预见的最高振动频率的速度，把加速度计输出变换到 n 坐标系，可以避免划船误差[9]。

尺寸效应误差来自 3 个正交加速度计之间的非零杠杆臂的影响。因为 3 个敏感器在物理上很难精确位于相同的点，所以当运载器转动及加速时，它们将敏感不同的加速度。对于高频应用来说，加速度计的输出必须采用尺寸效应校正[14]。

1.7 位置修正

导航坐标系 - 地球坐标系方向余弦矩阵是地球坐标系 - 导航坐标系方向余弦矩阵的转置(也是逆)矩阵。下式给出控制导航坐标系 - 地球坐标系方向余弦矩阵变化速率的微分方程，即

$$\dot{\boldsymbol{C}}_{\mathrm{n}}^{\mathrm{e}}=\boldsymbol{C}_{\mathrm{n}}^{\mathrm{e}}[\boldsymbol{\omega}_{\mathrm{en}}^{\mathrm{n}}\times] \tag{1.17}$$

然后，根据下式给出时间离散修正，即

$$\boldsymbol{C}_{\mathrm{n}}^{\mathrm{e}}[k+1]=\boldsymbol{C}_{\mathrm{n}}^{\mathrm{e}}[k]\mathrm{e}^{[\boldsymbol{\zeta}\times]} \tag{1.18}$$

式中：$[\boldsymbol{\zeta}\times]$为$\boldsymbol{\zeta}$的斜对称矩阵形式，即

$$[\boldsymbol{\zeta}\times]=\begin{bmatrix}0 & -\zeta_z & \zeta_y\\ \zeta_z & 0 & -\zeta_x\\ -\zeta_y & \zeta_x & 0\end{bmatrix}$$

$$\boldsymbol{\zeta} = \int_{t_k}^{t_{k+1}} \boldsymbol{\omega}_{\mathrm{en}}^{\mathrm{n}} \mathrm{d}t$$

矩阵指数通常应用泰勒级数展开式的前几项进行近似。转移速率矢量的积分通常用矩阵积分或梯形积分完成。

一旦方向余弦矩阵完成修正，则变换矩阵可取为

$$\boldsymbol{C}_{\mathrm{e}}^{\mathrm{n}} = (\boldsymbol{C}_{\mathrm{n}}^{\mathrm{e}})^{\mathrm{T}}$$

最后，基于式(1.7)，位置角可以提取如下：

$$\begin{cases} \mathrm{Lon} = \arctan2(-\boldsymbol{C}_{\mathrm{e}}^{\mathrm{n}}(3,2), -\boldsymbol{C}_{e}^{n}(3,1)) \\ \mathrm{Lat} = \arcsin(-\boldsymbol{C}_{\mathrm{e}}^{\mathrm{n}}(3,3)) \\ \alpha = \arctan2(-\boldsymbol{C}_{\mathrm{e}}^{\mathrm{n}}(2,3), \boldsymbol{C}_{e}^{n}(1,3)) \end{cases} \tag{1.19}$$

在短时间间隔上，其高度可以由下式确定：

$$h_{k+1} = h_k + \int_{t_k}^{t_{k+1}} -v_{\mathrm{e}}^{\mathrm{n}}(z)\mathrm{d}t \tag{1.20}$$

然而，后面将会讨论到，惯性导航系统(INS)的垂直通道本质上是不稳定的，因此，式(1.20)在长时间周期不可用。

1.8 惯性导航坐标系统初始化

式(1.9)、式(1.13)、式(1.16)、式(1.17)和式(1.19)给出了姿态、速度和位置的时间离散修正。每个方程都假设修正量在上个时间步长是已知的。因此，这些方程并未说明姿态、速度和位置如何初始化。

初始位置一般可用两种方法确定。对于静止的运载器，其初始位置可以通过把运载器停放在已测量过的地点而确定。例如，在国际机场，旅行者能看到给定通道的高度、纬度和经度标志(驾驶舱的飞行员可见)。对于运动中的运载器，通常通过使用 GPS 或 GLONASS 的无线电导航辅助装置提供初始位置。对于静止的运载器，初始速度可以指定为零，而对于运动中的运载器，同样可以利用外部无线电导航辅助装置确定初始速度。

初始化方面最大的挑战在于体坐标系 - 导航坐标系方向余弦矩阵的确定，这相当于确定当地水平面(据此确定滚动和俯仰)和北向(据此确定偏航或航向)。

从概念上讲，在框架式惯性导航坐标系统的环境中姿态确定过程最容易理解。对于一个静止的运载器，加速度计所敏感到的力只有重力，首先规定，重力矢量沿着当地垂线。框架系统的调平过程主要是转动平台，直到平台平面中敏

感器的两个加速度计输出为零(因此,正交于重力矢量)。实际情况中,不管特定力的真实敏感数值如何,所有加速度计输出噪声都是有限间隔时间上的均值。对于捷联惯性系统来说,则要分两步完成调平,即粗调平和精调平。

通过处理加速度计在短时间间隔(几秒时间)的平均输出,粗调平可得到俯仰和滚动的估值[9],即

$$\begin{cases}\phi \approx a\tan\left(\dfrac{A_{\mathrm{y}}^{\mathrm{b}}}{A_{\mathrm{z}}^{\mathrm{b}}}\right) \\ \theta \approx a\tan\left(\dfrac{A_{\mathrm{x}}^{\mathrm{b}}}{\sqrt{(A_{\mathrm{y}}^{\mathrm{b}})^2+(A_{\mathrm{z}}^{\mathrm{b}})^2}}\right)\end{cases} \tag{1.21}$$

式中:A 为平均加速度计输出。

给定水平的初始估值,可以利用静止运载器仅感受到的地球自转引起的转动,即陀螺敏感到的地球转速,而获取北向分量(或相当于平台航向或偏航角)。这项工作很重要,因为地球转速只有北向和垂直分量(不存在地球转速的东向分量)。下面给出工作步骤。根据滚动和俯仰的粗略估计,可以形成一个粗略的体坐标系-当地水平坐标系方向余弦矩阵,即

$$\boldsymbol{C}_{\mathrm{b}}^{\mathrm{LL}}(\theta,\phi)\big|_{\psi=0}=\begin{bmatrix}\cos\theta & \sin\phi\sin\theta & \cos\phi\sin\theta \\ 0 & \cos\phi & -\sin\phi \\ -\sin\theta & \sin\phi\cos\theta & \cos\phi\cos\theta\end{bmatrix}$$

根据这个粗略的方向余弦矩阵,陀螺的输出(只敏感地球转速)可从 b-坐标系转换到当地水平坐标系,即

$$\boldsymbol{\omega}_{\mathrm{ie}}^{\mathrm{LL}}=\boldsymbol{C}_{\mathrm{b}}^{\mathrm{LL}}\boldsymbol{\omega}_{\mathrm{ie}}^{\mathrm{b}}$$

地球转速的水平分量敏感值实际上是地球转速的北向分量(地球转速没有东向分量)。因此,航向或偏航角可以根据下式确定[9],即

$$\psi \approx \arctan2\left(\frac{-\boldsymbol{\omega}_{\mathrm{ie}}^{\mathrm{LL}}(y)}{\boldsymbol{\omega}_{\mathrm{ie}}^{\mathrm{LL}}(x)}\right) \tag{1.22}$$

由于陀螺输出有很大的噪声,因此,在计算式(1.22)之前必须对其输出进行平均处理。

上述步骤提供了滚定、俯仰和偏航的粗初始化过程(或相当于体坐标系-导航坐标系方向余弦矩阵)。精细的调平和偏航/方位确定通常用到卡尔曼滤波器和速度为零(静止运载器)的已知条件。精细初始化卡尔曼滤波器一般与用于运载器运动时集成外部无线电导航辅助信息的滤波器类型相同。

1.9 惯性导航系统误差特性

惯性导航系统具有多种类型的误差。这些误差包括安装误差、初始化误差、敏感器误差、重力模型误差以及计算误差等。下面对这些误差进行简要描述。

1.9.1 安装误差

安装误差包括三敏感器的非正交性、三敏感器与系统外壳(敏感器安装空间)参考点之间未知的角度误差、系统外壳与运载器之间未知的角度误差等。三敏感器非正交性和三敏感器与系统外壳之间角度误差在工厂校准期间可以大致确定,因此,敏感器输出可以进行相应补偿。惯性系统外壳与运载器(b 坐标系)之间角度偏差的确定称为“轴线校准”,这项工作在惯性系统初始装入运载器期间完成。轴线校准误差影响欧拉角(滚动、俯仰和偏航)的精度。

1.9.2 初始化误差

初始化误差是确定初始位置、初始速度和初始姿态时的误差。在缺乏外部手段的情况下,导航级惯性系统(惯性系统自主定位时近似漂移速率约 1n mile/h)需要初始俯仰和滚动精度优于 0.1mrad,初始方位角精度优于 1mrad,初始速度精度优于 0.5m/s。

1.9.3 敏感器误差

各类误差都影响加速度计和陀螺的性能,科诺瓦洛夫和伯奈特在参考文献[1]中给出了更充分的讨论说明。影响惯性导航系统性能首要的敏感器误差是残余误差。这些误差是校准/补偿之后仍留下的零偏误差,对于给定的敏感器,每次通电后这些误差都不尽相同。次要影响误差是比例因子误差。敏感器的固有噪声首先影响初始化期间所需要的滤波/平均数值。

1.9.4 重力模型误差

有多种类型的闭式重力模型[4],它们可提供 5 ~ 10μg 等级的精度。然而,它们都不能描述所谓垂直偏差的特性,因为地球表面重力矢量的实际方向并不精确垂直于参考椭球体的表面(规定为零高度的虚构表面)。真实重力矢量具有非零的水平分量,其幅值为几 mg 量级。这些值与地点相关,变化很大,如在山区。虽然可以使用重力场数据表精确描述重力场,但是对于大多数惯性导航应用来说,闭式模型精度足以满足要求。

1.9.5 计算误差

正如本章前面所讨论的,惯性导航算法需要各种数值方法,包括超越函数近似法和数值积分法等。20 世纪 70 年代开发捷联系统时,受到计算能力的限制,实现实时工作所需要的近似法对系统性能具有非常重要的影响。然而,对于现代处理器能力来说,计算误差可以忽略不计。

1.9.6 仿真实例

在参考文献[8]中,可以找到误差源的详细分析。本节将通过仿真结果说明关键误差源的影响。在此对位于北纬 45°、水平状态且指北向的运载器进行惯性导航系统仿真。

1.9.6.1 加速度计零偏仿真

在本例中,对体坐标系 X 轴加速度计模拟 100μg 的零偏。因为运载器置于水平、指北状态,所以该加速度计敏感北向加速度(图 1.3 和图 1.4)。

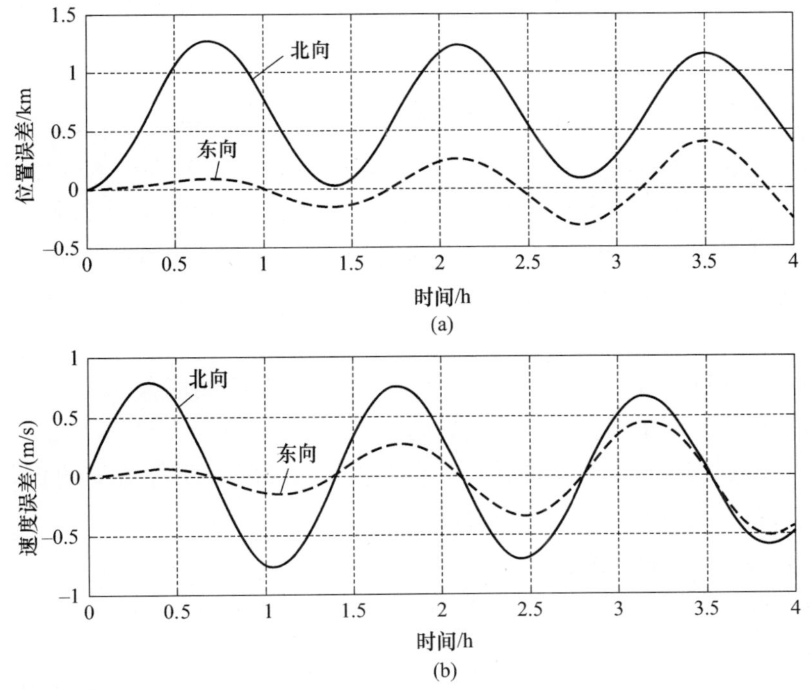

图 1.3 源自 100μg 北向加速度零偏的位置/速度误差

正因为指北加速度计有一个零偏,所以误差是与俯仰相伴的北向位置误差和北向速度误差(因为运载器水平、指北)。误差的周期性称作“舒勒周期”,近

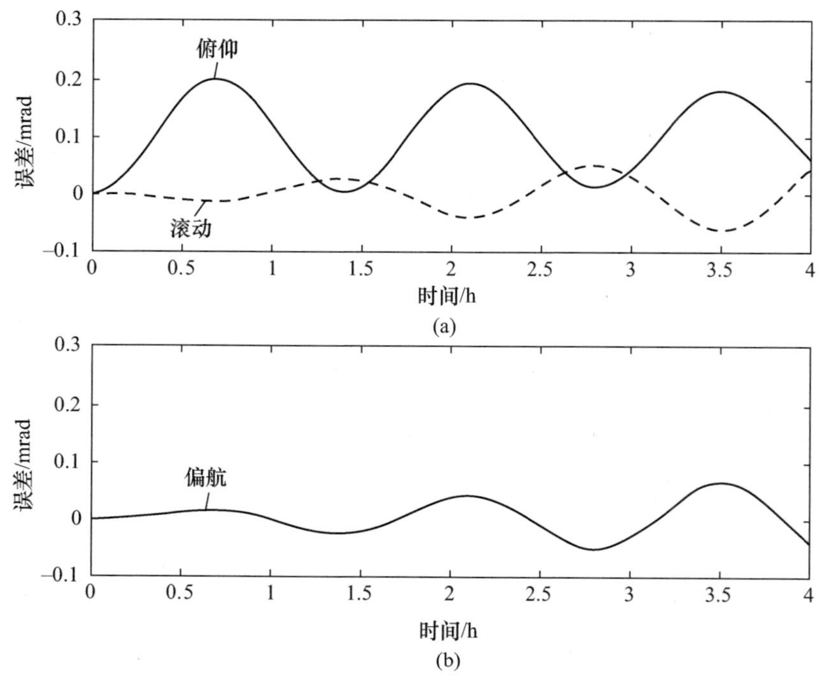

图 1.4　源自 100μg 北向加速度零偏的欧拉角误差

似为 84.4min。舒勒周期得名于马克西朱利安麦斯米兰·舒勒(Maximilian Schuler)[15]。1923 年,舒勒发表了一篇关于陀螺罗盘机械系统特性的文章,该系统致力保持与外加力无关的当地水平/铅垂坐标系。后来,舒勒的成果被应用于惯性导航系统,因为惯性导航系统也使用当地水平/铅垂坐标系(如 n 坐标系)。

随着仿真进行,在东-西向开始出现误差。这个交叉耦合源自 n 坐标系修正中地球转速的不正确应用(纬度的计算错误)。如果延长仿真时间,东-西和南-北误差的幅值(包络)将缓慢地周期振荡,振荡周期与纬度的正弦成反比[8]。此振荡称为傅科(Foucault)振荡。

1.9.6.2　水平陀螺零偏仿真

在本例中,体坐标系 Y 轴陀螺以 0.01(°)/h 的零偏进行仿真。因为运载器置于水平、指北状态,所以该陀螺在东向有敏感输出(图 1.5 和图 1.6)。

在这种情况中,舒勒周期性在位置误差中依然存在,但是起支配作用的是在最初几小时近似线性的一个长期增长趋势。虽然有点违反直觉,但是水平陀螺零偏在偏航角中引起一个长期的误差增长趋势,而有界的舒勒振荡出现在滚动和俯仰角中。

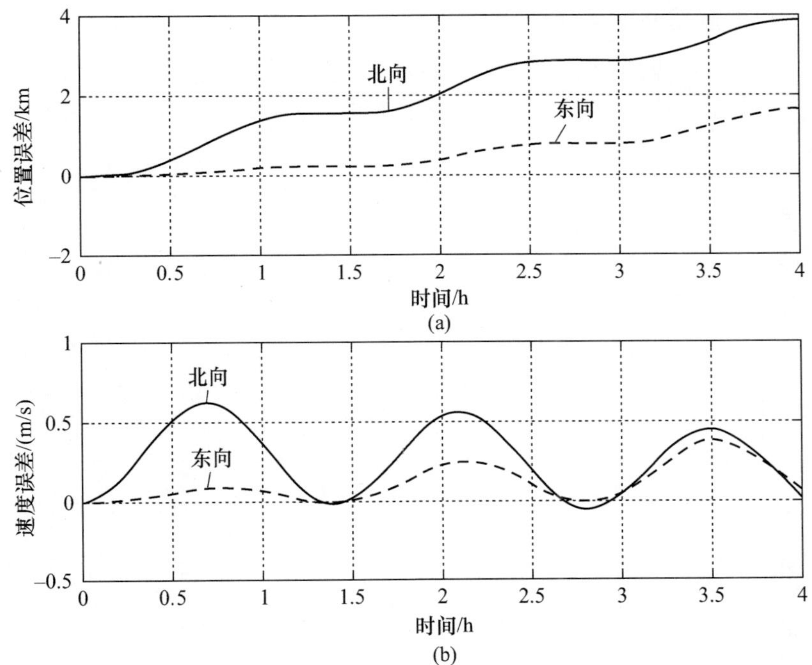

图 1.5　源自 0.01(°)/h 东向陀螺零偏的位置/速度误差

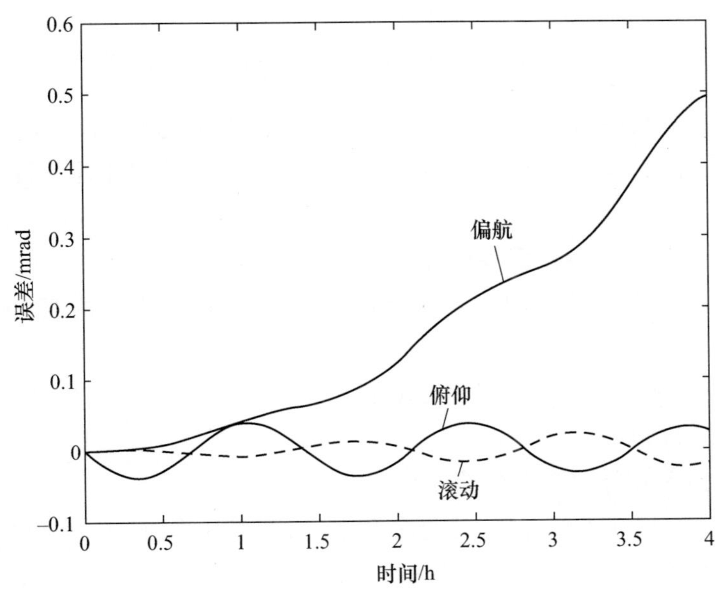

图 1.6　源自 0.01(°)/h 东向陀螺零偏的欧拉角误差

1.9.6.3 垂直陀螺零偏仿真

在本例中,体坐标系 Z 轴陀螺以 0.01(°)/h 的零偏进行仿真。因为运载器置于水平,该陀螺敏感垂直方向中的偏航运动(图 1.7 和图 1.8)。

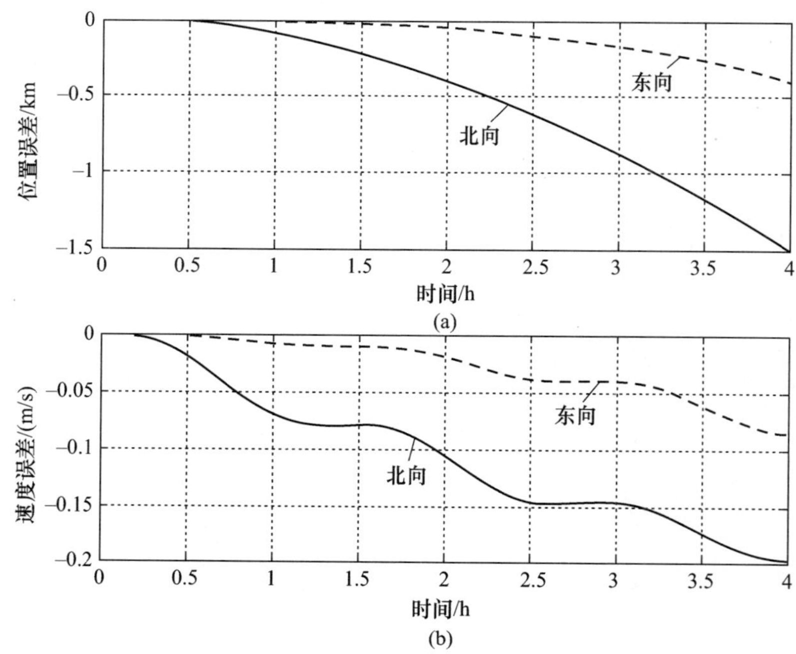

图 1.7 源自 0.01(°)/h 垂直陀螺零偏的位置/速度误差

这种情况中,在速度分量上观察到误差呈线性增长趋势,而位置误差增长则是平方项。然而,垂直陀螺零偏中的位置误差增长仍然慢于水平陀螺零偏的情况。

1.9.6.4 方位角初始化误差仿真

在本例中,以初始方位角(偏航)1mrad 的误差进行仿真(图 1.9 和图 1.10)。

我们注意到,初始方位角误差引起的位置、速度和姿态误差与水平陀螺零偏导致的误差很相似。

1.9.6.5 速度初始化误差仿真

在本例中,以 0.1m/s 的初始北向速度误差进行仿真(图 1.11 和图 1.12)。

仿真中出现的几乎是纯舒勒振荡,我们注意到,这种情况中的所有误差在长期范围内均值为零。误差的幅值与初始速度误差的幅值成正比。因此,1m/s 的初始速度误差会导致约 0.8km 的峰值位置误差。

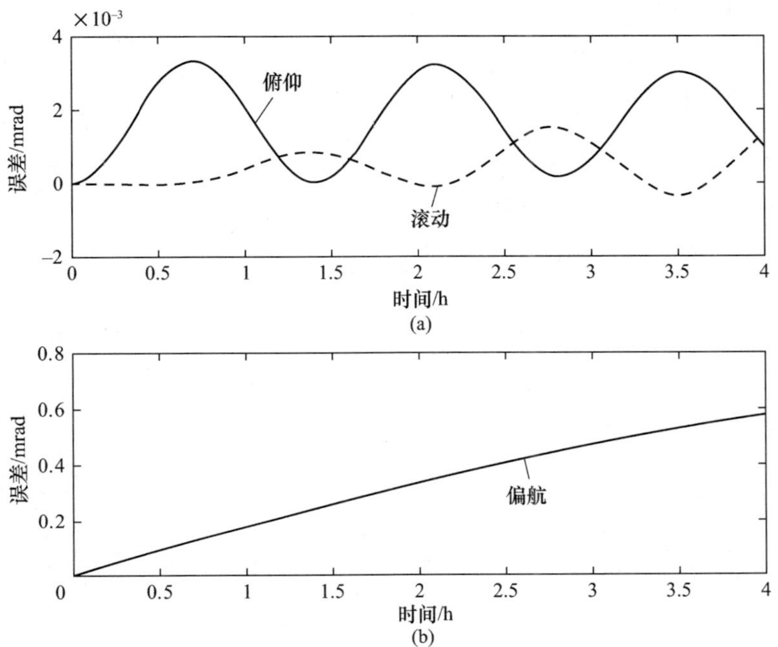

图 1.8 源自 0.01(°)/h 垂直陀螺零偏的欧拉角误差

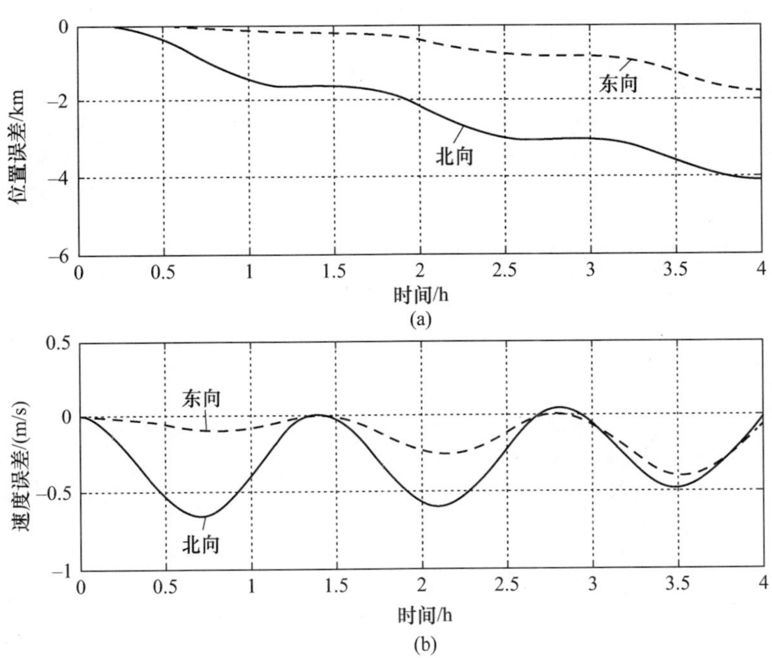

图 1.9 源自 1mrad 初始方位角误差的位置/速度误差

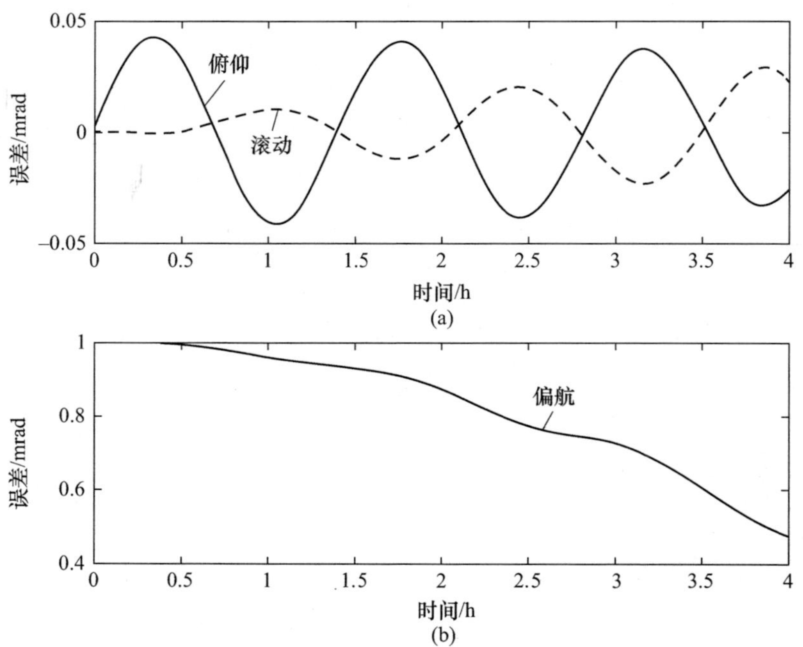

图 1.10　源自 1mrad 初始方位角误差的欧拉角误差

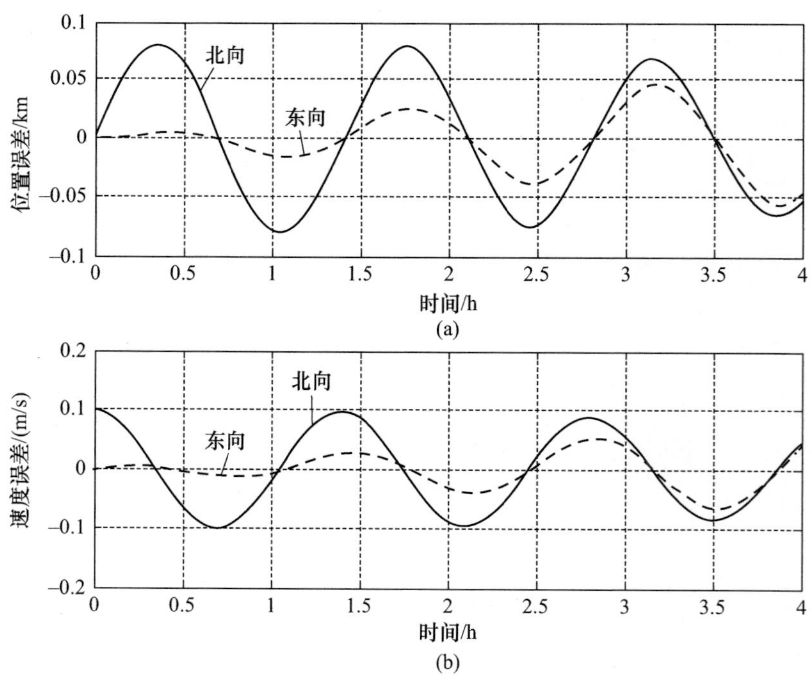

图 1.11　源自 0.1m/s 初始北向速度误差的位置/速度误差

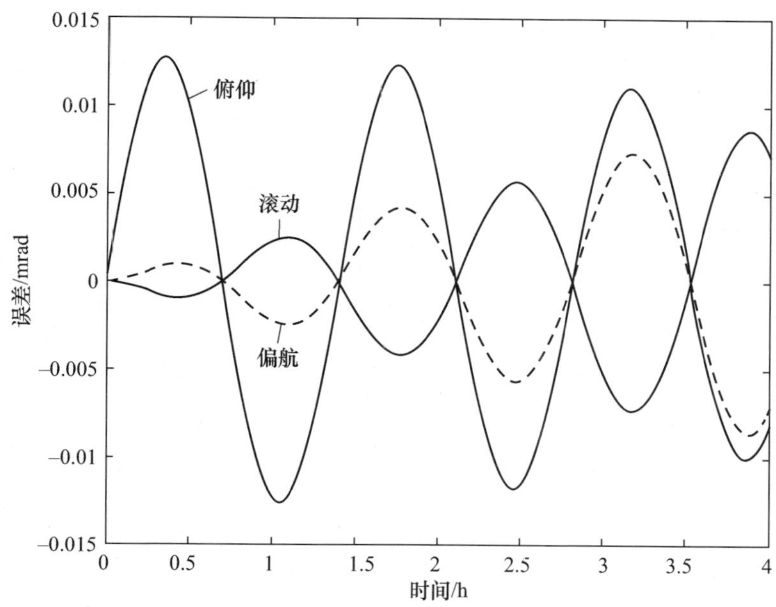

图 1.12　源自 0.1m/s 初始北向速度误差的欧拉角误差

1.9.6.6　全部误差源的综合仿真

在本例中，对上述仿真的单个误差源全部同时进行仿真：100μg 北向加速度零偏，0.01(°)/h 东向陀螺零偏，0.01(°)/h 垂直陀螺零偏，1mrad 初始方位角误差，以及 0.1m/s 初始北向速度误差(图 1.13 和图 1.14)。

综合误差特性曲线看起来与水平陀螺零偏和初始方位角误差情况类似。为了说明这不是巧合，图 1.15 描绘出每种误差源连同综合误差源所导致的北向位置误差。

虽然长期误差明显受水平陀螺零偏和初始方位角误差所支配，但是初始化之后的最初几分钟加速度计零偏起着更大作用。图 1.16 对图 1.15 的最初几分钟进行了放大，明确证明了这一点。

此图清楚地说明了初始短期误差增长受水平加速度计零偏及初始速度偏差的支配。

1.9.6.7　垂直不稳定性

此时，读者可能已经发现本章所列举的所有仿真结果仅描述的是水平位置误差和速度误差，这并非意外。我们可以证明，惯性导航系统所谓的垂直通道有一个固有不稳定性，即垂直位置和/或速度测定中的任何摄动将导致正反馈，因而，会导致误差无限增加。所以不能在长周期(长于 2～3min)上采用单独的惯

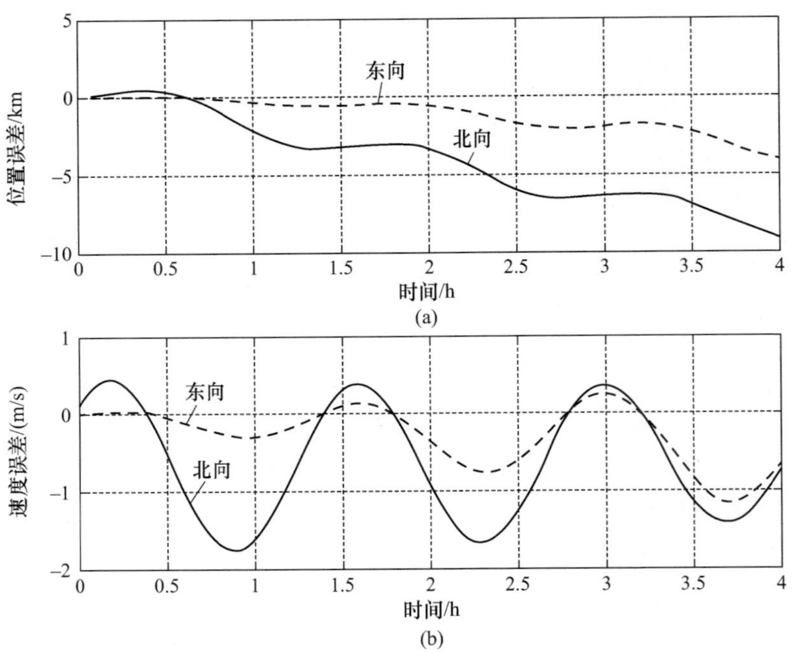

图 1.13　源自综合误差源的位置/速度误差

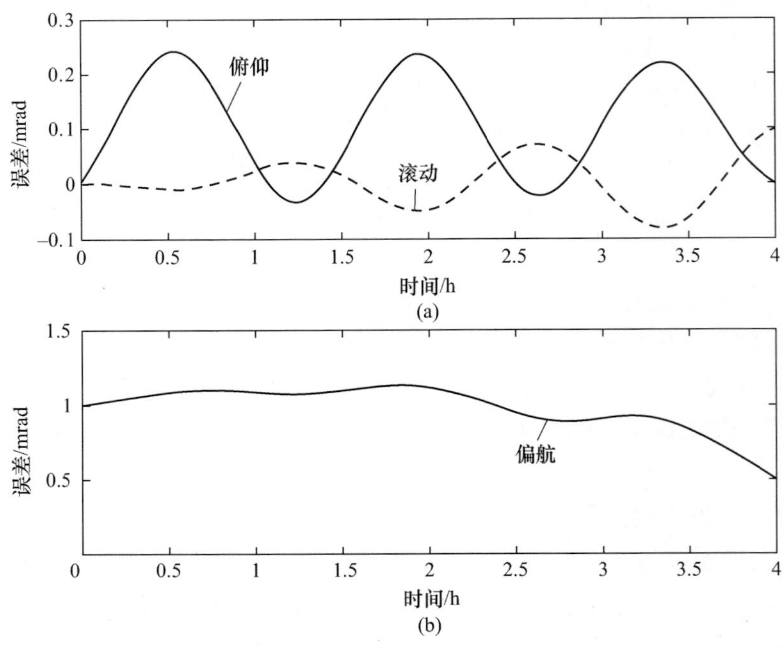

图 1.14　源自综合误差源的欧拉角误差

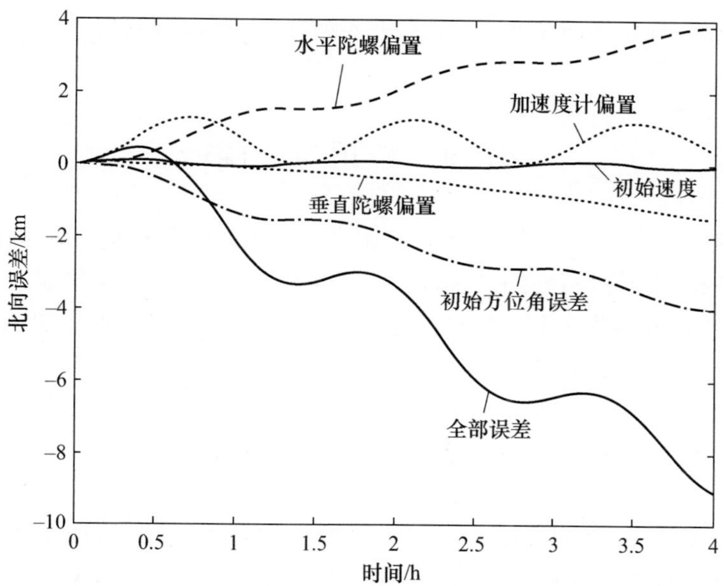

图 1.15　源自各种误差源的北向位置误差

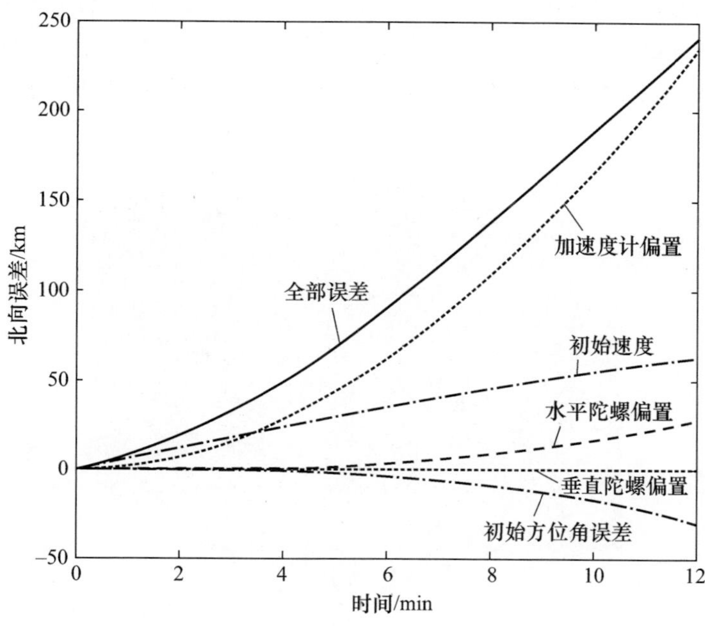

图 1.16　源自各种误差源的北向位置误差放大图(最初几分钟)

性导航系统完成高度测定。实际上,惯性系统的垂直通道总与外部高度信息设备结合使用。现代外部高度信息设备基本采用卫星导航系统[16,17],过去多采用气压测高仪[18]。

1.10 校正与补偿

虽然敏感器校正与补偿的内容已超出本章的范围,但我们必须清楚,这道程序和算法对于提供最精确的系统性能是必需的[19]。只有在零偏误差可重复成分得以校准且敏感器输出随温度变化得以补偿之后,顶级陀螺才能达到零偏误差小于 0.01(°)/h 的指标要求。

1.11 产品示例

世界上许多公司都可以生产导航级惯性导航系统产品,如法国的泰勒斯(Thales)和萨基姆(Sagem),德国的 iMAR,美国的霍尼韦尔(Honeywell)、基尔弗特(Kearfott)、L-3 以及诺斯罗普·格鲁曼(Northrop - Grumman)等公司。单价一般与具体客户进行商议,它与产量密切相关。目前,单价为 50000 ~ 100000 美元。

诺斯罗普·格鲁曼公司导航级产品 LN-251 是基于光纤陀螺并集成 GPS 功能的惯性导航产品[20]。该产品单机如图 1.17 所示,尺寸约为 26cm × 19cm × 14cm,质量大约是 5.8kg,平均无故障时间超过 20000h。图 1.18 所示为单机各部件分解图。

图 1.17 诺斯罗普·格鲁曼公司 LN-251 型惯性导航/GPS 产品

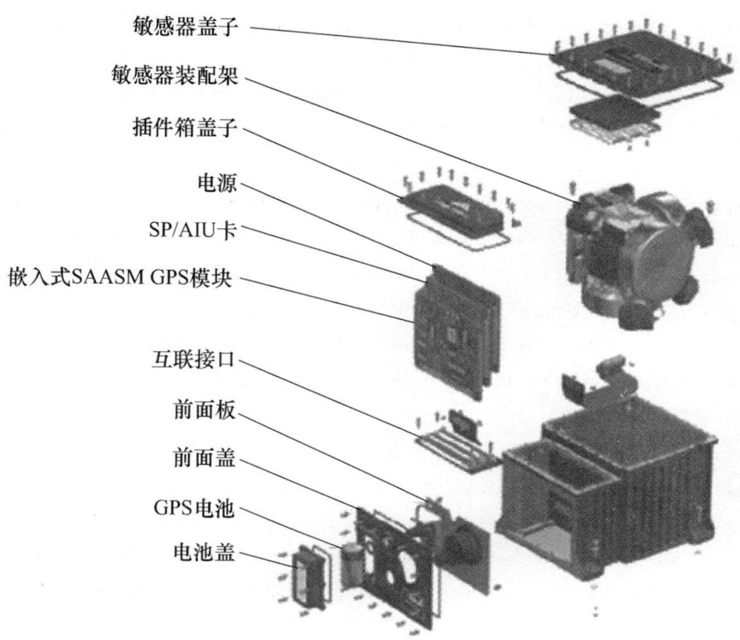

图 1.18 诺斯罗普·格鲁曼公司 LN－251 产品分解图

参 考 文 献

[1] S. F. Konovalov, "Devices and Sensors for Linear Acceleration Measurement," in *Aerospace Sensors*, edited by A. Nebylov, Momentum Press, LLC, New York, 2013.

[2] V. N. Branets, B. E. Landau, U. N. Korishko, D. Lynch, and V. Y. Raspopov, "Gyro Devices and Sensors," in Aerospace Sensors, edited by A. Nebylov, Momentum Press, LLC, New York, 2013.

[3] A. Lawrence, Modern Inertial Navigation Technology – Navigation, Guidance and Control, 2nd edition, Springer – Verlag, New York, 1998.

[4] D. Hsu, "An Accurate and Efficient Approximation to the Normal Gravity," 1998 IEEE Position, Location and Navigation Symposium(PLANS '98), Palm Springs, CA, USA, April 1998. IEEE, Piscataway, NJ, pp. 38 – 44.

[5] K. Britting, Inertial Navigation System Analysis, Wiley – Interscience, New York, 1971.

[6] A. Nebylov, "Introduction," in Aerospace Sensors, edited by A. Nebylov, Momentum Press, LLC, New York, 2013.

[7] J. B. Kuipers, Quaternions and Rotation Sequences: A Primer with Applications to Orbits, Aerospace and Virtual Reality, Princeton University Press, Princeton, NJ, 2002.

[8] D. Titterton and J. Weston, Strapdown Inertial Navigation Technology, 2nd edition, American Institute of Aeronautics and Astronautics, Reston, VA, 2005.

[9] M. Kayton and W. Fried, Avionics Navigation Systems, Wiley – Interscience, New York, 1997.

[10] M. Ignagni, "Efficient Class of Optimized Coning Compensation Algorithms," AIAA Journal of Guidance, Control and Dynamics, 1996, 19(2) 424 – 429.

[11] C. Jekeli, Inertial Navigation Systems with Geodetic Applications, Walter De Gruyter Inc. , Berlin, 2000.

[12] J. Mark and D. Tazartes, "On Sculling Algorithms," Third St. Petersburg International Conference on Integrated Navigation Systems, St. Petersburg, Russia, May 1996.

[13] P. Savage, "Strapdown Inertial Navigation Integration Algorithm Design Part 2: Velocity and Position Algorithms," AIAA Journal of Guidance, Control and Dynamics, 1998, 21(2), 208 – 221.

[14] P. Savage, "Computational Elements for Strapdown Systems," NATO Lecture Series RTO – EN – SET – 116 – 2009, Low – Cost Navigation Sensors and Integration Technology, 2009.

[15] G. R. Pitman, Jr. ,(1962). Inertial Guidance, John Wiley & Sons, Inc. , New York, 1962.

[16] P. Groves, Principles of GNSS, Inertial, and Multi – Sensor Integrated Navigation Systems, Artech House, Boston, 2008.

[17] M. Grewal, A. Andrews, and C. Bartone, Global Navigation Satellite Systems, Inertial Navigation, and Integration, 3rd edition, Wiley – Interscience, New York, 2013.

[18] J. S. Ausman, "A Kalman Filter Mechanization for the Baro – Inertial Vertical Channel," Proceedings of the 47th Annual Meeting of the Institute of Navigation, Williamsburg, VA, USA, June 1991.

[19] R. Rogers, Applied Mathematics in Integrated Navigation Systems, 3rd edition, American Institute of Aeronautics and Astronautics, Reston, 2007.

[20] C. Volk, J. Lincoln and D. Tazartes, "Northrop Grumman's Family of Fiber – Optic Based Inertial Navigation Systems," IEEE/ION Position, Location and Navigation Symposium (PLANS 2006), San Diego, CA, April 2006.

第2章 卫星导航系统

Walter Geri 玛涅蒂·马瑞利股份公司,博洛尼亚,意大利
Boris V. Shebshaevich 无线电导航与授时研究所,圣彼得堡,俄罗斯
Matteo Zanzi 博洛尼亚大学电气系“马可尼”电子信息工程,博洛尼亚,意大利

2.1 概　　述

本章介绍用于定位和导航的全球导航卫星系统(GNSS)。虽然卫星导航是很复杂的系统,但是人们通常将利用卫星导航的终端设备称为“卫星导航系统敏感器”,本章将对这个概念给出一般性概括。首先,描述定位卫星系统在参考系内的定位问题;然后,介绍GNSS基本内容和发展前景,简述美国GPS“黄金标准”、俄罗斯GLONASS(几年前恢复并更新)、欧洲“伽利略”和中国“北斗”导航系统,以及正在开发的日本准天顶卫星系统(QZSS)和印度区域导航卫星系统(IRNSS)的主要性能;其次,将介绍所有全球导航卫星系统常见的误差源和接收机结构等,2.8节介绍卫星导航系统的更新和增强(地基增强系统GBAS和星基增强系统SBAS);最后,简短概括卫星导航系统在航空领域中的一些主要应用。

本章的主要关注点是卫星导航定位原理、根据卫星信号可以获取的测量信息、数据处理方法、影响测量的效应以及它们如何传播等。选择这些关注点是因为这些原理对所有GNSS都通用,可以为读者提供解决问题的方法。在参考书目中对某些特定主题进行了深度研究,给出了一些研究成果,但是新的成果很快又会涌现出来,因为相关研究依然在不间断进行,且新的应用层出不穷。

2.2 发 展 过 程

借助人造地球卫星实现无线电导航的研究,始于第一颗人造卫星发射前,约在20世纪50年代早期。科研人员最初观察到跟踪卫星轨道的地面卫星数据链路信号中存在多普勒效应,从而受到启发[1-5],开始研究卫星信号用于导航定位的可能性。20世纪60年代,利用卫星为陆地进行无线电导航成为一个试验课

题，之后，开始试验海上定位应用，紧接着，在20世纪70年代早期开始应用到航空导航。近年来，电子元器件不断小型化，导致便携式低造价接收机得以广泛应用，现在，大多数新生产的飞机都具有机载卫星导航接收机，可以进行三维(3D)定位和精确授时。国际民航组织(ICAO)已经定义了一个通用系统，它包括目前正在使用的以及未来的、地球同步卫星在内的多个卫星导航系统(GPS、GLONASS和“伽利略”等)，共同命名GNSS。GNSS接收机是基于多个定位服务卫星进行综合的定位和导航设备。从本质上来说，它是一个只能接收不能发射、基于若干卫星和航空器之间距离及距离变化量的被动敏感器。

GNSS的主要优点是可以提供全球全天候导航服务，其缺点是卫星与接收机之间通信链路距离过长，接收机接收到的信号功率较低，信号易受干扰等。

2.3 卫星导航系统基本原理

GNSS的结构由以下3部分组成。

(1) 发射无线电信号的卫星星座，这些信号表示距离(卫星和用户之间的距离)和距离变化率信息。这部分可以称为空间段。

(2) 由接收机和计算导航解处理装置组成的整个机载设备。这部分称为用户段。

(3) 一组监视卫星信号的地基站。每个地基站都由一个主控制站和一个注入站组成，主控制站完成对监控数据的计算，在注入站通过地面天线把获取的数据向卫星上传。这部分称为控制段。

为完成卫星导航数据计算，主控制站另一项主要任务是进行卫星轨道修正和时钟调整。

卫星导航系统基于直接测距的原理，直接测量从发射机到接收机之间无线信号的传播时间(类似陆地无线导航系统，如罗兰－C(Loran－C)系统、台卡导航系统(Decca)和欧米伽远程导航系统(Omega))等。

两者之间的距离与传播时间成正比，因为无线电信号的传播速度可看作常数，等于真空中的光速。利用这个原理，接收机需要测量卫星发出的无线电信号到达用户接收机的时间，为此，接收机需要配置性能稳定低成本的时钟。

卫星导航系统较于地基无线电导航系统的主要优点是精度较高，很少受到气候条件影响，能提供全球范围导航服务。另外，其主要缺点如下。

(1) 系统整体性能容易受到空间信号干扰。

(2) 如果缺乏足够数目的可视卫星信号，导航解可能会无效。这个问题既可能由信号屏蔽引起，也可能由于在观测范围内卫星数目不够所致。

(3) 为了满足特殊应用的精度、完好性和实用性的需求,还需要增加外部设备。

2.3.1 几何问题

为了测量无线信号的传播时间,需要一个通用的包含全部卫星星座的基准时间系统。卫星系统控制段负责基准时间系统的校准。

假设接收机时钟与通用基准时间系统同步,那么,所有接收到的卫星信号的发射时间为已知。此时,很容易把每个信号的到达时间变换成相应卫星和接收机天线之间的距离数据。在二维情况中(用户、卫星位置处于平面中),用户候选位置位于以计算出的距离为半径、以对应卫星为圆心的一个圆周上。图 2.1 描绘出分别对应于卫星 1 和卫星 2、距离分别为 R_1 和 R_2 的定位情况。在此情况中,A 点和 B 点代表用户位置,这两点都满足距离约束条件。为了解决二义性,有以下两种可选方法。

(1) 至少再增加一颗卫星的距离信息。

(2) 进一步利用几何约束条件,摒弃两个候选解中的一个。

在三维情况中,每次接收到的距离信息把接收机候选位置变成球面上的点,球面的圆心在对应卫星上。根据两球面之间的交点,可以获得与两颗卫星距离相兼容的一组用户位置。结果如图 2.2 中圆周所示。

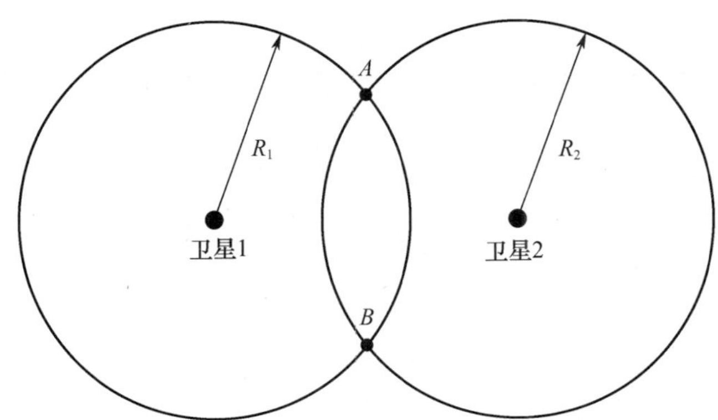

图 2.1 基于两颗卫星距离的二维定位

图 2.2 提供了很有价值的问题,候选用户位置的圆周位于一个平面上,这个平面正交于卫星 1 和卫星 2 的连线,此外,平面与连线的交点决定圆周的中心。通过第 3 颗卫星距离信息,使候选用户位置缩为图 2.3 所示的 A、B 两点,其中 Π 为由卫星 1、2、3 位置所确定的平面,而 Γ 为由卫星 1 和卫星 2 两球面之交点所确定的圆周。

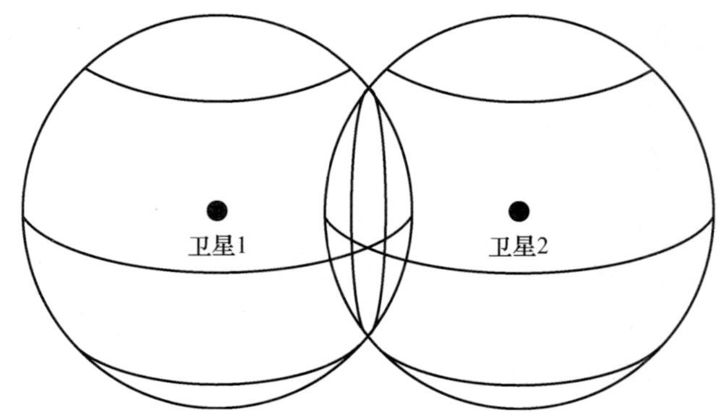

图 2.2　基于两颗卫星距离的三维定位

我们注意到,由此产生的候选用户位置是相对于卫星平面 Π 互相映射的两个点。对于具体应用来说,不存在二义性,因为用户总是位于平面 Π 之下,即在卫星和地球表面之间。另外,为避免空间导航应用的二义性,需要进一步增加几何约束条件或至少再增加 1 颗卫星距离信息。

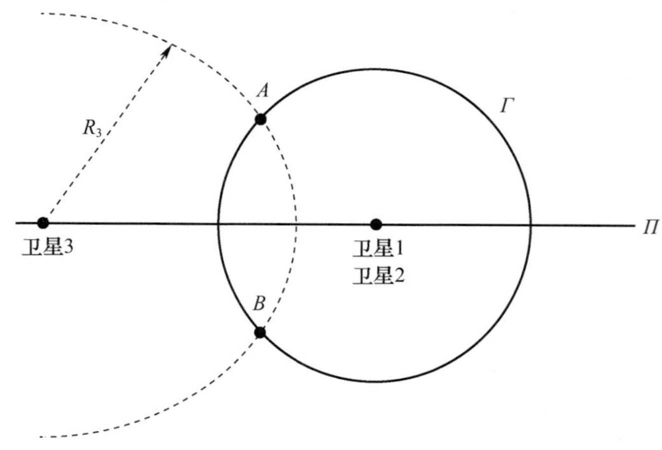

图 2.3　基于 3 颗卫星距离的三维定位

2.3.2　基准坐标系

如前所述,由卫星测距完成用户位置计算,需要采取常用的基准坐标系描述用户和卫星两者的位置(注意:同样也可以描述用户速度)。

2.3.2.1　地球中心惯性坐标系

地球中心惯性(ECI)坐标系是原点与地球质量中心固连、不绕恒星旋转的右手正交坐标系(x、y、z 轴)。虽然地球中心惯性坐标系可以用多种方法定义[6]，但是通常 x、y 轴位于地球赤道平面。

地球中心惯性坐标系典型应用是作为惯性基准描述卫星动力学：实际情况中，在制定运动方程时，地球转动效应被忽略不计。因为地球质量中心及其自转轴的速度矢量不是常数，所以地球中心惯性坐标系不是纯惯性坐标系。为了克服这个问题，ECI 坐标轴的方向可以参考某一特殊时刻地球赤道平面来定义。

2.3.2.2 地心地球固连坐标系

航空导航应用需要相对一地球基准系获取用户位置和速度。地心地球固连（ECEF）坐标系是原点位于地球质量中心的右手正交坐标系（x、y、z 轴）。ECEF 坐标系的一般规定是：假设 x 轴和 y 轴两者都位于地球赤道平面（就像 ECI 坐标系），但是 x 轴相交于格林尼治子午线，随地球转动。值得注意的是，利用 ECEF 坐标系计算用户位置和速度，需要在相同基准坐标系描述的全部参量，包括卫星轨道。为使 ECI 坐标系变换到 ECEF 坐标系，必须对位置和速度矢量施加一个适当的绕 z 轴的基本时变旋转[7]。

2.3.2.3 大地测量坐标系

一般导航应用涉及用户的位置，它包括相对地球标准物理模型的纬度、经度和高度。应用最广的模型是在 NIMA（2000）定义并被指定为大地测量坐标系 1984（WGS84）。在 WGS84 中地球模型是一个特殊的椭圆体，其中，平行于赤道平面（ECEF 坐标系的 x、y 平面）的横截面是圆，而包含 ECEF 坐标系 z 轴的横截面是椭圆。

在图 2.4 中，a 和 b 分别为椭圆的长半轴和短半轴。椭圆的偏心率定义为

$$e = \sqrt{1 - \frac{b^2}{a^2}}$$

我们将会注意到，对三维空间中任意点 P，一组 ECEF 坐标（x_p、y_p、z_p）和一组 WGS84 坐标 ϕ、λ、h，两者是等效的。具体地说，ϕ、λ、h 分别表示纬度、经度和高度。图 2.4 给出了 ϕ、λ 和 h 参数与笛卡儿坐标（x_p、y_p、z_p）之间的关系，图中，$\boldsymbol{\Pi}_T$ 是与 WGS84 标准椭圆体在 S 点的正切平面，S 表示 P 点向椭圆表面的正交投影，而 n 是向当地正切平面 $\boldsymbol{\Pi}_T$ 的测量法线。

更详细地说，下面的表达式给出了对应于一组已知大地测量系参数的笛卡儿坐标，即

$$\begin{cases} x_p = (\|\boldsymbol{OC}\| + \|\boldsymbol{CS}\|\cos\phi)\cos\lambda + h\cos\phi\cos\lambda \\ y_p = (\|\boldsymbol{OC}\| + \|\boldsymbol{CS}\|\cos\phi)\sin\lambda + h\cos\phi\sin\lambda \\ z_p = \|\boldsymbol{CS}\|\sin\phi + h\sin\phi \end{cases} \tag{2.1}$$

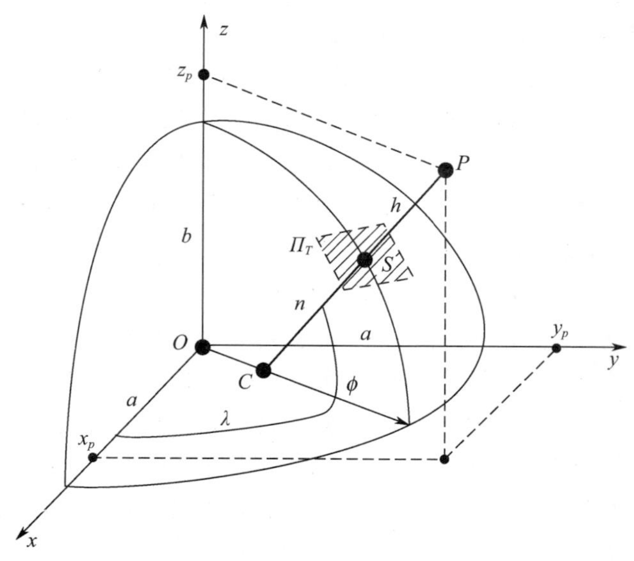

图 2.4　作为椭圆形状的地球模型

根据基本几何知识可求出以下几个位置参数，即

$$\begin{cases} \| \boldsymbol{OC} \| = de^2\cos\phi \\ \| \boldsymbol{CS} \| = (1-e^2) \\ d = \dfrac{a}{\sqrt{1-e^2\sin^2\phi}} \end{cases} \tag{2.2}$$

在这里，参照图 2.4，d 表示连接 S 点与沿测量法线 n 方向 z 轴的部分长度。

反之，从笛卡儿坐标向大地测量参数的转换更为复杂，但是在基于卫星系统的导航中仍非常重要。我们推荐的基于迭代计算的方法可以实现快速收敛。下面是算法的具体步骤。

(1) 如果$(x_p^2+y_p^2)=0$，那么，经度 λ 不能确定，且

$$\begin{cases} \phi = \pi/2, & z_p > 0 \\ \phi = -\pi/2, & z_p < 0 \end{cases}$$

$$\begin{cases} h = z_p - b, & z_p > 0 \\ h = -z_p - b, & z_p < 0 \end{cases}$$

算法到此结束。

(2) 直接计算经度 λ(在此假设 $x_p^2+y_p^2>0$)，即

$$\begin{cases} \lambda = \arctan(y_p/x_p), & x_p \geqslant 0 \\ \lambda = \pi + \arctan(y_p/x_p) & x_p < 0 \text{ 且 } y_p \geqslant 0 \\ \lambda = -\pi + \arctan(y_p/x_p), & x_p < 0 \text{ 且 } y_p < 0 \end{cases} \tag{2.3}$$

（3）任意设定灵敏度等级 ε_ϕ 和 ε_h，以确定迭代过程的收敛条件，并用下面的初值对算法进行初始化，即

$$\phi_s = \frac{\pi}{2}, \quad d_s = \frac{a}{\sqrt{1-e^2}}, \quad h_s = 0$$

（4）计算与纬度相关的新值，即

$$\phi_n = \arctan\left(\frac{z_p}{\sqrt{x_p^2+y_p^2}}\frac{d_s+h_s}{d_s(1-e^2)+h_s}\right), \quad d_n = \frac{a}{\sqrt{1-e^2\sin^2\phi_n}} \tag{2.4}$$

（5）计算新的高度值，即

$$\begin{cases} h_n = \dfrac{\sqrt{x_p^2+y_p^2}}{\cos\phi_n} - \delta_n, & -\dfrac{\pi}{4} \leqslant \phi_n \leqslant \dfrac{\pi}{4} \\ h_n = \dfrac{z_p}{\sin\phi_n} - \delta_n(1-e^2), & \phi_n > \dfrac{\pi}{4} \text{或} \phi_n < -\dfrac{\pi}{4} \end{cases} \tag{2.5}$$

（6）评估所得结果的收敛情况。

如果 $|\phi_n - \phi_s| < \varepsilon_\phi$ 且 $|h_n - h_s| < \varepsilon_h$，则 $\phi = \phi_n, h = h_n$，算法到此结束；否则，$\phi_s = \phi_n, \delta_s = \delta_n, h_s = h_n$，返回到步骤（4）。

如上所述，算法的快速收敛取决于特定的纬度修正表达式 ϕ_n 的选择。事实上，相对 d_s 和 h_s 的误差，ϕ_n 的灵敏度很低，根据式（2.4）很容易得到证明。

正如参考文献[8]所描述的，除了上述给出的算法（精度要求越高，迭代次数越多）之外，由笛卡儿坐标求大地测量纬度 ϕ 和高度 h 的闭式解还有很多方法。

2.3.3 经典数学模型

如前所述，为确定用户位置，至少需要一组卫星距离信息和对应的卫星位置信息。

关于卫星轨道，经典数学模型基于下面的方程，即

$$\frac{\mathrm{d}^2 \boldsymbol{r}_s}{\mathrm{d}t^2} = (\nabla \boldsymbol{V})^{\mathrm{T}} + \boldsymbol{a}_d \tag{2.6}$$

参照 ECI 坐标系，$\boldsymbol{r}_s$ 和 $\boldsymbol{a}_d$ 分别为卫星位置和摄动加速度所表示的矢量，而 $\boldsymbol{V}$ 是地球重力势。$\boldsymbol{a}_d$ 是由于月球和太阳引力、太阳辐射压力及卫星机动而导致的附加加速度的模型。考虑到椭圆球体和地球质量分布的非均匀性，重力势 $\boldsymbol{V}$ 必须以球谐函数系列作为模型[9]。

现在，假设一组 n 个卫星距离测量值 $r_i(i=1,2,\cdots,n)$ 在用户接收机有效，

没有任何误差。此外，假设通过接收到的星历而获知几颗卫星的位置，矢量 $\boldsymbol{s}_i = (X_i \quad Y_i \quad Z_i)^{\mathrm{T}}$（位于 ECEF 坐标系）表示 r_i 指向的第 i 颗卫星的位置。用户距离测量值和卫星位置之间的关系式表述为

$$r_i = \|\boldsymbol{s}_i - \boldsymbol{u}\| = \sqrt{(X_i - x_u)^2 + (Y_i - y_u)^2 + (Z_i - z_u)^2}, \quad i = 1, 2, \cdots, n \tag{2.7}$$

式中：$\boldsymbol{u} = (x_u \quad y_u \quad z_u)^{\mathrm{T}}$ 是未知用户的位置，其分量表示 ECEF 笛卡儿坐标。

正如参考文献[10]中所广泛使用的，在此坐标系中，如果用户接收机至少有 $n = 3$ 个距离测量值，则可以根据式(2.7)线性化的迭代过程，计算出 x_u、y_u、z_u。

此外，假设一组 n 个卫星距离变化率测量值 $\dot{r}_i (i = 1, 2, \cdots, n)$ 有效可用，没有任何误差。对式(2.7)微分可以获取距离变化率测量值与用户和卫星速度之间的关系式，即

$$\dot{r}_i = \boldsymbol{I}_i^{\mathrm{T}}(\boldsymbol{v}_i - \boldsymbol{v}_u) = (l_{xi} l_{yi} l_{zi}) \begin{pmatrix} \dot{X}_i - \dot{x}_u \\ \dot{Y}_i - \dot{y}_u \\ \dot{Z}_i - \dot{z}_u \end{pmatrix}, \quad i = 1, 2, \cdots, n \tag{2.8}$$

其中

$$\boldsymbol{I}_i^{\mathrm{T}} = (l_{xi} l_{yi} l_{zi}) = \left(\frac{X_i - x_u}{r_i} \quad \frac{Y_i - y_u}{r_i} \quad \frac{Z_i - z_u}{r_i} \right), \quad i = 1, 2, \cdots, n \tag{2.9}$$

表示用户和第 i 颗卫星之间的视线（单位矢量）。如果按照以前阐述的方法计算出用户位置，则可知道方向余弦 l_{xi}、l_{yi}、l_{zi}。此外，借助接收到的卫星星历，可求出第 i 颗卫星速度分量 $\dot{X}_i$、$\dot{Y}_i$、$\dot{Z}_i$。在此框架中，$n = 3$，距离变化率测量值足以确定用户速度矢量 $\boldsymbol{V}_u$ 的 ECEF 笛卡儿坐标分量 $\dot{x}_u$、$\dot{y}_u$、$\dot{z}_u$，此时，不再需要用迭代过程求解。事实上，若式(2.8)中 $n = 3$，所提供的卫星彼此有不同的视线，则可以确定线性方程组的一个非奇异平方系统。

星载时钟具有很高的精度，而且它们不断进行同步，所以通常卫星时间系统可以作为标准时间系统。然而，用户接收机设备中的时钟却不能认为与标准时间系统相匹配。因此，导航解的误差相对所需要的精度一般要大得多。事实上，在造价和性能之间进行平衡，当前接收机时钟一般都使用晶体振荡器，可获得较好的短期稳定性。根据这个情况，当考虑接收机测量值（伪距 ρ_i 和伪距变化率 $\dot{\rho}_i$）时，用户时钟的时间偏移 Δt_u 和用户振荡器的频率偏移（导致用户时间相对

标准时间产生 $\dot{t}_u$ 偏移),必须包含在式(2.7)的距离和式(2.8)的距离变化率之中。此外,我们还特别观察到,有效测量受到若干其他误差源的影响,如大气效应、接收信号的多径效应以及接收机产生的噪声等。因此,伪距和伪距变化率测量值两者的经典模型需要增加一个代表测量误差的附加项。

在此情况中,Δt_u 定义为接收机时钟相对标准时间系统的偏差,在替代式(2.7)时,它是一个另外未知的量,一组 n 个新方程提供伪距模型为

$$\rho_i = \sqrt{(X_i - x_u)^2 + (Y_i - y_u)^2 + (Z_i - z_u)^2} + c\Delta t_u + \xi_i, \quad i = 1, 2, \cdots, n \tag{2.10}$$

式中:c 为真空中的光速;ξ_i 为伪距测量误差。ξ_i 的经典模型很简单,可由均值和方差 $\sigma_{\xi i}^2$ 为零的平稳随机变量给出。

为了借助下面的迭代算法而获取用户位置坐标 x_u、y_u、z_u 和用户时钟偏移 Δt_u 的最佳估算,可以采用最小二乘(LS)法[11]。

基于式(2.10)模型,围绕 $\boldsymbol{P}_0 = (x_{u0} \quad y_{u0} \quad z_{uo} \quad \Delta t_{u0})$ 进行线性化算法,即

$$\tilde{\rho}_i = (l_{xi} \quad l_{yi} \quad l_{zi} \quad 1)\begin{pmatrix} \tilde{x}_u \\ \tilde{y}_u \\ \tilde{z}_u \\ -c\Delta\tilde{t}_u \end{pmatrix} + \xi_i', \quad i = 1, 2, \cdots, n \tag{2.11}$$

其中

$$l_{xi} = \frac{\partial r_i}{\partial x_u}\bigg|_{P_0} = \frac{X_i - x_u}{r_i}\bigg|_{P_0}, \quad l_{yi} = \frac{\partial r_i}{\partial y_u}\bigg|_{P_0} = \frac{Y_i - y_u}{r_i}\bigg|_{P_0}, \quad l_{zi} = \frac{\partial r_i}{\partial z_u}\bigg|_{P_0} = \frac{Z_i - z_u}{r_i}\bigg|_{P_0}$$

$$\tilde{\rho}_i = \rho_i - \rho_{i0}, \quad \tilde{x}_u = x_u - x_{u0}, \quad \tilde{y}_u = y_u - y_{u0}, \quad \tilde{z}_u = z_u - z_{u0}, \quad \Delta\tilde{t}_u = \Delta t_u - \Delta t_{u0}$$

式中:ρ_{i0} 根据所选择的线性化点 $\boldsymbol{P}_0$ 进行计算;ξ_i' 含有测量和线性化误差。

代替式(2.8)表示伪距变化率模型的一组新方程如下式所示,其中,除了 $\dot{x}_u$、$\dot{y}_u$、$\dot{z}_u$ 外,相对于标准时间的用户时间偏移 $\dot{t}_u$ 是另外的未知量,即

$$\dot{\rho}_i = (l_{xi} \quad l_{yi} \quad l_{zi})\begin{pmatrix} \dot{X}_i - \dot{x}_u \\ \dot{Y}_i - \dot{y}_u \\ \dot{Z}_i - \dot{z}_u \end{pmatrix} + c\dot{t}_u + v_i, \quad i = 1, 2, \cdots, n \tag{2.12}$$

式中:v_i 为伪距变化率测量误差,此时,经典模型由均值为零和方差为 $\sigma_{v_i}^2$ 的平稳随机变量给出。

我们将会看到,通常,通过测量卫星发射信号载波多普勒频移代替伪距变化

率[5]。多普勒频移 Δf_i 和伪距变化率 $\dot{\rho}_i$ 之间的关系为

$$c\frac{\Delta f_i}{f_0} = -\dot{\rho}_i \tag{2.13}$$

式中:f_0 为卫星发射信号载波频率的标称值。

2.3.4 用户位置和速度的计算

假设所有误差分量 ξ_i' 都有相同的方差,且相互之间没有关联,在此情况下,计算用户位置经典算法步骤描述如下。

(1) 为了确定迭代过程的收敛条件,任意设定灵敏度 ε,并设定下面的初值,即

$$x_u = 0,\quad y_u = 0,\quad z_u = 0,\quad \Delta t_u = 0$$

(2) 令 $\hat{x}_u = x_u$, $\hat{y}_u = y_u$, $\hat{z}_u = z_u$, $\Delta\hat{t}_u = \Delta t_u$,并计算 n 颗被跟踪卫星的以下数据,即

$$\begin{cases} \hat{r}_i = \sqrt{(X_i - \hat{x}_u)^2 + (Y_i - \hat{y}_u)^2 + (Z_i - \hat{z}_u)^2}, \quad \hat{\rho}_i = \hat{r}_i + c\Delta\hat{t}_u, \quad i = 1,2,\cdots,n \\ \hat{l}_{xi} = \dfrac{X_i - \hat{x}_u}{\hat{r}_i}, \quad \hat{l}_{yi} = \dfrac{Y_i - \hat{y}_u}{\hat{r}_i}, \quad \hat{l}_{zi} = \dfrac{Z_i - \hat{z}_u}{\hat{r}_i}, \quad i = 1,2,\cdots,n \end{cases}$$

(3) 根据式(2.2),按照最小二乘估算法,其距离解为

$$\begin{pmatrix} \tilde{x}_u \\ \tilde{y}_u \\ \tilde{z}_u \\ -c\Delta\tilde{t}_u \end{pmatrix} = \hat{\boldsymbol{H}}^{-1}\tilde{\boldsymbol{\rho}} = \begin{pmatrix} \hat{l}_{x1} & \hat{l}_{y1} & \hat{l}_{z1} & 1 \\ \hat{l}_{x2} & \hat{l}_{y2} & \hat{l}_{z2} & 1 \\ \vdots & \vdots & \vdots & \vdots \\ \hat{l}_{xn} & \hat{l}_{yn} & \hat{l}_{zn} & 1 \end{pmatrix}^{-1} \begin{pmatrix} \hat{\rho}_1 - \rho_1 \\ \hat{\rho}_2 - \rho_2 \\ \vdots \\ \hat{\rho}_n - \rho_n \end{pmatrix} \tag{2.14}$$

式中:$\hat{\boldsymbol{H}}^{-1}$ 是 $\hat{\boldsymbol{H}}$ 的摩尔-潘罗斯(Moore-Penrose)伪逆。

(4) 计算新解,即

$$x_u = \hat{x}_u + \tilde{x}_u,\quad y_u = \hat{y}_u + \tilde{y}_u,\quad z_u = \hat{z}_u + \tilde{z}_u,\quad \Delta t_u = \Delta\hat{t}_u + \Delta\tilde{t}_u$$

(5) 估算获取解的收敛性。

如果 $\|\tilde{x}_u\quad \tilde{y}_u\quad \tilde{z}_u\quad c\Delta\tilde{t}_u\| < \varepsilon$,那么,算法到此结束;否则,返回式(2.3)那一步。

此外,非线性方程式(2.10)描述的系统还可以用若干方法求解,如采用参考文献[12]所提供的闭式解法等。

关于用户速度计算,根据式(2.12)和式(2.13)及已知的用户位置,在假设所有误差分量具有相同方差且相互之间没有关联的情况下,经典最小二乘估计为

$$\begin{pmatrix} \dot{x}_u \\ \dot{y}_u \\ \dot{z}_u \\ -c\Delta \dot{t}_u \end{pmatrix} = \boldsymbol{H}^{-1}\boldsymbol{f}_d = \begin{pmatrix} l_{x1} & l_{y1} & l_{z1} & 1 \\ l_{x2} & l_{y2} & l_{z2} & 1 \\ \vdots & \vdots & \vdots & \vdots \\ l_{xn} & l_{yn} & l_{zn} & 1 \end{pmatrix}^{-1} \begin{pmatrix} l_{x1}\dot{X}_1 + l_{y1}\dot{Y}_1 + l_{z1}\dot{Z}_1 + \frac{c}{f_0}\Delta f_1 \\ l_{x2}\dot{X}_2 + l_{y2}\dot{Y}_2 + l_{z2}\dot{Z}_2 + \frac{c}{f_0}\Delta f_2 \\ \vdots \\ l_{xn}\dot{X}_n + l_{yn}\dot{Y}_n + l_{zn}\dot{Z}_n + \frac{c}{f_0}\Delta f_n \end{pmatrix} \tag{2.15}$$

误差的深度分析(限于本框架的位置)一般借助下述因子分离完成[13],即

$$\varepsilon_{\text{sol}} = \text{UERE} \cdot \text{DOP} \tag{2.16}$$

式中:ε_{sol}为位置解所导致的误差;UERE 为用户等效距离误差,它表示每个伪距测量误差源的总体影响;DOP 为精度稀释因子,它表示测量误差解的灵敏度(关于 UERE 的更详细论述将在下面章节给出)。

此外,DOP 取决于用户和卫星星座之间的几何关系。正如参考文献[13]所论及的,还可以定义若干 DOP 参数,它们与 $\boldsymbol{H}$ 矩阵性能直接相关,其中,借助$\hat{\boldsymbol{H}}$作为特例对式(2.14)线性化时,对 $\boldsymbol{H}$ 已有过表述。尤其是常用的精度几何稀释因子 GDOP 定义为

$$\text{GDOP} = \sqrt{\frac{1}{\lambda_{s1}^2} + \frac{1}{\lambda_{s2}^2} + \frac{1}{\lambda_{s3}^2} + \frac{1}{\lambda_{s4}^2}} = \sqrt{\text{tr}\{(\boldsymbol{H}^{\text{T}}\boldsymbol{H})^{-1}\}} \tag{2.17}$$

式中:$\lambda_{si}(i=1,2,\cdots,4)$ 表示矩阵 $\boldsymbol{H}$ 的非零(正)奇异值。

2.4 卫星导航系统

GPS 和 GLONASS 作为双用途系统进行设计,对它们的公开信号可以自由访问,使其可以为世界范围用户提供导航服务。

GPS 和 GLONASS 的成功应用,以及全球导航卫星系统的战略重要性,促使欧盟、中国、日本和印度等开始研制他们自己的全球或区域导航系统。设计者不断改进这些未来导航系统的性能,因此,美国和俄罗斯(GPS 和 GLONASS 的提供者)对自己的系统也在不断更新,以保持其在卫星导航领域的领先地位。新

技术的应用大大改善了卫星导航系统的精度、实用性和抗干扰能力,提高了导航服务的质量,由此也把全球卫星导航系统的弱点减至最小。

全球卫星导航系统新参与者的出现,迫使 GNSS 提供者在世界范围的行动要协调一致。一方面,这种协调也确保所有 GNSS 之间具有相互可操作性,确保兼顾几个系统用户的利益;另一方面,它也需要在系统之间提供兼容性,以使不同的 GNSS 相互之间不受干扰,这一点对各自国家导航独立性也很重要。

2.4.1 GPS

GPS 是 1973 年美国国防部(DOD)多重服务计划所构想的卫星定位和导航系统[4,5]。美国空军通过位于加利弗尼亚洛杉矶空间总部的 GPS 联合计划处(JPO)管理总体计划。计划的执行结果是建立起了全天候无线电导航系统,它允许配备 GPS 接收机的任何用户在地面和空中无论何处都能确定其三维位置、速度和时间(PVT)。

GPS 是一测距系统,它意味着能够提供用户至卫星的距离测量,连同与卫星位置相关的数据,通过用户设备处理,以计算动态环境中的四维导航解(用户位置和时间)。它也能给出多普勒距离变化率信息。这是一种被动的导航手段:GPS 用户接收机并不发射任何信号,只是从 GPS 卫星接收信号。所有 GPS 信号共用相同的载波,信号复用基于码分多址(CDMA)方式。这样可降低无线电接收设备的复杂性。

GPS 的主要优点是可提供精确的全球全天候导航服务,其时间保持不变,因此,不受任何漂移的影响。其主要缺点是卫星信号易受故意和非故意干扰的影响,以及由于信号屏蔽或缺乏可视性而造成的信号暂时丢失。这些影响会导致暂时无法定位,不能完成某些应用。因此,需要增添其他敏感器和/或数据融合来克服这些问题。

2.4.1.1 GPS 结构

GPS 设计可提供两种定位服务:精确定位服务(PPS)和标准定位服务(SPS)。SPS 对全球任何用户都可免费使用,它最初基于 GPS 信号中 L1 频率载波调制的粗测距(C/A)码的跟踪测量。SPS 的精度一般为米级。不过,为了拒绝对非友军(及某种情况下的民间)提供精度定位服务,可引入选择有效性(SA)增大人为误差实施欺骗,这个人为误差影响卫星时钟相位和星历日期,国防部在任意时间都可插入,以使 SPS 精度降低到约 100m。然而,美国于 2000 年 5 月取消了 SA。

拒绝非法用户之后,PPS 最初基于 L1 和 L2 载波调制的 P 码的捕获与跟踪。PPS 打算做成一个高精度和反欺骗(A－S)服务系统。因此,P 码总要通过加密处理(模-2加W码)进行滤波,变换成PPS应用的实际码Y码。Y码既无法伪造,也不能被不具加密能力的非法用户使用。只有加密GPS接收机,有代表性的有北约(NATO)和美国友好国家军事用户,才能享用PPS高性能服务,其定位精度只有几厘米。此外,与SPS用户不同,PPS用户可以除掉SA。当前,GPS都基于传统和现代信号实现两种定位服务。

GPS由三部分组成:空间段(SS)、操作控制段(OCS)和用户设备段(UES)。标准空间段由24颗工作卫星加3颗备用卫星构成的星座组成。24颗工作卫星位于6个以地球为中心的轨道平面内,每个平面有4颗卫星。该轨道近似为圆轨道,相对赤道平面的倾角为55°,绕地球自转轴以60°等间隔布排。用字母表前6个字母A、B、C、D、E、F指定轨道。每颗卫星距离地球表面的高度大约为20200km。标称轨道周期为11h58min,即恒星日(23h56min)的1/2。因此,1颗GPS卫星在1恒星日绕地球转2圈,但相对于24h的太阳日来说,每颗卫星出现在天空相同位置大约每天提早4min。

标示GPS卫星的方法有多种。第一种,字母后面加数字表示轨道平面和位于该轨道上的卫星(如B3代表轨道B上的3号卫星)。第二种,美国空军的表示法:卫星航天器数目(SVN)加导航星数目,如SVN2指卫星2。第三种表示由星载唯一的伪随机码(PRN)发生器表示1颗卫星,如PRN5。

每颗卫星的导航有效载荷由发射天线、数字处理设备及冗余原子钟组成,发射天线沿射频(RF)的视场覆盖角为28.6°。冗余原子钟为铯钟和铷钟,其稳定度为$1/10^{14} \sim 2/10^{14}$。良好的频率标准是GPS导航的核心;因此,为确保功能可靠性和精度,使用两个以上原子钟冗余组合获取频率是基本的要求。

自GPS问世以来,已经开发出7代卫星——模块Ⅰ、ⅠA、Ⅱ、ⅡA、ⅡR、ⅡR-M、ⅡF。目前(2016年3月),GPS空间段包括32颗卫星(图2.5),其中模块ⅡR 12颗,模块ⅡR-M 8颗,模块ⅡF 12颗。

新一代GPS-ⅡR-M卫星研发是GPS现代化改造的开始。模块ⅡR-M卫星的大量技术改进已经完成:提供定位可靠性和精度都较高的第二路民用信号L2C,提供改进型反欺骗保护和反干扰新军用信号L1M与L2M,升级天线控制面板以提高发射信号功率等。模块ⅡR-M卫星的运行把GPS精度从2001年1.6m提高到2009年0.9m(SIS URE)。第三路民用信号L5波段和可编程星载处理器将卫星工作寿命提高至12年,这些功能在下一代GPS-ⅡF卫星中将会实现。

目前,GPS-Ⅲ代卫星的设计正在进行中[14],系统逐渐复杂,它将提供以下内容。

(1) 独立操作,不要求发射窗口——卫星可以在全年任意时间射入任意轨

图 2.5　GPS 轨道星座

道平面。

(2) 高速、高精度卫星交叉通信链路(Ka 波段 22.5 ~ 23.55GHz,V 波段 59.3 ~ 64GHz,激光通信)。

(3) 工作在窄波束模式的大功率发射天线(功率提高到 27dB),以实现导航战的功能,这是美国国防部为特定军事工作领域用户提供导航服务的措施,这些功能包括以下方面。

① 搜索与救援(SAR)功能。

② 增加一个 L4 波段(1379.91MHz),补偿电离层误差。

③ 用 BOC(1,1)调制的 L1C 信号,兼容和互补 L1“伽利略”信号。

④ 星载整体监视能力。

操作控制段的责任是维护卫星,确保卫星各项功能正常。其工作包括:使卫星保持在适当的轨道位置和准确的高度;监视各子系统的健康和状态;维护导航有效载荷的适当功能。尤其是为了精确测得当前漂移并与 GPS 时间同步,操作控制段必须修正每颗卫星的时钟。此外,为把其精确位置存储在卫星上,操作控制段还要修正星历和年历。这些数据是每颗卫星通过导航电文连续向用户广播的最重要的信息。

为实现上述功能,操作控制段由 4 部分组成:主控制站(MCS)、备份主控制站(BMCS)、地面天线网络(GA)及全球分布监视站网络(MSS)。

全球分布监视站网络是使 GPS 卫星可视性最大化而围绕地球分布的地基接收站。最初,这个网络包含 5 个点位,分别位于夏威夷(美国)、科罗拉多(美国)、阿森松岛(南大西洋)、迪戈加西亚岛(印度洋)和夸贾林环礁(北太平洋)。2001 年,增设了卡纳维拉尔角(美国),使网络中站的数目增加到 6 个,2005—

2006 年，又增设了阿德莱德岛（澳大利亚）、布宜诺斯艾利斯（阿根廷）、赫米蒂奇（英国）、麦纳麦（巴林）、基多（厄瓜多尔）、华盛顿 DC（美国）、费尔班克斯（美国）、乌山（韩国）、帕皮提（塔希提岛）、比勒陀利亚（南非）和惠灵顿（新西兰）11 个站，使网络中站的数目增加到 17 个。按照站的布局，每颗卫星可连续被不少于 3 个站监视。

这些站的主要活动包括卫星过顶时对其信号码和载波相位跟踪及距离与距离差计算等。这些数据连同导航电文和当地气象数据一并发送到科罗拉多法尔康（Falcom）空军基地的主控制站，在那里对信息进行处理和应用，形成卫星时钟校准和每颗卫星的星历、年历等数据。然后，主控制站把其输出送到 4 个监视站——阿森松岛、卡纳维拉尔角、迪戈加西亚和夸贾林共有的地面天线网络。每处地面天线都可以把导航电文中的数据和主控制站传来的命令遥测信息，通过 S 波段数据上行链路上传到卫星。操作控制段每隔 8h 都可以对每颗卫星上传数据，但是通常是每天实施一次。

新一代地面操作控制段基于新的抗干扰技术、广播算法以及更频繁的轨道和时间数据修正，以支持为 GPS 模块Ⅲ卫星控制特别功能而建立的渐进能力。例如，导航战将替代现有的操作控制段。

用户设备段由世界范围内配备 GPS 接收机的所有用户组成。这些接收设备处理卫星广播的 L 波段信号，以确定用户的位置、速度和时间。许多应用部门都用到 GPS 计算的位置、速度、时间，如航空导航应用中每个飞行阶段需要不同的性能参数。GPS 的出现引出了“所需导航性能”（RNP）这一概念，这是航空航天用户部门可以通过卫星导航评估所有可用性能的一组标准，推而广之，任何一种导航系统都可以适用。

自 1987 年以来，GPS 就已经使用了美国国防部开发的大地测量系统 WGS84，该系统是用于位置和矢量参考的统一地球基准系。GPS 星历与 WGS84 坐标系中卫星天线相位中心的位置相连，用户接收机坐标将用相同的 ECEF 坐标系表示。新近完善的 WGS84（G730）和 WGS84（G873），由于应用了监视站更精确的坐标，可接近于某些国际地球基准系（ITRS）标准，分别相当于国际地球基准系 ITRF92 和 ITRF94。2002 年开始引入改进后的 WGS84（G250），此体系与国际地球基准系 ITRF2000 在厘米量级上一致。

2.4.1.2 GPS 信号

如前所述，GPS 空间段发展经历了 7 个阶段，这期间，新的测距信号不断出现。实际上，为保证现用导航系统的可操作性，不能简单地用新测距信号代替最初的测距信号，而是在很长过渡期间这些信号并行存在。为了区别 GPS 文献中的最初信号和新信号，前者通常称作传统信号。因此，用传统信号格式着手叙述

GPS 信号是恰当的。

1. 调制

GPS 卫星广播两路 L 波段信号:$S_{L1}(t)$ 和 $S_{L2}(t)$。第一路信号通过中心频率为 1575.42MHz 的载波 L1 调制获得,而第二路信号利用 1227.60MHz 的载波频率 L2 调制获得。GPS 信号结构的详细描述在参考文献[4,5,13]中可以找到。当然,在 GPS 接口控制文件(ICD)(IS - GPS - 200F,200)中也可找到。这两个频率是基本时钟频率 $f_0 = 10.23\text{MHz}$ 的倍数:L1 频率 $f_1 = 154f_0$,L2 频率 $f_2 = 120f_0$。

使用两个不同频率载波有助于修正电离层传播误差,每个载波都由两类数字信号(1 和 0 序列)经调制后生成。两类数字信号:一类是 PRN 码,PRN 码又分为 PRN P 码和 PRN C/A 码;另一类是导航电文的数据信号(D)。信号调制方式为二进制相移键控(BPSK),对应于每种 PRN 码或数据信号发生变化,载波的相位都会变化 180°。因为 180°相移只改变载波的符号,所以 BPSK 信号与极性调制是等效的。信号的数学表达式为

$$
\begin{aligned}
s_{L1}(t) &= AP(t)D(t)\cos(2\pi f_1 t + \phi_{01}) + \sqrt{2}AC(t)D(t)\sin(2\pi f_1 t + \varphi_{01}) \\
s_{L2}(t) &= \frac{A}{\sqrt{2}}P(t)D(t)\cos(2\pi f_2 t + \varphi_{02})
\end{aligned}
\tag{2.18}
$$

式中:A 为 $L1$ 载波幅值;$P(t) = \pm 1$ 和 $C(t) = \pm 1$ 为 P 码和 C/A 码 PRN 序列;$D(t) = \pm 1$ 为数据位序列;φ_{01} 和 φ_{02} 为 L1 和 L2 载波初始相位。

注意:在 GPS 最初版本中,L2 载波只有 P 码和数据位进行调制,而同相 L1 分量由带数据的 P 码调制,正交 L1 分量由带数据的 C/A 码调制。

相对论效应影响标称频率 f_0。卫星速度使星载时间变慢,而地球表面和卫星轨道重力场强度之间的差异使星载时间变快。为使地面用户获取 $f_0 = 10.23\text{MHz}$ 频率,纯相对论效应需要每颗卫星频率时钟的输出变换为 $f_0 = 10.22999999543\text{MHz}$。

2. 传统伪随机码(PRN)

PRN 码是长度固定、周期重复的 1/0 数字序列。这些序列的相关特性是它们近似正交,这意味着,在任意的时间位移下不同序列之间的互相关值几乎为零。它们的自相关值类似一个尖脉冲,也就是说,在任何非零时间位移下自相关值接近于零。PRN 码的这些特性使 PRN 调制信号具有两个基本功能。

(1) 它们的近似正交性使码分多址(CDMA)成为可能。有了这个技术,从任何卫星发射的信号,即使它们分配相同的载波频率和同步时间,相互之间都不会发生干扰。每一颗卫星发射的信号都可以与其他卫星中的信号区别开来,因

为每颗卫星都分配了一个特定的 PRN 码。

(2) 尽管信号时间连续,但 PRN 码的类脉冲自相关特性允许像脉冲信号那样进行测距处理。事实上,通过移动本地复制的 PRN 码,可以确定两个码序列之间的相位差、相互时间延迟以及空间距离。这个过程在接收机章节有更详细的讨论。

测距信号分为两种类型,分别为 PRN C/A 码和 P 码。前者用于支持 SPS,而后者以加密版本(Y)为 PPS 所采用。每种测距信号都由称作码元的可重复的基本符号构成,这些码元是由 PRN 码调制的 BPSK 信号。C/A 信号和 P 信号的码元速率分别为 1.023MHz 和 10.23MHz。两种测距信号都是周期性的:C/A 信号的实时周期为 1ms,而 P 信号的周期为 1 周。

C/A PRN 码属于二进制 Gold 序列中目前非常普遍的一类,该序列长度为 $N=2^n-1$(n 为自然数)。用两个上述基本最大长度(或 m)序列的元素进行模-2 和运算,可以产生出所需的每一个 Gold 序列。第一个可以是任意的,而第二个是第一个当中挑出第 d 个符号的选取结果,其中 $d=2^s+1$,s 或是 n(奇数)的互质数,或是与 n(偶数)有最大公约数 2[15]。从技术上来说,两个 m 序列中每一个都可以由 n 级线性反馈移位寄存器(LFSR)产生,第二个初始状态决定了能够产生的 Gold 序列。因为 LFSR 存在 $N=2^n-1$ 个初始状态,所以,用这种方法可以形成 N 个不同的 Gold 序列。如果有两个原始 m 序列,则总共有 $N+2=2^n+1$ 个 Gold 序列。

在码分多址(CDMA)应用中,Gold 序列集普遍出现的原因是它们明显的相关特性。Gold 集相关峰值 $\rho_{\max}$,即所有的不期望相关(自相关旁瓣和互相关级)中的最大值,定义为

$$\rho_{\max}=\begin{cases}\dfrac{\sqrt{2(N+1)}+1}{N}, & n=1\bmod 2\\[2ex] \dfrac{2\sqrt{N+1}+1}{N}, & n=2\bmod 4\end{cases} \tag{2.19}$$

众所周知[15],相同长度和相同容量的二进制序列集不会有较小的 $\rho_{\max}$ 值,就这个意义而言,奇数 n 的 Gold 集是最理想的。从式(2.19)可以看出,如果 $N\gg 1$,Gold 集的相关峰值或接近 $\sqrt{2/N}$(n 为奇数),或接近 $2/\sqrt{N}$(n 为偶数)。

SPS 应用中 Gold 集的长度,选取 $N=1023$,在此情况中,$n=10$,因此,需要两个 10 级线性反馈移位寄存器(LFSR)产生基本的 m 序列。通常,用本原多项式 l^x 的非零系数描述 LFSR 的反馈电路,l^x 表示第 x 级 LFSR 从左至右的输出连接到模-2 加法器。具体地说,两个基本的 LFSR 序列的 GPS C/A 码本原多项

式为

$$g_1(x)=x^{10}+x^3+1,\quad g_2(x)=x^{10}+x^9+x^8+x^6+x^3+x^2+1$$

两个 LFSR 都用全 1 状态初始化,为了模拟第二个 LFSR 不同的初始状态(需要形成不同的 Gold 序列),可以应用 m 序列移位加特性:m 序列与其时移复制序列进行模 -2 加运算,可以产生该 m 序列的另一个时移复制序列[15]。因此,模 -2 结合第二个 LFSR 的两级输出,可以获得第二个序列的 45 个时移复制序列,就像使用 45 个不同的初始状态。这种电路模式在接口文件(ICD - GPS - 200F,202)中给出。因此,在产生的 45 个 Gold 序列中,为卫星选用 37 种,余下的用于测试和其他用途。

根据前面 $n=10$ 时的方程,算出 Gold 集的相关峰值大约为 -23.9dB。然而,如果考虑到固有多普勒频移,这个值可能会提高到大约 -21dB。这意味着,在处理所选择的卫星信号时,用户终端可能会遇到其功率比有用信号功率 -21dB低的某一侧卫星(多址干扰(MAI))的干扰。虽然最大量级的相关峰值很少出现,且单 C/A 信号的多址干扰平均功率大约为 -30dB,但是,为了用未来 10 倍长的 GPS 码逐步代替目前的 C/A 码,需设计新 SPS 码的长度,这样可以使多址干扰明显降低。

如前所述,P 码的码元速率是 C/A 码 1.023MHz 频率的 10 倍。P 码本身可以作为 X1、X2 两序列的码元模 -2 加,其中,第一个序列 X1 是序列 X1A 和 X1B 的模 -2 加,而第二个序列 X2 由序列 X2A 和 X2B 的模 -2 加产生。X1A、X1B、X2A、X2B 是由 4 个 12 级 LFSR 产生的截短的 m 序列,它们的本原多项式为

$$\begin{cases}g_{X1A}=x^{12}+x^{11}+x^8+x^6+1,\\g_{X1B}=x^{12}+x^{11}+x^{10}+x^9+x^8+x^5+x^2+x+1,\\g_{X2A}=x^{12}+x^{11}+x^{10}+x^9+x^8+x^7+x^5+x^4+x^3+x+1,\\g_{X2B}=x^{12}+x^9+x^8+x^4+x^3+x^2+1\end{cases}$$

当 GPS 周启动时,全部 LFSR 都置为初始状态。X1A 和 X2A 的固有周期去除了最后 3 个码元,因此,所产生的序列重复周期由 4095 缩短至 4092。同样,X1B 和 X2B 的周期也从 4095 截短到 4093。后面将会看到,周期长度 4092 和 4093 更为理想,在不进行更多操作的情况下,X1 将有 16748556 个码元周期。实际中,这个周期还可以用下面的方法截短:3750 个 X1A 周期,即 3750 ×4092 = 15345000 码元,组成了包括 1.5s 时间间隔的 X1 周期。3749 个 X1B 周期或 3749 ×4093 =15344657 个码元之后,X1B LFSR 与 X1A 的周期差了 343 个码元。

同样，受控的 LFSR X2A 和 X2B 产生 X2 序列，其周期为 15345037 个码元，长于 X1 37 个码元。因为 X1 和 X2 的周期长度相当重要，所以这些序列的模 - 2加会有一个特别长的周期，即 $15345000 \times 15345037 \approx 2.3537 \times 10^{14}$码元或多于 38 周。如前所述，在每周的开始，所有寄存器都要重置它们的初始状态，因此，对应于约 6.1871×10^{12}码元，实际 P 码长度为 7 天。相对于前述的模 - 2 加 X1，X2 通过适当的时移，可以为每颗卫星分配一个唯一的 P 码。如同 C/A 码的情况，总共有 37 个可用的 P 码，32 个为卫星所用，剩余的用于某些其他用途。

除了防止非法获取 PPS 服务之外，应用这种巨长的 P 码，也可提高反欺骗能力。如果 P 码重复周期过短，那么，潜在的窃听者可能会截获并存储一个周期段数据。如此获取的复制码既可能用于干扰 PPS 工作，也可能用于某种欺骗手段中。实际上，P 码的巨长周期本身并不能保证具备很高的反欺骗能力，因为码结构在公开领域都已公布。由于这个原因，用加密 Y - 码求模 - 2 加的方法，可提供 P 码的加密，形成 P(Y)码。Y 码结构严格保密，它仅应用于非常有限的用户和授权的运行系统。此外，我们知道，Y 码的码元速率低于 P 码 20 倍。

3. 导航电文

导航电文是由每颗卫星以 50b/s 的速率发射的数字数据流。数据流中的位与 PRN 码进行模 - 2 和运算，其后调制到 L1 和 L2 载波上。调制过程参照图 2.6。

导航电文包括用户计算卫星位置坐标和校准卫星原子钟相对 GPS 时间的补偿、漂移、漂移速率等所需要的全部信息。GPS 时间在周六和周日之间的午夜启动，时间的最大单位为 1 周，即 604800s。GPS 时间由操作控制段(OCS)维护，与世界协调时(UTC)的最大偏差为 1μs(模 - 1 秒)。导航电文还包括卫星健康状态、周数目、电离层延迟模型参数等其他信息。此外，它还提供了其他卫星的年历，即用户为计算其他一些卫星粗略位置所需要的参数。具体来说，导航电文由长度为 30s 的帧组成，每帧分为 5 个 300 位的子帧，每个子帧长度为 6s。每个子帧由两个 30 位的字开始，即遥测字(TLM)和交接字(HOW)。遥测字用于子帧和 C/A 码同步，以此确定接收时间：实际上，C/A 码周期为 1ms，而卫星到用户传送时间大约为 70ms，因此，接收到 C/A 码出现的时间是 71ms。遥测字可以解决这个模糊问题。交接字含有 Z - 计数，即提供用户时间信息需要移交给 P 码的数目。

导航电文帧结构及其 5 个子帧如图 2.7 所示。

子帧 1、2、3 每 30s 重复一次，持续约 1h，同时，子帧 4、5 每个变化 25 次，因

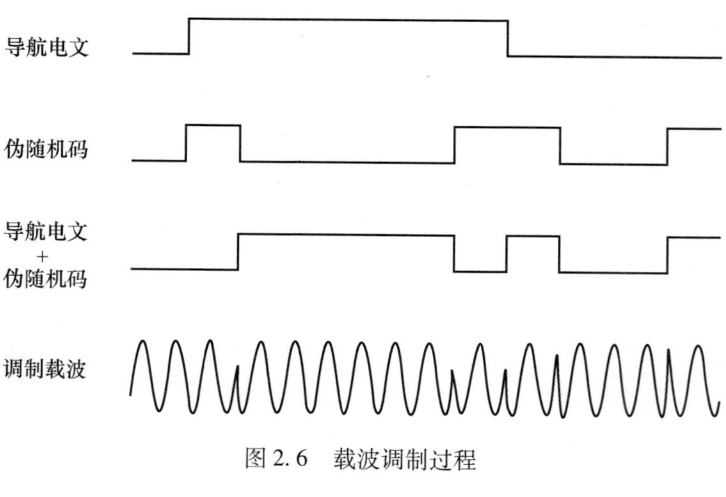

图 2.6　载波调制过程

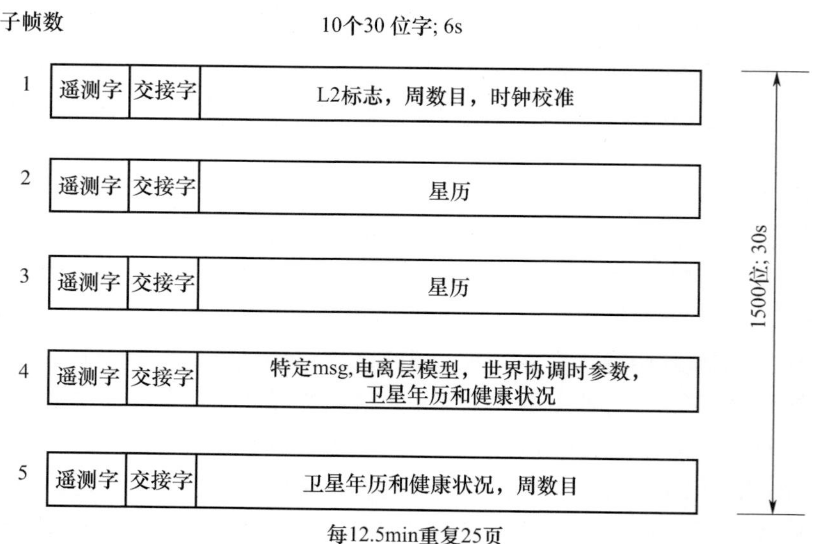

图 2.7　GPS 导航电文帧结构

此,一个完整的数据电文需要传送 25 个全 1500 位帧,或者说 12.5min。

子帧 2、3 包含星历参数。这些参数是开普勒轨道参数,它们描述卫星在一个确定的 4h 或更长时间间隔里所绘出的轨迹曲线。这些参数归纳列于表 2.1中。

在表 2.1 中,除了经典开普勒参数之外,还要考虑由于太阳、月球重力和太阳辐射压力影响而引起的轨道摄动,这些参数在卫星定位中也会用到。表 2.2 给出了根据轨道参数计算卫星位置常用的算法。

表 2.1 轨道参数

参 数	描 述
M_0	平均近点角
Δn	平均运动差
e	偏心率
$\sqrt{A}$	半长轴平方根
Ω_0	升交点经度
i_0	倾角
ω	近地点幅角
$\dot{\Omega}$	赤经变化率
$\mathrm{d}i/\mathrm{d}t$	倾角变化率
C_{uc}	升交角距余弦谐波修正项幅值
C_{us}	升交角距正弦谐波修正项幅值
C_{rc}	轨道半径余弦谐波修正项幅值
C_{rs}	轨道半径正弦谐波修正项幅值
C_{ic}	倾角余弦谐波修正项幅值
C_{is}	倾角正弦谐波修正项幅值
t_{oe}	星历基准时间
IODE	数据星历发布

表 2.2 卫星位置计算

公 式	描 述
$t_k = t - t_{0e}$	距基准 t_{0e} 的时间
$n = n_0 + \Delta n$	校准后的平均运动
$M_k = M_0 + nt_k$	t_k 时刻平均近点角
$E_k = M_k + e\sin(E_k)$	t_k 时刻偏心近点角
$v_k = a\tan\left(\dfrac{\sqrt{1-e^2}\sin(E_k)}{\cos(E_k)-e}\right)$	t_k 时刻真近点角
$\Phi_k = v_k + \omega$	t_k 时刻升交角距
$\delta u_k = C_{us}\sin(2\Phi_k) + C_{uc}\cos(2\Phi_k)$	t_k 时刻升交角距第二谐波摄动
$\delta r_k = C_{rs}\sin(2\Phi_k) + C_{rc}\cos(2\Phi_k)$	t_k 时刻轨道半径第二谐波摄动
$\delta i_k = C_{is}\sin(2\Phi_k) + C_{ic}\cos(2\Phi_k)$	t_k 时刻倾角第二谐波摄动
$u_k = \Phi_k + \delta u_k$	校正后 t_k 时刻升交角距
$r_k = A(1 - e\cos(E_k)) + \delta r_k$	校正后 t_k 时刻轨道半径

（续）

公　式	描　　述
$i_k = i_0 + \delta i_k + \mathrm{d}i/\mathrm{d}t \cdot t_k$	校正后 t_k 时刻轨道倾角
$x_{1k} = r_k \cos(u_k)$	t_k 时刻轨道平面位置
$y_{1k} = r_k \sin(u_k)$	t_k 时刻轨道平面位置
$\Omega_k = \Omega_0 + (\dot{\Omega} - \dot{\Omega}_e) t_k - \dot{\Omega}_e t_{0e}$	考虑地球转动速率 $\dot{\Omega}_e$ 后，校正后 t_k 时刻升交点经度
$x_k = x_{1k}\cos(\Omega_k) - y_{1k}\sin(\Omega_k)\cos(i_k)$	t_k 时刻地心地球固连系坐标
$y_k = x_{1k}\sin(\Omega_k) + y_{1k}\cos(\Omega_k)\cos(i_k)$	t_k 时刻地心地球固连系坐标
$z_k = y_{1k}\sin(i_k)$	t_k 时刻地心地球固连系坐标

4. 现代 GPS 空中接口信号

GPS 传统信号是 40 多年前设计的，因此，它们的设计原则反映了 20 世纪最后 25 年所能预料到的用户需求和技术进步。显然，进入新千年之后，新的重大改进可能会引入 GPS 空中接口结构中，使之与新的性能标准和技术相适应。受全球导航卫星系统应用迅猛发展的影响，系统需要不断提高以应对非军事导航的高定位精度、弱信号状态下用户操作的可能性、较高的欺骗免疫力以及抗干扰能力等。

为了达到这些目标，以下措施被证明是富有成效的。

第一，引入一个称作引导信号的特别测距信号，它不需要数据调制，可以提供跟踪健壮性较好的相位锁定，因此，可使用户在弱信号条件下实施操作。

第二，在新引入的 1176.45MHz（L5 波段）频率载波上传送测距信号，以满足民用航空导航的需要（废弃超负荷的 L2 波段）。

第三，提高 PRN 码的长度，可以提供较好的干扰抑制。

第四，设计新的军用信号，在频率上与民用信号进行隔离，因此，可在提高军用信号发射功率的同时而不会干扰任何民用终端的性能。

下面列出某些具体信息。

1）M 码

2005 年 9 月，发射传统信号的模块ⅡR－M 卫星的第一颗星发射入轨，现在该模块卫星正在传送一个称为 M 码的新的军用信号，下一代卫星无疑也将传送这个信号。这种信号也有少许问题，其良好的结构只能用高分类信源和复杂加密方法描述。然而，据公开发布的资料[13,16]透露，这个信号被设计为自主型，即可以直接搜寻，而不必用任何 C/A 码或其他公开信号的预截获。我们了解到，M 码的调制是二进制补偿载波（BOC）型。这种调制方法，在 GPS 文件中曾长期确定为曼彻斯特（Manchester）码，用 BOC（m，n）表示，其意思是码元速率为 nf_c

的普通 BPSK 信号用速率为 mf_c 的副载波进行调制，其中，$m \geqslant n$，$f_c = 1.023\text{MHz}$ 是 C/A 码的码元频率。具体地说，M 码由 BOC(10,5) 调制而成，因此，它的频谱主波瓣被 20MHz 带宽空间间隔隔开，剩余信号的频谱位于该空间内。所以，M 码频谱与频谱的剩余部分进行了隔离，因而，采用（正在发射的模块Ⅲ卫星）一个新的点波束工作模式是可行的，这个点波束对 SPS 的不良影响可忽略不计。在这种模式中，高增益定向天线在一有限区域（数百千米）内为 M 码提供 20dB 的功率，高于标准（全向）天线所发射的功率。当标准 M 码功率预期为 -158dBW时，点波束模式功率大约为 -138dBW。

2）L2C

在 GPS 最初结构中，L 波段并未打算应用于非军事用户，因此，空间段只传送 P 码。然而，自 21 世纪以来，GPS 民用任务急剧增加，使得非军事终端对两个频率工作所提供的精度源有明显的使用需求。经过某些试验之后，确定了一个较好的方案，该方案避免将 L2 波段中的 C/A 码加倍，而采用新信号 L2C（C 表示“民用”）。随着 GPS 模块ⅡR - M 第一颗卫星于 2005 年 9 月发射入轨，L2C 信号现已出现在空中。

与 C/A 码相比较，L2C 新频点包含了两个分量：CM（M 表示“中”）和 CL（L 表示“长”）。CM 码长度为 10230 个码元——长于 C/A 码的 10 倍——这可能将干扰（多址干扰、系统间干扰和窄带干扰）抑制能力提高约 10dB。CL 码的长度甚至可以大于 C/A 码长度 75 倍之多，相当于 767250 个码元，抗干扰增益进一步提高到 18dB。

在调制测距码之前，传输速率为 25b/s 的导航数据使用限定长度 7、比率为 1/2 的卷积 FEC 码进行编码。数据速率慢了 2 倍，加之高效的 FEC 码，使 L2C 数据通道可靠度高于 C/A 通道。其后，传输速率为 50b/s 的数据流只调制 CM 码，留下的 CL 自由数据作为引导信号。这两种码的码元速率同为 511.5kHz，且同为时分多路传输：CM 码元之后跟的是 CL 码元，然后又是 CM 码元，如此循环。因此，L2C 的总码元速率与 C/A 码的速率保持相同，即 1.023MHz。因此，CM 分量的实时周期为 20ms，而 CL 码的实时周期为 1.5s。

从结构上来说，CM 码和 CL 码只是由多项式

$$g(x) = x^{27} + x^{24} + x^{21} + x^{19} + x^{16} + x^{13} + x^{11} + x^{9} + x^{6} + x^{5} + x^{4} + x^{3} + 1$$

描述的 27 级线性反馈移位寄存器（LFSR）产生的截短的 m 序列。

针对卫星初始 LFSR 状态问题，CM 寄存器每 20ms 复位一次，而 CL 寄存器每 1.5s 复位一次。在地球表面附近这个信号的预计功率量级为 -160dBW。

有关 L2C 信号更详细的信息可参考《接口规范》（IS - GPS - 200F，202）。

3）L5

设计这个信号是为了满足搜救和其他同类应用的需求。信号由模块Ⅱ－F代卫星传送，其第一颗卫星已于2010年5月发射入轨。L5信号的码元速率与P码相同，即为10.23MHz。因此，非军事用户用以定位时，其噪声误差仅为传统民用信号的1/10。L5信号也有两个分量，即I5和Q5，正交调制在1176.45MHz的载波上。I5和Q5序列由XA和XB两个子序列的模－2加形成，而XA和XB通过13级移位寄存器适当复位依次产生。这些线性反馈移位寄存器（LFSR）的本原多项式为

$$g_{XA}(x) = x^{13} + x^{12} + x^{10} + x^{9} + 1$$

$$g_{XB}(x) = x^{13} + x^{12} + x^{8} + x^{7} + x^{6} + x^{4} + x^{3} + x + 1$$

I5和Q5的周期为10230个码元，即1ms。因为13级LFRS会输出长度为8191的m序列，所以可以应用一些复位达到上面的周期要求。具体来说，XA的固有周期（8191）减少到8190。换句话说，线性反馈移位寄存器（LFSR）XA到达其初始状态（全1）之前的一个码元强制置成这个状态，而XB寄存器继续它的正常循环。其后，XA序列超前XB序列一个码元，直到LFSR返回其初始状态时1ms点为止。通过适当选择LFSR XB的初始状态，可以为每颗卫星设置各自的I5和Q5码。

与往常相同，一个数据流需要与测距码进行模－2加运算。L5信号纯数据速率为50b/s，但经卷积FEC（与L2C信号相同）之后，编码流速提高到100b/s。数据位仅使用I5码，剩余的Q5自由数据用作引导信号。

L5信号还有一个新颖的特征，就是不存在C/A码。为了更方便地从1ms码周期序列中得到导航数据，采用了码周期为1ms的模－2加码替代了I5和Q5支路的测距码。例如，I5支路是长度为10的纽曼－霍夫曼码：0000110101，因此，它的实时周期精确等于10ms的导航数据长度。Q5支路是长度为20的纽曼－霍夫曼码：00000100110101001110。

作为估算，L5信号的地球表面功率略高于－155dBW。更详细地描述参见《接口规范》[17]。

4）L1C

模块Ⅲ系列正在部署的卫星将产生增强型L1波段（1575.42MHz）民用信号，称作L1C，它设计以代替长期使用的C/A码。就像L2C，它同样也有两个分量：一个为$L1C_P$，是自由数据引导信号；另一个为$L1C_D$，是普通格式的解调数据。为了更好地对L1C（1,1）的更新信号和传统信号进行隔离（约并行使用10年），选择了一种调制格式。在10223长度的韦伊（Weil）序列嵌入7个普通码

元,即可获得 10230 长度的 $L1C_D$ 的测距码,嵌入位置取决于卫星数目。反之,韦伊序列是勒让德(Legendre)序列[15]模 -2 加与其时延复制序列的结果。通过改变延迟,可以获取可预知相关特性的特定的韦伊序列,用于分配给不同的卫星。纯速率为 50b/s 的导航电文用长度为 1200 的 LDPC 码的 1/2 速率进行 FEC 编码,以产生 100b/s 模 -2 加 $L1C_D$ 数据流。

$L1C_P$ 信号的引导分量具有分层(瀑布式)结构。长度为 10230 扩展韦伊序列的主要码,被与主要码模 -2 加运算处理的长度为 1800、码元周期为 10ms 卫星特定外部码所覆盖。由此导致 $L1C_P$ 序列总周期达 18s。覆盖码本身恰好是固有长度为 2047 的截短的 m 序列或 Gold 序列。

L1C 分量在地球表面的接收功率,其引导码 $L1C_P$ 可望达到 -158.25dBW,而数据调制部分 $L1C_D$ 为 -163dBW(参见《接口规范》)。

2.4.2 GLONASS 系统

GLONASS 是苏联开发的卫星导航系统。第一颗 GLONSS 卫星于 1982 年 10 月 12 日发射入轨,1993 年由 12 颗卫星组成系统,正式宣布有限应用服务。1995 年 12 月,24 颗卫星组成的星座全部投入工作。最后系统功能达到 1 年前已全面运行的美国 GPS 的水平。经历 20 世纪 90 年代经济影响和第一代 GLONASS 卫星短暂 3 年工作寿命到期之后,到 2001 年轨道星座减到 6 颗在轨卫星。由于 2001 年通过的政府计划,系统于 2012 年完全恢复并进行了深度更新。它与 GPS 有许多相似性,但也有明显的差异[5]。

2.4.2.1 GLONASS 系统结构

GLONASS 设计可以提供两种定位服务:标准精度(SA)服务和高精度(HA)服务。在俄罗斯文件中,这两种服务分别缩写为 ST 和 VT[18]。SA 对全球用户都可以免费使用,它基于 SA 码的捕获与跟踪,SA 码调制在频分多址(FDMA)GLONASS 空中接口的 L1 波段和 L2 波段载波上。根据介绍,SA 服务的降级没有被使用。

更精确、更利于防止故意与非故意干扰的 HA 服务基于 HA 码的捕获和跟踪,它也调制在 FDMA GLONASS 空中接口 L1 波段和 L2 波段载波上。HA 仅对授权用户提供服务,这正是其使用加密方法的原因。

在更新后的 GLONASS 服务系统中,公开(O)使用服务和批准(S)使用服务将基于频分多址 FDMA(F)和码分多址 CDMA(C)的 L1 波段、L2 波段及 L3(5)波段信号,这些波段包括 L1OF、L2OF、L1SF、L2SF(等于 L1SA、L2SA、L1HA、L2HA)和 L1OC、L2OC、L1SC、L2SC、L3OC 等。L1OCM 和 L5OC 与 GPS 中 L1C、L5 兼容,有助于加强 GNSS 的互操作性[19]。

GLONASS 包括 3 个部分:卫星轨道星座(空间段)、维护公开使用和授权使用基本导航服务的地基测量与控制设备(地面控制段)以及用户设备(用户段)。

实际上,空间段和地面控制段正变成 GLONASS 的一个整体。它们以不同精度和整体监控提供 GLONASS 本地及区域服务,在事后或实时处理中为全球范围不同精度服务提供精确轨道和时钟,为维护大地测量基准系、世界时和地球旋转服务提供基础部分。

GLONASS 轨道星座由 24 颗卫星组成,在 3 个轨道平面分为 8 组。3 个轨道平面相互间隔 120°,相对于赤道平面的轨道倾角为 64.8°。卫星的循环周期为 675.73min(GPS 为 717.94min),轨道半长轴略小于 GPS(25510km)。由于这些差异,在某些方面 GLONASS 轨道星座序列更优于 GPS 序列:首先,适合南北高纬度定位;其次,由于卫星轨道位置更稳定,因此不需要任何轨道校正,卫星绕地球转动和地球自转保持同步(图 2.8)。

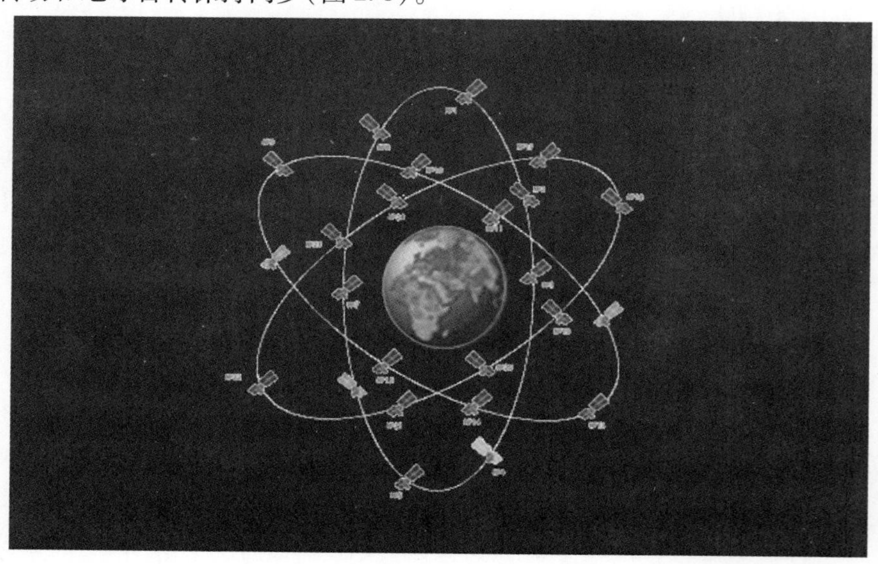

图 2.8 GLONASS 系统轨道星座

星座中的卫星分为 GLONASS、GLONASS - M 和 GLONASS - K 三代进行开发。截至 2016 年 3 月,GLONASS 轨道星座包含 28 颗卫星:26 颗 GLONASS - M 和 2 颗 GLONASS - K。GLONASS 卫星的工作寿命大约为 3 年,GLONASS - M 卫星大约为 7 年,GLONASS - K 卫星大约为 10 年。GLONASS 导航精度基于卫星携带的时钟同步和计时精度。时钟包括:稳定度分别为 5×10^{-13} 和 1×10^{-13} 的 GLONASS 与 GLONASS - M 铯钟频率基准,以及稳定度同为 5×10^{-14} 的两个铯钟和两个铷钟基准。此外,GLONASS 还有一个保留的计时系统。

未来星座更新包括 3 个 GLONASS 波段上新的公开应用和授权应用码分多址(CDMA)信号。搜索与救援(SAR)系统、用于数据传输和卫星间测量的电磁波段与光学波段交叉通信链路系统、改善星历和时钟数据的系统等也将会实现。

GLONASS 地面控制段负责 GLONASS 本身的操作。地面控制段由 1 个系统控制中心(SCC)及 5 个遥测、跟踪和指挥(TT&C)中心构成的网络、1 个中心时钟(CC)、3 个注入站(UL)、2 个卫星激光测距站(SLR)以及 4 个监控测量站(MS)等组成,这些设备全部分布在俄罗斯联邦领土范围内。在不远的将来,6 个新增的监控测量站将投入使用,以补充监控测量网络,在相同区域还配备激光测距和其他监控设备。未来监控测量站还将会布设在俄罗斯境外。GLONASS 所有处理过程的同步对其本身的可操作性很重要,中心同步装置是一个高精度氢原子钟,由其形成整个 GLONASS 时间基准。

与 GPS 的主要差异涉及时间和基准坐标系,因此,GLONASS 地面控制段提供修正,以使 GLONASS 时间相对于世界协调时(UTC)在 1μs 之内。此外,与 GPS 时间不同,它遵循世界协调时偶尔产生的闰秒修正。

GLONASS 星历由 PZ-90 基准系给出。相对于 WGS84 系,PZ-90 是具有一组关联基本参数(参考文献[18]中表 2)的地心地球固连坐标系。2007 年 9 月 20 日,PZ-90 02 版对所有 GLONASS 工作卫星进行了完善与修正,现在应用的地心地球固连系是修正过的最接近国际地球基准系(ITRF2000)的 PZ-90 版本。从 PZ-90 02 到 ITRF2000 的转换只需要一个原点移动矢量,既不需要旋转,也不需要比例因子。

2.4.2.2 GLONASS 传统信号和导航电文

GLONASS 卫星广播两路 L 波段扩频信号,即 L1 和 L2。与 GPS 相比其主要差别在 GLONASS 的最初版本中,卫星空中接口采用频分多址(FDMA)而不是码分多址(CDMA),每颗卫星以自己的频率在一个通道上进行播送。然而,如同 GPS 一样,GLONASS 也以正交方式传送两路测距码。

每颗卫星按照下面方程分配唯一的 L1 频率,即

$$f_{1i} = 1602 + 0.5625i \text{ MHz} \tag{2.20}$$

式中:i 是 $-7 \sim 6$ 的整数。不同的卫星分配的 i 值不同。

最初,GLONASS 模块卫星只在 L2 波段传送 HA 码,后来,GLONASS-M 卫星开始传送 SA 码和 HA 码。对于 L2 信号,每颗卫星按照下式分配频率,即

$$f_{1i} = 1246 + 0.4375i \text{ MHz} \tag{2.21}$$

L1 和 L2 信号用 PRN 码和导航电文进行调制。PRN 码特性描述如下。

(1) SA 码是速率为 511kHz、长度为 511 位的 m 序列,因此,其周期为 1ms。

序列产生器是由多项式描述的标准9级线性反馈移位寄存器(LFSR)[18]。

(2) $g(x)=x^9+x^5+1$。

(3) HA码是短周期序列,为使其周期达到1s,其计时速率为5.11MHz,序列长度为5110000位;为了方便从一个码序列到另一个码序列的递交,该序列与1ms序列保持同步。

导航电文传输速率是50b/s,与上述两种码序列进行模-2加调制。这是归零编码格式,实际上,调制速率为100字符/s。与GPS导航电文不同,GLONASS导航电文由行、帧和子帧组成。携带SA和HA BPSK码的混合数据流,分别在L1、L2载波的同相和正交分量上进行调制。导航电文为用户提供定位所需要的信息,即GLONASS卫星坐标、它们的时钟补偿和各类其他系统参数。

SA信号的导航电文以2.5min间隔重复超帧连续广播。每个超帧由5个长度为30s的帧组成,每个帧由2s间隔的15个字串组成(长度为100位)。每2s字串包含1个0.3s时间标志(TM)(图2.9)。

导航电文数据分为广播卫星的直接数据和其他卫星的非直接数据。每帧前4个字串中直接数据重复,它包括星历数据、卫星时钟补偿、卫星健康标志和卫星载波频率与其标称值之间的相对差等。每帧的5~15字串传送非直接数据(24颗卫星的年历)。帧Ⅰ-Ⅳ包含20颗卫星的年历(每帧5颗),帧Ⅴ包含4颗卫星的年历。帧Ⅴ最后两个字串是保留位(每颗卫星的年历使用两个字串)。

地面控制站(GCC)以12h或24h的周期预报星历值,卫星每30min传送1组新的星历。这些数据与GPS数据不同:它们提供地心地球固连系(ECEF)笛卡儿位置和速度坐标以及月球-太阳加速度摄动参数,代替开普勒轨道根数。

参考文献[18]提供了基于4阶龙格-库塔(Rung-Kutta)方法的积分方程,该方程包含第二区域重力势谐波系数。GLONASS年历非常类似于GPS给出的更正后的开普勒参数,大概每天修正一次。

HA信号结构的导航电文官方没有公布。

2.4.2.3 未来GLONASS空中接口更新

尽管GLONASS成功开发时间不长,为了与GPS(以及“伽利略”系统)在更大程度上实现互操作性和互补性,GLONASS希望引入空中接口功能的码分多址(CDMA)技术,与传统的频分多址(FDMA)相并用,然后逐渐代替后者。作为GLONASS CDMA时代的最初阶段,第一颗GLONASS-K卫星于2011年11月已发射入轨,并在L3波段(1202.25MHz)上播送试验信号[20]。这个信号可认为是整个CDMA信号族的原型。

就像新的GPS信号,完整的GLONASS L3信号包括两个可公开访问的测距码。第一个携带数据流,在同相载波上播送,而第二个作为引导信号服务,在正

帧数	字串数	2s 1.7s			0.3s
I	1	0	直接数据	Kx	TM
	2	0		Kx	TM
	3	0		Kx	TM
	4	0		Kx	TM
	5	0	5颗卫星的年历数据	0	TM
	:	:		:	TM
	15	0		Kx	TM
II	1	0	直接数据	Kx	TM
	2	0		Kx	TM
	3	0		Kx	TM
	4	0		Kx	TM
	5	0	5颗卫星的年历数据	0	TM
	:	:		:	TM
	15	0		Kx	TM
III	1	0	直接数据	Kx	TM
	2	0		Kx	TM
	3	0		Kx	TM
	4	0		Kx	TM
	5	0	5颗卫星的年历数据	0	TM
	:	:		:	TM
	15	0		Kx	TM
IV	1	0	直接数据	Kx	TM
	2	0		Kx	TM
	3	0		Kx	TM
	4	0		Kx	TM
	5	0	5颗卫星的年历数据	0	TM
	:	:		:	TM
	15	0		Kx	TM
V	1	0	直接数据	Kx	TM
	2	0		Kx	TM
	3	0		Kx	TM
	4	0		Kx	TM
	5	0	4颗卫星的年历数据	0	TM
	:			:	TM
	14	0	保留数据	Kx	TM
	15	0	保留数据	Kx	TM

30s

30s×5=2.5min

图 2.9 GLONASS 导航电文结构(来自 GLONASS 接口控制文件)

交载波上播送。两个测距码的码元速率为 10.23MHz,且同为卡萨米(Kasami)序列[15],其初始长度为 $2^{14}-1$,截短到 10230 长度时,相当于实时周期为 1ms。类似于 Gold 码,每个卡萨米(Kasami)序列都由两个 m 序列的模 -2 加产生,但是时间长度不同。当(长)第一个序列周期为 $N_1=2^n-1$ 个码元(n 为偶数)时,则(短)第二个序列周期为 $N_2=2^{n/2}-1$ 个码元,它由长序列 d 抽取获得($d=2^{n/2}$

+1)。具体地说,对于 L3 测距码,长序列和短序列分别由 14 级和 7 级移位寄存器产生,它们的反馈回路由下列多项式给出,即

$$\begin{cases} g_1(x) = x^{14} + x^{10} + x^6 + x + 1 \\ g_2(x) = x^7 + x + 1 \end{cases}$$

因此,所形成的主要测距码也是由速率为 1kHz 码序列模 -2 加运算生成。携带数据的分量为 5 个长度的巴克(Barker)序列 00010,引导数据分量为 10 个长度的纽曼 - 霍夫曼(Neuman - Hoffman)序列 0000110101。最后,传输速率为 100b/s 的 FEC 编码的导航电文位是模 -2 码加同相载波调制的卡萨米 - 巴克(Kasami - Barker)测距序列。

导航电文置入 5 个串帧,每 3s 间隔字串中有 1 个时间标志,该标志给出了 GLONASS 时间尺度 1 天内字串的数目。按照计划,随着 GLONASS - K2 模块第一颗卫星的发射,在子波段 L1 和 L2 中传统 FDMA 信号也将加入 CDMA 信号。计划中的 L1/L2 CDMA 信号结构[21]将包含可以公开访问和授权访问的正交多路测距码。反之,公开访问同相分量将是携带 BPSK(1)序列(码元速率等于 GPS C/A 码的速率,即 1.023MHz)和 BOC(1,1)自由数据引导码数据的时分多路传输组合,而授权访问正交分量将是 BOC(5,2.5)序列。

这里强调一下,GLONASS L1 信号设计受到邻近无线电天文波段(1610.6 ~ 1613.8MHz)功率通量的严重限制。尤其重要的是,需要调整 BOC 调制参数使 GLONASS 广播信号以尽可能低的量级进入无线电天文窗口之内。还有,为使这个量级低于所需要的 -194dBW/m^2 门槛,增加 15 - 18dB 波段抑制是必需的。这就是基于频谱压缩(连续相)调制选择 L1 信号结构的原因[22,23]。

2.4.3 "伽利略"系统

21 世纪初,欧盟决定研发具备安全性、完好性、连续性和通用性的民用卫星导航系统,这就是所谓的"伽利略"计划。

2003 年 5 月,欧盟委员会和欧洲航天局(ESA)官方批准了该计划,同意"伽利略"系统必须是开放、全球且完全与 GPS 兼容但又独立于 GPS 的导航系统。"开放"是因为系统要适用于国际参与,"全球"是因为系统要具备全球服务能力。它将要配置一个星座,其分布确保覆盖到高纬度地区。

关于兼容性,欧盟与美国已经签署了一份协议,"伽利略"系统和新的 GPS 无线频率相互兼容,即当一个系统无法服务而由另一系统提供服务时,系统设计保证不会产生使之降级的干扰。更确切地说,两个系统将共享 L1 和 L5 广播波段,对非军事应用将具有互操作性。用户级互操作性意味着,采用两个系统进行

导航的接收机性能等于或优于只采用一个系统的接收机。通过适当确定共享波段的信号结构,这些都是可以做到的。

通过提高定位信息精度和提供完好性信息两项措施,可体现“伽利略”系统的主要特性,这些特性对于那些与航空航天相关的重要应用非常关键。

2.4.3.1 “伽利略”系统结构与信号

由于 GPS 和 GLONASS 已经成功应用到社会生活的各个领域,“伽利略”系统设计者必须完成一个艰巨任务:“伽利略”系统较之其他卫星导航系统必须具有更明显的优势。增加卫星部署、创新信号结构和处理方法以获得更好的设计精度、扩展服务范围(例如,高安全等级 SOL 用户需求服务和提供完好性信息的公共管理服务(PRS)以及提供具有更高数据播送速率的加密抗干扰商业服务(CS))等都是“伽利略”系统需要具备的服务优势。

为了满足不同用户群体的具体需求,“伽利略”系统计划提供以下服务。

第一,公共服务(OS)。对于导航、定位和时间基准完全免费的服务。公开服务数据以 E5a、E5b 和 E2 - L1 - E1 载波频率进行播送,任何用户均可接收,主要包括导航和搜索救援数据。

第二,商业服务(CS)。提供比公开服务更高性能的服务。商业服务是有偿服务,其访问由接收机使用访问密钥完成。商业服务由两个不同信号所支持,这两个信号含有下列数据:①卫星完好性状态信息;②精确授时数据;③确定电离层更复杂模型的参数;④本地不同修正数据。

两个信号应用能够比一个信号提供更高的数据速率,因此,获得了更高的服务精度。商业服务数据在 E5b、E6 和 E2 - L1 - E1 载波上进行播送。

(1) 安全等级服务(SOL)。这项服务与公开服务具有相同的精度,但是 SOL 保证在世界范围内都能接收到公开服务导航信息中所包含的系统完好性信息。这项服务通过认证的接收机在两个频率下运行,当系统失效对人类生活造成影响时,该服务尤其重要。SOL 数据在与公开服务数据相同的载波(E5a、E5b 和 E2 - L1 - E1)上播送。

(2) 公共管理服务(PRS)。这项服务涉及公共事业应用(公安、消防和急救等),除了由其他服务所提供的那些独立信号之外,它还可通过利用受限访问信号为导航和授时提供数据。此外,当其他类型的服务出现问题时,危急情况中,该项服务总会有效;为此,相对于干扰和欺骗,PRS 以高度健壮信号而著称。PRS 数据在 E6 和 L1 载波频率上播送。

当前正处于在轨验证(IOV)阶段。4 颗在轨验证卫星飞行单元(前 2 颗卫星于 2011 年 10 月发射,后 2 颗试验卫星于 2012 年 10 月发射)在发射之后开展了演示验证,前 2 颗试验卫星 GIOVE - A、GIOVE - B 的工作已经与地面基础设施(卫星控制和任务控制段)功能测试一起展开。

“伽利略”系统设计与 GPS 相兼容,但又完全独立于 GPS。实际上,卫星星座和地面控制站网络完全是新设计的。

“伽利略”基础设施[24]计划组成如下:中地球轨道(MEO)上 30 颗卫星组成星座,每颗卫星含有 1 个导航有效载荷和搜索救援(SAR)转发器;1 个“伽利略”检测工作站(GSS)全球网络,提供时钟同步和轨道测量覆盖;2 个控制中心和 2 个发射及早期工作阶段(LEOP)中心;1 个任务上行链路工作站(ULS)网络;若干个 TT&C 工作站等。

这些基础设施由两段构成,即空间段(SS)和地面段(GS),用户接收机包含在地面段。

标准“伽利略”系统星座包括工作在 23222km 高度圆轨道上的 30 颗卫星,轨道分为 3 个平面,轨道倾角 56°。每个轨道平面上有 1 颗备用卫星[25]。卫星上装有两种类型的高精度原子钟,即铷钟和氢钟。铷钟频率大约是 6GHz,氢钟频率约为 1.4GHz。系统应用时钟频率作为高稳定时钟基准,其他单元据此可以产生“伽利略”卫星将要广播的精确频率信号。广播信号也将提供时钟基准,采用低稳定性晶振的用户接收机据此可以连续对其时间进行校准(图 2.10)。

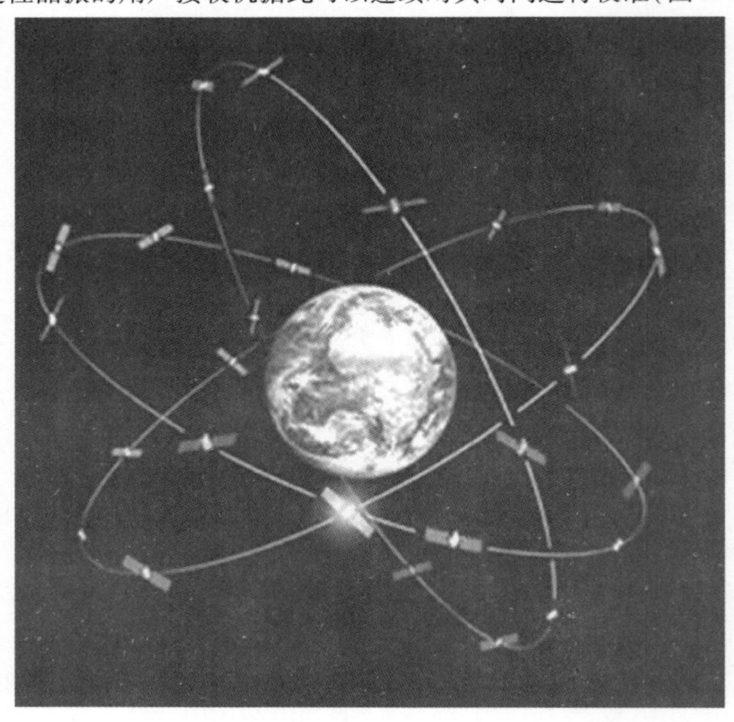

图 2.10 “伽利略”轨道星座

完整星座将分两个阶段配置完成。

第一阶段:2014—2015 年,配置 18 颗卫星构成初始工作能力星座(4 颗在轨验证卫星,14 颗标准“伽利略”卫星)。

第二阶段:2016—2020 年,最终工作能力星座,将配置 30 颗卫星(27 颗卫星用于工作,3 颗卫星用于备份)。

“伽利略”系统地面段将包括地面控制站(GCC):2 个主中心(分别位于意大利的富其诺和德国的普法芬霍芬),1 个支持所有系统功能的热备份中心(位于西班牙),5 个 TT&C 工作站,30 ~ 40 个“伽利略”检测工作站(GSS),9 个任务上行链路工作站(ULS)。“伽利略”地面段分解为“伽利略”控制系统(GCS)和“伽利略”任务系统(GMS)。“伽利略”控制系统负责卫星星座控制和卫星管理,为整个星座提供遥测、遥控和控制功能。“伽利略”任务系统负责导航和完整数据电文的确定与上传链路,这些电文提供导航和世界协调时时间。

“伽利略”最终系统将以右手圆极化(RHCP)方式提供 10 路导航信号,其频率范围为 264 ~ 1215MHz(E5a 和 E5b)、1260 ~ 1300MHz(E6)以及 1559 ~ 1591MHz(E2 - L1 - E1),这些频率都是为无线电导航卫星服务(RNSS)分配的频段。

表 2.3 列出了这些信号的基本信息,包括标准载波频率、调制类型、码元速率、测距码长度和每个信号的数据速率等。所有“伽利略”卫星都将应用与 GPS 兼容的码分多址(CDMA)技术。“伽利略”空中接口的特殊性能是:在 E5 波段应用了 1 个称为 AltBOC 的调制技术。这种模式允许通过单独的发射天线母线在 2 个载波上播送 4 路独立信号(2 路信号携带数据,2 路信号作为引导),其发射天线母线具有不变的瞬时功率,由此可获取最高能量效率。另外,结合 BOC(1,1)和 BOC(6,1)类型的信号,分配全部信号功率相对第一个信号功率10/11,在 E1 波段还可完成集合调制 CBOC(1,1,6,1)。

至于测距码,到目前为止,在公共领域只有 E5 和 E1 波段已经明确。在描述的内容中有一个层次结构,其主要分量长度在表 2.3 中给出。主要码序列既可以用截短的 m 序列模 - 2 加产生,也可以从内存(“内存码”)读取,内存中的码序列按照《接口控制文件》表格形式存储。

表 2.3 “伽利略”信号参数

频率波段	E5a		E5b		E6			E2 - L1 - E1		
载波频率/MHz	276.450		1207.140		1278.750			1575.420		
通道	I	Q	I	Q	A	B	C	A	B	C
调制方式	AltBOC (15,10)				BOC (10,5)	BPSK (5)	BPSK (5)	Flexible	CBOC	(1,1,6,1)

（续）

频率波段	E5a		E5b		E6			E2 – L1 – E1		
码元速率/(Mc/s)	10.23	10.23	10.23	10.23	5.25	5.25	5.25	TBD	2.046 + 12.276	
主要测距码长度	10230	10230	10230	10230	—	—	—		4092	4092
符号速率/(s/s)	50	无数据（引导信号）	250	无数据（引导信号）	TBD	1000	无数据（引导信号）	TBD	250	无数据（引导信号）
用户以10°仰角接收到的最小功率/dBW	–158	–158	–158	–158	–155	–158	–158	–155	–160	–160

为保证与GPS的互操作性，促使它们联合应用，“伽利略”系统和GPS一致认识到，它们自己的大地测量基准系要尽可能接近国际导航系统，由此尽可能减少由于检测工作站坐标差异而引起的误差，这些误差会影响伪距测量。在两个系统的导航电文中时间尺度之间补偿的传递已经达成协议。

最后，关于信号塔和卫星发送电文的定义以及进入警报响应开展救援行动的协调，在搜索救援服务范围内也考虑了互操作性问题。

当“伽利略”星座全部工作时，同时使用本系统信号和来自GPS星座的信号，其服务有效性将会得到很大的改善。实际上，因为GPS星座中至少总会单独观测到5颗卫星，“伽利略”星座中至少可以观测到7颗卫星，联合应用至少可以保证观测到12颗卫星。

“伽利略”卫星将广播4个导航电文中的5类数据，这4个导航电文包括自由使用导航电文（F/NAV）、完好性导航电文（I/NAV）、商业导航电文（C/NAV）和政府导航电文（G/NAV）。表2.4概括了各类“伽利略”电文，并列出了相关通道和服务内容等[26]。

表2.4 “伽利略”电文类型的内容

“伽利略”服务电文类型	F/NAV OS	I/NAV Os/CS/SoL		C/NAV CS	G/NAV PRS	
通道	E5a – 1	E1B	E5b – 1	E6B	E1A	E6A
数据速率/(b/s)	25	125		500	50	
导航/定位服务	×	×	×		×	
完好性服务		×	×		×	
互补性服务				×		

（续）

“伽利略”服务电文类型	F/NAV OS	I/NAV Os/CS/SoL	C/NAV CS	G/NAV PRS
公共管理服务				×
搜索与救援服务		×		

正如表2.4所列，“伽利略”系统将提供若干不同用途的服务，以适应不同类型用户的需要。

第一，在支持高安全等级用户(SOL)应用时，完好性数据将为计算完好性风险提供时间告警和参数。

第二，互补性数据为支持不同目的的商业服务提供信息，因为高精度定位服务和不同类型的信息数据(如天气告警和交通信息等)需要不同的修正。为了限于授权用户使用，由服务提供者对数据实施加密。

第三，公共管理数据在政府控制之下，它专用于公共管理服务。系统将通过数据加密控制使用手段，保证服务的高连续性。

第四，搜索救援数据将提供一种传送能力，即把确认的搜索救援电文送到配有“伽利略”接收机的信号塔。

类似于GPS，“伽利略”系统也将建立专用的“伽利略”地球基准系(GTRF)，该基准将是国际地球基准系(ITRF)的一个独立实现。按照“伽利略”系统的需求，定位中的三维误差在最新的国际地球基准系中将不超过3cm(2σ)。GTRF的实现是“伽利略”大地测量基准服务提供者(GRSP)的任务。GTRF将包括全部“伽利略”检测工作站(GSS)和选用的国际导航卫星系统服务(IGS)工作站。IGS工作站用于对国际地球基准系进行校准(因为“伽利略”检测工作站不是它的一部分)，并用于网络致密化以改善结果精度。“伽利略”地球基准系的计算包括两部分：涉及全部工作站(“伽利略”检测工作站和选用的国际导航卫星系统服务工作站)的自由网络调整和应用服务工作站对国际地球基准系进行网络校准。“伽利略”大地测量基准服务提供者(GRSP)标准已经由欧洲大地测量机构主导开发出来。该网络包括131个服务工作站和13个为“伽利略”在轨验证阶段任务服务的试验检测工作站(GESS)。“伽利略”地球基准系(GIRF)最初实现(称为GIRF07V01)已经与国际地球基准系(ITRF05)一致，在北、东、上3个方向分别达到0.9mm、0.9mm、2.7mm的精度。

2.4.4 “北斗”系统

2000年，中国开始开发自己独立的天基导航系统。最初，它不像GPS和GLONASS，而是采用地球静止轨道和倾斜地球同步轨道上的卫星建立覆盖中国与附近区域的区域导航系统。"北斗"系统的这个阶段现在称作"北斗"-1。"北斗"-1 成功试验之后,2006 年,中国宣布"北斗"-2 将于 2020 年提供连续的全球全天候定位授时服务。系统开发正在快速高效进行:到 2013 年初,已经成功发射了 16 颗卫星。系统全部部署到位后,公开服务(OS)定位精度可望达到 10m 以内,授时误差不大于 20ns。

系统开发分为以下两个阶段[27]。

第一阶段(至 2012 年年底)由 14 颗卫星组成一组。

(1) 5 颗卫星位于地球静止轨道(GEO)。

(2) 5 颗卫星位于倾斜地球同步轨道(IGSO)(2 颗储备于轨道上)。

(3) 4 颗卫星位于中地球轨道(MEO)。

这组卫星有能力为亚太地区(北纬 55° - 南纬 55°和东经 84° - 东经 160°)用户提供服务。

第二阶段计划于 2020 年部署完毕。全部完成后,"北斗"系统空间段将包含 35 颗卫星(图 2.11),其中 5 颗地球静止轨道卫星、3 颗倾斜地球同步轨道(相对赤道平面为 55°倾角的轨道)卫星以及 27 颗中地球轨道卫星。前两类卫星将位于 35786km 高度,最后一类卫星将位于 21528km 的高度,相对于赤道平面的倾角也为 55°[28]。

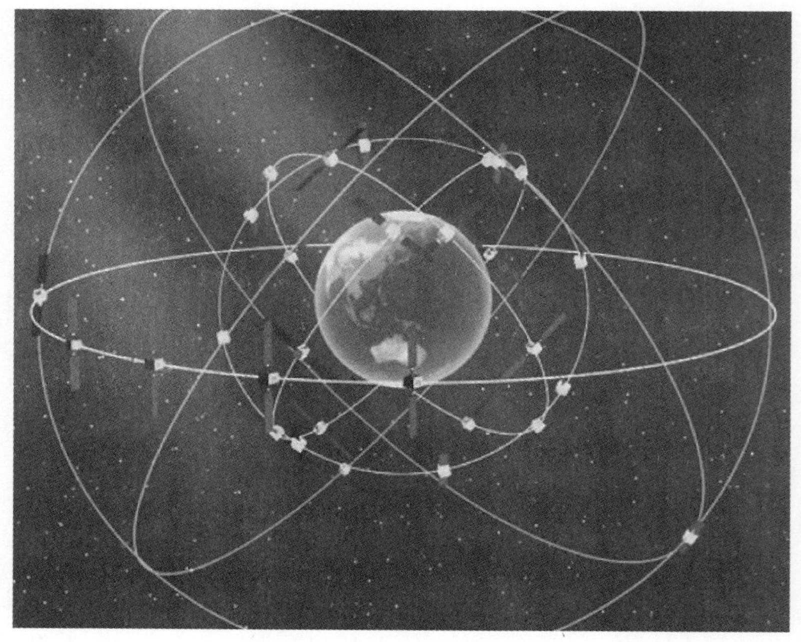

图 2.11 "北斗"系统轨道星座

"北斗"系统定位精度(95%可能性)如下。

(1) 区域系统。最小20m。

(2) 全球系统。中国本土横向5m、纵向5m,地球上任意点为10m。

由于缺乏国外地面控制站,系统难以实现境外控制和数据传送。由于可控弧段有限,所以降低了卫星轨道确定的精度,从而导致定位精度降低。"北斗"系统的其他功能包括短消息服务、安装在某些卫星上的宇宙粒子记录仪和激光反射器以及交叉通信链路(可能工作在X波段)。

与GPS、"伽利略"和更新后的GLONASS相同,"北斗"系统也基于码分多址(CDMA)技术,且"北斗"系统也将提供两类服务,即公开类服务和授权类服务。各卫星的测距码通常为正交多路复用。详细情况仅对公开服务B1I信号有所公布[28]。

B1I测距码在1561.098MHz载波同相分量上进行播送。对于每颗卫星,它都是初始长度为2047的Gold序列,通过截短1个码元后最后长度为2046。每一Gold序列都通过两个m序列模-2加产生,而两个m序列分别由下列本原多项式给出的线性反馈移位寄存器生成,即

$$\begin{cases} g_1(x) = x^{11} + x^{10} + x^9 + x^8 + x^7 + x + 1 \\ g_2(x) = x^{11} + x^9 + x^8 + x^5 + x^4 + x^3 + x^2 + x + 1 \end{cases}$$

B1I的码元速率为2.046MHz,因此,该信号的实时周期为1ms。从接口控制文件未发现公开服务(OS)信号中含有引导信号分量。

由地球中轨道卫星广播的导航电文D1,其速率为50b/s,且含有全部基本数据:卫星状态、年历和相对其他系统的时间补偿等。地球静止轨道和倾斜地球同步轨道卫星以500b/s的速率广播导航电文D2,它包括附加的服务信息,如系统完好性数据、误差和电离层修正网格等。应用最简单的(15,11)海明(Hamming)FEC码作为D1和D2数据的校验措施。数据流与测距码进行模-2加后通过BPSK方式调制到载波上。B1I信号在地球表面预期信号功率大约为-163dBW。

2.4.5 日本准天顶卫星系统现状与发展

到2020年,日本政府准天顶卫星系统(QZSS)计划部署4颗卫星的星座,其中1颗卫星("指路")已于2010年9月完成发射,并用于验证测试。QZSS系统设计的目的是完成下面3项任务。

(1) 通过提高GPS的实用性和实现GPS目前信号与未来信号的完全兼容手段,增强GPS在日本国土及毗邻的亚太地区功能。

（2）通过不同修正后的宽波段数据、完好性数据、电离层修正、与 L1C/A GPS 信号完全互操作的其他导航系统包含的卫星状态数据以及与 SBAS 信号兼容等手段，改善 QZSS 和 GPS 联合操作的导航服务质量。

（3）实现短电文服务（图 2.12）。

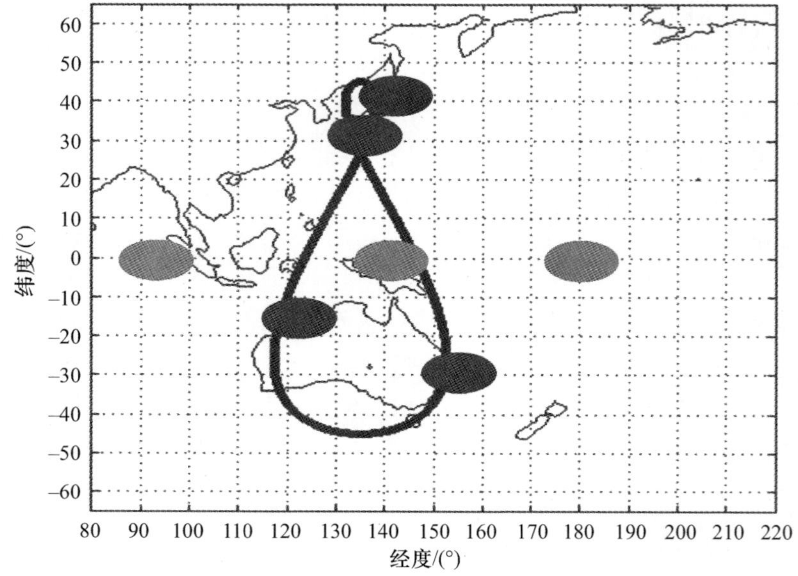

图 2.12　地球表面上的 QZSS 卫星轨道

试验同步系统是 QZSS 选项之一。在“指路”卫星飞行测试期间，日本计划研究不安装原子钟而进行计时的可能性——同步系统与卫星上的简单时钟相结合以代替原子钟。这种时钟作为收发器在工作，广播由地球表面时间同步网络远程传送的精确时间数据[29]。

2.4.6 印度区域导航卫星系统现状与发展

印度区域导航卫星系统（IRNSS）覆盖区域将包括整个印度及其边境周边大约 1500km 的地区[30]。

IRNSS 轨道星座由 7 颗卫星组成。

（1）地球静止轨道卫星。

（2）远地点为 24000 km、近地点为 250 km、倾角为 29°的倾斜地球同步轨道卫星，其中 2 颗卫星将横跨东经 55°点的赤道平面、2 颗卫星横跨东经 21.5°点的赤道平面（图 2.13）。

IRNSS 将在 L5 波段以 1176.45MHz 中心频率和 S 波段以 2492.028MHz 的

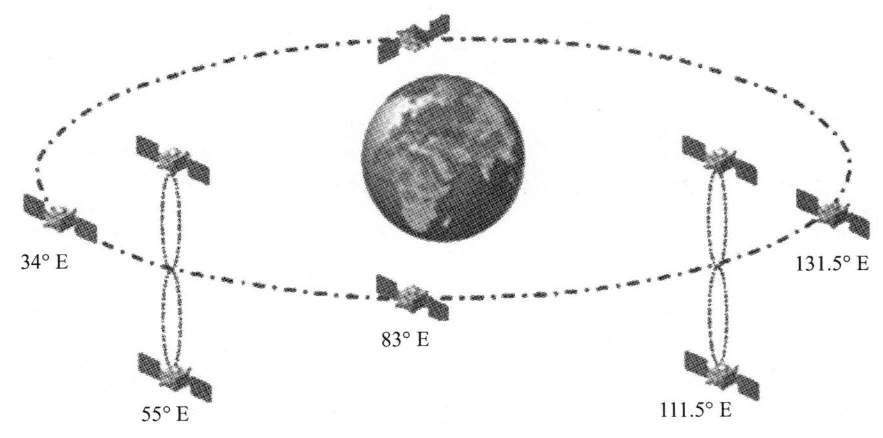

图 2.13　IRNSS 轨道星座

中心频率广播 CDMA 导航信号。

2.5　GNSS 测 量

GNSS 接收机输出的主要测量参数是伪距。伪距由与 PRN 码直接相关的所谓的码测量实现。伪距的概念在 2.3.3 节已经介绍过(见式(2.10))。

本节将简要介绍其他重要的参数测量及相关测量方法:载波相位和多普勒频率偏移以及单差分测量、双差分测量和三差分测量等。后面 3 种测量方法通过载波相位处理而获得,大部分内容在载波相位一节进行叙述,参见参考文献[10]。

2.5.1　载波相位

控制载波频率/相位跟踪回路的数字控制振荡器(NCO)用于测量接收信号频率偏移及相位。L1 载波的波长约为 19cm,因此,可以根据载波相位信息进行精确测量。噪声量级很大程度取决于接收机中载波跟踪回路的参数。通常情况下,其范围为固定接收机的 1% ,导航型接收机的 2% ,其中,高动态运载器需要宽带跟踪回路,以便保持载波的良好跟踪。然而,带宽变大进入的噪声也更多。此外,载波测量中噪声的量级大大小于伪距测量中的噪声量级;因此,载波测量大大优于伪距测量。载波测量的主要缺点来自组成载波相位的两个量:自载波捕获时间开始的载波相位值及整周模糊度。对于第一个量,如果没有暂时中断或发生周跳,可以高精度确定;对于第二个量,整周模糊度相当于载波相位捕获开始时卫星和用户接收机之间距离与波长的整数倍。这个值可以计算,但是它的确定要消耗大量时间。此外，当暂时丢失信号跟踪之后载波相位需要重新捕获时，整周模糊度确定过程必须重新启动，因此，可能对实时应用带来影响。载波相位模型可以按下面的过程推导。

定义 $\Phi_r(t)$ 为接收机产生的载波相位，$\Phi_s(t,d)$ 为与卫星距离是 d 时卫星信号的载波相位，t_1 为接收机载波相位捕获时间，可以写为

$$\Phi_r(t) = (\omega_0 + \omega_{\text{drift}})(t - t_1) + \Phi_{r1} \tag{2.22}$$

$$\Phi_s(t,d) = (\omega_0 + \omega_{\text{sat. dr}})\left(t - \frac{d}{c}\right) + \Phi_{s0} \tag{2.23}$$

式中：ω_0(rad)为载波标准频率；ω_{drift} 为接收机时钟频率偏移；c 为光速；$\omega_{\text{sat. dr}}$ 为卫星时钟频率偏移；Φ_{s0} 和 Φ_{r0} 为基准时间 $t_0 = 0$ 时卫星和接收机的初始载波相位；$\Phi_{r1} = (\omega_0 + \omega_{\text{sat. dr}})t_1 + \Phi_{r0}$ 为接收机在 t_1 时的载波相位。

式(2.23)可以写成更方便的形式，即

$$\Phi_s(t,d) = \Phi_s(t,d) - \Phi_s(t_1,d_1) + \Phi_s(t_1,d_1) \tag{2.24}$$

式中：$\Phi_s(t,d) - \Phi_s(t_1,d_1)$ 为初始捕获（假设没有发生周跳）之后连续跟踪的载波相位变化，而 $\Phi_s(t_1,d_1)$ 则为接收机 - 卫星相对距离为 d_1 时 t_1 时刻的载波相位，即

$$\Phi_s(t_1,d_1) = \Phi_{\text{frac}} + 2\pi N$$

上式可以看做两部分之和：分数部分 Φ_{frac} 和（未知的）整数 N，N 表示 d_1 中包含的 2π 周期的个数。

因此，式(2.24)变为

$$\Phi_s(t,d) = \overline{\Phi}(t,d) + 2\pi N \tag{2.25}$$

式中：$\overline{\Phi}(t,d) = \Phi_s(t,d) - \Phi_s(t_1,d_1) + \Phi_{\text{frac}}$ 为接收到的载波相位的测量部分。

定义 $\Phi(t,d)$ 为接收机产生的载波相位与 $\overline{\Phi}(t,d)$ 之间的差，即

$$\Phi(t,d) = \Phi_r(t) - \overline{\Phi}(t,d) \tag{2.26}$$

因此，$\Phi(t,d)$ 是接收机测量的量。此外，下面方程成立，即

$$\Phi_r(t) - \Phi_s(t,d) = \Phi(t,d) - 2\pi N \tag{2.27}$$

经由代数运算之后，式(2.27)左边可表达为

$$\Phi_r(t) - \Phi_s(t,d) = \omega_0 \frac{d}{c} + \omega_{\text{drift}} t + \Phi_{r0} - \omega_{\text{sat. dr}}\left(t - \frac{d}{c}\right) - \Phi_{s0} \tag{2.28}$$

定义接收机时钟补偿为

$$b_r(t) = \omega_{\text{drift}} t + \Phi_{r0}$$

卫星时钟引起的补偿为

$$b_s(t) = \omega_{\text{sat. dr}}\left(t - \frac{d}{c}\right) + \Phi_{s0}$$

则式(2.27)改写为

$$\Phi(t,d) = \omega_0 \frac{d}{c} + 2\pi N + b_r(t) - b_s(t) \tag{2.29}$$

由于星载原子钟的稳定性和控制段的连续监控作用,致使卫星时钟偏移值极小,所以补偿中的最重要贡献是 $\omega_{\text{sat. dr}}t + \Phi_{s0}$。

在式(2.29)中出现两个重复的量,即 N 和 $\Phi(t,d)$。

(1) N 称为初始模糊度或整周模糊度,它是包含在载波捕获时(t_1)卫星-接收机距离中 2π 周期的整数倍。

(2) $\Phi(t,d)$ 是载波相位观测值或测量值。其与卫星-接收机距离之间的关系由式(2.29)描述,而式(2.26)给出了测量方法。

借助载波跟踪环路,接收机提供相位测量值为

$$\Phi_m(t,d) = \Phi(t,d) + \varepsilon_{\Phi}(t) \tag{2.30}$$

这个测量值与 $\Phi^{\text{TM}}(t)$ 不同,因为存在测量误差 $\varepsilon_{\Phi}(t)$。根据式(2.30)可以写出载波测量模型,即

$$\Phi_m(t,d) = \omega_0 \frac{d}{c} + 2\pi N + b_r(t) - b_s(t) + \varepsilon_{\Phi}(t) \tag{2.31}$$

值得注意的是,伪距和载波相位测量受不同误差的影响。特别是,$\varepsilon_{\Phi}(t)$ 比伪距误差小两个量级。

2.5.2 多普勒频率偏移

根据前面的关系式大概也可以获取多普勒频率偏移测量模型。实际上,式(2.24)对 t 微分得

$$\dot{\Phi}(t) = \frac{\mathrm{d}}{\mathrm{d}t}\Phi(t,d) \tag{2.32}$$

式(2.32)右边部分可以用两种方法展开。

第一种方法:

$$\frac{\mathrm{d}}{\mathrm{d}t}\Phi(t,d) = \dot{\Phi}_r(t) - \dot{\Phi}_s(t,d) = \Delta\omega \tag{2.33}$$

式中:$\Delta\omega$ 为卫星接收机产生的信号与接收到的信号之间的频率差。多普勒频

率偏移 $\Delta\omega$ 可以由接收机频率跟踪回路进行测量。

第二种方法:根据式(2.29)可以写出

$$\frac{\mathrm{d}}{\mathrm{d}t}\Phi(t,d)=\omega_0\frac{v(t)}{c}+\omega_{\mathrm{drift}}-\omega_{\mathrm{sat.\,dr}}\left(1-\frac{v(t)}{c}\right) \tag{2.34}$$

这里,用到关系式

$$\dot{d}=v(t) \tag{2.35}$$

式中:$v(t)$为卫星－用户的相对速度。

根据式(2.33)和式(2.34),得

$$\Delta\omega=\omega_0\frac{v(t)}{c}+\omega_{\mathrm{drift}}-\omega_{\mathrm{sat.\,dr}}\left(1-\frac{v(t)}{c}\right) \tag{2.36}$$

最后,由接收机提供的多普勒频率偏移为

$$\Delta\omega_m=\Delta\omega+\varepsilon_\omega(t)=\omega_0\frac{v(t)}{c}+\omega_{\mathrm{drift}}-\omega_{\mathrm{sat.\,dr}}\left(1-\frac{v(t)}{c}\right)+\varepsilon_\omega(t) \tag{2.37}$$

式中:$\varepsilon_\omega(t)$为 $\Delta\omega$ 的测量误差;$\Delta\omega_m$ 为接收机测量的多普勒频率偏移。

式(2.37)说明了多普勒频率偏移测量值与卫星相对接收机速度之间的关系。

值得注意的是,多普勒频率偏移 $\Delta\omega_m$ 可以用两种方法从接收机获得。

第一种方法:通过频率跟踪回路中数字控制振荡器(NCO)直接测量频率偏移。

第二种方法:通过两时间间隔采样,计算载波相位 $\phi_m(t)$的离散时间导数。

多普勒频移的测量误差按照使用方法的不同可能会有差别。一般来说,好的接收机允许用户根据不同应用选择不同的使用方法。第二种方法建立在近似于式(2.33)观测量的基础上,即

$$\Delta\omega_m=\dot{\Phi}_m \tag{2.38}$$

根据 $\Phi_m(t)$的定义,得出

$$\Delta\omega_m=\dot{\Phi}(t)+\dot{\varepsilon}_\Phi(t)=\Delta\omega+\varepsilon_\omega(t) \tag{2.39}$$

用数值方法可以算出所测量相位的导数,这需要一个选择等待时间。实际上,应用两个载波相位采样除以采样时间即可得出离散时间导数。

在时间间隔$[t_0,t_1]$内完成的载波相位测量也称为累积德尔塔测量,用 ADR(t_0,t_1)表示。

载波相位相对于初始值的变化也可以按照第二种方法直接测量所获取的多普勒频率偏移而确定。实际上,根据式(2.38)可写出

$$\mathrm{ADR}(t_0,t_1) = \Phi_m(t) - \Phi_m(t_0) = \int_{t_0}^{t} \Delta\omega_m \mathrm{d}t \tag{2.40}$$

当然,计算载波相位差时并不鼓励使用式(2.40)中的积分部分,这是因为这种方法产生的误差较大。实际上,积分过程是假设频率值在两采样时间间隔内为常数而完成的。结果精度取决于采样时间长短、频率测量的偏移误差以及时间间隔 $t-t_0$ 的大小。

2.5.3 单差分测量

式(2.31)表示载波相位的基本数学模型,据此可以导出其他测量方法。使用 2 个接收机观测同一颗卫星可以实现单差分测量。用“A”和“B”表示 2 个接收机,用“a”表示 2 个接收机都能观测到的 GNSS 卫星,式(2.31)可以写成 2 个,每个接收机对应一个方程,其中,方程中涉及的变量带有下标和上标,分别表示特定的接收机和卫星。因此,有

$$\Phi_{\mathrm{A}}^{\mathrm{a}}(t_1) = \omega_0 \frac{d_{\mathrm{A}}^{\mathrm{a}}(t_1)}{c} + 2\pi N_{\mathrm{A}}^{\mathrm{a}} + b_{r\mathrm{A}}(t_1) - b_{s\mathrm{A}}^{\mathrm{a}}(t_1) + \varepsilon_{\Phi\mathrm{A}}^{\mathrm{a}}(t_1) \tag{2.41}$$

$$\Phi_{\mathrm{B}}^{\mathrm{a}}(t_2) = \omega_0 \frac{d_{\mathrm{B}}^{\mathrm{a}}(t_2)}{c} + 2\pi N_{\mathrm{B}}^{\mathrm{a}} + b_{r\mathrm{B}}(t_2) - b_{s\mathrm{B}}^{\mathrm{a}}(t_2) + \varepsilon_{\Phi\mathrm{B}}^{\mathrm{a}}(t_2) \tag{2.42}$$

图 2.14 表示单差分测量几何结构图。

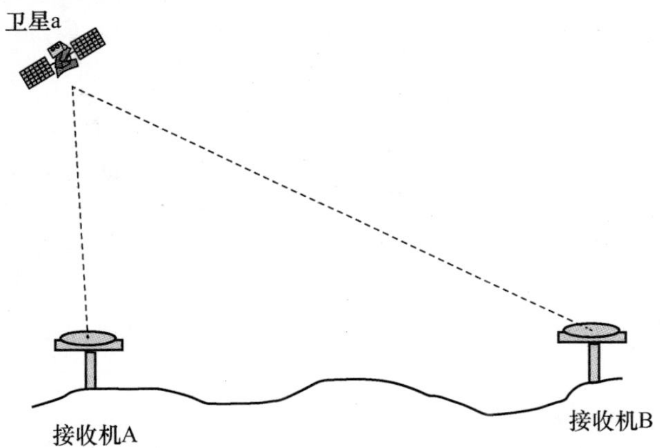

图 2.14 单差分测量概念

2 个方程做差得

$$\begin{aligned}&\Phi_{\mathrm{A}}^{\mathrm{a}}(t_1) - \Phi_{\mathrm{B}}^{\mathrm{a}}(t_2) = \Phi_{\mathrm{AB}}(t_1,t_2)\\&= \omega_0 \frac{d_{\mathrm{AB}}^{\mathrm{a}}(t_1,t_2)}{c} + 2\pi N_{\mathrm{AB}}^{\mathrm{a}}(t_1,t_2) + b_{r\mathrm{AB}}(t_1,t_2) - b_{s\mathrm{AB}}^{\mathrm{a}}(t_1,t_2) + \varepsilon_{\Phi\mathrm{AB}}^{\mathrm{a}}(t_1,t_2)\end{aligned} \tag{2.43}$$

式中:下标 AB 表示原方程对应项做差获得的结果项。若 2 个接收机观测时间相同($t_1 = t_2 = t$),那么,式(2.43)可导出单差分测量方程

$$\boldsymbol{\Phi}_{\mathrm{AB}}^{\mathrm{a}}(t) = \omega_0 \frac{d_{\mathrm{AB}}^{\mathrm{a}}(t)}{c} + 2\pi N_{\mathrm{AB}}^{\mathrm{a}} + b_{r\mathrm{AB}}(t) + \varepsilon_{\Phi\mathrm{AB}}^{\mathrm{a}}(t) \tag{2.44}$$

式中:由于 $b_{s\mathrm{AB}}^{\mathrm{a}}(t)$为零,已消去。

单差分的主要特性是能消除 2 个接收机之间的公共误差。尤其是应用单差分测量可以消除卫星时钟补偿误差及星历误差。此外,2 个接收机共有的电离层和对流层误差也已抵消。接收机相互之间越近,有效公共误差消除得越好。

为确定精准的相对位置,即 1 个接收机(漫游者或机动设备)相对于其他设备(基本接收机)的位置矢量(基线),往往采用单差分测量。基本接收机位于已知的(地理基准)位置,且通常为固定状态。

2.5.4 双差分测量

如果 2 个接收机"A"和"B"同时观测 2 颗卫星"a"和"b",对同时获取的 2 个单差分测量结果做差,可以实现双差分相位测量,即

$$\boldsymbol{\Phi}_{\mathrm{AB}}^{\mathrm{ab}}(t) = \boldsymbol{\Phi}_{\mathrm{AB}}^{\mathrm{a}}(t) - \boldsymbol{\Phi}_{\mathrm{AB}}^{\mathrm{b}}(t) = \omega_0 \frac{d_{\mathrm{AB}}^{\mathrm{ab}}(t)}{c} + 2\pi N_{\mathrm{AB}}^{\mathrm{ab}} + \varepsilon_{\Phi\mathrm{AB}}^{\mathrm{ab}}(t) \tag{2.45}$$

在这种情况中,$b_{s\mathrm{AB}}^{\mathrm{ab}}(t) = 0$。这里仍然应用与前面相类似的符号,上标"ab"表示分别为卫星"a"和"b"写出的两个单差分初始方程对应项做差所得出的结果项。

图 2.15 表示双差分测量结构概念。双差分测量的主要优点是:由接收机时钟导致的大误差已完全消除,条件是卫星"a"和卫星"b"同时测量或测量时段内

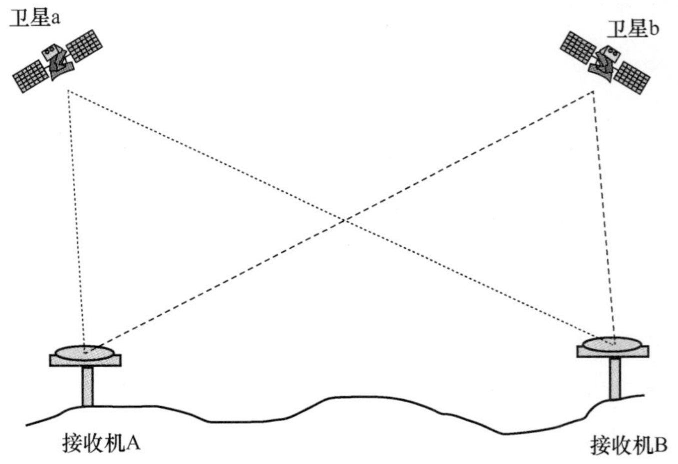

图 2.15 双差分测量结构概念

接收机时钟漂移忽略不计。

2.5.5 三差分测量

三差分测量概念如图2.16所示。这种情况必须考虑两个观测时间 t_1 和 t_2，必须取两个双差分，每个时间做一个双差分。然后，用下面的方法对式(2.45)获取的双差分方程做差，即可实现三差分测量，即

$$\begin{aligned}\Delta\Phi_{AB}^{ab}(t_2,t_1) &= \Phi_{AB}^{ab}(t_2) - \Phi_{AB}^{ab}(t_1) \\ &= \omega_0 \frac{d_{AB}^{ab}(t_2,t_1)}{c} + \varepsilon_{\Phi AB}^{ab}(t_2,t_1)\end{aligned} \tag{2.46}$$

同理，在 t_1 和 t_2 分别计算出的双差分方程中对应项之间做差，可获得式(2.46)中的右边项。三差分测量的最重要特性是消除了与整周模糊度相关的项：实际上，它们在一时间段内为时间不变量。当然，为了计算三差分，关键是没有周跳或不发生载波相位失锁。为使双差分测量得到较好的近似位置，可把三差分测量作为预处理技术使用。在三差分测量中，周跳会导致计算出的残余项中出现异常值，异常值的消除对提供双差分测量周跳无关解可能有用。

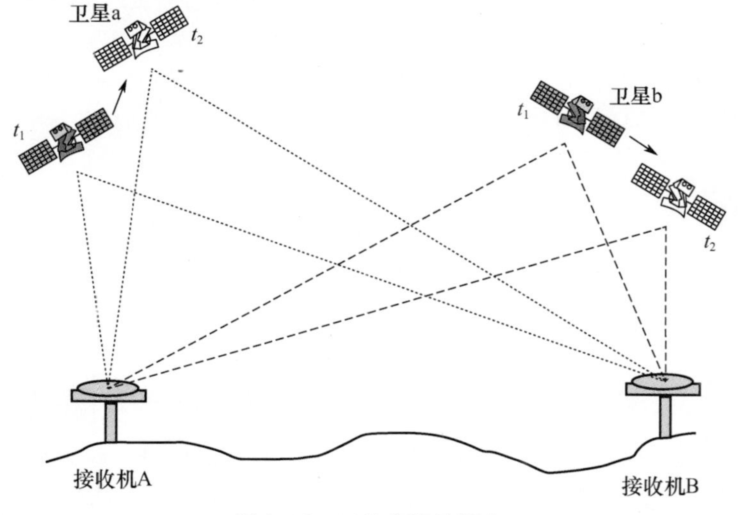

图2.16 三差分测量概念

2.5.6 线性组合

与那些基于初始测量的方法相比较，对双频或多频载波相位或伪距测量值进行求和或做差，所获取的线性组合可以改善最后的测量结果。这种改善意味着某些系统误差可以消除或降低，可求出相位多值解，改善可靠性，提高

精度[31]。

基于初始测量方法、载波相位 Φ_i 及伪距 r_i($i=1,2,\cdots$表示频率 f_i 所对应的测量值)可以确定若干有用的线性组合。

电离层残差组合 Φ_{IF}、r_{IF}消除了一阶(到99.9%)电离层影响,它取决于频率平方的反比,即

$$\Phi_{IF}=\frac{f_1^2\Phi_1-f_2^2\Phi_2}{f_1^2-f_2^2},\quad r_{IF}=\frac{f_1^2r_1-f_2^2r_2}{f_1^2-f_2^2} \tag{2.47}$$

注意:这里相对于 r_{IF}组合确定卫星时钟。

几何残差组合 Φ_{GF}、r_{GF}消除了测量值的几何误差部分,只剩下与频率相关的影响,即电离层折射、仪器延迟以及多径和测量噪声等。几何残差组合可以用来估算电离层电子含量,以检测载波相位中的周跳,也用于估算天线旋转,即

$$\Phi_{GF}=\Phi_1-\Phi_2,\quad r_{GF}=r_2-r_1 \tag{2.48}$$

宽通道组合 Φ_{WL}、r_{WL}用于产生较大波长信号。波的长度对检测周跳和多值确定很有用。这种组合的另一个特性是改变电离层项的符号,即

$$\Phi_{WL}=\frac{f_1\Phi_1-f_2\Phi_2}{f_1-f_2},\quad r_{WL}=\frac{f_1r_1-f_2r_2}{f_1-f_2} \tag{2.49}$$

窄通道组合 Φ_{NL}、r_{NL}产生窄波长信号。这种组合的信号噪声比每种独立分量信号的噪声都要低,可以用来降低码噪声和估算宽通道的多值,即

$$\Phi_{NL}=\frac{f_1\Phi_1+f_2\Phi_2}{f_1+f_2},\quad r_{NL}=\frac{f_1r_1+f_2r_2}{f_1+f_2} \tag{2.50}$$

Melbourne - Wübbena 组合包含 r_{NL}和 Φ_{WL},可以按照下列方程提供宽通道多值估算,即

$$C_{MW}=\Phi_{WL}-r_{NL}=\lambda_{WL}N_{WL}+b_{WL}+\varepsilon \tag{2.51}$$

式中:$N_{WL}=N_1-N_2$ 为宽通道整周模糊度;b_{WL}为卫星和接收机仪器的偏差;ε 为测量噪声,包括载波相位噪声和码序列多径噪声等。M - W 组合含有必然的优点,因为宽通道组合的波长 $\lambda_{WL}=c/(f_1-f_2)$,它比每种独立信号的波长都要长,由此导致多值空间增大,且码测量窄通道组合降低了测量噪声,因此,减少了真偏差值的离差。

多频 GNSS 中三频观测组合将使多频多值技术得到重要性能改善[32]。

2.5.7 整周模糊度解

处理载波相位观测量时的一个主要问题是确定整周模糊度解。文献中推

荐了许多方法，目前，这方面还在不断研究中[33-37]。对涉及该问题的过程和方法，本节给出一个简短叙述；对于更深刻、更完整的讨论，可参阅所列出的参考文献。

整周模糊度解过程一般分为两个主要步骤。

（1）确定一组恰当的可能解。当然，这组解的规模越小，后面步骤越顺当越快。

（2）在上面步骤求出的解中选择最合适的解，作为首选的整周模糊度解。“最合适的解”的定义与最小残余标准相关。

步骤(1)分为单时间方法和多时间方法。单时间方法需要采集一个时间点的测量值，因此，它特别适用于非静态应用，如运动中的载体。单时间方法的基本概念是码元测量，这种测量是多值无关测量，可以用于辅助确定载波相位多值。然而，由于高量级的噪声影响码元测量，多值确定并不能得出唯一的解，但可以提供一组可能的候选解，这组解的大小取决于噪声的量级。此外，对伪距 ρ 和载波相位 ϕ_m 测量进行组合（即对式(2.10)与式(2.31)做差），可获得整周模糊度解 N 的估值作为 ρ 和 ϕ_m 的一个函数。用下面标准偏差描述估值 N 的特性，即

$$\sigma_N^2 = \frac{1}{\lambda^2}\sigma_\rho^2 + 2\sigma_\phi^2 \tag{2.52}$$

式中：σ_ρ 和 σ_ϕ 分别为伪距和载波相位的标准偏差；λ 为载波的波长。

式(2.52)表明，λ 越大，N 的估值越适当。为确立使用双频接收机的优势，建议使用这种测量方法。事实上，这里引进了宽通道的概念：宽通道是由 L1 信号和 L2 信号获取的载波相位测量值的线性组合。所以，宽通道载波相位测量值 ϕ_{12} 可以通过其波长 λ_{12} 和整周模糊度解 N_{12} 而获取，而 N_{12} 通过 L1 和 L2 载波相位测量值结合对应的量而获取，即

$$\phi_{12} = \phi_1 - \phi_2, \quad N_{12} = N_1 - N_2, \quad \frac{1}{\lambda_{12}} = \frac{1}{\lambda_1} - \frac{1}{\lambda_2} \tag{2.53}$$

N_{12} 可以表示为 ρ 和 ϕ_{12} 的函数，λ_{12} 大约为 85cm（大于 λ_1 和 λ_2），其结果降低了整周模糊度解的估算误差，因而，也减小了 N_1 和 N_2 一组可能解的大小。如果有两个以上频率可用，即“伽利略”导航或新 GPS 和 GLONASS L3 第三个频率可用，可以进一步应用三载波多值解（TCAR）或多载波多值解（MCAR）算法开发宽通道测量，其中，具有不同频率载波相位测量的各种组合引出了高性能多值解的多步骤方法。

然而，对于单频接收机来说，宽通道测量是不可实现的。因此，必须采用多

时间方法,通过在至少两个充分分割时间点实施测量而求出多值解。在这种情况中,可以采用前面介绍的三差分测量,三差分测量中的整周模糊度解已经抵销。这种方法的主要缺点是:在多值求解过程中需要静态接收机,因而,它不适于动态导航应用。

步骤(2)工作是在一组可能解中寻找最合适的解。文献中可以找到许多高效的求解方法,其中最常用的是基于整倍数最小二乘(LS)估算法。这些方法分三步完成,即浮点解、整周模糊度估算和确定解。对于这些方法的叙述,感兴趣的读者可见参考文献资料,尤其是参考文献[35]。

2.6 误差源

如前所述,GNSS 测量受到若干误差源的影响,为了描述这些测量的不准确性,需要单独计算主要误差项。此外,我们的分析是针对单颗卫星信号测量,因为式(2.16)通过 DOP 因子把这些误差和导航解联系了起来,DOP 因子取决于用户和卫星星座的几何关系。

本节所描述的误差源依次为大气(电离层和对流层)效应、选择可用性(SA)效应、多径效应及接收机噪声等。

关于地球大气效应,特别要注意 GNSS 信号穿过大气的速度不同于真空中电磁波的传播速度。根据物理特性,大气描述通常分为若干部分。在电磁波传播环境中,主要感兴趣的大气区域是对流层、对流层顶、同温层(这些区域的全部效应称作对流层折射)以及电离层(电离层折射增强)。

地球大气效应使 GNSS 信号载波相位提前和码群延迟。这些现象将在下面叙述,其中,首先介绍相位和群速度的概念。为此,提出下面的简化结构。

(1) 电磁波传播介质为均匀各向同性介质(折射指数为常数,传播速度与方向无关)。

(2) 电磁波仅由两个单位幅值正弦分量 φ_1、φ_2 组成。

在这种结构中,第一个分量 φ_1 从发射源相对于时间 t 和距离(x 坐标)在一般方向上的传播可表达为

$$\varphi_1(t,x)=\sin(\omega t-kx) \tag{2.54}$$

其中

$$k=\frac{2\pi}{\lambda_\varphi},\quad \lambda_\varphi=\frac{c_\varphi}{f},\quad f=\frac{\omega}{2\pi} \tag{2.55}$$

式中:ω 和 f 分别为角频率和频率;c_φ 为波通过介质的传播速度;λ_φ 为波长;k 为

角常数(沿介质的相位传播),因此,kx 相当于坐标点 x 的初始相位。第二个分量 φ_2 用角频率和角常数进行表征,相对于 φ_1 中的那些量,它增加了 $\Delta\omega$ 和 Δk。因此,有

$$\varphi_2(t,x) = \sin((\omega + \Delta\omega)t - (k + \Delta k)x) \tag{2.56}$$

相应的波传播速度和正弦参数相关,即

$$c_\varphi + \Delta c_\varphi = \frac{\omega + \Delta\omega}{k + \Delta k} \tag{2.57}$$

在此结构中,两个正弦分量之和组成完整波 w,即

$$\begin{aligned} w &= \varphi_1 + \varphi_2 = \sin(\omega t - kx) + \sin((\omega + \Delta\omega)t - (k + \Delta k)x) \\ &= 2\sin\left(\frac{\Delta\omega t - \Delta kx}{2} + \frac{\pi}{2}\right)\sin\left(\frac{(2\omega + \Delta\omega)t - (2k + \Delta k)x}{2}\right) \\ &= 2\varphi_g\varphi \end{aligned} \tag{2.58}$$

式中:φ_g 为群信号;φ 为载波信号。

对于 GPS 来说,φ 可以表示载波 L1,也可以表示载波 L2,而 φ_g 表示码和数据信号。此外,GPS 调制载波的带宽足够窄,由此 $\Delta\omega$ 和 Δk 可看做是微分 $\mathrm{d}\omega$ 和 $\mathrm{d}k$。根据式(2.56)~式(2.58),群速度可以确定为

$$c_g = \frac{\mathrm{d}\omega}{\mathrm{d}k} \tag{2.59}$$

众所周知[38],相位速度 c_φ(载波通过大气层的传播速度)与相位折射指数 n_φ 相关,即

$$c_\varphi = \frac{c}{n_\varphi} \tag{2.60}$$

同理,可得出群速度的类似关系式,即

$$c_g = \frac{c}{n_g} \tag{2.61}$$

式中:c 为光的真空速度;n_g 为群折射指数,可以借助式(2.50)和式(2.54)与 n_φ 联系起来,则

$$n_g = c\frac{\mathrm{d}k}{\mathrm{d}\omega} = \frac{\mathrm{d}}{\mathrm{d}\omega}\left(\frac{c}{c_\varphi}2\pi f\right) = \frac{\mathrm{d}}{\mathrm{d}\omega}(n_\varphi\omega) = n_\varphi + f\frac{\mathrm{d}n_\varphi}{\mathrm{d}f} \tag{2.62}$$

相位折射指数 n_φ 取决于频率时,此时的介质称作弥散型介质。在此情况中,根据式(2.55),如果群折射指数 n_g 不等于 n_φ,则码和相位具有不同的速度。

2.6.1 电离层效应

电离层指的是地球表面之上 50 ~ 100km 的大气区域。该区域的主要特点是:受太阳紫外线影响而导致大气电离释放大量(负)自由电子和(正)离子。尤其是紫外线辐射效应提高了电子密度,由此,电磁波传播在很大程度上受这些自由电子的影响。这就是为什么在建立 GNSS 信号电离层效应模型时,要研究相对于太阳位置的重要原因。注意:只有频率高于 30MHz 的载波才能穿透电离层,GNSS L1 和 GNSS L2 信号都是合适的,因为在它们的频率电离层表现为弥散介质,相应的相位折射指数 n_{φ} 一般用下面表达式描述[39],即

$$n_{\varphi} = \sqrt{1-2N_I} \approx 1 - N_{\mathrm{I}}, \quad N_{\mathrm{I}} = \frac{v_2}{f^2}\delta_e \ll 1, \quad v_2 = 40.3 \tag{2.63}$$

式中:N_{I} 为电离层折射率;δ_e 为当地电子密度。由于 N_{I} 的量值很小,通常,n_{φ} 用其一阶近似式表示。

根据式(2.60) ~ 式(2.63),群速度和相位速度简化表示为

$$c_g \approx c - \Delta c, \quad c_{\varphi} \approx c + \Delta c, \quad \Delta c = cN_1 = \frac{v_2 c}{f^2}\delta_e \tag{2.64}$$

式中:突显出群码延迟和载波相位超前。

在载波频率为 f 的 GNSS 观测量中,电离层误差(一天之中可达 50m)绝对值可表述为

$$I_f = \frac{v_2}{f^2}\mathrm{TEC}, \quad \mathrm{TEC} = \int_{\gamma_{\mathrm{iono}}} \delta_e \mathrm{d}s \tag{2.65}$$

式中:电子总量(TEC)一般在 $10^{16} \sim 10^{19}\,\mathrm{el/m^2}$ 变化,它是沿路径 γ_{iono} 通过电离层积分得出的电子密度。

为获取 GNSS 观测量中的电离层误差,单频接收机用户(只使用 L1 载频)可以应用基于 Klobuchar 电离层模型的算法[40]。电离层模型由下列参数构成。

(1) 导航电文对用户广播的 8 个系数 α_n、β_n($n=0,1,\cdots,3$)。

(2) 用户概略地理纬度 ϕ_u 和经度 λ_u。

(3) 相对于当地正切平面,第 i 颗卫星的方位角 A_i 和海拔高度 E_i。

(4) GPS 周时间 t_{GPS}。

构成 Klobuchar 电离层模型的某些主要成分如图 2.17 所示,其中,平均电离层高度 h_{ion} 假定等于地球表面之上 350km。电离层点 IP_i 位于卫星 i 和用户连线的高度 h_{ion} 上。用于计算电离层效应的算法摘录于表 2.5 中。

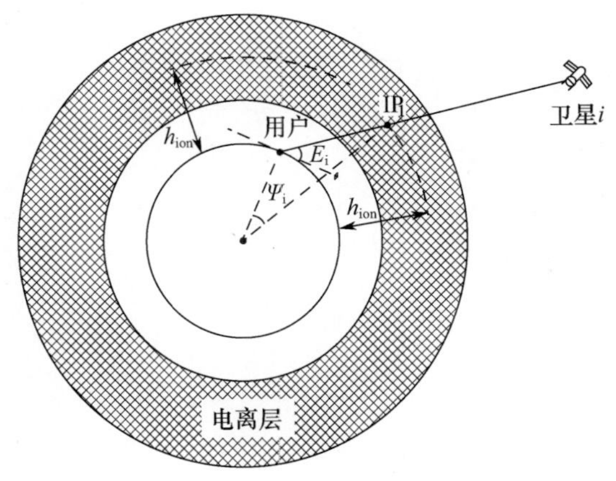

图 2.17 电离层效应

表 2.5 Klobuchar 电离层算法(角度用半圆表示)

方 程 式	描 述
$F_i = 1 + 16(0.53 - E_i)^3$	倾斜因子(无量纲)
$\Psi_i = \dfrac{0.0137}{0.11 + E_i} - 0.022$	用户与 IP_i 之间的地球中心角
$\phi'_{IP_i} = \phi_u + \Psi_i \cos A_i$ $\phi_{IP_i} = \begin{cases} \phi'_{IP_i}, & \lvert\phi'_{IP_i}\rvert \leqslant 0.416 \\ 0.416, & \phi'_{IP_i} > 0.416 \\ -0.416, & \phi'_{IP_i} < -0.416 \end{cases}$	IP_i 的地理纬度
$\lambda_{IP_i} = \lambda_u + \dfrac{\Psi_i \sin A_i}{\cos\phi_{IP_i}}$	IP_i 的地理经度
$\phi_{m_i} = \phi_{IP_i} + 0.064\cos(\lambda_{IP_i} - 1.617)$	IP_i 的地磁纬度
$t'_i = t_{GPS} + 4.32 \times 10^4 \lambda_{IP_i}$ $t_i = \begin{cases} t'_i, & 0 \leqslant t'_i < 86400 \\ t'_i - 86400, & t'_i \geqslant 86400 \\ t'_i + 86400, & t'_i < 0 \end{cases}$	当地时间/s
$AM'_i = \sum_{n=0}^{3} \alpha_n \phi_{m_i}^n$ $AM_i = \begin{cases} AM'_i, & AM'_i \geqslant 0 \\ 0, & AM'_i < 0 \end{cases}$	幅值/s

（续）

方 程 式	描 述
$\mathrm{PER}'_i = \sum_{n=0}^{3} \beta_n \phi_{m_i}^n$ $\mathrm{PER}_i = \begin{cases} \mathrm{PER}'_i, & \mathrm{PER}'_i \geqslant 72000 \\ 72000, & \mathrm{PER}'_i < 72000 \end{cases}$	周期/s
$X_i = \dfrac{2\pi(t_i - 50400)}{\mathrm{PER}_i}$	相位/rad
$I_{\mathrm{L1}} = \begin{cases} cF_i\left(5 \times 10^{-9} + \mathrm{AM}_i\left(1 - \dfrac{X_i^2}{2} + \dfrac{X_i^4}{24}\right)\right), & \lvert X_i \rvert < 1.57 \\ cF_i 5 \times 10^{-9}, & \lvert X_i \rvert \geqslant 1.57 \end{cases}$	L1 频率的电离层误差/m

特别注意，持有双频接收机的用户可以借助特殊的测量组合消除 GNSS 观测中的电离层效应。在载波频率 L1 和 L2 电离层（弥散介质）误差之间，只考虑由式（2.65）而获得下面关系式就足够了，即

$$I_{\mathrm{L2}} = \frac{f_1^2}{f_2^2} I_{\mathrm{L1}}$$

因此，在研究伪距测量（来自 GNSS 码序列）时，可以借助下面一组 n 个观测获取电离层残差解，即

$$\rho_{i,\mathrm{IF}} = \frac{1}{1-(f_1^2 f_2^2)}\left(\rho_{i,\mathrm{L2}} - \frac{f_1^2}{f_2^2}\rho_{i,\mathrm{L1}}\right) = \frac{f_1^2}{f_1^2 - f_2^2}\rho_{i,\mathrm{L1}} - \frac{f_2^2}{f_1^2 - f_2^2}\rho_{i,\mathrm{L2}}, \quad i = 1,2,\cdots,n \tag{2.66}$$

式中：$\rho_{i,\mathrm{L1}}$ 和 $\rho_{i,\mathrm{L2}}$ 分别为关于 L1 和 L2 的伪距测量值。

至于一组电离层残差载波－相位测量，可以形成与式（2.61）相类似的表达式，但是在这种情况中，必须解决一个问题，即与新测量值相联系的初始多值不是整数，因为

$$\frac{f_1^2}{f_1^2 - f_2^2} = 2.546, \quad \frac{f_2^2}{f_1^2 - f_2^2} = 1.546$$

2.6.2 对流层效应

对流层折射是在最低大气层区域出现的效应，该区域以地球表面延伸到大约 50km。对于低于 30GHz 的频率，对流层可以认为是一个非弥散介质。对应的相位折射指数 n_φ 与频率无关，根据式（2.50）则有 $n_g = n_\varphi$，该效应在码/数据和载波相位上都表现为延迟。此时，有

$$n_\varphi = n_g = \sqrt{1 - 2N_T} \approx 1 - N_T, \quad N_T \ll 1, \quad \Delta c \approx cN_T \tag{2.67}$$

式中：Δc 为传播速度（群速度和相位速度）的当地减少量；N_T 为相应的对流层折射率。

此外，对流层距离误差（卫星高度角很低时可达 30m）表述为

$$\mathrm{TR} \approx \int_{\gamma_{\mathrm{tropo}}} N_T \mathrm{d}s \tag{2.68}$$

式中：γ_{tropo}为卫星信号穿过对流层的路径。

通常情况下，对流层折射率 N_T 分为两部分 $N_{T,\mathrm{hyd}}$和 $N_{T,\mathrm{wet}}$，分别对应干燥大气分量折射率（导致对流层延迟的大约 90%）和由于水蒸气引起的潮湿大气分量的折射率，后者很难建立模型。两个折射率系数取决于参考文献[38]提供的某些气象参数，表述为

$$N_T = N_{T,\mathrm{hyd}} + N_{T,\mathrm{wet}}, \quad N_{T,\mathrm{hyd}} = k_1 \frac{p}{T} \times 10^{-6}, \quad N_{T,\mathrm{wet}} = \left(k_2 \frac{e}{T} + k_3 \frac{e}{T^2}\right) \times 10^{-6}$$

$$k_1 = 77.624(\mathrm{K/mbar}), k_2 = -12.92(\mathrm{K/mbar}), k_3 = 371900(\mathrm{K^2/mbar}) \tag{2.69}$$

式中：p 为总大气压力（mbar）；e 为水蒸气的部分压力（mbar）；T 为温度（K）；k_1、k_2、k_3 为经验常数。

由于很难确定沿路径 γ_{tropo}气象参数的实际值，也很难对式（2.63）给出综合结果，所以文献中提供了若干不同的方法。在参考文献[41]中应用海平面气象参数作为接收机纬度和积日的函数计算对流层校准值，之后，干、湿分量的误差项表示为垂直延迟（卫星高度角为 90°）和地图函数的乘积，采用地图函数是为了从垂直向获得实际延迟作为卫星高度角的函数。这里推荐的方法仅对于卫星高度角大于 5°时导出的对流层修正值有效。

2.6.3 选择性应用（SA）效应

SA（启用时）是非授权用户使用 SPS 时的最大误差源。SA 从两条路径降低了导航解的精度：①广播星历参数的变化；②卫星时钟引入了误差。SA 对伪距测量的影响可以参照参考文献[41]给出的模型，它是以下两部分之和。

（1）由 23m 标准偏差所描述的正态分布随机变量（时间不变）。

（2）具有 28s 自相关时间和 23m 标准偏差的二阶 Gauss – Markov 随机过程。对应的功率谱密度为

$$s(\omega) = \frac{s_0^2 \omega_0^4}{\omega^4 + \omega_0^4}, \quad s_0 = 353.076(\mathrm{m \cdot s^2})/\mathrm{rad}^2, \quad \omega_0 = 0.012(\mathrm{rad/s}) \tag{2.70}$$

值得注意的是，SA 为空间关联，因此，可以利用地面站进行 GPS 差分修正，

从而在局部区域消除掉SA误差。

2.6.4 多径效应

许多GPS应用不能忽略多径效应,因为它对总误差有显著的影响,而且很难使之减缓。多径术语是指在卫星和用户之间碰到反射面产生反射之后到达接收机天线的一个或多个信号。因为这些反射信号路径长度总是大于直接信号的路径长度,所以与正常测量相比,多径效应导致信号延迟。

避免多径效应最有效的方法是对设备进行正确合理的安装。特别是接收机天线必须与反射物尽可能离得远一些,以使反射信号以负的高度角接收:由于典型天线的辐射方向性,这样可以减缓多径效应。

为简要介绍载波相位测量时的多径效应,考虑下面的简化工作状态,用户天线接收直接载波信号 s_D 和反射载波信号 s_R,即

$$s_D = A\sin(\varphi), \quad s_R = \alpha A\sin(\varphi + \gamma_R) \tag{2.71}$$

式中:A 和 φ 分别为 s_D 的幅值和相位;α 为幅值衰减因子;γ_R 为 s_R 的相位漂移。最后形成的信号为 $s = s_D + s_R$。

2.6.5 接收机噪声

GPS接收机产生的误差源如下。

(1) 接收机跟踪回路——延迟锁定回路(DLL)、频率锁定回路(FLL)和相位锁定回路(PLL)内的热噪声抖动。

(2) 与码元波长(码测量)和载波波长(相位测量)直接相关的接收机分辨率。

一般的接收机噪声,对于C/A码波长为1~2m,对于P码波长为0.1~0.2m,对于载波相位测量为1~2mm。

2.7 GNSS接收机

下面部分将简要介绍GPS接收机的一般结构。此外,还描述当前几乎所有接收机通常都能实现的一些重要功能和软件(如载波平滑技术)。

2.7.1 接收机结构

一个GNSS接收机需要顺序完成下列处理。

(1) 捕获和跟踪GNSS信号,从中提取与载波相位和PRN码相关连的数据,这些数据与卫星和用户的伪距成正比。

(2) 计算卫星位置、最终接收机位置以及相对GNSS时间的时钟补偿。

为解释 GNSS 信号处理所包含的主要功能，用图 2.18 简要描述典型民用接收机的结构和特征。为简单起见，这里只考虑单频接收机的一般结构。

完整的接收机结构由载波和 PRN 码跟踪两个回路表征，其目的是确定多普勒频率偏移（由于卫星 - 用户之间的相对速度）、载波相位、PRN 码时延以及导航电文的数据位。这些操作分 4 个步骤完成。

（1）发射载波频率的捕获与跟踪，以及多普勒频移的确定。

（2）PRN 码捕获与跟踪，以及时延确定。

（3）载波相位的捕获与跟踪。

（4）数据位（导航电文）的同步与解调。

如图 2.18 所示。首先，天线附近的低噪声放大器放大微弱的 GNSS 信号；然后，即是降频转换器转换为中频（IF）信号，通过天线线缆传送，该信号在线缆中衰减很小，更适合滤波处理后的采样和数字化，滤波处理是为了减少带外噪声。同相（I）和正交（Q）信号通过采样与数字化处理，其速率满足信号的信息容量保存要求。数字化处理之后，数据流在接收机通道之间分离。实际上，其后的方框对每个通道都是重复的，为了同时并行跟踪“全部可视”的卫星信号，GNSS 接收机中每个系统通常配置至少 12 个通道。每个通道由内部和外部反馈回路（图 2.18）组成，分别称为码回路（DLL）和载波频率/相位回路（FLL/DLL）。

码回路的用途是使接收到的 PRN 码与内部产生的复制码序列同步。两相同码序列之间的差值用于确定从卫星到用户的传送时间。其原理基于 PRN 码相关处理，其中相关函数 $R_{XZ}(\tau)$ 定义为

$$R_{XZ}(\tau) = \int_{-\infty}^{+\infty} x(t) z(t+\tau) \mathrm{d}t \tag{2.72}$$

该函数表示与 $z(t)$ 相类似的若干信号 $x(t)$ 回路测量值。如果 $x(t)$ 是接收到的信号，$z(t)$ 是变化了的内部产生的复制信号，那么，由于 $z(t+\tau)=x(t)$，致使 $R_{XZ}(\tau)$ 在 τ_1 时刻达到峰值。这里，τ_1 是内部复制信号必须变化到与接收信号完全相关时的时间；τ_1 和发射机与接收机之间的距离成正比，这个时间乘以光速得到的距离称为伪距。当然，为了最大限度地利于相关处理，必须把握好以下条件。

（1）互相关。即 $x(t)$ 和 $z(t)$ 为对应于不同卫星的不同复制码时的相关函数——相关度很低。

（2）自相关。即 $x(t)$ 和 $z(t)$ 为相同码序列的相关函数——对于任意 $\tau \neq \tau_1$ 相关度都应该很低。

码回路通过离散量 I 和 Q 采样，以及分别借助相关器和累加器实现的倍乘与求和，最终完成相关处理。DLL 鉴别器检测相关函数值，在反馈回路控制数控

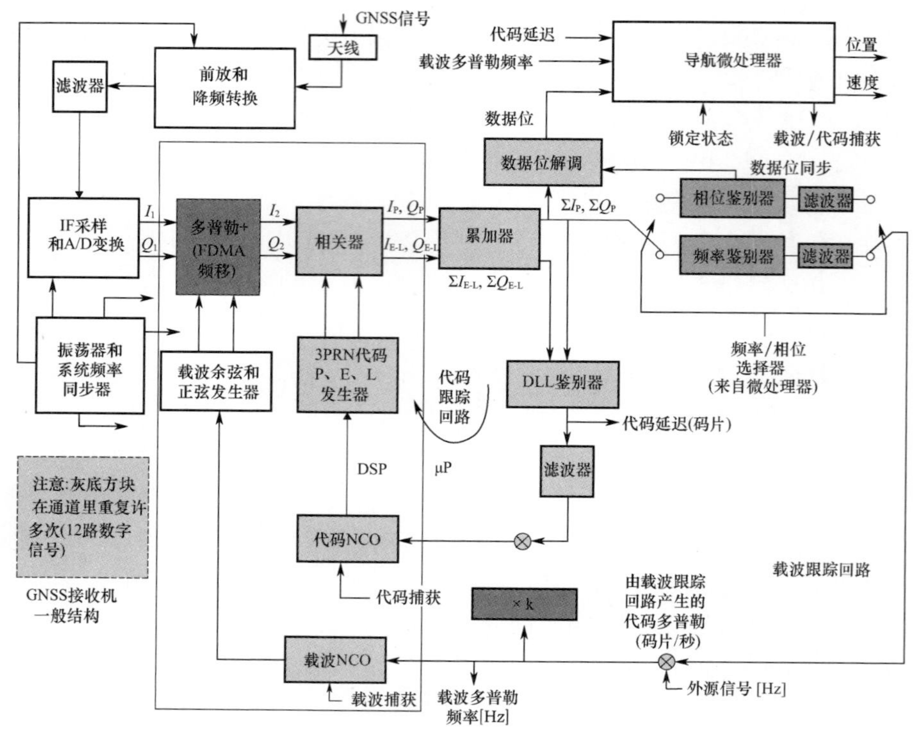

图 2.18　一般 GNSS 接收机结构

振荡器(NCO)提高或降低 I 和 Q 信号的频率,实现接收码序列和产生码序列之间的最大相关。

如果多普勒效应不能确定,码跟踪回路则无效。实际上,载波的多普勒频率也影响码元(在载波上调制)的长度,前面叙述的相关处理在此不能实现。FLL 的用途是跟踪载波频率的多普勒变化,因此,可以用内部产生的信号锁定接收到的信号。当多普勒频率(对 GLONASS FDMA 传统信号加以合适的固有频移)得到补偿后,通过频率鉴别器和相位鉴别器的开关转换,使载波频率回路转换到载波相位回路(图 2.18)。在这种情况下,得到的是载波相位跟踪,因此,可以实现码序列和导航电文位的精确对准。最后,由导航微处理器对导航电文进行解调。借助码延迟、载波多普勒频率和导航电文等信息,处理器可以应用可编程定位算法最后计算出接收机的位置。

接收机的特性与它们提供给用户的数据相关。伪距、载波相位和星历称作原始数据,接收机并不全部提供这些信息,许多接收机只输出位置和速度。按照用户需求,原始数据对于外部处理是有用的,对于这类用户,输出速率不大于 20Hz。位置和速度通常以 1 ~5Hz 的速率输出。

2.7.2 载波平滑

载波平滑是高质量接收机普遍采用的一项技术,该技术结合伪距和载波相位测量一起使用。载波平滑的目的是通过低噪声载波信号滤掉影响码测量的高噪声成分。互补滤波器完成平滑处理,该滤波器结构如图 2.19 所示。载波平滑滤波器利用近乎无噪声的相位测量(针对伪距预报的良好评估)和由码测量给出的无模糊信息,从而获取许多好处。

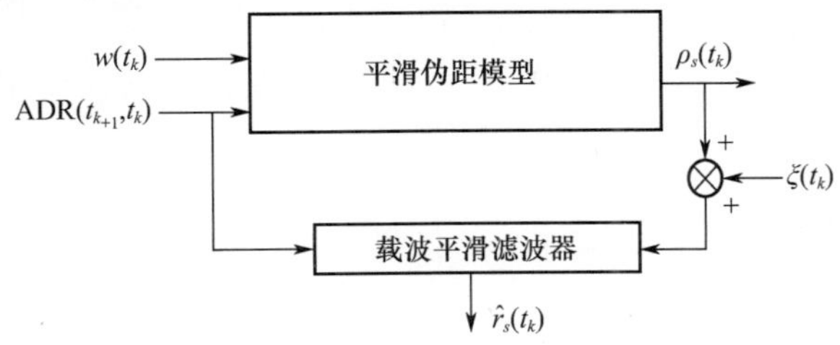

图 2.19 载波平滑技术

特别注意,平滑技术仅对高频误差(如接收机噪声等)有效,而对于零偏误差或缓慢变化信号(如影响码和载波信号的大气误差)则无效。

平滑滤波基于下面的伪距数学模型。

在 t_k 和 t_{k+1} 两个时刻计算方程式(2.31)中,导出两个方程之差,即

$$\begin{aligned}\Phi_m(t_{k+1}) - \Phi_m(t_k) = &\omega_0 \frac{d(t_{k+1})}{c} + b_r(t_{k+1}) - b_s(t_{k+1}) + e_\Phi(t_{k+1}) \\ &- \omega_0 \frac{d(t_k)}{c} - b_r(t_k) + b_s(t_k) - e_\Phi(t_k) \end{aligned} \tag{2.73}$$

定义

$$b(t_k) = \frac{c}{\omega_0}(b_r(t_k) - b_s(t_k))$$

$$w(t_k) = \frac{c}{\omega_0}(e_\Phi(t_k) - e_\Phi(t_{k+1}))$$

式中:$b(t_k)$ 为以米(m)表示的时钟零偏误差;ω_0 为载波频率。

引用式(2.40),则

$$d(t_{k+1}) + b(t_{k+1}) = d(t_k) + b(t_k) + \frac{c}{\omega_0}\mathrm{ADR}(t_k, t_{k+1}) + w(t_k) \tag{2.74}$$

回想式(2.10)给出的伪距定义(这里省略了下标 i,强调时间相关),可以把 t_k 时刻的平滑伪距定义为距离加时钟零偏误差。因此,式(2.10)和式(2.69)变为

$$\begin{cases}\rho_s(t_{k+1}) = \rho_s(t_k) + \dfrac{c}{\omega_0}\mathrm{ADR}(t_k, t_{k+1}) + w(t_k) \\ \rho(t_k) = \rho_s(t_k) + \xi(t_k)\end{cases} \tag{2.75}$$

式中：$\rho(t_k)$为伪距测量值；$\xi(t_k)$为码误差。

式(2.75)中第二个方程表示输出模型，第一个方程是处理模型，$\mathrm{ADR}(t_k, t_{k+1})$是输入信号。为了提供平滑伪距的估值$\hat{\rho}_s(t_k)$，在式(2.68)的模型基础上设计出一种广泛应用的载波平滑滤波器，即

$$\hat{\rho}_s(t_k) = \alpha\rho(t_k) + (1-\alpha)\left(\hat{\rho}_s(t_{k-1}) + \frac{c}{\omega_0}\mathrm{ADR}(t_k, t_{k+1})\right) \tag{2.76}$$

式中：增益 α 值可选择为等于采样时间除以 100。

由于低频误差的存在而导致 $w(t_k)$ 和 $\xi(t_k)$ 出现非零均值，可以据此偏置滤波器误差的稳态值。此外，由于电离层梯度的存在，码－载波散度导致估值出现零偏误差[42]。

2.7.3 姿态估算

GNSS 接收机不仅可以获取运载器的导航定位信息，还可以用于确定运载器的姿态。运载器相对于参考坐标系的姿态描述问题可以作为运载器体坐标系（运载器作为刚体模型）相对于当地水平坐标系（典型要求）或相对于三维空间惯性坐标系的指向问题处理。因此，运载器姿态可以用欧拉角描述（最小描述法），或用由 9 方向余弦组成的旋转矩阵描述，也可以用四元数描述。

由于运载器在此结构中作为刚体模型考虑，因此，可以使用与运载器固连的 3 个点的相对位置坐标完成姿态描述。对此，有若干不同的方法都可以应用：特别是运载器上应该配置多个机载天线，且天线所处的位置与确定姿态所选择的点相一致。实际上，在这种应用中，常采用多天线单 GNSS 接收机。其中一个称为“主天线”，作为测量基准，而其他的则为“从天线”。“主天线”与“从天线”之间的矢量称为“基线”。

为了满足姿态测量的精度要求，这里不能采用伪距测量，因为机载天线之间的距离一般很短，导致引入的相对测量误差较大。然而，载波相位单差分测量方法则适合这种情况，因为单差分测量的精度可达到亚厘米量级。载波相位测量的主要缺点是需要确定初始整周模糊度（2.5.1 节已有叙述），以获得卫星－接收机视线上的基线投影。

为解决姿态确定问题，可以使用一些约束条件。对于下面的约束条件，理论上只需要 2 次测量。

(1) 借助一个通用当地时间基准，使机载接收机彼此同步；因此，测量值可不受接收机时钟时间零偏之差带来的影响。

(2) 天线固定在预知位置上，因此，天线之间相对距离也为已知，有了这个附加的约束条件，则能尽可能减少所需要测量的数量。

单差分测量和姿态相关信息的基本关系式为[4]

$$\phi_i^j = (\boldsymbol{b}_i)^{\mathrm{T}}\boldsymbol{s}_j - N_{ij} \tag{2.77}$$

式中:$\boldsymbol{b}_i$ 为从主天线到第 i 个从天线的基线矢量;$\boldsymbol{s}_j$ 为主天线相对第 j 颗卫星的可视单位矢量;ϕ_i^j 为第 j 颗卫星在主天线和第 i 个从天线之间的信号单差分;N_{ij} 为联系卫星 j 和基线 i 的整周模糊度。涉及到前式的矢量必须在相同的参考坐标系中表达。

基线矢量的分量在体坐标轴上是已知的,而视线矢量在 ECEF 坐标系中是已知的。因此,式(2.77)可以写为

$$\phi_i^j = (\boldsymbol{b}_i^{\mathrm{boby}})^{\mathrm{T}}\boldsymbol{A}\boldsymbol{s}_j^{\mathrm{ECEF}} - N_{ij} \tag{2.78}$$

式中:$\boldsymbol{A}$ 为 ECEF 坐标系与体坐标系之间的转换矩阵,它也是姿态参数的函数;上标 ECEF 表示描述矢量的坐标系。

给出有效测量的一个合适数目,并确定整周模糊度,则可确定 $\boldsymbol{A}$ 的元素,因此,也就确定了运载器的姿态。

测量数目一般大于所需要的最小值。其结果姿态估算可以获得很高的精度。此外,有效信息的大量冗余也提高了系统完好性。

2.7.4 市场上的典型接收机

目前,在国际市场有几百个 GNSS 接收机生产厂家及几千种型号的接收机。这些接收机应用于不同的任务,包括一般导航(N)和授时(T)、防务(D)、气象(Met)、一般位置报导(P)、实时差分基准(R)、休闲消遣(Rc)、地理信息系统和测量(G/S)、运载船只跟踪(V)以及其他应用(O)等。为满足用户环境需求,如航空(A)、陆地(L)、航海(M)和航天(S)等,这些接收机可以具有特定的性能。

与 GNSS 接收机单元相关的微电子技术在最近几年发展迅速,甚至单个晶片即可实现 GNSS 接收机的功能。对于 OEM 的应用,GNSS 接收机现在正从完整终端用户模式向组件/芯片集模式变化,包括 GNSS“盒装系统”(SiP)和“芯片系统”(SoC)的实现。此外,处理天线输出的数字处理单元,其功耗不断降低,数字处理速度不断提高,使其可以实现信号数字化和处理扩频信号,由此促使基于软件无线电(SW)技术的 GNSS 接收机在市场上广为应用。GNSS 在《GPS 接收机调查》等刊物上每年都有介绍。

表 2.6 摘录了 2013 年期间应用于航空航天 GNSS 接收机的主要特性。产品列表只是代表性的,并未考虑全卫星导航接收机领域其他许多重要制造商。

表 2.6 市场上某些卫星接收机的关键特性

产品名称	Garmin GPSMAP 496	Javad GGD－112T	Leica GRX1200	Novatel OEMV－2	Thales SkyNavGG12	Trimble TA－12S
GNSS 信号	GPS L1，WAAS	GPS L1，L2 GLONASS L1，L2，WAAS	GPS L1，L2 GLONASS L1，L2	GPS L1，L2 GLONASS L1，L2，WAAS	GPS L1，GLONASS L1	GPS L1 和 L2＋PPS，WAAS
GPS 精度（位置，速度）	15m，0.05m/s	5mm（静态），N/A	10m（独立导航模式），5mm（静态） N/A	1.8m（L1 单点），0.03m/s	3.3m，0.05m/s	16m，0.2m/s
DGPS（LAAS）	RTCMSC－104	RTCM SC－104，RTK	DGPS/RTCM SC－104，RTK	DGPS	RTCA D0－217	N/A
更新速率/Hz	5	20	20	20	5	1
动态范围	6g	N/A	N/A	0～515m/s	10g，0～515m/s	0～400m/s
捕获时间（冷，热）	45s，15s	60s，10s	N/A	50s，40s	90s，45s	1min（首次固定时间）
附加特性	机场地图	RAIM	N/A	OEM	与 RTCA DO－208 相同	RAIM RTCADO－229B，FAA TSO 保证 SPS 工作，反欺骗，选择有效性（授权用户）
典型应用	机载导航设备	地面站设备	勘察与测量应用	导航和地面站设备	导航	军事应用

2.8 增强系统

近几年来,为了提高 GNSS 定位精度和信号整体性的性能,已经开发出一些特殊的系统[4]。这些增强系统(AS)主要有两类:一类是地基增强系统(GBAS);另一类是天基增强系统(SBAS)。这两类系统都建立在 2.9 节将要叙述的差分 GNSS 概念基础之上。另外,称为区域增强系统(LAAS)的地基增强系统只为当地用户(几十千米)提供服务,因此,它必须由相关用户(机场、港口等)建立和维护,系统才能取得最好的效果。反之,天基增强系统不必用户付出代价即可覆盖洲际大陆,但比地基增强系统精度和完好性能要低一些。

2.8.1 差分技术

差分技术[43,44]可以使一个机动 GNSS 接收机消除与位于已知固定地理基准位置的另一个接收机共同的 GNSS 信号误差。也就是说,差分技术需要一个地面站,站内有一个或多个地理基准固定的 GNSS 接收机。应用这些已知位置,可以精确计算地面接收机 - 卫星的距离。因此,比较计算出的距离和测量出的伪距,可以得到已知地理基准位置的 GNSS 信号的全部伪距误差。在这些误差中,有一些是特定区域敏感到的共同误差(大气、卫星时钟和电离层误差),它们对跟踪相同卫星的基准接收机和所有机动接收机影响相同。另外一些误差是非共同误差(接收机噪声、多路径效应等),它们对基准接收机和机动接收机的影响不同。从基准接收机中计算出的全部伪距,通过消除非共同误差的滤波处理,可以提供所谓的差分修正。这样,为了减少全部误差并以新的精度计算位置解,所有机动接收机都可以用来测量伪距。当然,某一项误差,对于基准接收机和机动接收机是否为共同误差取决于它们的相对分离状态。实际上,两种接收机的大气误差修正随距离而减少。

取伪距模型式(2.10)中误差项 ξ 的分量,基准接收机和机动接收机跟踪同一颗卫星,则得出下面的结果,即

$$\rho_{\mathrm{r}} = d_{\mathrm{r}} + b_{\mathrm{r}} + \eta + v_{\mathrm{r}} - ck \tag{2.79}$$

$$\rho_{\mathrm{m}} = d_{\mathrm{m}} + b_{\mathrm{m}} + \eta + v_{\mathrm{m}} - ck \tag{2.80}$$

式中:下标 r 和 m 分别表示基准接收机和机动接收机;ρ 为伪距;d 为接收机 - 卫星之间的距离;b 为接收机时钟零偏;η 为共同大气(对流层和电离层)误差;v 为非共同误差(接收机噪声和多径效应);ck 为卫星时钟误差。

跟踪同一颗卫星的每个接收机都可以根据导航电文获得卫星时钟误差的估

值 $c\hat{k}$，即

$$ck = c\hat{k} + \Delta ck \tag{2.81}$$

式中：Δck 为未确定的残留误差。

因此，式(2.80)和式(2.81)可以用左边的已知量和右边的未知量描述，即

$$r_{\mathrm{r}} + c\hat{k} = d_{\mathrm{r}} + b_{\mathrm{r}} + h + v_{\mathrm{r}} - \Delta ck \tag{2.82}$$

$$r_{\mathrm{m}} + c\hat{k} = d_{\mathrm{m}} + b_{\mathrm{m}} + h + v_{\mathrm{m}} - \Delta ck \tag{2.83}$$

此外，基准接收机时钟零偏的估值$\hat{b}_{\mathrm{r}}$ 可以使用地理基准位置和基准接收机测量值计算，即

$$b_{\mathrm{r}} = \hat{b}_{\mathrm{r}} + \Delta b_{\mathrm{r}} \tag{2.84}$$

式中：Δb_{r}为相应的估值残留误差。根据式(2.77)和式(2.79)，有

$$h = r_{\mathrm{r}} - d_{\mathrm{r}} - \hat{b}_{\mathrm{r}} + c\hat{k} - v_{\mathrm{r}} - \Delta b_{\mathrm{r}} + \Delta ck = -\Delta r - v_{\mathrm{r}} - \Delta b_{\mathrm{r}} + \Delta ck \tag{2.85}$$

其中

$$\Delta r = -(r_{\mathrm{r}} - d_{\mathrm{r}} - \hat{b}_{\mathrm{r}} + c\hat{k}) \tag{2.86}$$

用基准接收机进行计算，称为差分修正。

最后，修正测量模型的机动接收机写为

$$r_{\mathrm{m}} + c\hat{k} + \Delta r = d_{\mathrm{m}} + b_{\mathrm{m}} + v_{\mathrm{m}} - v_{\mathrm{r}} - \Delta b_{\mathrm{r}} \tag{2.87}$$

其中，相对于未进行差分修正的情况，误差影响明显减少。为了减少修正测量 v_{m} 和 v_{r} 中噪声分量的影响，通常，在机动接收机使用之前采用载波-平滑滤波器处理差分修正，该滤波器在基准接收机和机动接收机中具有相同的时间常数。由此达到精度大约为 1 米到几米，这取决于基准接收机与机动接收机之间的距离。

由于空间去相关作用，差分距离修正的精度降低是不可避免的。差分修正的基准接收机有效距离认为仅限于几百千米。为了获取更高的实时定位精度(分米级或厘米级)，可以考虑共同采用载波-相位测量、伪距测量和双差分技术(见 2.5.4 节)。原始伪距和载波-相位测量或它们的修正，将从基准站传送到机动接收机(0.5~2s 的修正速率)，与应用双差分技术的机动接收机观测共同进行处理。这种处理称作实时动态(RTK)GNSS 处理。由于空间去相关降低了双差分测量和模糊分辨率整体精度，因此，基准站和机动接收机之间的距离远近取决于使用双频观测还是单频观测，但无论如何不会超过几十千米。模糊度可用整周或实数求解，一旦固定为整周模糊度，就可获得厘米级的精度。另外，浮点模糊度解其精度限于分米级。

2.8.2 精确点定位技术

差分技术的缺点是把基准站、本地操作区域和空间精度降低等因素混在了一起。这些问题激起人们对另一精确定位技术的研究，即首先在广域、然后推至全球的精确点定位（PPP）技术。

精确点定位技术起源于利用双频测量的GNSS数据处理技术，它根据单GNSS接收机，结合精确卫星轨道和时钟修正，提供三维位置、时钟补偿和电离层效应的精确估算。“精确卫星轨道和时钟修正”这个术语用以区别由标准GNSS导航电文获取的数据。提供这些修正的新技术，随着静态GPS基准站网络处理码和载波相位测量有效方法而发展起来[45]。最近几年，大量的政府、学术界和商业PPP服务（IGS、加拿大自然资源、喷气推进实验室等）也在不断开发各类应用服务，如载人/无人飞行器的精确导航与定位、精确授时、精准农业、摄影测量、地形学、地图绘制、水利学、地理信息系统、建筑学、自然资源探测、油气工业、环境监控以及搜索与救援操作等。这些服务将精确轨道和时钟数据产品提供给用户，这些产品在精度和时延上有若干量级的差别。

（1）“超速”（预报）。典型精度约10cm（轨道）和约5ns（时钟）的实时数据。

（2）“超速”（估算）。典型精度小于5cm（轨道）和约0.2ns（时钟）的1～3h延迟数据。

（3）“快速”（估算）。典型精度小于5cm（轨道）和约0.1ns（时钟）的17h延迟数据。

（4）“最后”（估算）。典型精度小于5cm（轨道）和约0.1ns（时钟）的约13天延迟数据。

用户端综合处理的精确卫星轨道、时钟修正和载波－相位测量可以在静态与动态应用中提供从厘米级到分米级的定位精度。根据不同应用，在设备满足要求的条件下，可以在事后模型或实时应用中实现这一精度。

用户位置解基于无差码和相位观测电离层残差组合处理。根据PPP技术观测模型进行估算的未知参数包括三维位置坐标、相位模糊项、接收机时钟补偿及对流层效应等。许多系统性的影响可能会引进无差测量的量级变化，它们未考虑标准点定位和双差实时动态（RTK）定位，测量模型中要重视这类系统性影响，可提供相应的修正减少此类影响，卫星信号偏差、相位饱和修正、卫星天线补偿、位置效应（受固态地球日月潮汐和海洋潮汐载荷影响）、固态地球和地极运动以及相对论效应都在其中。

与差分精确定位技术相比，PPP技术带来许多显著的优点，但是，也面临实现全部潜在能力的挑战。当然,PPP 技术仅需要一个单接收机,不需要建立限制操作区域的本地基准站,也不受差分实时动态技术要求的在机动接收机和基准站同时观测的限制。PPP 的解适用于与差分方法相反的地球基准系,差分方法中位置解一般情况下相对于基准站。PPP 技术可以支持除定位之外的其他应用。在计算位置坐标的同时,估算时钟补偿和对流层效应,可以用单 GNSS 接收机提供精确时间传播和水蒸气参数估算。

为达到位置解收敛于厘米级精度,PPP 技术包含一段很长的初始时间(一般大于 20min)。此外,如果跟踪的最少数量卫星信号丢失,则需要重新初始化处理,并花费额外的时间,直到位置解达到收敛。其后,PPP 技术无差载波 - 相位测量中的模糊项,受卫星和接收机初始部分相位零偏的影响,模糊项为浮点数,不是整数。收敛时间可能会减少到几分钟甚至几秒钟,但是只有当明确和确定初始相位零偏的可靠方法,并把模糊项固定在其修正整数值,收敛时间的减小才可实现。在此研究中创立的有效方法涉及电离层残差码和载波 - 相位观测方法的一个新模型[46]。这个模型包含一些时钟参数,包括每次测量中卫星和接收机估算的参数。改善定位精度和减少收敛时间需要综合采用 PPP 技术和实时动态技术[47]。PPP 技术和实时动态应用(航空测绘地理基准或精确 LEO 卫星轨道确定)中的惯性导航系统(INS)的组合,可以减少收敛时间以及信号堵塞后的重新初始化时间。

2.8.3 基于卫星的增强系统

为改善 GNSS 区域或全球的覆盖性能,许多基于卫星的增强系统陆续投入使用。

有 4 种地球同步天基增强系统,其覆盖区域如下。

(1) 广域增强系统(WAAS),由美国联邦航天局(FAA)开发,首要目的是用于覆盖美洲地区。

(2) 欧洲地球同步导航覆盖系统(EGNOS),由欧洲航天局开发,在欧洲区域内工作。

(3) MTSAT 基于卫星增强系统(MSAS),它基于日本多功能传输卫星系统,为大部分亚洲用户提供服务。

(4) 差分修正和监控系统(SDCM),它是俄罗斯天基增强系统,将基于多功能空间中继系统"射线"(Luch)的 3 颗 GEO 卫星,第一颗卫星为覆盖俄罗斯大部分国土的用户提供服务[20]。

具体地说,美国增强系统(WAAS)的区域当前由 2 颗"国际海事卫星" - Ⅲ(Inmarsat - Ⅲ)地球同步卫星提供服务,分别为太平洋区域(POR)卫星和大西洋西部区域(AOR－W)卫星。欧洲增强系统的区域主要由2颗“国际海事卫星”－Ⅲ和1颗欧洲航天局地球同步卫星提供服务,分别为大西洋东部区域(AOR－E)卫星、印度洋区域(IOR)卫星以及先进数据中继和技术任务卫星(ARTEMIS)。当欧洲增强系统最终部署完成,ARTEMIS将是主要服务卫星。此外,欧洲增强系统与美国增强系统共享大西洋西部区域卫星,使得欧洲某些区域将由4颗卫星覆盖。日本增强系统将由MTSAT－1和MTSAT－2日本地球同步卫星提供服务。俄罗斯增强系统区域由“射线”－5A(东经95°)、“射线”－5B(西经16°)和“射线”－4(东经167°)GEO系统提供服务。为进一步详细描述,图2.20(a)和图2.20(b)画出了4颗“国际海事卫星”－Ⅲ和3颗“射线”地球同步卫星的部署情况。

WAAS、欧洲增强系统(EGNOS)、日本增强系统(MSAS)及俄罗斯增强系统(SDCM)非常相似且兼容,为方便起见,这里称作类WAAS系统。

一个类WAAS系统由监控地面站的广域网络组成,地面站同时把信息送到广域主站(WMS)。首先,广域主站分析接收到的数据并计算广域用户所需要的参数,以估算降低精度的主要误差源,并确定GNSS卫星测量的完好性。然后,地面地球站(GES)把广域主站获得的结果(包括星历数据)上传到地球同步卫星。最后,地球同步卫星用PRN C/A码调制的电文向广域用户广播(以GPS L1频率)完好性和修正数据,PRN C/A码与2.4.1.2节介绍的GPS PRN C/A码为同一类型。在这种方法中,GNSS接收机只需要相对标准硬件结构稍微更改即可用于类WAAS系统。为此,如果精度足够(类WAAS系统的应用开发其位置误差一般在3m以内),这种解通常优于2.8.2节所描述的基于地基增强系统所求出的解。

为了满足全部飞行阶段导航性能的实用性、完好性和精度,通过以下3项服务,类WAAS系统可使GNSS系统增强到Ⅰ类精度。

(1) 增加类WAAS系统测距。

(2) 类WAAS系统对接收机自主完好性监测(RAIM)和性能的增强。

(3) 类WAAS系统对GNSS卫星测量进行差分修正。

类WAAS系统测距能力是基于地球同步卫星广播的PRN C/A码调制信号。借助对用户广播的一组电文,类WAAS系统可以增强接收机自主完好性监测(RAIM)(见2.10.1.1节)和广域差分修正能力。这些电文包括250位,以250b/s速率发射,是GPS导航电文的速率的6倍。这些电文的详细描述以及如何开发类WAAS系统的能力,在参考文献[41]中有具体讲解。完好性电文表明是否应用GNSS卫星测量。

关于广域差分修正,提供给用户的有若干电文,它们有一组参数可用于计算

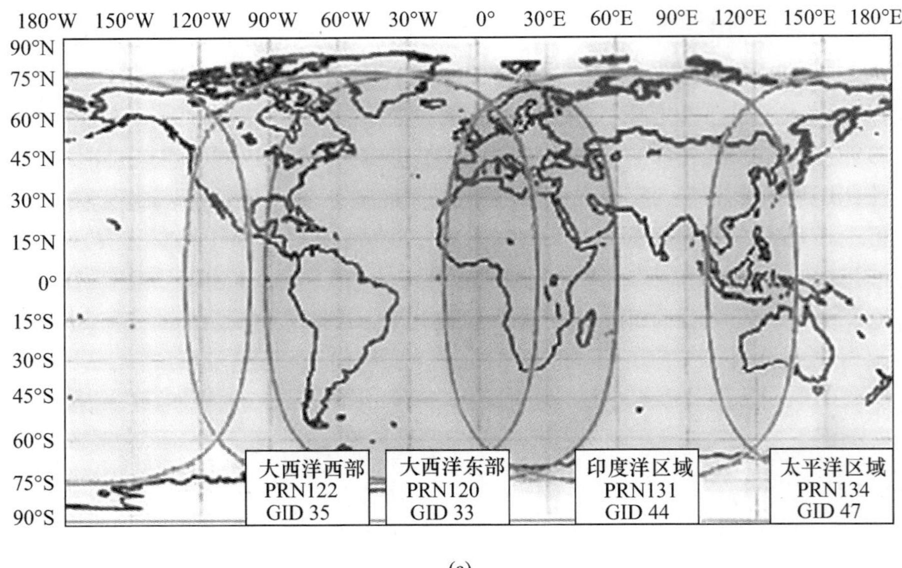

(a)

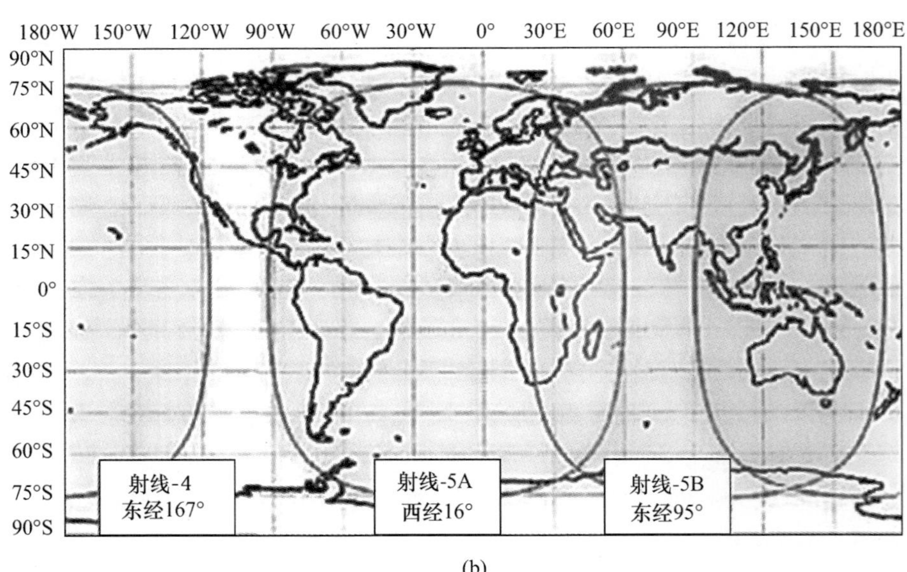

(b)

图 2.20 “国际海事卫星 - Ⅲ”部署(a)和“射线”部署(b)

某些测量误差的分布。修正数据分为两组:一组为快速修正;另一组为慢速修正。快速修正包括对 GPS SA 和短期卫星时钟误差的补偿;慢速修正包括对星历误差和 GNSS 卫星长期时钟误差两者的补偿。此外,电离层引起的延迟可以用一个模型提供给用户,这个模型由全球网格预先确定的点相对于垂直电离层延迟参数所组成。

因为对流层延迟可以由用户应用标准对流模型[41]精确计算，因此，类WAAS系统电文不包括任何对流层修正。

GNSS增强系统后续工作是全球差分GNSS系统(GDGNSS)[47-53]。全球差分GNSS精度可以在全球范围达到分米级甚至厘米级，表明这些系统较之类WAAS系统可以提供更高级的服务，正接近于工作在有限区域的精确大地测量地基增强系统。

当前，许多全球差分GNSS系统可以为商业和政府用户提供服务：由Navcom技术公司和AMS开发、Navcom操作的“星火”(StarFire)系统；由Fugro公司支持的“公共星”(Omnistar)系统；由Veripos提供的VERIPOS和TERRASTAR™服务；由Trimble开发的Trimble RTX系统；出自Nexteq导航公司的Nexteq iPPP系统；当然，还有NASA全球差分GPS(GDGPS)系统[54-60]。

这些系统和服务工作原理相同，相互之间不同的是监控站的数目、通信链路、电文结构和终端用户。NASA系统也不例外，但是，对于最关键的实时航天、航空、陆地和海洋任务，大概它引入了最复杂而通用的结构。

NASA的GDGPS系统实际上是美国帕萨迪纳市的JPL开发的GPS监控和增强系统，用以支持除政府和商业用户之外的NASA任务和基础设施。系统建立在全球实时跟踪网络上，该网络的基准GNSS接收机位于已知地理坐标的位置，它包括配备高精度原子频率标准的35个站点和4个国家授时实验室。基准接收机输出原始测量信息——即全部GNSS观测信息——通过三冗余、地理隔离和完全独立的高冗余通信信道送到GDGPS操作中心(GOC)。该中心用以处理GNSS观测信息，与环境和辅助数据产品一道，产生对GNSS轨道和时钟状态的实时差分修正。基准位置跟踪接收机接收到的导航信号与产生并发送到用户的差分修正信息之间的延迟大约为5s。操作中心的数据产品通过各种通信链路传送到用户，这些链路包括互联网、帧中继、专用线路和卫星广播等。结果，对世界上任意一个地面、航空、航天和独立的当地基础设施，GDGPS系统都能提供10cm的定位精度和纳秒以下的授时精度。系统的强健结构使其具有很高的可靠性，能够连续工作而不会发生中断。系统质量通过诸多措施得到了保证，这些措施包括系统各部件之间无单点失效、失效自动检测、网络重编路由和无缝剪裁等。

2.9 GNSS与其他敏感器的组合

GNSS导航有以下主要优点和缺点。

其优点如下：

(1) 高精度；

(2) 时域误差有限;

(3) 适用于世界范围。

其缺点如下:

(1) 数据噪声;

(2) 数据速率低(典型速率为 1Hz);

(3) 易受干扰;

(4) 信号丢失和重新捕获会引起导航功能中断;

(5) 无姿态信息。

简单地说,如果涉及动态目标,可以断言 GNSS 敏感器主要受高频误差影响,因此,它体现的是良好的低频性能。

因此,通过采用其他与位置、速度有关的信息源补偿 GNSS 的不足,这种数据融合技术已经广泛发展起来。GNSS 与具有互补特性其他敏感器的组合可以用来消除单一敏感器的导航误差,从而获取更好的导航结果。能与 GNSS 接收机进行组合的敏感器包括惯性敏感器(陀螺和加速度计)、气压敏感器、空速管(动压)和气动角敏感器、地磁敏感器(指南针、磁强计)、多普勒雷达、里程表(地面应用)等。当然,其组合结构取决于与 GNSS 混合的敏感器和测量目的。然而,所有可能的组合结构都可以用图 2.21 所示的互补滤波器模型描述,这种模型里良好的低频特性和高频特性得到了更好的综合利用。

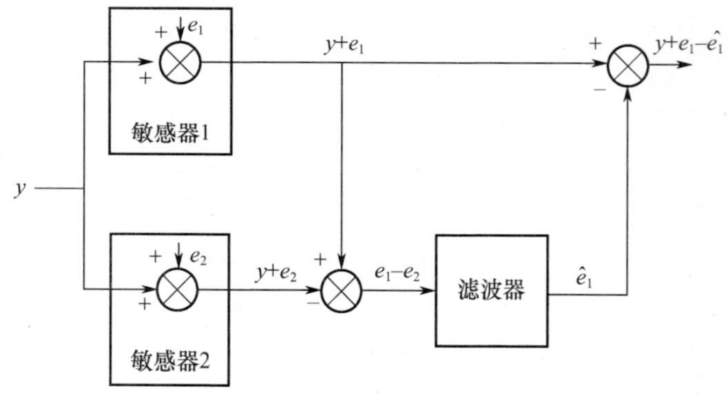

图 2.21　互补滤波器模型

在这种模型中,y 由两个不同敏感器测量,每个输出都包含了相对 y 的特有误差。这里,e_1 假设为一个低频段误差,e_2 为高频段误差(如敏感器 2 可以是 GNSS 接收机)。因此,两个输出之差便是两个敏感器误差的差值。这个差值加到低通滤波器消除 e_2,输出 e_1 的估值 $\hat{e}_1$。最后,从敏感器 1 输出中减去这个估值,如果这个估值是正确的,则最终输出接近于无噪声值 y。

因为组合滤波器针对的是测量误差,而非整个测量值,因此,其设计模型基于 GNSS 定位和其他敏感器的误差模型。虽然敏感器模型通常为高非线性，但误差模型却是线性的，甚至随时间变化：这样，采用线性卡尔曼滤波器通常能提供最佳处理效果。

2.9.1 GNSS/INS 组合

卫星导航数据与其他敏感器信息之间的数据融合，应用最广泛且联系最密切的是 GNSS 接收机与惯性导航系统(INS)的组合[41,61]。INS 优点如下。

(1) 它可以根据加速度计和陀螺仪获取的运载器加速度与角速度测量值，并对其进行数值积分，计算出导航解。

(2) 它可以提供比 GNSS 更高速率的输出，当 GNSS 接收机中断时，能保持导航解的连续性。

(3) 它具有较高的系统带宽，因此，允许在高动态环境中进行定位计算，而在这种环境中 GNSS 接收机很容易丢失信号。

(4) 它可以提供全导航信息，即位置、速度和姿态。

然而，INS 也有不足，即存在低频误差，尤其是受到陀螺漂移和加速度计零偏的严重影响，因此，若不用外部手段加以修正，位置误差会不断增长。

由于它们之间的互补特性，GNSS 和 INS 经常组合使用，许多方法都能完成导航信息的融合。该组合模型可以分为两种类型，即松耦合和紧耦合。对于这两种类型的耦合，INS 导航解总表示增添互补滤波器修正后的基准轨迹。为简单起见，下面的介绍仅针对位置和距离，不涉及速度和姿态。

2.9.1.1 松耦合型组合

这种组合模型如图 2.22 和图 2.23 所示。在图 2.22 中，滤波器对惯性基准系统(IRS)和 GNSS 接收机分别计算的位置之差进行处理。这种模型的优点是组合简单，其中，GNSS 接收机和 INS 敏感器的输出都可以直接应用。

另一种松耦合模型如图 2.23 所示。这里滤波器直接处理伪距，其后计算和

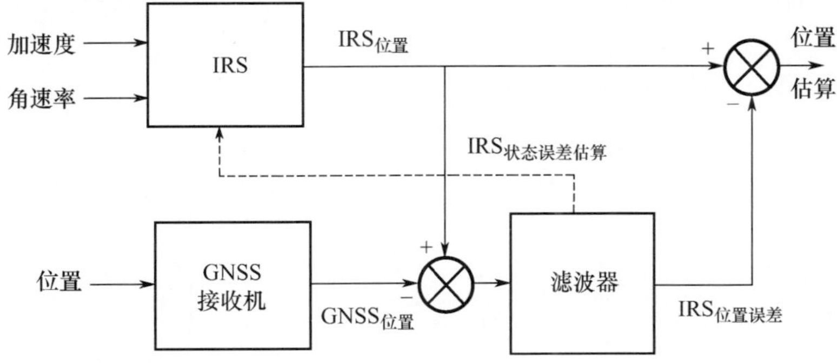

图 2.22　松耦合型组合模型

输出位置误差。在这种情况中,必须嵌入距离预报计算方块,把 INS 位置信息传到运载器 - 卫星的距离值之中,以便比较同类伪距数据。这种模型的优点是接收机以独立通道计算位置,因此,可改善系统性能。然而,它的缺点是加大了系统复杂度,而且还要管理卫星导航电文,以便为卫星位置计算提供星历信息。

图 2.23 中,虚线反馈回路表示 IRS 误差估值反馈到该系统,以改善系统校准。这种反馈对限定 IRS 误差增长很有用,但如果 GNSS 存在较大定位误差,则会在基准轨迹中产生不可接收的偏差。

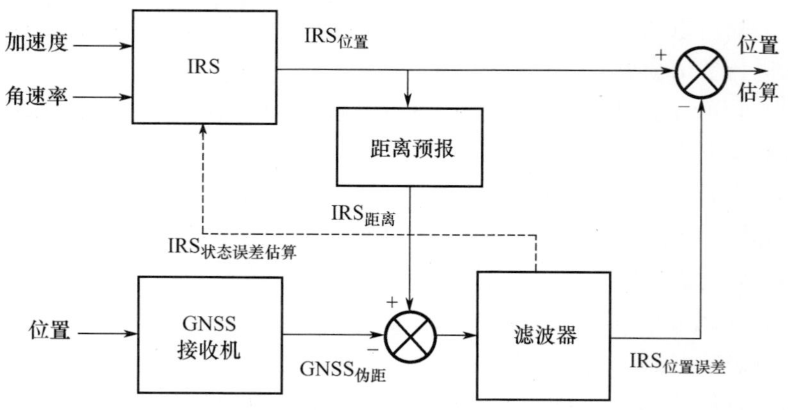

图 2.23　另一种松耦合型组合模型

2.9.1.2　紧耦合型组合

与松耦合型方法不同,紧耦合型组合利用 INS/IRS 基准系统的加速度信息,可以帮助 GNSS 接收机跟踪信号,如图 2.24 所示。然而,在运载器机动飞行期间,保持信号跟踪需要宽带载波跟踪回路。若把运载器 - 卫星距离上的加速度(惯性导航系统/惯性基准系统沿视线测量的加速度投影)并入跟踪回路,此时,

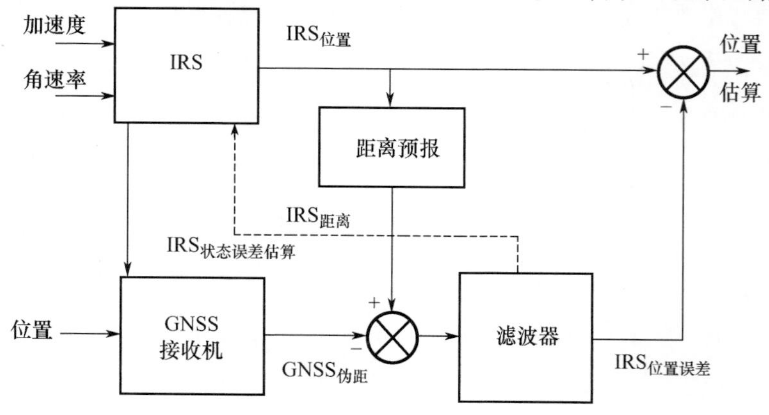

图 2.24　紧耦合型组合模型

带宽可能明显变窄,因此改善了信噪比。这样,使得接收机更加不易受干扰影响。这种方法的缺点是需要增加接收机硬件和跟踪回路寄存器。

2.10 航空应用

卫星导航系统在航空领域的一些应用是非常重要的“小型试验”:实际上,这些试验需要解决在确保安全的前提下高动态航空器的导航问题。在简短描述独特的航空安全概念之后,将介绍完好性问题,简要分析 GNSS 敏感器主要航空应用,包括空中交通管制(ATC)和航空导航等,下面分别介绍。

2.10.1 完好性问题

GNSS 定位精度会受到干扰的不利影响(如阻塞干扰、不希望的干扰电平和多径问题),但是,有时管控失效会影响定位(如突然的卫星时钟失效和星历错误等),这种情况与干扰无关。这些因素在航空导航中非常重要,其中,空间信号完好性是导航安全的首要关注点。实际上,民航导航系统要具备国际民航组织所规定的精度、连续性、完好性和实用性等的导航性能(RNP)。完好性是对安全具有最直接影响的导航性能参数,因为它涉及位置信息的可靠性和可信性[62,63]。更确切地说,完好性是系统不能使用导航时对飞行员及时提供告警的能力。当一个系统失效留下潜在风险时,其完好性的不足就突显了出来,即首先是失效出现,其次是没有出现告警(错过探测机会)。因此,完好性不足的概率由下式给出,即

$$P_{完好性不足} = P_{失效} \times P_{错过探测} \tag{2.88}$$

完好性不足概率的最大值由国际民航组织制定:例如,飞行进场阶段失效的概率值是 10^{-7}次/h。失效概率与 GNSS 卫星平均故障间隔时间(MTBO)和空间信号性能相关。对于 GPS 来说,10^{-4}次/h 可以接受。作为推论,完好性监测系统必须满足错过探测机会为 10^{-3}的概率。

参考文献推荐和分析了大量完好性监测系统文献及 GNSS 失效检测与排除算法[64-67]。失效检测与排除算法的程序是:在对用户发布告警之前,以错过探测机会所规定的概率但不超过最大误告警的比率,检测与排除最大潜在的失效。完好性监测有 3 种技术:接收机自主完好性监测(RAIM)、飞机自主完好性监测(AAIM)、外部方法。

接收机自主完好性监测(RAIM)和飞机自主完好性监测(AAIM)原本都利用计算导航解信息冗余度的数据。GNSS 定位的冗余度可以认为是卫星信号数

量多于定位计算所需要的数量。这是接收机自主完好性监测方法的情况，而失效检测与排除算法则要用飞机上 GNSS 接收机并至少有 5 颗 GNSS 卫星(计算导航解只需要 4 颗卫星)提供的信号才能完成。另外，飞机自主完好性监测方法应用 GNSS 信号和其他载体上的敏感器(如惯性导航系统)所提供测量信息的数据融合来获取冗余度。外部方法要通过传播完好性标志或通过增强系统(地基增强系统或天基增强系统)对 GNSS 接收机告警，完成导航解的完好性监测，其中，空间信号完好性此前已通过监控站的检查。例如，"伽利略"卫星设计为在导航信息中传送它们自己的健康状态信号，以使所有 GNSS 接收机都能监测接收到信号的完好性。然而，外部方法不能把瞬间告警信号送到用户，因为"伽利略"等待时间为 1s。因此，为了减少等待时间和提高关键应用中导航解的完好性，建议在利用外部方法的同时采用接收机自主完好性监测(RAIM)或飞机自主完好性监测(AAIM)。鉴于其重要性，下面简要叙述接收机自主完好性监测方法。

2.10.1.1 接收机自主完好性监测

接收机自主完好性监测(RAIM)算法可以分成两个主要类型：即快速算法和基于历史记录算法。然而，由于卫星导航系统测量模型的线性化假设，以及所有误差仅影响伪距测量矢量的假设，所以，所有 RAIM 算法都广泛采用基于经典最小二乘(LS)或卡尔曼滤波器估值。快速算法通常依赖基于 LS 的方法，该方法需要处理一组同时采集到的数据[64]，而基于历史记录的算法要采用不同测量子集提供的多卡尔曼滤波器[66]。

RAIM 算法也可以分类为基于距离的方法或基于位置的方法，这取决于它们用于监测功能的试验统计类型。基于距离的方法在伪距域(测量空间)计算，可以按照前面提及的概率监测空间信号的失效概率。基于距离的方法遵循由同等空间或残留失效检测与排除算法开发出来的程序。另外，基于位置的方法要采样与有效测量相兼容的位置解的传播，检测可能的失效情况。这里，根本性的概念涉及位置子集传播的临界值的定义，这些子集是在一段时间内从若干组测量中选用 1 组运动卫星信号计算得出的。当测量出错时，它会影响所有计算出的位置，但有一个除外，那就是担当检测统计测试的位置传播服务信息。

虽然已经证明基于距离的方法和基于位置的方法是等效的，但它们之间还有微妙的差别。如果不能给出卫星信号中所有可能的失效必然导致导航解中的失效，那么，这个差别则会变得很重要，下面给出解释。基于距离的算法可以检测 GNSS 信号的失效，而基于位置的算法可以检测导航解的失效。因此，后者似乎在适合国际民航组织需求方面更好一些，在这个意义上来说，它主要涉及导航解失效(即导航失效和检测)的影响，而不涉及本身失效(检测)。

为了完成航空导航,完好性算法还应该包含两个主要特性。第一个主要特性是排除能力:当检测出一个失效,此算法必须从导航解中排除失效信号。在特定的时间-告警周期内,获取失效信号的排除过程失败时,必须把告警信号告知飞行员。第二个主要特性是水平保护线(HPL)和垂直保护线(VPL)的计算。这意味着,不管是否检测出失效,完好性算法都应该计算水平边界和垂直边界,飞机正常工作和未检测出失效两种情况下,其位置必须处于边界之内。不管什么时候,在每个特殊飞行段,只要水平保护线和垂直保护线包含在国际民航组织需求所规定的水平告警线与垂直告警线(HAL 和 VAL)之内,导航安全才能实现。

2.10.2 航空导航:途中、进场和着陆

航空导航是 GNSS 接收机最重要的应用之一,它们的特殊性能在不远的将来会被深度开发出来[68]。航空导航中 GNSS 接收机的用法完全取决于它支持的飞行阶段。在这里,飞行阶段的导航可简单分为途中导航、终点区域导航和进场导航3种主要类型。按照需求的紧密程度,3种类型所需要的导航性能渐次提高,必须得以满足。途中导航是卫星导航首要的航空应用,当前,已经公布了许多固定的程序,现在,GPS 可以支持世界范围许多重要机场的途中和终点区域的导航。为使 GNSS 接收机能够用于这些飞行阶段,它必须具有接收机自主完好性监测的能力。按照技术标准规则(TSO)129a 所保证的接收机必须能够满足导航性能需求。有了这些类型的接收机,接收机自主完好性监测算法需要借助于伪距和气压测高计提供的压力信息的数据融合,进一步提高其性能,气压测高计是飞机的基本仪器。这样可以提高完好性的实用效能,因此,导航解的可靠性也相应得到改善。

飞机进场阶段在安全方面是导航系统最关键的任务时段,对系统的连续性和完好性有更高的要求。用卫星数据与惯性数据的融合支持卫星接收机,可以提高系统的连续性。然而,对于进场阶段的完好性,接收机自主完好性监测还不能满足国际民航组织标准所规定的风险值[62]。因此,对于进场阶段,除了精度之外,还需要增加手段提高系统完好性,具体地说,可以考虑使用天基增强系统(SBAS)或地基增强系统(GBAS)。天基增强系统的增加可以使告警信号的频度达到6s发1次,将进场阶段完好性提高到Ⅰ类标准(200英尺(1英尺=0.3048m)决断高度(DH))。

最近,国际民航组织已经提出新的进场类型标准,使进场阶段可以使用天基增强系统,此类标准比Ⅰ类标准稍有加严:以不同的决断高度垂直引导进场,决断高度范围从300英尺降到250英尺的最小值(相应的 FAA 等效于 LPV)。在这些情况中,为使装备具有广域增强系统(WAAS)GPS 接收机的飞行器进到机

场，接收机必须与 TOS 145a 和 146a 所提出的官方需求相兼容。最近，进场Ⅰ类标准 GPS－WAAS 程序已获批准，它优于 2006 年批准的仅对私人飞机、专门组织飞机和装备飞机适用的Ⅰ类标准。这些新的程序需要地基增强系统的有效支持。

Ⅱ类标准和Ⅲ类标准（决断高度分别为 100 英尺和 50 英尺）连同自主着陆，将只受地基增强系统支持。实际上，1s 的最小告警时间和极端降低保护线（小于 1m）是超出天基增强系统能力范围的目标。现在，对于这些类型的进场程序，增加卫星导航地基增强系统的应用仍然处于探索和开发阶段。

2.10.3 监视和空中交通管制

GNSS 不仅在航空导航方面承担着日益增多的任务，而且也体现在监视和空中交通管制（ATC）领域。传统上，在可控空间对飞机的监视和位置控制首先由雷达完成。现在，可靠和精确定位系统的应用，如具有天基增强系统能力的低造价 GNSS 接收机，使大多数飞机不但知道它们自己所处的位置，还可以向空中交通管制者广播自己的位置。这使得空中交通管制者可以通过雷达链显示设备，把接收到的飞机位置数据添加到空域地图上，完成监控。这种新的监视技术称作自主从属监视广播（ADS－B），它需要一个地空数字数据链。而且，广播位置数据其他飞机也可以接收，从而为自己获取周围空中交通信息。在监视应用中，GNSS 接收机绝不是仅有的位置数据源，它们还要与雷达链其他信息源及多种敏感器相融合。通过数据融合，可以获得更好、更可靠的飞机位置数据信息，以应对某些敏感器暂时性功能丢失。

另外一种普通应用是机场上车辆交通的监视。机场地面上有许多不同类型的车辆在工作，包括出租车、应急车、加油车、服务车和旅客乘车等。为设计和控制它们的行车路线，防止和监控可能引起的冲突，监视这些车辆的位置是机场当局一项重要任务。这样，如果知道每辆车的准确位置，就可以有效地实施管理。处理这种地面交通的系统称作先进地面车辆引导和控制系统（A－SMGCS），目前，在大多数重要机场正在开发。汽车的位置由车载 GNSS 接收机通过测量而确定。通常，GNSS 与机场地面雷达进行增强和综合，以改善位置监视的可靠性和精度。

2.10.4 航天器导航

GNSS 对航天器导航有着重要的应用。这些应用包括轨道确定，如航天器定位、定轨、交会和对接以及定姿和定时等。GNSS 航天应用的优点是减少了 GNSS 接收机的尺寸和造价，提高了航天器时间信息的精度，在地球中心惯性坐标系和地心地球固连坐标系中直接描述位置和速度矢量,还可以实时计算轨道。其主要缺点是高动态导致的可视性影响和高多普勒漂移。由于 GNSS 卫星信号可以以负的仰角接收,所以航天应用还存在天线位置的问题(图 2.25)。

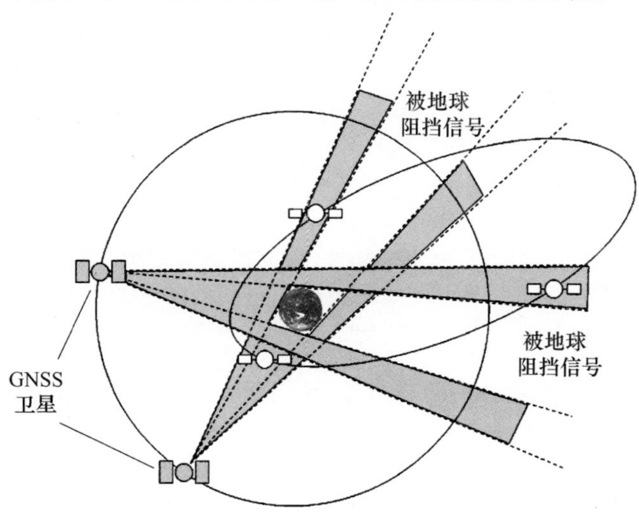

图 2.25　GNSS 空中信号接收

参 考 文 献

[1] Kotelnikov V. A. , Dubrovin V. M. , Morozov V. A. , et al. (1958) The use of Doppler effect for determination of Earth artificial satellites orbit parameters. Journal of Communications Technology and Electronics, 7 (7), 873 - 881.

[2] Shebshaevich V. S. (1958) The preliminary estimation of the possibility to use Earth artificial satellites for navigation [Predvaritelnayaotsenkavozmozhnosteyispolzovaniyaiskustvennikhsputnikov Zemlidlyatseleynavigatsii//Leningrad]. Proc. Academy - Mozhayskogo(33), 5 - 38.

[3] Shebshaevich V. S. (1971) The introduction to space navigation theory [Vvedeniye v teoriyu kosmicheskoy navigatsii],Sovetskoye Radio, Moscow, 296 p.

[4] Parkinson B. W. and Spilker Jr. J. J. (1996) Global Positioning System: Theory and Applications. Progress in Astronautics and Aeronautics, v. 163 - 164. America Institute of Aeronautics and Astronautics Inc. , Washington, DC.

[5] Kayton M. and Fried W. R. (1997) Satellite radio navigation, in Avionics Navigation Systems(Van Dierendonck A. J.),2nd edn. John Wiley and Sons, New York.

[6] Kovalevsky J. , Mueller I. , and Kolaczek B. (1989) Reference Frames in Astronomy and Geophysics. Kluwer Academic Publishers, Dordrecht.

[7] Long A. C. , Cappellari Jr. J. O. , Velez C. E. , and Fuchs A. J. (1989) Goddard Trajectory Determination System(GTDS) Mathematical Theory, Revision 1, FDD/552 - 89/001. NASA, Goddard Space Flight Cen-

ter, Greenbelt, MD.

[8] Zhu J. (1994) Conversion of Earth – centered Earth – fixed coordinates to geodetic coordinates. IEEE Transactions on Aerospace and Electronic Systems, 30(3), 957 – 961.

[9] NIMA(2000) Department of Defense World Geodetic System 1984(WGS 84) – Its Definition and Relationships with Local Geodetic Systems, 3rd edn, Technical Report 8350. 2. National Imagery and Mapping Agency, Fairfax, VA.

[10] Hofmann – Wellenhof B., Lichtenegger H. K., and Collins J. (1997) Global Positioning System: Theory and Practice, 4th edn. Springer – Verlag, Wien/New York.

[11] Farrell J. and Barth M. (1999) The Global Positioning System and Inertial Navigation. McGraw – Hill, New York.

[12] Chaffee J. and Abel J. (1994) On the exact solutions of pseudorange equations. IEEE Transactions on Aerospace andElectronic Systems, 30(4), 1021 – 1030.

[13] Kaplan E. and Hegarty C. (2006) Understanding GPS: Principles and Applications, 2nd edn. Artech House, London.

[14] Revnivykh S. (2012a) Global Satellite Navigation Development Trends. Proceedings of the 19th Saint Petersburg International Conference on Integrated Navigation Systems, May 28 – 30, State Research Center of the Russian Federation Concern CSRI Elektropribor, St. Petersburg, Russia.

[15] Ipatov V. P. (2005) Spread Spectrum and CDMA: Principles and Applications. Wiley & Sons, Chichester.

[16] Groves P. D. (2008) Principles of GNSS, Inertial, and Multisensor Integrated Navigation Systems. Artech House, Boston, MA.

[17] Navstar(2011) Navstar GPS Space Segment/Navigation User Segment Interfaces, IS – GPS – 200F, September 21.

[18] GLONASS(2008) GLONASS Interface Control Document. Navigation Radiosignal in Bands L1, L2, Edition 5. 1. Russian Institute of Space Device Engineering, Moscow.

[19] Revnivykh S. (2012b) GLONASS Status and Modernization. International GNSS Committee IGC 7, November 4 – 9, Beijing, China.

[20] Urlichich Y., Subbotin, V., Stupak, G., Dvorkin V., Povalyaev A., and Karutin S. (2012a) GLONASS: developing strategies for the future. GPS World(April), 42 – 49.

[21] Urlichich Y., Subbotin, V., Stupak, G., Dvorkin V., Povalyaev A., Karutin S., and Bakitko R. (2012b) GLONASS Modernization. GPS World November, pp. 1 – 6.

[22] Ipatov V. P. and Shebshaevich B. V. (2010) GLONASS CDMA: some proposals on signal formats for future GNSS air interface. Inside GNSS, 5(5), 46 – 51.

[23] Ipatov V. P. and Shebshaevich B. V. (2012) Spectrum – compact signals: a suitable option for future GNSS. Inside GNSS, 6(1), 47 – 53.

[24] Subirana J. S., Zornoza J. M. J., and Hernάndez – Pajares M. (2013) Global Navigation Satellite Systems, Volume I: Fundamentals and Algorithms. ESA Communications ESTEC, Noordwijk, the Netherlands, p. 238.

[25] Galileo SIS ICD(September 2010) Galileo Open Service. Signal in Space Interface Control Document(OS SIS ICD), Issue 1, Revision 1.

[26] Hofmann – Wellenhof B., Lichtenegger H. K., and Wasle, E. (2008). GNSS—Global Navigation Satel-

lite Systems. Springer – Verlag, Wien.

[27] Chen X. (2012) Current State and Further Development of the Compass/BeiDou Navigation Satellite System. Sixth International Satellite Navigation Forum, April.

[28] BeiDou(2012) BeiDou Navigation Satellite System Signal in Space Interface Control Document. Open Service Signal B1I(Version 1.0). China Satellite Navigation Office, December 2012, p. 81.

[29] Fujiwara S. (2011) The Quasi – Zenith Satellite System and the Multi – functional Transport Satellite Satellite – based Augmentation System, Sixth Meeting of the International Committee on Global Navigation Satellite Systems(ICG), September 5 –9, Tokyo, Japan.

[30] Ganeshan A. S. (2011) The Indian Satellite – based Navigation System: Description and Implementation Status. Sixth Meeting of the International Committee on Global Navigation Satellite Systems(ICG), September, 5 –9, Tokyo, Japan.

[31] Petrovello M. (2009) What are linear carrier phase combinations and what are the relevant considerations? Inside GNSS, January/February, 16 – 19.

[32] Simsky A. (2006) Triple – frequency combinations in future GNSS. Inside GNSS(July/August), 38 –41.

[33] Teunissen P. J., De Jonge P. J., Tiberius C. C. J. M. (1997) Performance of the Lambda Method for Fast GPS Ambiguity Resolution. Navigation: Journal of the Institute of Navigation, 44(3), 373 –383.

[34] Vollath U., Birnbach S., Landau H., Fraile – Ordo. ez J. M., and Martín – Neira M. (1998) Analysis of Three – Carrier Ambiguity Resolution(TCAR) Technique for Precise Relative Positioning in GNSS – 2. Proceedings of the Second International Technical Meeting ION GPS –98, September 15 – 18, Nashville, TN, USA. Institute of Navigation, Satellite Division, Manassas, VA, pp. 417 –426.

[35] Teunissen P. J. G. (1994) A New Method for Fast Carrier Phase Ambiguity Estimation. Proceedings of the IEEE PLANS'94, April 2 – 15, Las Vegas, NV, USA. IEEE, Manassas, VA, USA, pp. 562 –573.

[36] Forssel B., Martín – Neira M., and Harris R. A. (1997) Carrier Phase Ambiguity Resolution in GNSS – 2. Proceedings of the Tenth International Technical Meeting ION GPS – 94, September 16 – 19, Kansas City, MO. Institute of Navigation, Satellite Division, Manassas, VA, pp. 1727 – 1736.

[37] Donghyun K. and Langley R. (2000) GPS Ambiguity Resolution and Validation: Methodologies, Trends and Issues. Proceedings of the Seventh GNSS Workshop—International Symposium on GPS/GNSS, November 30 – December 2, Seoul, Korea.

[38] Smith E. K. and Weintraub S. (1953) The constants in the equation for atmospheric refractive index at radio frequencies. Proceedings of the Institute of Radio Engineers, 41, 1035 – 1037.

[39] Hargreaves J. K. (1995) The Solar – Terrestrial Environment: An Introduction to Geospace—the Science of the Terrestrial Upper Atmosphere, Ionosphere and Magnetosphere. Cambridge University Press, Cambridge Atmospheric and Space Science Series, Cambridge, UK.

[40] ARINC(2000) Navstar GPS Space Segment/Navigation User Interfaces. Interface Control Document, IC-DGPS – 200C, ARINC Research Corporation, El Segundo, CA.

[41] RTCA(2001a) Minimum Operational Performance Standards for Global Positioning System/Wide Area Augmentation System Airborne Equipment. Technical Report DO – 229C. RTCA Inc., Washington, DC.

[42] Walter T., Datta – Barua S., Blanch J., and Enge P. (2004) The Effects of Large Ionosphere Gradients on Single Frequency Airborne Smoothing Filters for WAAS and LAAS. Proceedings of the ION 2004 National Technical Meeting, January 26 – 28, San Diego, CA, USA. Institute of Navigation, Satellite Division,

Manassas, VA, pp. 103 – 109.

[43] RTCA(2001b) Minimum Operational Performance Standards for Global Positioning System/Local Area Augmentation System Airborne Equipment. Technical Report DO – 253A. RTCA Inc., Washington, DC.

[44] RTCA(2004) Minimum Aviation System Performance standards for the Local Area Augmentation System (LAAS). Technical Report DO – 245A. RTCA Inc., Washington, DC.

[45] Zumberge J. F., Heflin M. B., Jefferson D. C., Watkins M. M., and Webb F. H. (1998) Precise point positioning for the efficient and robust analysis of GPS data from large networks. Journal of Geophysical Research, 102(B3), 5005 – 5017.

[46] Binath S. and Collins P. (2012) Recent development in precise point positioning, Geomatica, 66(2), 103 – 111.

[47] Landau H. (2012) Worldwide Centimeter Accurate GNSS Positioning Using Trimble RTX Technology, PPP – RTK &Open Standards Symposium, March 12 – 13, Frankfurt am Main, Germany.

[48] Cai C. and Gao Y. (2007) Precise point positioning using combined GPS and GLONASS observations, Journal of Global Positioning Systems, 6(1), 13 – 22.

[49] Hatch R., Sharpe T., Galyean P. (2012) StarFire: A Global High Accuracy Differential GPS System, Paper 1.6, NavCom Technology Inc., Torrance, CA.

[50] Rizos C., Janssen V., Roberts C., and Grinter T. (2012) Precise Point Positioning: is the Era of Differential GNSS Positioning Drawing to an End. FIG Working Week 2012, Knowing to Manage the Territory, Protect the Environment, Evaluate the Cultural Heritage, May 6 – 10, Rome, Italy.

[51] Toor P. (2012) Providing GNSS augmentation data: a commercial service provider's perspective. In: PPP – RTK & Open Standards Symposium, Frankfurt am Main, Germany, March 12 – 13.

[52] Urquhart L., Zhang Y., Lee S., and Chan J. (2012) Nexteq's Integer Ambiguity – Resolved Precise Point Positioning System. Proceedings of the 25th International Technical Meeting of the Satellite Division of the Institute of Navigation, September 17 – 21, Nashville, TN, USA. Institute of Navigation, Satellite Division, Manassas, VA, pp. 3046 – 3054.

[53] Wang C. and Hatch R. (2012) StarFire™ GNSS: The Next Generation StarFire Global Satellite Based Augmentation System NavCom Technology Inc., Torrance, CA.

[54] Muellerschoen R., Bertiger W., and Lough M. (2000) Results of an Internet – Based Dual – frequency Global Differential GPS System. Proceedings of the IAIN World Congress in Association with the U.S. ION 56th Annual Meeting, June 26 – 28, San Diego, CA, USA.

[55] Muellerschoen, R., Reichert A., Kuang D., Heflin M., Bertiger W., and Bar – Sever Y. (2001) Orbit Determination with NASA's High Accuracy RealTime Global Differential GPS System. Proceedings of the ION GPS 2002, September11 – 14, Salt Lake City, UT, USA.

[56] Muellerschoen, R., Iijima B., Meyer R., Bar – Sever Y., and Accad E. (2004) Real – Time Point Positioning Performance Evaluation of Single – Frequency Receivers Using NASA's Global Differential GPS System. ION GNSS 17th International Technical Meeting of the Satellite Division, September 21 – 24, Long Beach, CA, USA.

[57] Reichert A., Meehan T., Munson T. (2002) Toward Decimeter – Level Real – Time Orbit Determination: A Demonstration Using the SAC – C and CHAMP Spacecraft. Proceedings of the 15th International Technical Meeting of the Satellite Division of the Institute of Navigation(ION GPS 2002), September 24 – 27,

2002, Portland, OR, pp. 1996 –2003.

[58] Armatys M. , Muellerschoen R. , Bar – Sever Y. , and Meyer R. (2003) Demonstration of Decimeter – Level Real – time Positioning of an Airborne Platform. Proceedings of the ION NTM –2003, January 19 –24, Anaheim, CA, USA.

[59] Bar – Sever Y. , Young L. , Stocklin F. , Heffernan P. , and Rush J. (2004) The Global Differential GPS System(GDGPS) and the TDRSS Augmentation Service for Satellites(TASS). Presentation at the ESA Second Workshop on Navigation Equipment, December 8 – 10, Noordwijk, the Netherlands.

[60] Wu S. and Bar – Sever Y. (2005) Real – Time Sub – cm Differential Orbit Determination of Two Low – Earth Orbiters with GPS Bias Fixing. Proceedings of the ION GNSS 2006, September 26 – 29, Fort Worth, TX, USA. Fort Worth Convention Center, pp. 2515 –2522.

[61] Phillips R. E. and Schmidt G. T. (1996) GPS/INS integration. In: System Implications and Innovative Applications of Satellite Navigation. AGARD Lecture Series, 207. Advisory Group for Aerospace Research & Development, Neuilly – sur – Seine, pp. 9. 1 –9. 18.

[62] ICAO(1995) Report on the Item 4 of the Special Communications/Operations. ICAO 15th Divisional Meeting on the Application of the(RNP) Concept to Approach, Landing and Departure Operations—SP COM/OPS/95 – WP/151, ICAO, Montreal, Canada.

[63] RTCA(2003) Minimum Aviation System Performance Standards: Required Navigation Performance for Area Navigation. Technical Report DO –236B. RTCA Inc. , Washington, DC.

[64] Van Graas F(1996a) Signals integrity. In: System Implications and Innovative Applications of Satellite Navigation. AGARD Lecture Series 207. Advisory Group for Aerospace Research & Development, Neuilly – sur – Seine, pp. 7. 1 –7. 12.

[65] Parkinson B. W. and Axelrad P. (1988) Autonomous GPS integrity monitoring using the pseudorange residual. Navigation: Journal of the Institute of Navigation, 35(2), 255 –271.

[66] Brenner M. (1995) Integrated GPS/Inertial Fault Detection Availability. Proceedings of the Eighth International Technical Meeting ION GPS –95, September 12 – 15, 1995, Palm Springs, CA, USA.

[67] Diesel J. and Luu S. (1995) GPS/INS AIME: Calculation of Thresholds and Protection Radius Using Chi – Square Methods. Proceedings of the Eighth International Technical Meeting ION GPS – 95, September 12 – 15, Palm Springs, CA, USA.

[68] Van Graas F(1996b) Requirements on GNSS for civil navigation. In: System Implications and Innovative Applications of Satellite Navigation. AGARD Lecture Series 207. Advisory Group for Aerospace Research & Development, Neuilly – sur – Seine, pp. 6. 1 –6. 8.

[69] Hatch R. and Euler H. – J. (1994) Comparison of Several AROF Kinematic Techniques. Proceedings of the Seventh International Technical Meeting ION GPS –94, September 20 –23, Salt Lake City, UT, USA. Institute of Navigation, Satellite Division, Manassas, VA, pp. 363 –370.

[70] Leick A. (1995) GPS Satellite Surveying, 2nd edn. John Wiley and Sons, New York.

[71] Oleynik E. and Revnivykh S. (2011) GLONASS Status and Modernization. Civil GPS Service Interface Committee, September 19, 2011, p. 20, Portland, OR.

第 3 章 远程无线电导航系统

Anatoly V. Balov 和 Sergey P. Zarubin 无线电导航与授时研究所,
圣彼得堡,俄罗斯

3.1 概 述

远程无线电导航系统是一种基于地面发射站(站点位置作为测量基准)和同步链的无线电导航系统,这些地面站可以在远离站点的距离上提供精确的导航。事实上,它们在发展过程中试图解决的问题就是如何最大限度地减少涵盖全球业务区域的地面发射站的数量。后来,这样的尝试导致了 GNSS 的出现。

为了达到最大的作用距离,系统采用了低频(LF)和甚低频(VLF)信号。载波信号格式采用脉冲或伪连续波序列。更具体地说,是设定时间间隔的载波相位角中的二进制相移键控(BPSK)变化序列,如采用 0°和 180°两个相位点。脉冲包络到达时间(TOA)和/或信号载波相位是实现导航需要用到的观测值。

载波相位模糊度的解算是基于接收信号包络上的标准读取点(SRP)概念,或基于若干频率组合不同载波相位的宽通道技术。

观测值是从发射站到系统用户的大地测量伪距的时间函数。根据实际情况,系统用户可以在测距、伪测距或差分测距(双曲线)模式下获得导航解。后者是远程导航最初使用的主要模式,因此,该系统有时也称为“双曲线系统”。通过地球 - 电离层波导从发射机传播到用户的电磁波地波速度是时间 - 距离转换的比例因子。与自由空间电磁波传播速度恒定不变相反,它随波导参数的变化而变化,并不是恒定的。因此,观测值包含了相应的传播误差。误差补偿方法定义了如下几种操作模式。

(1) 标准。校正用以补偿通过数学模型预测的无线电波传播效应。这是用于预测该种校正的主要模式。

(2) 微分。将本地地理基准差分站的实际校正实时广播给用户。该模式的作用区域受到传播误差空间 - 时间相关性的限制。

(3) 伪差分。用户在通过已知位置点时的实际误差被用于修正沿路径的下一位置解。通常，只有在其他导航辅助装置能够提供比标准模式明显更高的位置精度时，才使用该操作模式。

（4）自适应。校正与位置同时被设定为未知量。当许多冗余测量值可用时才能使用该操作模式。

第一个双曲线无线电导航系统（RNS）由 R. J. 迪普于 1937 年提出[1]，它随后应用于第二次世界大战期间 1942 年初英国的甚高频短程导航系统，并被英国皇家空军轰炸机司令部采用。接下来是 1944 年英国皇家海军使用的台卡导航系统。

罗兰（远程导航）系统创建历史始于 1941 年至 1942 年美国发明的中频（MF）罗兰 A 系统。罗兰 A 的原始概念由贝尔实验室的卢米斯提出，随后由皮尔斯主持研发[1]，该系统作为“联合标准远程无线电导航系统”颁布实施，应用于第二次世界大战期间的船舶/飞机导航。在苏联也有类似的系统被开发出来——1943—1949 年的“子午线”和 1949—1953 年的“正常”系统等。

1950—1956 年，为了对海军舰艇和潜艇以及军用飞机的航行进行导航支持，开发了罗兰 C 系统（项目发起人 R. L. 弗兰克）。在信号格式采用相位编码脉冲序列后，1957 年，第一条台链应用在美国东北海岸。这对系统的改进有重要的影响，导致了 1963 年移动式罗兰 D 系统的开发（项目发起人 E. 利斯比）。

后来，罗兰 C 系统被民用航空和陆上运输广泛使用，直到 20 世纪 90 年代初，美国海岸警卫队全部采用罗兰 C 台链。随后，美国中止了对海外台链的支持，关闭了部分台链。1992 年，几个欧洲国家决定开发自己的罗兰 C 系统，称为北欧罗兰服务（NELS）系统，该系统在 2005 年被逐步淘汰[2]。中国、韩国、日本和俄罗斯建立了远东无线电导航服务（FERNS）系统，以在远东地区开发罗兰 C 台链。2010 年，美国和加拿大取消了罗兰 C 在北美的运行。目前，在英国、丹麦、法国、德国、挪威、日本、韩国和中国的领土上，20 个罗兰 C 站点组成的 9 条台链正在运行。

苏联于 1958—1971 年开发了第一条海鸥台链，项目发起人为 K. S. 波尔托拉克、S. M. 萨格洛德斯基和 Y. I. 尼基坚科。海鸥系统类似于罗兰 C，但在波形和每个序列脉冲持续时间上有少许区别[3,4]。海鸥系统有着更尖锐的前端和更短的持续时间，这是因为罗兰 C 系统主要覆盖区域为大海，而海鸥系统主要为陆地、永冻层和冰，不同的区域影响地面波/天波分离条件，导致两个系统覆盖区域的地表电导率不同。15 个海鸥固定站形成 3 个台链，分别位于欧洲、远东和北方，该系统目前由俄罗斯运营。

覆盖全球的甚低频（VLF）欧米伽系统主要由美国海军海洋研究中心的 J. A. 皮尔斯提出，并于 1947 年完成构想[5]。该系统的发射站位于挪威、利比里亚、阿根廷、澳大利亚、日本、美国(达科他州和夏威夷群岛)和留尼汪岛上,已于1973 年至 1982 年投入运作, 1997 年逐步停用。

俄罗斯的甚低频阿尔法系统开发于 1956—1970 年,是一个工作范围为 8000 ~ 10000km 的 3 站系统。这些站点位于克拉斯诺达尔、新西伯利亚和阿姆利山共青城附近。该系统支持北极、大西洋和印度洋地区的船舶与飞机导航,以及水下 30m 和冰下的导航[6]。1975 年,在列夫达(摩尔曼斯克地区)又投入运行了一个新站点。

本章下面主要说明甚低频和低频远程导航系统,包括其工作原理、精度、覆盖范围、误差预估、干扰信号、信号处理技术和传感器架构。这些方面通过采用系统现代化手段和集成卫星无线电导航系统而得到增强。

3.2 工作原理

低频和甚低频远程无线电导航系统的相对性能如表 3.1 所列,其中用于描述特性的术语选自《罗兰 C 用户手册》的附录 C[7]。

甚低频无线电系统采用相位测量方法,因此,需要测量载波相位以获取导航解。为了解决相位测量模糊性,每个站在数个频率上进行发射。为了通过基准站(RS)链发送多频信号,使用了频率定时信号划分。发射序列称为站点的发射模式。

欧米伽系统工作在 4 个固定频率: F_1 = 10.2kHz, F_2 = 13.6kHz, F_3 = 11.33kHz 和 F_4 = 11.05kHz。在一个周期中,每个站点以 4 个频率发射具有 10μs 发射周期的 4 个信号。每个站发射的 4 个信号的持续时间分别为 0.9s、1.0s、1.1s 和 1.2s,*A* 站的第一个周期开始时间是午夜(格林尼治时间)。*A*、*B*、*C*、*D*、*E*、*F*、*G* 和 *H* 站发射的信号格式如图 3.1 所示[5]。

阿尔法系统工作在 4 个固定频率: F_1 = 11.905kHz, F_2 = 12.649kHz, F_3 = 14.881kHz 和 F_4 = 12.0907kHz[8]。发射信号的持续时间为 0.4s,发射周期为 3.6s。站点发射的信号格式如图 3.2 所示[6]。

单频低频无线电系统使用信号脉冲的载波相位作为观测值。相位模糊度解算通过包络的时间区域中测量载波频率相位实现,该时间区域对应于包络中的第三载波周期的结束到所谓的标准读取点或标准零交叉。

罗兰 C/海鸥站点以 100kHz 载波频率发射脉冲序列,在一个序列中,它们各自单个脉冲的波形如图 3.3(a)和图 3.3(b)所示。

罗兰 C 脉冲前沿从 0.1 到 0.9 的包络波幅的持续时间为 50μs,其前沿持续时间从 0 到最大值为 65μs。 -6dB 电平的脉冲持续时间在 230μs 内。海鸥脉冲

表 3.1　罗兰 C/海鸥系统与欧米伽/阿尔法系统的相对性能

系统	精度			单位有效性（发射台信号有效性）	覆盖范围	系统有效性	方位率	方位维度	系统容量	潜在的不确定性
	可预测性	可重复性	相对性							
罗兰 C 系统 海鸥系统	≥0.25nm（460m）1:3SNR	30～60 英尺（18～90m）	60～30 英尺（18～90m）	≥99.9%	美国沿海大陆、RF 和某些海外区域	99.7%①	10～20 方位/min	2 个维度	对同时使用无限制	存在，但可简单解决
欧米伽系统 阿尔法系统	2～4nm（3.7～7.4km）	2～4nm（3.7～7.4km）	0.25～0.5nm（463～926m）	≥99.9%	全世界范围内可连续	97.0%②	6 方位/min	2 个维度	无限制	需要 ±36nm 内的信息③

① 3 台的可信度。1 台的有效性通常超出 99.9%。许多地区使用了不止 1 条罗兰（海鸥）链，因此，其有效性有所增强。

② 3 台联合信号的有效性。

③ 三频接收器

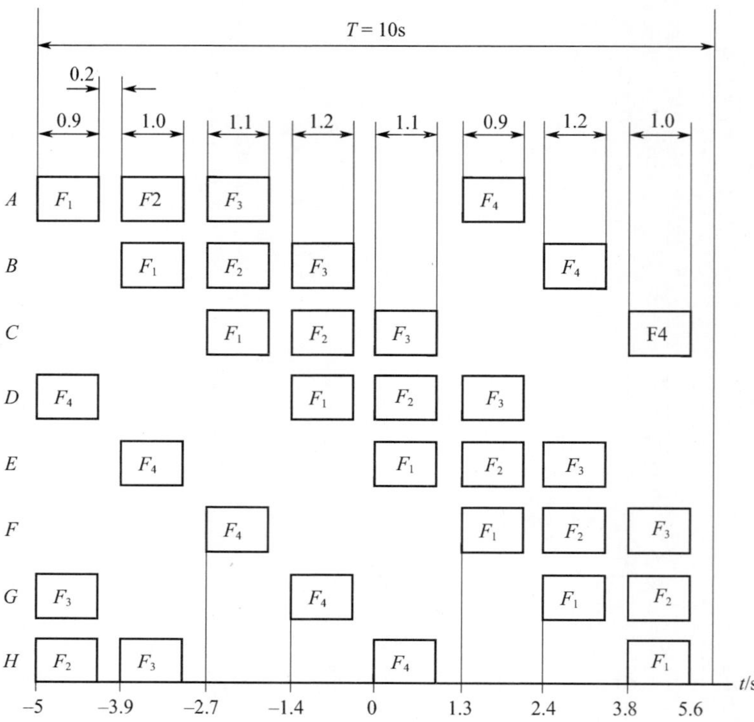

图 3.1　欧米伽系统信号格式

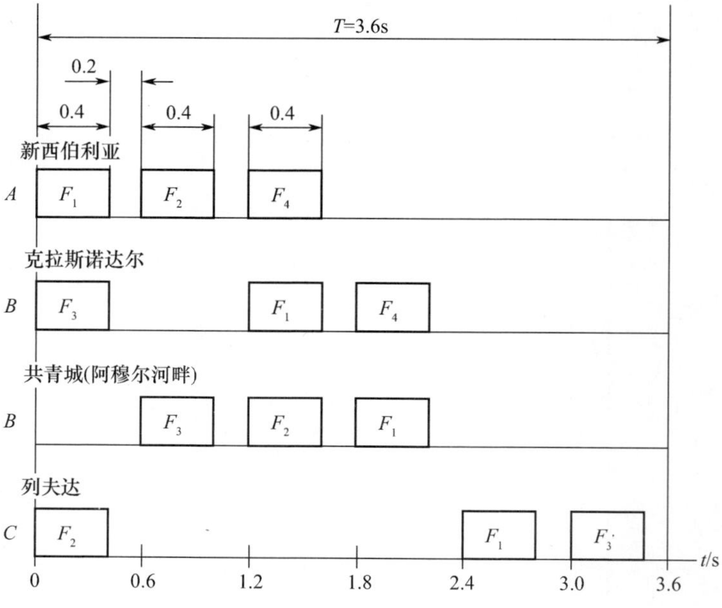

图 3.2　阿尔法系统信号格式

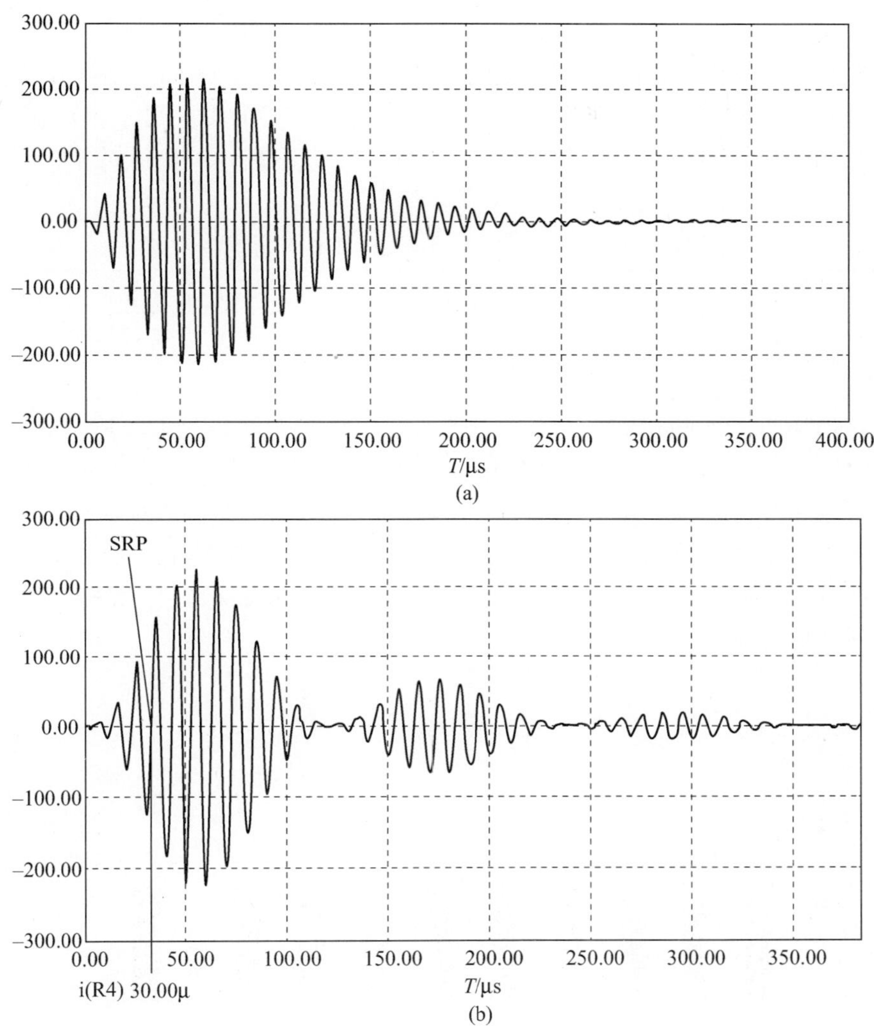

图 3.3 罗兰 C 系统(a)和海鸥系统(b)单脉冲全视图

前沿从 0.1 到 0.9 的包络波幅的持续时间为 27μs ± 1.5μs，其前沿持续时间从 0 到最大值为 43.7μs。-6dB 电平的脉冲持续时间为 100～120μs。对两个系统进行相位测量的标准读取点在脉冲开始后 30μs。

每个站点的工作使用指定的组重复间隔(GRI)，每个间隔都是从 40000μs 到 99990μs 的 10μs 的倍数。为了增加平均信号功率，每个低频站发射由每个重复间隔的 8 个相位编码脉冲组成的脉冲串。此外，为了提供主/次信号序列的自动识别，除了改善抗干扰性能外，还使用了相位码间隔相当于两个组重复间隔的列内脉冲二进制-相位编码。该二进制相位调制的第 9 脉冲的位置由表 3.2 中的“ * ”表示。

所有次站的相位码相同，但主站码与所有次站的相位码不同。相位编码主/从信号的自相关和互相关函数提供了消除来自电离层的多信号反射的影响。表3.2给出了编码规则，其中具有正/负极性的二进制相位编码脉冲被标记为+/-。

表3.2 海鸥系统、罗兰C系统主次站的相位编码法

组重复周期	主站	次站
A	+ + - - + - + - +	+ + + + + - - + *
B	+ - - + + + + + * +	+ - + - + + - - *

序列脉冲之间的间隔为1000μs。在罗兰C中，主站可以发射与第8脉冲间隔2000μs的第9脉冲。然而，所有海鸥站点还发射用于服务通信的第9脉冲。主站可以周期性地发射第10脉冲或“着色”脉冲，显示该组的发射时间与UTC(SU)时间标记的一致性。在海鸥站点中，第8脉冲的时刻正好是标准读取点，海鸥站点第9脉冲的编码由数据传输系统定义。图3.4显示了1个序列内脉冲的排列和功能。

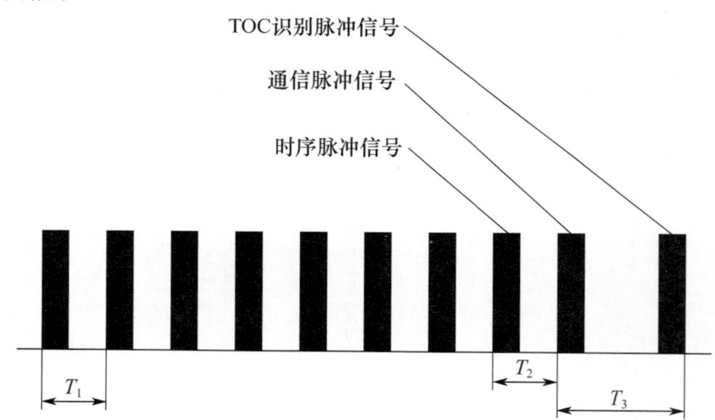

图3.4 脉冲信号序列

图3.5显示了链站发射的脉冲序列中的一列，其中显示的时间限制与发射延迟相关。主站 *M* 与次(从)站 *X*、*Y* 和 *Z* 发射的脉冲在时间、频率和相位上相互同步。次站的发射相对于主站发射有一个延迟。发射延迟值的选择遵循以下原则，使得从主站和次站发射的信号的指定序列能够保留在覆盖区域内的任何点。

从图3.5可以看出，对发射延迟的要求如下。

(1) 主站和次站之间的最小发射延迟 TD_{min} 应为10900μs。

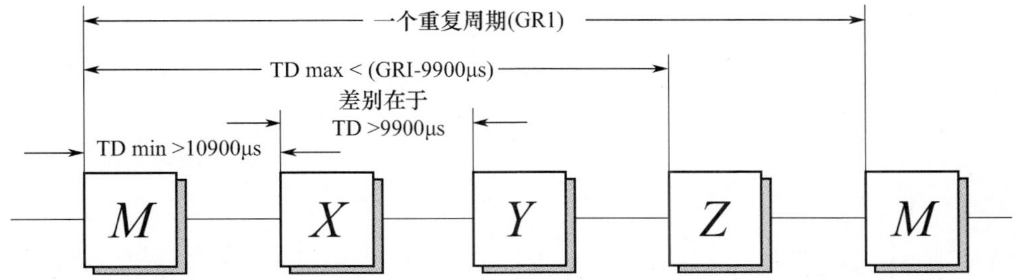

图 3.5　主站和次站的脉冲信号时序

(2) 任何两个延迟或时间差之间的最小差值应为 9900μs。

(3) 最大发射延迟应等于组重复间隔时间减去 9900μs。

发射站应包括以下部分。

(1) 控制/同步设备。

(2) 发射器。

(3) 天线系统。

(4) 自主电源(柴油发电机)。

两种类型的发射天线如下。

(1) 顶部负载单极(TLM)天线,高度为 125 ~ 460m。

(2) 包括 5 个或更多塔桅的集装塔式天线(SLT),高度为 250 ~ 400m。

不同站点低频发射机的辐射功率为 165 ~ 1850kW,甚低频发射机的辐射功率为 30 ~ 50kW。

3.3 覆盖范围

无线电导航系统的覆盖范围是以不超过最大允许误差确定用户坐标的区域,其中接收信号的功率应当大于对应最大系统范围的阈值。因此,覆盖范围的边界由公式 $D = D_{max}$ 和 $s_r = s_{rmax}$ 确定,其中 s_{rmax} 是径向误差的最大可允许均方根(RMS)值。

考虑覆盖范围时,有必要考虑系统的几何因子 G,精度因子取决于系统的类型和站点与用户之间的相互位置。几何因子等于位置误差与原始测量误差 σ_p 的比值,可以表示为

$$G = \frac{\sigma_r}{\sigma_p} = \frac{1}{\sin\alpha_M}\sqrt{\frac{1}{g_1^2} + \frac{1}{g_2^2}} \tag{3.1}$$

式中:α_M 为位置线的交叉角;g_1 和 g_2 为测量场的相应梯度[9]。

对于测距导航模式 $g_{1,2}=1$，所以，有

$$G_{\mathrm{R}}=\frac{\sqrt{2}}{\sin\alpha_{\mathrm{M}}} \tag{3.2}$$

对于差分测距模式 $g_{1,2}=2\sin\psi_{1,2}/2$，所以，有

$$G_{\mathrm{DR}}=\frac{\sqrt{2}}{2\sin\alpha_{\mathrm{M}}}\sqrt{\frac{1}{\sin^2\psi_1/2}+\frac{1}{\sin^2\psi_2/2}} \tag{3.3}$$

式中：ψ_1 和 ψ_2 为第一组和第二组站点的基本角（从接收点可以看到基点的角度，即连接站组的直线）[10-12]。

图 3.6 显示了差分测距模式下用户位置 $M(M_1)$ 的确定。

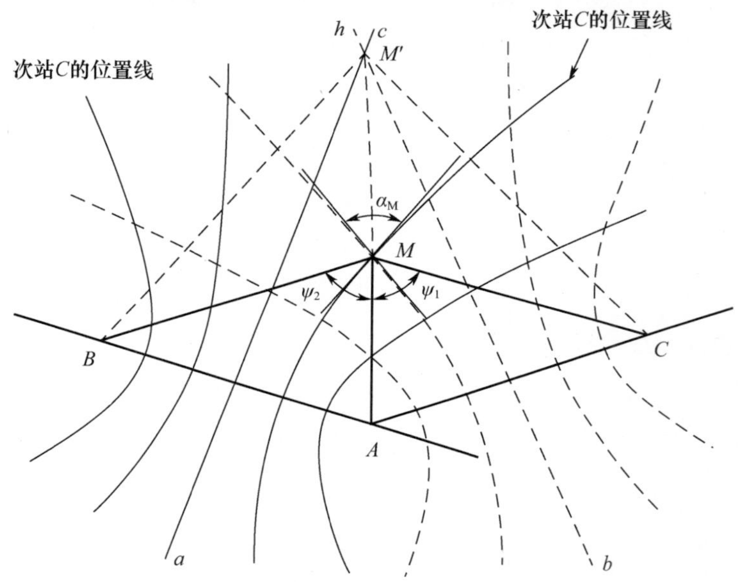

图 3.6　差分测距模式下的定位方法

前面给出的表达式是用于服务特定区域的合理系统站点部署（系统几何）准则。为此，站点的部署应使感兴趣区域的 G 值最低，以使在该区域内可获得最佳导航精度。欧米伽系统的覆盖范围是全球，其他远程导航系统的覆盖范围如图 3.7(a)和图 3.7(b)所示。

精度较高的低频无线电导航系统都使用地波，因为地波比从电离层反射的天波更稳定。然而，当沿着传播路径的地面不均匀时，传播速度和相应校正的预测则相当复杂。在这种情况下，应该先确定路径中各个均匀部分的局部校正，然后计算沿着该路径的所有单个部分的平均速度。在信号接收点附近的地面（山脉、丘陵、海岸线、电力传输线等）的不规则性因素也会影响地波前相位的位置，并因此影响位置解的精度。只有在接收点区域直接校准系统，才能处理这些影响。

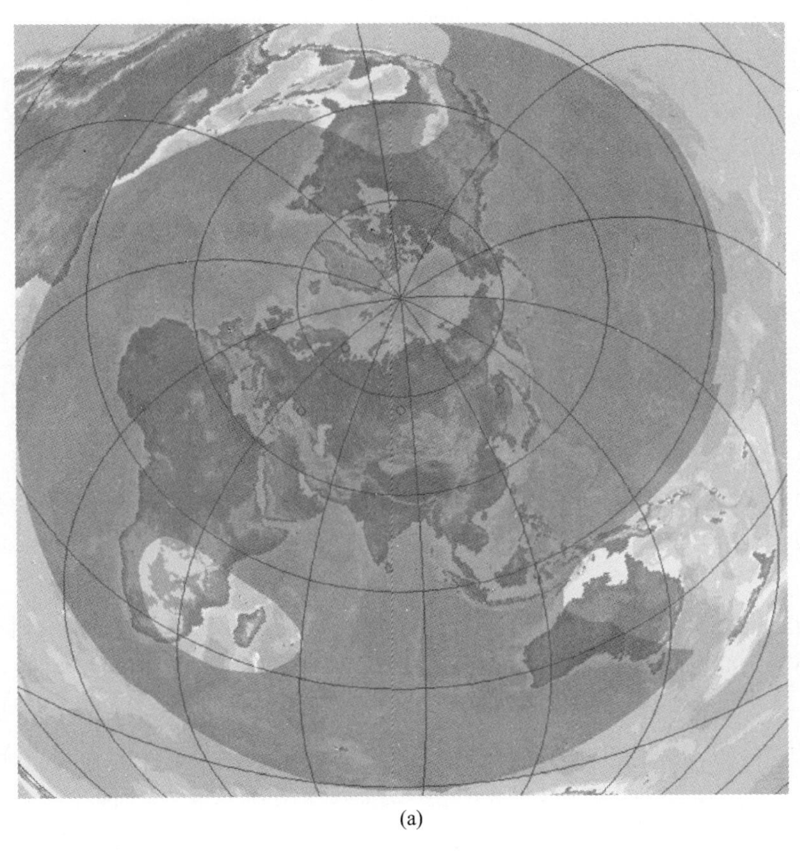

(a)

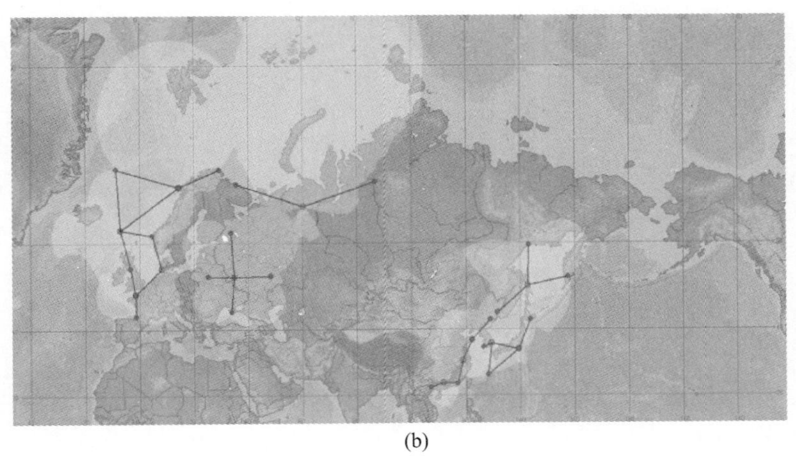

(b)

图 3.7　阿尔法系统(a)和罗兰 C/海鸥系统(b)的覆盖范围

对于甚低频无线电导航,要将地波和天波分离是不可能的。接收信号的相位具有日变化和季节变化,这取决于沿传播路径的太阳高度。校正预测仅对于这些变化中的常规分量可以实现,而预测随机电离层扰动的影响却不可能。然而,引入局部区域(最远几百英里)中甚低频传播条件变化的任何显著关联,在监视站计算校正并经通信链路向用户广播[13]的方式是有效的。

3.4 甚低频和低频无线电导航系统中的干扰

来自甚低频、低频站点和供电系统谐波的大气噪声及窄带干扰对用户设备(UE)功能的影响最大。此外,还应考虑输电线路和点火装置的工业干扰以及静电释放和雷达操作引起的干扰等因素。

总干扰电平取决于用户设备的位置、天线类型、季节和时间。当分析大气噪声的统计特性时,需要分离背景分量和脉冲分量。背景分量由许多远距离源发射的信号叠加产生,可用正态分布定律描述。脉冲分量由局部雷暴产生,可用对数正态分布定律近似。

为了抑制平滑干扰(固有噪声、背景分量)以及来自干扰站的正弦干扰,可以采用窄带线性滤波,而在脉冲干扰的情况下,需要宽带放大和信号/干扰混合限制。这些矛盾的要求可以通过折中满足。一种方式是让用户设备实现从几千赫到 10~100Hz 的渐进谱带窄化,同时将限制阈值降低到零。从输入电路过载的角度来看,最危险的最大干扰脉冲串已经被限制在宽带内的输入级处。为了减小数十万赫范围光谱的静电释放引起的静电干扰影响,最好采用 H 天线接收信号。这是因为在可折叠的鞭状天线中放电电流直接流过天线电路,而在环形天线中干扰由感应电流产生,该感应电流的冲击明显更小[14]。

所有类型的罗兰 C/海鸥接收机在输入处都包含一个带通滤波器,这大大削弱了大多数干扰站的信号。当干扰在相对于信号载波频率的 10~50kHz 范围内时,典型的商业罗兰 C/海鸥接收机的标准带通滤波器能将带外干扰降低至 -50dB。使用抑制滤波器(RF)可以消除少量的剩余干扰。通过这些滤波器后的罗兰 C 信号载波频率的包络形式和相位的失真程度取决于非抑制的剩余干扰的电平和频率。考虑到干扰源可能接近罗兰 C 信号、发射功率和频谱干扰参数,在估算罗兰 C 尺寸和构型时还需要考虑其覆盖范围内和附近的所有潜在干扰源。

罗兰 C/海鸥信号的频谱由以 1/GRI 的换帧频率隔开的大量单独谱线组成。干扰对接收机的影响程度取决于干扰频率与罗兰 C/海鸥信号频谱分量的接近程度。

根据罗兰 C/海鸥接收机的最小操作性能标准,有 3 种干扰类别。

（1）同步干扰——干扰频率与罗兰 C/海鸥信号的谱线完全重合。这种干扰在测量范围内产生固定的误差值。

（2）近同步干扰——干扰频率接近信号谱线（在接收机跟踪滤波器的通带内）。这种干扰在测量范围内引起振荡偏差。

（3）异步干扰——包括所有其他干扰。异步干扰本身表现为接收机输入端噪声电平的增加。

其中最重要的是同步和近同步干扰，其在确定跟踪模式中的相位时产生误差。相位测量误差值不仅取决于射频的质量（和数量），而且还取决于罗兰 C/海鸥链站中所选的组重复间隔。

由正弦干扰引起的信号相位跟踪中的误差定义为

$$E = T_1/2\pi\arcsin\left(\frac{I}{S}\right) \tag{3.4}$$

式中：$T_1 = 10\mu s$ 为罗兰 C/海鸥信号载波频率的周期；E 为相位跟踪误差（μs）；I/S 为信号干扰比（SIR）。

罗兰 C/海鸥系统的边界通常由 −10dB 信号/大气噪声比指定。在这种情况下，假设接收机支持脉冲包络到达时间差的测量，均方根误差（RMSE）小于 100ns，位置确定误差为 1/4NM（2σ）。

当测量误差在正弦干扰的作用下超过 100ns 时，出现第二个覆盖范围限制。对于 100ns 的误差，GRI 等于 24dB，但如果相位跟踪误差的细微正弦变化可接受，则 GRI 可减小 3dB（表 3.3）。

表 3.3　低频无线电导航系统的误差预估

误差源	误差值/μs
次站的同步误差	≤0.1
由无线电传播引起的误差	0.1 ~ 0.2
仪表误差	0.05 ~ 0.1
外部噪声误差	0.15 ~ 0.25

可见，根据干扰频率的不同，信号相位编码允许 GRI 提高到 10 ~ 18dB。在这种情况下，对于覆盖范围的估算，使用的 GRI 为 12dB。当干扰接近正弦形式时，对应 100ns 误差的限制，GRI 下降到 9dB。

GRI 越大，影响信号的干扰数量就越大。例如，在欧洲选择 GRI = 7777 时，应考虑的近同步和同步干扰数量为 29。

罗兰 C/海鸥防止正弦干扰的标准在 ITUR M.589 − 2 8B/TEMP/5 文件（无线电通信标准建议书）中定义，用于近同步和异步干扰，失谐范围为相对于载波频率的 0 ~ 30kHz。近同步干扰的频率 f 由下式定义，即

$$f-\frac{n}{2\mathrm{GRI}}<f_{\mathrm{b}} \tag{3.5}$$

式中:GRI 为罗兰 C/海鸥的组重复间隔;n 为任意整数;f_{b} 为跟踪模式下接收机的带通(对于海洋接收机为 0.01Hz,对于航空类型为 0.1Hz)。

使用给定的估算程序,可以在接收机的输入端定义一个允许的干扰电平,其值 $I \leqslant 23\mathrm{dB}$(对于 55 dB 的典型噪声电平和 -10dB 的信噪比(SNR))。

在最新的罗兰 C/海鸥接收机中,射频是基于软件实现的,因此能够在不增加附加硬件的情况下最高达到 30 个频数[15,16],再要提高就需要增加接收机的质量、功耗或成本。可能构成潜在干扰威胁的所有站点的数据,包括频率、发射功率和坐标,都加载到接收机的随机存取存储器(RAM)中。这使得可以有效确定在任何覆盖点处从用户到最危险站点之间的距离,然后验证要抑制的干扰数量。频数软件可以手动或自动调节。通常,尽量让使用的频数最小化以减少对期望信号参数的影响。大量的滤波器降低了信号干扰比和信号脉冲前沿的斜率。不推荐在接收机中使用自动调整的滤波器用于定时同步和需要高精度的测量,因为它们可能在调整期间引起伪距计算的跳跃。调整为操作者干扰的频数最大值不应超过 4,其中的自动频数最大值不应大于 2。

注意,为了抑制其他类型的干扰,这样的动作可以潜在地用作脉冲相位无线电导航系统的信号相位代码和代码延迟的有效替换,由于硬件实现的复杂性,这类替换在近来很少被使用。然而,采用最新的计算设备和信号处理技术时,可以基于软件实现这样的动作。罗兰 C/海鸥防交叉干扰(来自类似发射站的干扰)的标准由纽兰德(私人通信)定义。

3.5 误差预估

3.5.1 节和 3.5.2 节分别考虑了罗兰 C 和海鸥以及阿尔法和欧米伽系统的误差源及其预估。

3.5.1 罗兰 C 和海鸥误差预估

影响低频无线电系统工作的主要因素如下[9]。

(1) 地波场强。

(2) 信号接收点的大气干扰电平。

(3) 由无线电波传播条件引起的误差。

地波的接收范围主要取决于发射功率、接收点处的干扰电平以及沿传播路径的底层表面电导率。后者也会影响信号强度,通常由信噪比衡量[11]。

由无线电波传播条件引起的误差使用计算或试验可获得校正补偿。影响性能的主要传播效应有 3 个相位因子：主要因子、次要因子和再次因子。

主要因子(PF)是由于大气折射导致波前相对于光速的延迟。因此，平均折射率在 1000km 距离处产生 320×10^{-6}的效应，或 320m 的误差[17]。变化通常很小(10m 或更小)，但当天气锋面越过工作区域时变化会增加。通过测量工作区域中的温度、压力和湿度变化，可以减少这种影响。

次要因子(SF)由地面波下面材料(土地或水)的电导率引起，这会影响其速度。海水在 5S/m(西门子/米)时具有最佳的电导率，而岩石的电导率比其小 2~3个数量级。如果沿着传播路径所需分辨率和精度的电导率及其变化是已知的，则可以预测相应的延迟。

再次因子(ASF)是由地形效应引起的。再次因子及其空间变化构成了最重要的系统误差，它可以将低频导航测量的精度降低到几百米。通过对地球表面的地形和电导率进行积分可以分析计算再次因子。这不仅需要现在还不具备的高精度数字地形模型，而且还需要电导率，这种对分辨率要求很高的电导率通常是未知的[18]。获取再次因子的另一种方法是使用 GNSS－LF 无线电系统集成传感器直接沿轮廓映射。这种方法沿着特定剖面的结果足够好，但是它们在一个区域的扩展则会有问题，这是因为在山区它们的快速空间去相关性引起的[19,20]。

主要因子、次要因子和再次因子的组合效果在地球表面最强，随着高度增加而降低[21]。在几个波长($1\lambda=3000$m，100kHz)后，再次因子效应非常小。对于飞机着陆，再次因子的变化必须映射到 3 个维度上。

在这些误差中，由于地面特性(时间变化)的改变和地形(空间变化)的改变，再次因子显示出最大的变化。再次因子时间变化包括由地面电导率的季节变化引起的长期变化，以及由于实时天气变化引起的短期变化。再次因子是在指定位置(校准点)校准的值。在以校准点为中心的校准网格区域内，该再次因子值是恒定的。在校准网格上，不同的位置经历不同的传输路径，因此经历不同的传输延迟[22]。延迟差异表征再次因子的空间变化，且该差异高度依赖地形。在平坦区域，再次因子的空间变化通常比山区小得多。此外，校准网格区域越小，从网格点到网格点的空间变化也越小。当再次因子值用于校准低频测量时，必须考虑时间和空间变化，即应当同时应用结合的误差。

位置的特定轨迹－双曲线等值线对应于测量的导航参数[23-25]。用于确定位置线的均方根误差取决于这样的角度，在该角度下，从接收点正好“看到”基线，这些就是基角 ψ。

此外，必须考虑时差测量误差 σ_d。这些时差测量(导航参数)的均方根误差，包括以下 4 种：

σ_s—次站同步误差(μs);

σ_t—由无线电波传播条件引起的误差(μs);

σ_i—板载设备的仪器误差(μs);

σ_n—外部噪声误差(μs)。

其中,同步误差不超过100ns。最新板载设备的仪器误差取决于内部噪声电平、硬件优化和数据处理算法,通常为0.05~0.1μs。

导航参数测量的均方根误差可以写为 $\sigma_d = \sqrt[2]{\sigma_s^2 + \sigma_t^2 + \sigma_i^2 + \sigma_n^2}$,一般情况下,SNR≥1/3、$\sigma_d \leqslant 0.3\mu s$。低频无线电系统的误差预估如表3.3所列。

3.5.2 阿尔法和欧米伽误差预估

甚低频无线电系统的误差预估所包括的主要组成部分在下面给出[14]。

3.5.2.1 传播预测误差

接收到的甚低频信号的载波相位观测值会产生失真,原因是影响相速度 v_p 和无线电波传播时间的球形波导(由地球和电离层形成)参数的变化。由于无线电波传播的实际速度 $\bar{v}_{pA}$、$\bar{v}_{pB}$、…(其中 A、B、…为基准站点)与计算(制图)值 v_c 之间存在差异,信号相位的测量值将不同于这些计算值,次相位因子(SPF)表述为

$$\phi_{\mathrm{SPFA}} = \omega_0\left(\frac{d_A}{\bar{v}_{pA}} - \frac{d_A}{v_c}\right) = \omega_0 d_A\left(\frac{1}{\bar{v}_{pA}} - \frac{1}{v_c}\right) \tag{3.6}$$

式中:d 为无线电路径的大地测量长度。因此,必须使用无线电波传播校正调整测量值。理想校正因子 p 等于负的次相位因子,即 $p = -\varphi_{\mathrm{SPF}}$。

当标准导航模式中使用甚低频无线电系统时,基于次相位因子数学模型预测无线电波传播的校正。在此使用了甚低频波段的波传播理论和试验研究结果(物理统计模型)。最实用的模型是参数全球版本,即通过试验调整参数线性关系的模型,其中考虑了影响无线电波传播条件的主要因素如下。

(1) 底层表面电导率。

(2) 地球磁场。

(3) 无线电路径的纬度位置。

(4) 太阳天顶距。

(5) 传播介质参数的季节性、日常和频繁变化。

由此产生的误差值为20~30μs。

3.5.2.2 发射站同步误差

所有甚低频发射站都配备了频率标准组合,包括4个铯标准,每天的频率不

稳定度不大于 5×10^{-12}[26]。为了防止各个站点时间的差异,每个发射机的相位调整到所有系统发射机的平均相位,称为“内部同步”;外部同步也可应用美国海军观测台世界协调时(欧米伽系统)或苏联世界协调时(阿尔法系统)。总体来说,甚低频站的外部同步误差不会超过 1 ~2μs[5]。

3.5.2.3 用户板载基准振荡器中的同步误差

用户测量的信号相位存在一个由相对发射站时间的板载时间偏移引起的误差。可以使用以下关系描述在相位周期中以第 j 个频率测量第 i 个站信号相位的结果,即

$$\phi_{ij}=\frac{f_j d_i}{v_c}+\phi_{rj}+\psi_{ij} \tag{3.7}$$

式中:$\phi_{rj}=f_j(t_0-t_{0r})$ 为相移,源于发射机接通瞬间与基准用户振荡器之间的差异(用户与基准站点之间的时间偏移);ψ_{ij} 为随机测量误差;d_i 为从第 i 个基准站点到目标的大地测量距离。

使用这个方程是为了解决测量模糊度并引入无线电波传播校正的条件。当从甚低频信号同步用户设备时间时,误差评估的实际结果表明同步误差不会超过 1μs。

3.5.2.4 用户设备中的仪器误差和由干扰效应引起的误差

用户设备的仪器误差取决于内部噪声电平、硬件优化、数据处理算法等各种因素,范围为 0.01 ~0.06 个相位周期,对应于 300 ~1800m 的位置误差。

此外,大气噪声、来自甚低频站点的窄带干扰和工业干扰都会对测量质量产生负面影响,主要是影响模糊度解算的可靠性,进而导致异常的位置误差。

为了减少各种窄带和宽带的干扰,采用了窄带线性滤波、宽带放大、硬带通信号限制(10 ~100Hz)以及用磁环天线替代鞭状天线等各种技术。因此,由于接收信号中的脉冲噪声分量降低,可以将信噪比降低到最低水平(1kHz 频带为 0.05 ~0.1)。表 3.4 中列出了甚低频无线电系统的误差预估。

表 3.4　甚低频无线电导航系统的误差预估

误差源	误差值
传播预测误差	取决于无线电波传播模型和用校正表修正的计算算法;可达 20 ~30μs
站间信号传输同步误差	1 ~2μs
在线基准振荡器与发射台的时间同步时所造成的同步误差	≤1μs
仪器误差	0.01 ~0.06p. c. (相位周)

3.5.3 位置误差

当用户的位置被两条直线的交叉点确定时,位置误差被确定为 M 误差(图 3.7),即

$$M = \frac{v}{2\sin\alpha_M}\sqrt{\frac{\sigma_{d1}^2}{\sin^2(\psi_1/2)} + \frac{\sigma_{d2}^2}{\sin^2(\psi_2/2)}}(\mathrm{m}) \tag{3.8}$$

式中:ψ_1 和 ψ_2 为“看到”基线的角度;$\alpha_M = (\psi_1 + \psi_2)/2$ 为位置线的交叉角;$v \approx 300\mathrm{m}/\mu\mathrm{s}$ 为无线电波的传播速度;σ_{d1} 和 σ_{d2} 为用于导航参数测量的结果均方根误差(μs)。可预测位置误差的典型数值如表 3.4 所列。

3.6 低频无线电系统现代化改造

罗兰 C/海鸥系统现代化改造的主要目的,是为了提高和增强 GNSS 可用性、完整性、连续性和准确性。低频无线电系统使用大功率发射机和低频信号(不像 GNSS 发射功率低和使用微波信号),干扰 GNSS 信号传播的干扰源不会对其造成干扰。GNSS 单元内置的罗兰 C 接收器可以减轻扰乱对 GNSS 的影响,并有可能在卫星信号中断的情况下作为 GNSS 的备份,使用户持续保持通信和导航功能。此外,在现代化改造后,低频发射站可以以其自己的导航信号格式传输 GNSS 差分校正和完整性数据[2,27-37]。EUROFIX,一种区域差分 GNSS,是该概念的首个实现范例。

2001 年 9 月,美国政府发布了《沃尔普报告》[38]。该报告指出了 GPS(与其他 GNSS 类似)的弱点,有意或无意的干扰都可能导致扰乱,并将罗兰系统确定为解决这一重要问题的潜在方案。美国罗兰评估和现代化改造计划导致了增强型罗兰系统——一个新的增强版本罗兰系统的诞生,其性能有了显著提高。新的系统除了吸收罗兰 C 传统的可用性维护的优点外,还具有更好的导航准确性、完整性和连续性。与 EUROFIX 不同的是,其高性能是由增强型罗兰系统提供的,完全独立于 GNSS。这些改进主要通过开发类似于 EUROFIX 的数据通道实现,该方法也基于标准导航附加信号调制。该数据通道允许增强型罗兰系统使用非精密仪器方法满足飞机着陆的苛刻要求,并能在低可见度条件下将船舶安全带入港口。同时,增强型罗兰系统可以提供电信系统所需的精确时间和频率基准。数据通道信息中的一部分用于实时差分校正。这些校正由基准站点提供,检测增强型罗兰信号的变化(类似于差分 GNSS 基准站点),因此,允许接收机补偿这些变化以及提供关于信号完整性的信息。此外,增强型罗兰系统可以

做 GNSS 做不到的事情，如作为静态指南针。针对海洋的使用，正在开发一种新的导航概念，称为增强导航或电子导航，这种系统需要非常可靠的位置、导航和时间数据输入。GNSS 和增强型罗兰的结合恰巧有可能满足其需求。

3.6.1 EUROFIX——区域 GNSS 差分子系统

EUROFIX 是一个集成了卫星和地面的系统，结合了差分 GNSS 和罗兰 C/海鸥系统。目前的整合概念[37,39]有如下假设。

(1) 地面发射站与 GNSS 信号的同步，即站点的发射时间(TOE)与 GNSS 时间的同步。

(2) 在低频发射站安装 GNSS 基准站，以便监测 GNSS 的完整性，以低频导航信号的格式生成和传送基准数据(差分校正和完整性缺失的告警等)。

(3) 单独或联合处理地空系统信号(伪距处理)的综合性用户设备，包括对原始低频观测值的连续校准，以在工作区域上组成板载低频传播校正数据库。

第一次全规模系统测试于 1993—1994 年在美国的怀尔德伍德实施，使用了美国海岸警卫队的发射机。在随后的几年里，EUROFIX 的概念在北欧罗兰服务的框架内得以实现。在俄罗斯联邦项目“全球 GPS 导航系统”的框架下，基于海鸥欧洲链的 3 个发射站，开发了用于广播 GLONASS/GPS 校正的综合性区域差分子系统。

除了 GNSS 数据，EUROFIX 还可以使用传统低频无线电导航的所有数据。两个完全不同的系统，GPS/GLONASS 和罗兰 C/海鸥，组合成 EUROFIX 系统，在全欧洲地区提供具有更好可用性、完整性和连续性的导航数据。

EUROFIX 系统有如下优点。

(1) 该系统的实现基于现有的低频远程导航基础设施。

(2) 它以相对较低的费用提供大范围的覆盖。

(3) 在城市和山区条件下，它可以提高低频数据通道的工作能力和可用性。

(4) 在任何 GPS/GLONASS 或罗兰 C /海鸥系统发生故障的情况下，它都有冗余的措施[40]。

(5) GNSS 信号的高精度定位可用于校准罗兰 C /海鸥系统以及用于补偿低频无线电波传播引起的误差。

(6) 罗兰 C/海鸥系统可用于 GPS/GLONASS 完整性监测(给定一个 GNSS 接收器)。

EUROFIX 系统的结构包括一个与罗兰 C 或海鸥系统发射站组合的差分 GNSS 基准站。对输出端的校正数据进行编码以提高数据链路的抗干扰能力。该信号从编码装置的输出端施加到 EUROFIX 系统调制器的输入端，该调制器使用关于导航信号序列中最后 6 个脉冲的载波频率的平衡 3 电平脉冲位置调制(PPM)技术实施信息调制,频率数值为 -1μs、0μs 或 +1μs。调制指数被选为足够低以防止跟踪模式中的信号电平损失。信息中相同数量的引导和延迟脉冲允许最小化脉冲位置调制对导航数据损失的影响最大不超过 0.79dB。前两个序列脉冲没有被调制,以保持使用罗兰 C/海鸥用户"闪烁"技术传送关于系统工作性能通知信号的能力。

EUROFIX 用户应有 1 个罗兰 C/海鸥接收器,其中包含 1 个解调器、1 个信息解码器以及 1 个支持 GNSS 信号接收和处理的差分 GNSS 接收器,并通过 EUROFIX 链路校正数据。为了支持从邻近罗兰 C/海鸥链站的大气、正弦和相互干扰条件下以允许的误差概率接收远端站的信号,校正数据采用里德 - 所罗门码的前向纠错(FEC)和循环冗余校验相结合的特殊方式进行编码。对于标准商业接收机,EUROFIX 数据转换为 RTCM SC - 104 消息类型 9 标准[30,41]。

在使用单个 EUROFIX 基准站的校正时,距离 1000km 时的位置解误差在 3 ~7m(95%)范围内。这个结果是在北欧罗兰服务以及海鸥欧洲和北部链站覆盖范围内的相关试验中获取的[39,42-44]。通过同时处理 3 ~4 个站点的数据,由于消除了空间和时间的去相关,位置解误差分别降低到 3.1m 和 2.3m(95%)。

美国专家提出了采用各种调制方式提高数据传输速率的下列多种方法[33,45,46]。

(1) 5 电平脉冲位置调制。

(2) 附带频率调制(IFM)。

(3) 组合脉冲位置调制/附带频率调制。

然而,在对美国罗兰 C 系统衍生版进行理论和试验研究后,一种使用脉冲位置调制在第 9 导航序列脉冲的载波频率上传输数据的方法被提了出来。

俄罗斯专家通过减少纠错码的信息量并将脉冲位置调制指数提高到 1.5μs 的方法,将有效的校正数据传输速率提高到 40b/s。在这种衍生型中,数据链路的相对抗干扰能力与 EUROFIX 系统采用的特性相比较低,但满足 4 颗导航卫星 $P_{ad}(s) \geq 0.9999$ 的校正数据接收概率要求[47,48]。在 2009 年提出了另一种改进方式(尚未公布),允许一条信息中包含最多 5 颗卫星校正。考虑到信息的长度,这是最初 EUROFIX 效率的 4.2 倍。

3.6.2 增强型罗兰系统

增强型罗兰系统符合一系列全球标准,完全独立于 GPS、GLONASS、"伽利略"系统或任何未来的 GNSS。每个用户的增强型罗兰接收机在提供服务的所有地区都可工作。增强型罗兰接收机可以自动工作,同时最小化用户输入。

增强型罗兰系统的核心包括现代化控制中心、发射站和监测站。

增强型罗兰系统的传输通过完全独立于 GNSS 的方法与可识别的公认的协调世界时(UTC)源进行同步。这允许增强型罗兰系统服务提供商在与 GNSS 时间尺度同步但独立的时间尺度上工作。同步到公共时间源还允许接收机采用增强型罗兰和卫星信号的混合。

增强型罗兰系统和传统罗兰 C 系统之间的主要区别是在传输信号上增加 1 个数据信道。这可以通过罗兰系统向用户接收机传送具体应用的校正、告警和信号完整性信息。传输的数据并不需要所有的应用,但至少包括以下内容。

(1) 站点的身份、罗兰系统发射和监测站点的年历。

(2) 基于 UTC 的绝对时间、增强型罗兰系统时间与 UTC 之间的闰秒偏移量。

(3) 无线电传播条件异常告警,包括早期天波和信号故障告警,旨在最大限度地提高系统的完整性。

(4) 允许用户验证增强型罗兰系统传输和仅限官方使用信息的消息。

(5) 差分增强型罗兰系统校正,以最大限度提高海上和定时用户的精度。

(6) 差分 GNSS 校正。

该数据通道可以使增强型罗兰系统满足以下非常严格的要求,以使飞机能以非精密方法着陆,并能在低能见度的条件下使船舶安全带入港口。

(1) 精度:0.003 ~ 0.01n mile(8 ~ 20m)。

(2) 可用性:0.999 ~ 0.9999。

(3) 完整性:0.999999。

(4) 连续性:0.999 ~ 0.9999,超过 150s。

增强型罗兰系统还能够提供承载语音和互联网通信的电信系统所需的非常精确的时间与频率基准,并且也满足国际电信联盟 G.811 中基准参考时钟的要求。

所有的增强型罗兰系统发射机都使用现代固态发射机(SSX)和控制技术。它们具有不间断电源(UPS),以确保输入电源的任何故障都不会中断或影响发送信号。为了增强型罗兰系统的正常运行,专门设计了时间和频率控制系统,并以连续的方式进行相位校正。时间基准系统使用了多个铯钟,或至少具有相同水准的替代技术。当增强型罗兰站被检测为超容时,立即停止其广播,以确保接收机立即停止使用其信号。传统的罗兰 C 系统脉冲闪烁用于说明站点正在测试中,不应使用。

增强型罗兰系统发射站为无人值守,为此,必须有足够的人员在控制中心,以迅速应对处理故障,并保持系统非常高的可用性和连续性。维护工作的排班必须仔细安排，以尽量减少站点停止广播对用户的影响。通过通信信道的广泛宣传，使用户能够尽可能得到中断信息的通知。这些站点和任何关键通信系统的安全性都很高，这反映了使用传输信号应用的重要性。位于增强型罗兰系统覆盖区域的监测站点则为用户群体提供服务的完整性。这些站点的接收机监测增强型罗兰信号，并向控制中心提供关于空间信号的实时信息。如果检测到任何异常则立即通知用户。一些监控站点用作基准站生成数据通道消息，这些站点还具有一个以上与 UTC 同步的高精度时钟，从而为定时用户提供时间和频率校正。监测网络提供实时海上差分修正，并为航空用户提供告警。

增强型罗兰系统用户接收机以全视场模式运行。也就是说，它们获取并跟踪许多罗兰站的信号（与 GNSS 接收机采集和跟踪多个卫星的方式相同），并使用它们进行最准确可靠的位置和时间测量。使用全视场模式的另一个好处是：它可以确保增强型罗兰系统接收机始终跟踪每个单独信号的正确周期。

增强型罗兰系统接收机能够接收和解码数据信道消息，并根据用户特定应用使用该信息。该信息与已发布的信号传播校正相结合，为用户提供高精度定位导航与授时解。罗兰误差大于等于 10μs。

限制增强型罗兰系统功能的主要因素是相当缓慢的类似 EUROFIX 系统的数据链路（约 30b/s）和相应的数据延迟——整套增强型罗兰系统校正数据传输需要约 90s。这被证明是增强型罗兰系统误差的最主要来源，因此，现代增强型罗兰系统不能提供比 10m 更好的精度[49,50]。

3.6.3 增强型差分罗兰系统

增强型差分罗兰系统的基本概念如图 3.8 所示[50]。它的精度高达 5m，且成本极低，这是因为采用了 3 项重要改进。

（1）数据传输延迟显著降低了 1 ~ 2s。

（2）大量基准站点的同步数据传输。

（3）由低成本基准站点提供的更精确的再次因子数据测量，而无需精确（原子）时钟。

增强型差分罗兰系统没有使用 EUROFIX 系统数据通道，而是使用移动 GSM 网络。此外，增强型差分罗兰系统的基准站点通过电缆或 GSM 调制解调器连接到互联网。通过这些手段可以获得前 2 项改进，而第 3 项改进是采用定位而不是伪距方法生成再次因子校正数据的结果。表 3.5[50] 比较了增强型罗兰系统和增强型差分罗兰系统的主要信号处理步骤。

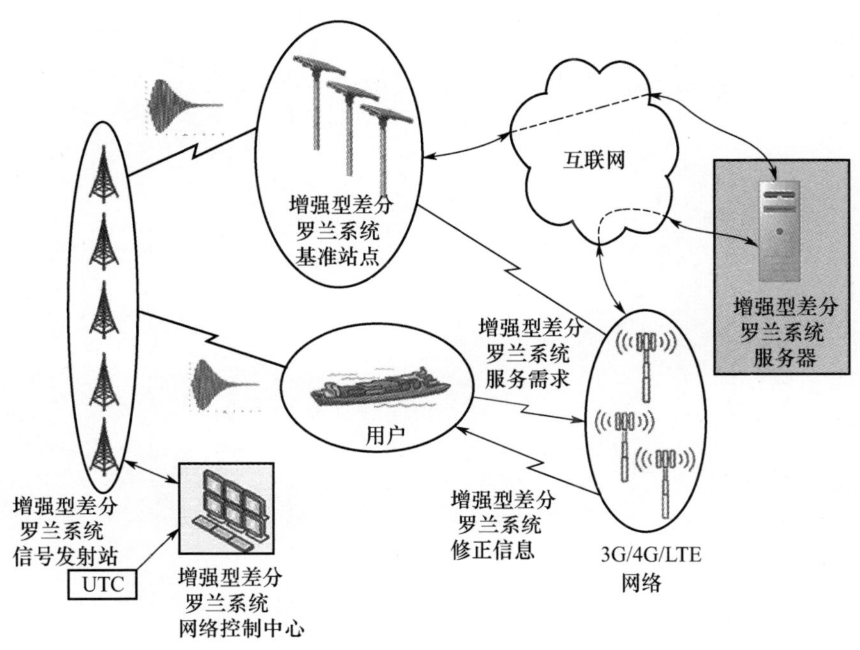

图 3.8 增强型差分罗兰系统概念图

表 3.5 差分罗兰系统(增强型罗兰系统)和增强型差分罗兰系统的对比

差分罗兰系统	增强型差分罗兰系统
测量所有发射站的伪距	通过无修正测量信息计算目标位置
利用由接受器再次因子数据库提供的伪距修正信息	利用由接受器再次因子数据库提供的位置修正信息
利用由 Eurofix 系统中基准站点提供的伪距修正信息	利用最后 1s 的位置修正信息优化从移动通信网络获取的用户位置信息
通过修正的伪距信息计算位置和钟偏 由特殊设备生成再次因子数据库(费用高)	无需特殊设备改善日常再次因子数据库

增强型差分罗兰系统基准站(图 3.9)包括增强型罗兰天线、UMTS/GPRS 天线、罗兰接收机(包括 UMTS/GPRS 模块和微型计算机)、太阳能电池、缓冲电池和金属桅杆(4 ~5m 长的用于固定,2m 长的用于测试基准站)。

增强型差分罗兰系统在静态和动态测试中都表现出卓越的性能。在鹿特丹的测试中,以 GPS - RTK 模式运行时的误差为 ±5m。

(a)

(b)

图 3.9　增强型差分罗兰系统基准站点

(a)测试站点;(b)固定站点。

3.7　用户设备

自从欧米伽(1997)和北美及加拿大罗兰 C(2010)取消运营以来,一些生产厂家仍然支持远程导航用户设备的生产,远程导航系统接收机(主要是罗兰 C/海鸥系统)依然以原始设备制造商(OEM)的形式——包括产品、完整的自主设备以及集成系统存在于市场上。

远程无线电导航系统占用的相对低的频带以及集成多位模/数转换器(A/D 转换器,ADC)和数字信号处理器(DSP)的广泛选择使得软件无线电(SDR)成为接收机的可能构建方式。这意味着,可以采用导航和时序解决方案在软件层面执行信号处理过程的主要部分,包括数字信号通带滤波、采集和跟踪、相位模糊度分辨率、数据解码、干扰抑制和自动增益控制(AGC)。这种技术提供了一种可能性,可以调整这些处理程序以改变接收环境以及由不同的远程无线电导航系统传输的特定导航信号波形。

典型的接收机架构(图 3.10)包括带前置放大器的天线、线性接收器(有源频带滤波器和调节增益放大器)、基准振荡器、合成器、A/D 转换器和数字信号处理器。甚低频和低频信号的处理架构是相同的,区别仅在于有源带通滤波器的带宽,对于低频是 85 ~ 115kHz,对于甚低频是 10 ~ 17kHz。16 位 A/D 转换器的低频信号采样率大于 400kHz,而甚低频信号大于 40kHz。

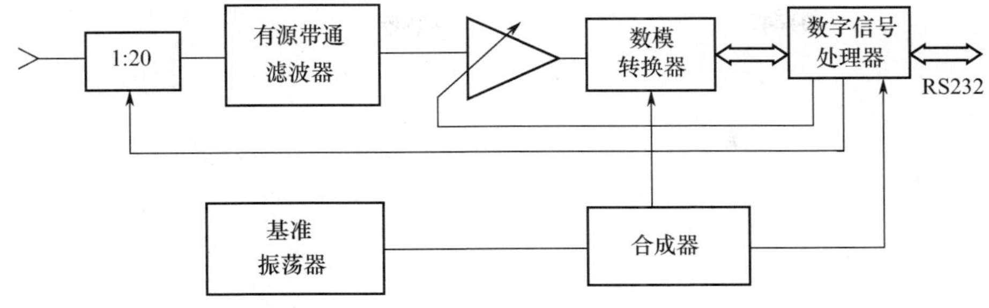

图 3.10　接收机构架

采用环形天线方式时,使用双信道接收器以提供来自多个发射台链的操作并降低干扰。

常用的天线有两种类型:电性天线(可折叠鞭状天线)和磁性天线(环形天线)。可折叠鞭状天线具有相对较大的有效高度和圆形方向图。这样的天线高度让使用 10 ~ 20dB 低增益的简单前置放大器成为可能。主前置放大器的功能是将可折叠鞭状天线的高输出阻抗(几兆欧)与同轴电缆的低阻抗(50Ω 或 75Ω)及带通滤波器相匹配。与电性天线中隔离器减弱的放电电流直接流向天线回路不同,环形天线的干扰由感应电流产生,在低频和甚低频波段中的影响相对较小。环形天线的主要缺点如下。

(1) 有效高度低(约毫米级),导致需要高增益、低噪声的输入信号放大器。

(2) 环形天线的方向图类似于数字 8 的图形,因此,需要 2 个正交磁性天线和 1 个双通道接收机以便从所有方向接收信号。

(3) 圆形方向图的生成意味着在正交磁性天线信号之间 90°以上的宽带相移,但依赖接收方向的信号相位必须被校正以产生该圆形图(图 3.11)。这导致了由天线增益不协调引起的附加测量误差。

全向环形天线的方向图及其相位特性取决于其到发射站点的航向角。由于接收信号的相位包含了到无线电站点航向角的附加位移,信号相位和包络发生在加法器输出端,通过包络延迟测量的相位模糊度分辨率需要进行额外的补偿。图 3.12 展示了各种应用的 H 型天线。

目前,OEM 板接收机是线性的,基于数字信号处理器,并以“全视场模式”运行,能够跟踪来自 12 个台链中的约 40 个发射站点的强度为 30 ~ 120(dB · μV)/m、动态范围为 90dB 的信号[51]。

OEM 板接收器内的干扰抑制网络包含多达 40 个自动调整陷波滤波器。此

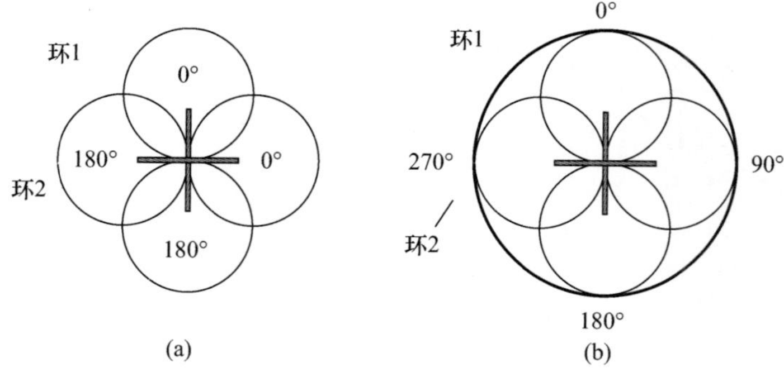

图 3.11　两组正交磁性天线的方向图和脉冲特性

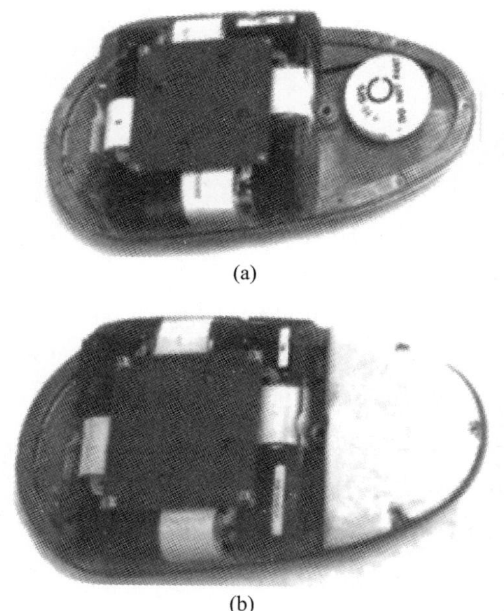

图 3.12　美国 Locus 公司的有源 H 型天线(a)和含 GPS 贴片天线的磁性天线(b)

外,还提供增强型罗兰数据信道解码和消息格式,以实现集成或外置 GNSS 接收机的差分罗兰操作模式和差分罗兰校正。OEM 板为小尺寸中等功耗器件。由于低频和甚低频频带信号处理的相似性,一些模型将这两个频带集成进一个单元中(图 3.13)。一个典型的测量输出包括信号到达时间、时差(TD)、位置、真北方向(即使接收器处于静止状态)、信噪比、包络载波差异(ECD)和 EUROFIX 系统数据等。

一个完整的罗兰 C/海鸥自动接收机(图 3.14)包括外壳内所有必须的组件,即低频天线、OEM 板、电源、应用处理器和 GPRS 调制解调器,从而为接收机提供环境和用户之间的机械、电气和数据接口。接收机输出独立的增强型罗兰位置,并通过使用再次因子地图提高精度。此外,还可以将增强型罗兰测量与来自外部连接的 GNSS 接收机的附加原始测量结合在一起,输出集成的位置解,充分利用这两个导航系统的优点。

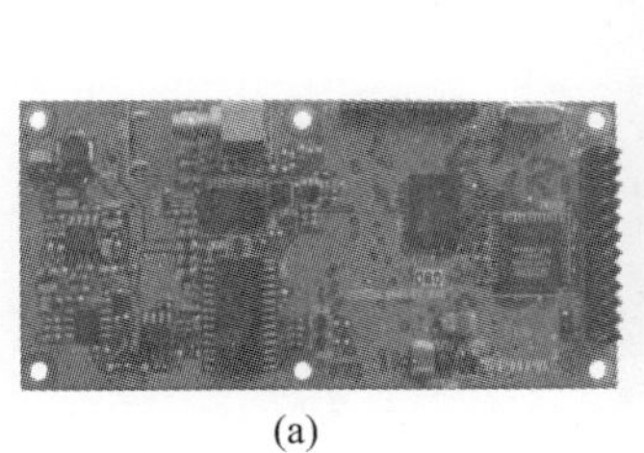
(a)

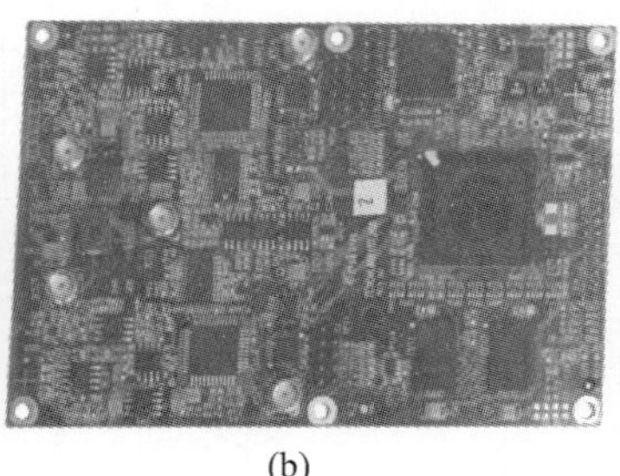
(b)

图 3.13 RIRT 的低频天线、甚低频天线 OEM 板接收器
(a)增强型罗兰 C/海鸥系统(4.5cm×9.5cm×1.5cm,1.5W);
(b)增强型罗兰 C/海鸥/阿尔法系统(8cm×12cm×2cm,6W)。

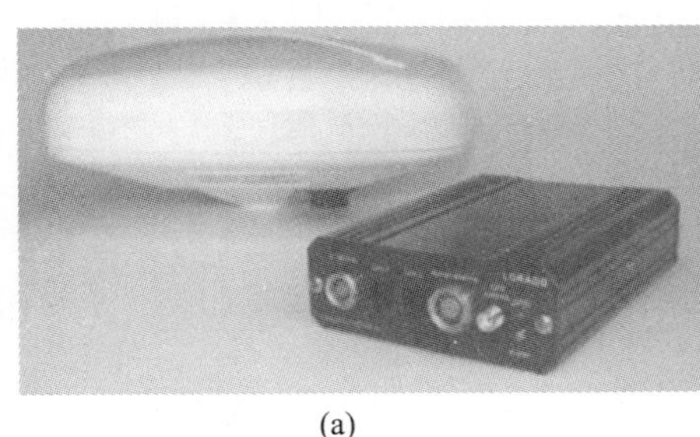
(a)

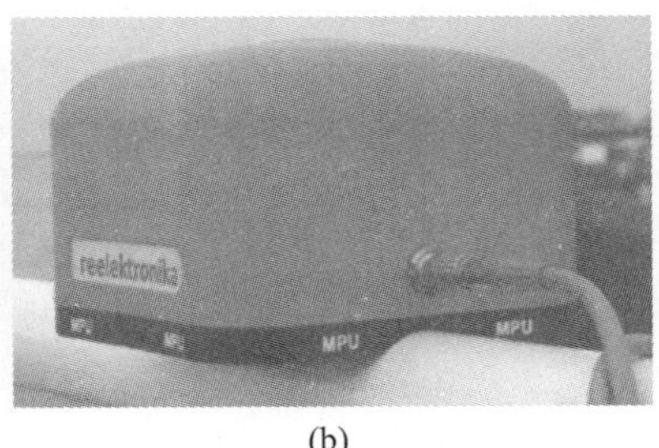

(b)

图 3.14 Reelektronika(荷兰)罗兰 C/海鸥系统全自动接收机
(a)增强型罗兰 C/海鸥系统(11cm×8.5cm×3cm,4W);
(b)增强型差分罗兰 C/海鸥系统(14cm×14cm×10cm)。

为了充分利用 GNSS 和罗兰 C/海鸥系统(所有罗兰系统)的优点,有必要优化两者的系统测量处理过程,在满足精度要求的基础上,提升导航的可用性、完整性和连续性。GNSS/罗兰系统集成的一般思路如图 3.15 所示[51]。这种方法意味着多种解的生成和交叉检查。

(1) 原始 GNSS 接收机:GNSS 接收机时间校正前的原始位置解。

(2) 原始罗兰接收机:罗兰接收机的原始位置解。

(3) 时间调整 GNSS 接收机:考虑时间延迟的 GNSS 接收机位置解(通过将最近的有效 GNSS 接收机位置/速度传递给罗兰接收机并进行外推以计算得到匹配罗兰时间延迟的 GNSS 位置)。

(4) 单 GNSS 解:仅使用被 GNSS/罗兰 RAIM - FDE(接收机自主完好性监

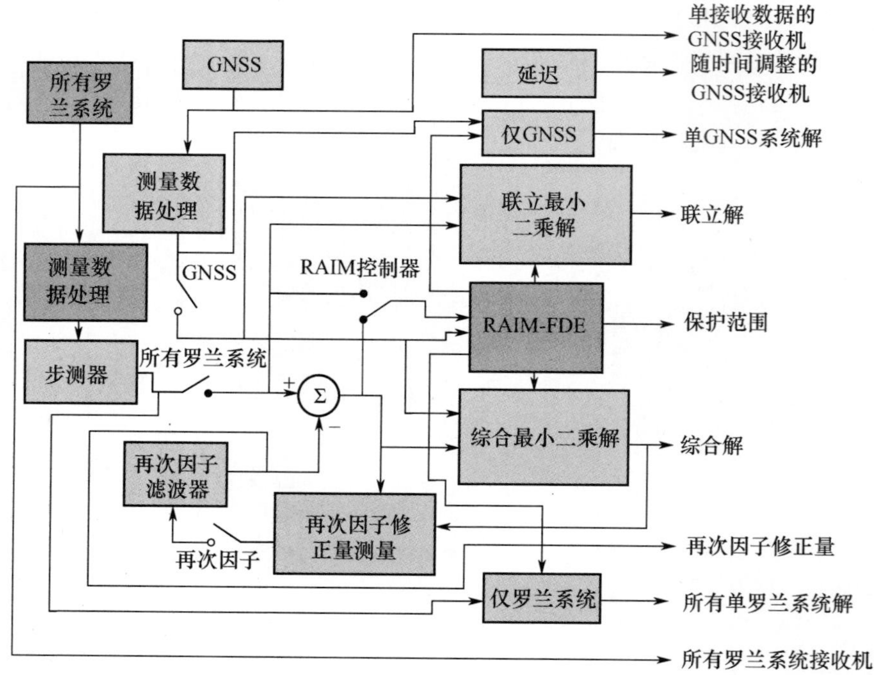

图 3.15　GNSS/所有罗兰系统的功能集成图

测及故障检测与排除)功能确定为有效的 GNSS 卫星进行位置解(该位置解利用了时间调整的 GNSS 伪距测量)。

(5) 单罗兰解:基于通过 RAIM - FDE 算法确定有效的罗兰增量测量的位置解。

(6) 联立解:使用通过 RAIM - FDE 算法确定有效的经时间调整的 GNSS 测量和未经校正的罗兰增量测量进行最小二乘位置解。

(7) 综合解:使用经时间调整的 GNSS 测量和由卡尔曼滤波估计器产生的再次因子值校正过的罗兰增量测量进行最小二乘位置解。

(8) 保护范围:由 RAIM - FDE 算法确定的位置估计的水平保护完整性限制。

(9) 再次因子校正:再次因子误差估计器的输出提供了对罗兰增量测量的校正。

提供单罗兰和单 GNSS 解是为了显示 GNSS 或罗兰数据在组合解中的贡献。如果在综合或联立解中发现异常,与组合方案中使用完全相同的卫星或站点的单 GNSS 或单罗兰方案有助于确定产生异常的原因。

综合和联立解都可以根据特征噪声和信号不确定度的估计值生成最小二乘

的位置估计。因为 GNSS 具有比罗兰信号更低的无故障噪声和距离误差特性，所以在解中 GNSS 的权重更大。因此，当 GNSS 具有良好的可用性（在合适的位置上有大量卫星）时，综合、联立和单 GNSS 解是非常类似的。综合解的结果往往在 GNSS 解的约 1m 均方根范围内。联立解的差异略大，这是由未校正的再次因子罗兰误差引起的，但是，即便如此，其与 GNSS 解的差异也仅在几米范围内。当 GNSS 丢失时，可能会观察到更为显著的差异。由于综合解利用再次因子误差对罗兰数据进行了校正，因此，其保持了较好的平均位置精度。在 GNSS 丢失一段时间后，虽然综合解的位置噪声略有增加，但是误差依然保持在几米的范围内。联立解采用了未经校正的罗兰测量，因此，在 GNSS 丢失后，由于缺乏再次因子校正，其位置估计将立刻恢复至可能误差超过 100m 的罗兰位置。

由于采用了数个层次的完整性监控和故障排除措施，该系统能够检测出 GNSS 或罗兰数据中的错误数据并将其从位置解中剔除出去。第一层次在 GNSS 和罗兰接收机的信号处理中实现，接收机监视接收到的每个信号的参数，并标记具有异常特征的任何卫星或站点。第二层次由步进检测器提供，监测数据并剔除任何意料之外的大变化或步骤的测量结果。罗兰再次因子估计滤波器中也包括步进探测器和最大值检测器，用于识别其测量范围中具有过大或速变误差的站点。综合、联立和单罗兰解中剔除了具有不可接受的再次因子误差的站点。为了检测不太明显的故障，采用了 RAIM - FDE 故障检测和排除算法：GNSS 可用时为四维（3 个位置轴加时间）RAIM - FDE 算法，不可用时为二维。

通过 GNSS/罗兰数据的组合，故障检测的性能比任何一个单独的系统都有所提高。联立解并不会使用 GNSS 数据去校正罗兰误差，因此，任何 GNSS 故障都具有独立性。然而，由于缺乏再次因子校正，用罗兰数据较大的不确定性检测 GNSS 小的位置误差是不可靠的。联立解在检测误差方面是无效的，因此，在检测到卫星误差并在测量中剔除之前，允许建立一个 3.8km 的径向位置误差。虽然可以通过减小罗兰数据的不确定性估计提高性能，但是没有采用某种类型的技术以估计罗兰再次因子误差（即再次因子图或差分校正），联立解的完整性边界是相当大的。由于综合解估计和消除了罗兰再次因子误差，罗兰数据的不确定性大大降低，因此，提供了检测更小的 GNSS 误差的能力。综合解可以利用 GNSS/罗兰数据估计再次因子校正。因此，校正过的罗兰数据并不独立于潜在的 GNSS 故障。幸运的是，再次因子值趋向于缓慢变化，因此，估计滤波器的反应也会相对慢，这可以防止 GNSS 故障迅速破坏罗兰数据。因此，综合解可以检测到快速变化的 GNSS 误差以及几米每秒适度慢速变化的误差。

增强型罗兰/海鸥/GNSS 集成接收机的示例如图 3.16 所示。

图 3.16 罗兰 C/海鸥/GNSS 集成接收机
(只能由 Reelektronika 一方提供(高 8.3cm × 直径 20.3cm))

参 考 文 献

[1] Dean W. (1996). History of Loran - C. In ILA Proceedings of the 25th Annual Technical Conference, San Diego, CA, USA, November 1996. ILA, The Institute of Navigation. Available at: www. ion. org(accessed on January 27, 2016), pp. 89 - 127.

[2] Williams P., Basker R., and Ward N. (2008). e - Navigation and the Case eLoran. *The Journal of Navigation*, 61, 473 - 484.

[3] US DoT, U. S. Coast Guard. (1994). Specification of the Transmitted LORAN - C Signal. COMDTINS M16562, 4A. US DoT, U. S. Coast Guard, Washington, DC, p. 60.

[4] National Standard of Russian Federation. (2009). Radionavigation System "Chayka". Signals of Transmitted Stations Technical Requirements. GOST P53168 - 2008. Standardinform, Moscow.

[5] Swanson E. R. (1983). Omega. Proceedings of the IEEE, 71(10), 1140 - 1155.

[6] Boloshin S. B. (1993). Russian VLF RNS and Some Problems on Its Integration with OMEGA. *Journal of the Russian Institute of the Radonavigation and Time*, 1(2), 18 - 21.

[7] US DoT, US Coast Guard. (1992). Glossary of terms. *In LORAN - C User Handbook*, COMDTPUB P16562. 6. US DoT, US Coast Guard, Washington, DC, pp. C1 - C20.

[8] Jacobsen T. (2006). The Russian VLF Navaid System, ALPHA, RSDN - 20. Available at: www. vlf. it/alphatrond/alpha. htm(accessed on April 11, 2016).

[9] Bykov V. I. and Nikitenko Y. I. (1985). *Pulsed - Phase Radionavigation Systems for Ship Navigation.* Transport, Moscow(in Russian).

[10] Franz W. P., Dean W. N., and Frank L. R. (1957). A Precision Multi - Purpose Radio Navigation System. IRE(Institute of Radio Engineers). Correctional Recommendation or Navigational Convention Record, V. 5, part 8, pp. 79 - 98.

[11] Frank R. (1983). Current Developments in Loran - C. *Proceedings of the IEEE*, 71(10), 1127 - 1139.

[12] Nikitenko Y. I., Bykov V. I., and Ustinov Y. M. (1992). *Maritime Radionavigation Systems.* Transport, Moscow, pp. 1 - 335.

[13] Grishin Y. P., Ipatov V. P., Kazarinov Y. M. (1990). *Radio Systems.* Vysshaya Shkola, Moscow, pp. 1 - 496.

[14] Boloshin S. B. , Semenov G. A. , Guzman A. S. , Golovushkin G. V. , and Olyanyuk P. V. (1985). *VLF Radionavigation Systems.* Radio and Communications, Moscow, p. 264(in Russian).

[15] GM 1250(June 19, 1995). *Monitor User Guide.* Geometrix, Tromsoe.

[16] Beckmann M. (1989). Interference Detection and Suppression in Loran – C Receivers. *IEE Journal on Radar and Signal Processing*, 136(5), 109 – 117.

[17] Hargreaves C. , Williams P. , and Bransby M. (2012). ASF Quality Assurance for eLoran. *IEEE/ION PLANS: Position, Location and Navigation Conference* 2012, April 23 – 26, 2010, Myrtle Beach, SC, USA, pp. 1169 – 1174. Available at: www. ion. org(accessed on April 11, 2016).

[18] Blazyk J. , Barton C. , Adler F. , and Narins M. (2008). The Loran Propagation Model: Development, Analysis, Test and Validation. In Proceedings of the International Loran Association 37, London, England, October 28 – 30, 2008, pp. 1 – 14.

[19] Luo N. , Mao G. , Lachapelle G. , and Cannon E. (2006). ASF Effect Analysis Using an Integrated GPS/e LORAN Position System. Presented at the Institute of Navigation, NTM 2006 Conference, Monterey, Canada, January 18 – 20, 2006.

[20] Jonson G. , Swaszek P. , Harnett R. , and Nichols C. (2007). Navigating Harbors at High Accuracy without GPS: eLoran in the United States. Time. Nav' 07, Switzerland, D/Loran – 2007, May 29 – 31, 2007, pp. 1400 – 1049.

[21] Barton C. (2008). Loran(Legacy, Modernized and Enhanced) and Research Efforts at Ohio University. ION Southern California Section Meeting, Torrance, CA, USA, December 16, 2008.

[22] Defence Mapping Agency Hydrographic/Topographic Centre(DMAHTC). (1989). Loran Correction Tables, Stock: LCPUB 2211200C.

[23] Federal Radionavigation Plan(1999). US DOD, US DoT.

[24] Jacoby J. , Schick P. , Rischwalski E. , and Zamzov K. (1999). Advantages of a Combined GPS/Loran – C Precision Timing Receiver. In Proceedings of the 28th Technical Symposium, ILA.

[25] Lo S. , Leathem M. , Offermans G. , Gunther G. , Hamilton B. , Peterson B. , and Enge P. (2009). Defining Primary, Secondary, Additional Secondary Factors for RTCM Minimum Specifications(MPS). In 38th Annual Convention and Technical Symposium of the International Loran Association 2009(ILA – 38), Portland, ME, USA, October 13, 2009, p. 18. Available at: www. ion. org(accessed on January 27, 2016).

[26] Stein K. (1979). Omega Station Stress Timing Stability. *Aviation Week and Space Technology*, 110(4), 53 – 56.

[27] Balov A. V. (2010). Radio Navigation, Present and Future, *Gyroscopy and Navigation*, 1(3), 224 – 235.

[28] Basker S. (April 2008). e – Loran Securing Positioning, Navigation and Timing for Europe's Future. European e – Loran Forum. Document of the UK General Lighthouse Authorities.

[29] Celano T. , Peterson B. , and Schue C. (2005). Low Cost Digitally Enhanced Loran for Tactical Applications(LC DELTA). Available at: www. ursanav. com/doc(accessed on October 30, 2005).

[30] Offermans G. and Helwig A. (2003). *Integrated Navigation System Eurofix – Vision, Concept, Design, Implementation.* Technische Universiteit Delft, Delft, pp. 1 – 298.

[31] Offermans G. W. A. , Helwig A. W. S. , van Essen R. F. , and van Willigen D. (1997). Integration As-

pects of DGNSS and Loran – C for Land Applications. In 53rd Annual Meeting of the Institute of Navigation, Albuquerque, NM, USA, June 30 – July 10, 1997.

[32] Willigen D., Breeuwer E. J., Offermans G. W. A., and Helwig A. W. S. (June 1996). "Eurofix". Information Paper. TVS Memorandum.

[33] Peterson B., Dykstra K., Swaszek P., and Boyer J. (2001). High Speed LORAN – C Data Communications—June 2001 Update. In ION 57th Annual Meeting/CIGTF 20th Biennial Guidance Test Symposium, Albuquerque, NM, USA, June 11 – 13, 2001.

[34] Pisarev S., Shebshaevich B., Balov A., Zarubin S., Efremov P., and Gevorkyan A. (2007). Russian Long Range Navigation System, Modernization and Development. In Proceedings of the Second All Russian Conference on Fundamental and Applied PNT Support (PNT 2007), St. Petersburg, Russia, April, 2 – 5 2007.

[35] Smirnov V., Sorotsky V., and Tsarev V. (2014). New Concept for Development of Competitive Transmitters for Advanced LW Navigation Systems and Initial Steps to Practical Implementation. *The Journal of Navigation News*, 1, 17 – 21.

[36] Stout C. and Schue C. (2010). Designing, Developing, and Deploying a Small Footprint Low Frequency System for PNT, and Data Services. *Proceedings of the IEEE/ION Position, Location and Navigation Symposium (PLANS* 2010). Indian Wells, CA, USA, May 4 – 6, 2010, pp. 952 – 956.

[37] Willigen D. (1989). Eurofix. *The Journal of Navigation*, 42(3), 375 – 381.

[38] Volpe J. A. (August 2001). Vulnerability Assessment of the Transportation Infrastructure relying on the Global Positioning System. Final Report. National Transportation Systems Centre, Cambridge, MA. Available at: www. volpe. dot. gov (accessed on April 11, 2016).

[39] Pisarev S., Balov A., Zholnerov, V., Zarubin S., Borovsky V., Kichigin V., and Neuymin B. (2002). CHAYKA Current Status and Problems to be Solved for its Integration with LORAN – C, GNSS, EGNOS, WAAS Using EUROFIX Technology. In Proceedings of the International Symposium on Integration LORAN – C, GNSS, EGNOS, WAAS and EUROFIX, Munich, Germany, June 3 – 10, 2002. DVD, file: 30, pp. 1 – 10.

[40] Offermans G. W. A., Helwig A. W. S., and Willigen D. (2000). Eurofix System Overview: Differential GNSS and Integrity Service through Loran C. In International Symposium on Integration of Loran – C/Eurofix and EGNOS/Galileo, Bonn, Germany, March 22 – 23, 2000. DGON, Bonn, pp. 281 – 296.

[41] Radio Technical Commission for Marine Services (RTCM). (1977). Minimum Performance Standards, Marine Loran – C Receiving Equipment. RTCM Services, Valley Forge, PA, p. 86.

[42] Balov A., Abramov L., Hitrun G., Johannessen E., and Marshall D. (2000). Broadcast of Eurofix/Chayka/Loran – Service from a Single Site. In Proceedings of the International Symposium on Integration LORAN – C/Eurofix and EGNOS/Galileo, Bonn, Germany, March 22 – 23, 2000.

[43] Pisarev S., Balov A., Zholnerov V., Malyukov S., and Shebshaevich B. (2004). Analysis of Characteristics as Regards the Datalink Using Various Modulation Techniques for PP RNS Signal. *The Journal of "Navigation News"*, (2), 17 – 25.

[44] Zholnerov V. (2002). Experimental Investigation of EUROFIX Technology in Chayka. In 11th Session of the Council of the Far East Radionavigation Service, Xian, China, October 14 – 18, 2002.

[45] Peterson B., Dykstra K., Swaszek P., Boyer J., Carroll K., Narins M., and Johannessen P. (2002).

WAAS Messages via LORAN Data Communications—Technical Progress towards Going Operational. ION NTM 2002, San Diego, CA, USA, January 28 – 30, 2002.

[46] Peterson B., Celano T. R., and Schue, III. (October 2006). Loran Data Channel Communication Using 9th Pulse Modulation, Version 1.3. US CG Loran Support Unit, Wildwood Crest, NJ, pp. 1 – 16.

[47] Balov A. V., Zholnerov V. S., Malyukov S. N., and Choglokov A. E. (2005a). Data Transfer Using Navigation Signals from Long – Range Radionavigation Systems. In Proceedings of the All Russian Conference on Fundamental and Applied Positioning and Timing Support, vol. 13. Institute of Applied Astronomy RAS, St. Petersburg, Russia, April 11 – 15, 2005. Nauka, Moscow, pp. 322 – 332 (in Russian).

[48] Balov A., Zholnerov V., Malyukov S., Tsarev V., and Choglokov A. (2005b). Data Transmission Format Via a Datalink Using PPM Modulation of the Six Last Pulses in The Pulse Phase RNS Signal. *The Journal of Navigation News*, annual, No 1 – 4(3), 22 – 29.

[49] New Loran at 5 Metres, GPS World, № 6, June 6, 2014.

[50] Willigen D., Kellenbach R., Dekker C., and van Burren W. (July 2014). "e – DLoran: the Next – Gen Loran." GPS World, pp. 36 – 43. Available at: http://gpsworld.com/cameron – named – gps – world – publisher – 12759/ (accessed on April 11, 2016).

[51] Doty J. H., Hwang P. Y., Roth G. L., and Narins M. J. (2003). Integrated GPS/Loran Navigation Sensor for Aviation Applications, ION GPS/GNSS, Portland, OR, USA, September 9 – 12, 2003. ION. Available at: www.ion.org (accessed on January 27, 2016).

第4章 短程无线电导航系统

J. Paul Sims 东田纳西州立大学,约翰逊城,田纳西州,美国
Joseph Watson 斯旺西大学,斯旺西,英国

4.1 短程助航设备概述

美国联邦航空局(FAA)和联邦通信委员会(FCC)是美国管理助航设备的两个机构。FCC 仅涉及那些发射/检测无线电频率的系统。飞行员对于那些准许飞行的助航设备的信息主要来源于航空信息手册(AIM),该手册可通过 FAA 在线免费获取。除了极少数例外,该手册所提供的助航设备列表同样适用于世界其他地区。

本章将介绍下面几种短程助航设备。

(1) 全向无线电信标(NDB)。

(2) 甚高频全向信标(VOR)。

(3) 战术空中导航(TACAN)仪表着陆系统(ILS)。

(4) 甚高频全向信标战术空中导航站(VORTAC,即 VOR + TACAN)。

(5) 无线电技术短程导航系统(RSBN)。

本章不提及那些这几年已经不再使用的短程助航设备。

4.2 全向无线电信标和自动定向仪

在导航图中,全向无线电信标(NDB)是一个地面导航站,自动定向仪(ADF)指的是相关导航辅助系统。全向无线电信标传输不包含定向信息,只是简单地为发射站提供一个方位。

航空全向无线电信标在相对较低的频率上进行广播(200 ~ 415kHz),大多数的自动定向仪接收机也可在标准的调幅(AM)广播频段(550 ~ 1600kHz)进行工作。所有全向无线电信标在摩尔斯电码中有一个 2 字节(2B)或 3 字节(3B)的标识符广播。一些全向无线电信标还广播可以给信号站提供天气信息和其他

可能内容的音频报道。

所有自动定向仪接收机系统都有环形天线和辨向天线。环形天线是位于飞机底部的平板天线，辨向天线是安装在整流罩中的简单的电线或箔式天线，也可将环形天线和辨向天线安装在同一吊舱内。环形天线由正方形铁氧体磁芯上的两个垂直绕组组成，从而使磁场（H 场）在环形天线的两个绕组中产生电压。由于这些绕组位于一个闭合回路中，电压的相位角随天线相对于发射机的旋转而变化。在这个旋转中有两个电压精确抵消的点。这两个点称为全向无线电信标零点：其中一个定义了全向无线电信标的方位；另一个定义了反向的方位。辨向天线通过使用电磁场的电气部分，以产生始终与发射机同相的电压，确定哪个零点定义的是发射机的方位。接收机测量环路天线中两个绕组的组合电压，并将其与辨向天线接收到的电压进行比较，以使自动定向仪能够确定信标台的方向。根据国际电信联盟（ITU）的规定，飞机上全向无线电信标最小的"工作"电场（E 场）为 $70\mu V/m$。在该场强以下，接收机时断时续或无法检测到地面站的方位[1,2]。

如果旋转环形天线以达到最小电压输出或零电压输出，那么，无线电磁指示器（RMI）标度盘上的指针会有所指示。根据系统的年代，机械的或是电子的，自动定向仪都将这个零点校准到自动定向仪站。较旧的机械系统允许环形天线本身进行旋转，而安装在稍新的电子系统中的环形天线是固定的，并通过旋转测角仪得到相同结果。如果测角仪搜索线圈没有完全达到零位，则会产生一个回路电压，该电压被施加到一两相电动机上，使得测角仪旋转达到零位。由于转子位于零位的哪一侧决定了环形天线信号的相位是超前还是滞后于辨向天线，因此，测角仪应按正确的方向旋转以到达零位。然后，用测角仪的输出信号驱动驾驶舱中无线电磁指示器的指针显示。更简单地说，在操作中，自动定向仪接收机将环形天线电压与辨向天线电压进行比较。当环形天线与辨向天线的信号在零位之前处于同相时，则将两者相加。如果两个信号在零位之前是异相的，则将两者相减。自动定向仪接收机以此区分全向无线电信标的两个零点。基于天线安装的几何形状和飞机的装配，制造商将其中一个零点设置为"To"零点。例如，如果环形天线和辨向天线的电压同相，且在跟踪到零位时彼此增加，则环形天线将面朝向发射机，这将在接收机电路中被设置为"To"。这种复合自动定向仪天线方向图具有如图 4.1 所示的心形图案（ICAO，2000）。

4.2.1 操作与控制

自动定向仪接收机有多种可选操作模式。无线电磁指示器最常见的形式由罗经刻度盘和单个指针组成（图 4.2（a）），在由控制面板开关选择的自动定向仪模式中（图 4.2（b）），同时使用环形天线和辨向天线，无线电磁指示器指针被激

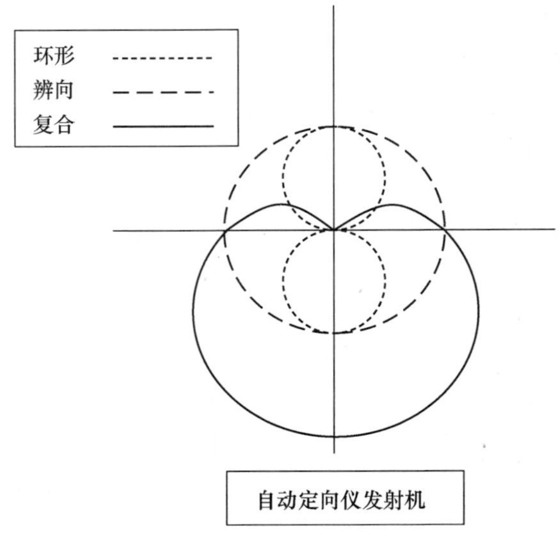

图 4.1　自动定向仪天线方向图

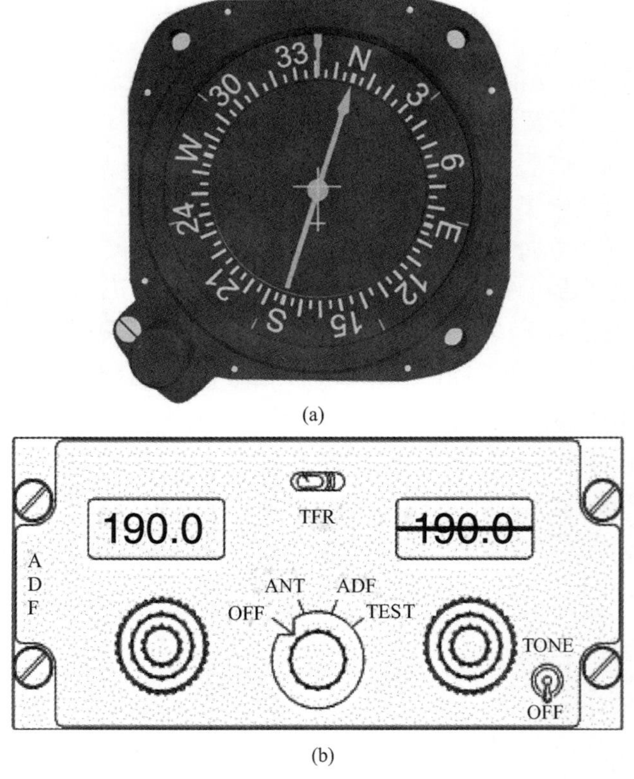

图 4.2　典型的自动定向仪显示和控制面板

活。如果使用无线电磁指示器左下方的航向旋钮旋转罗盘,这样飞机的(磁性)航向值出现在控制面板的左上方(图 4.2),则始终指向所选全向无线电信标的指针将(磁)轨迹显示到该全向无线电信标。旧版的自动定向仪接收机使用固定的罗盘,它的操作需要一些心算,而后来的一些安装了陀螺罗盘驱动,从而使得飞机的航向可以自动显示在显示屏的顶部。

工作模式和最大工作范围:罗盘定位器 15NM,中制导 25NM,自动导航 50NM,高制导 75NM(典型值 70μV/m)。

频率范围:自动定向仪 190 ~ 1750kHz,全向无线电信标 190 ~ 535kHz。

连续载波调制(仅限全向无线电信标):400Hz 或 1020Hz。

角度精度:取决于发射机的类型和范围,±3° ~ ±10°。

在天线(ANT)工作模式下,环形天线被禁用,仅使用辨向天线。此时,即使环形天线的控制按钮向左或向右移动,指针也不会移动。此模式仅用于识别一个发射站。

全向无线电信标的射频(RF)相对较低,且范围通常有限,可参考典型的自动定向仪规格列表[2,3]。

全向无线电信标的无线电波可以从电离层反射,也可受到海岸线("沿海效应"会导致高达 30°的误差)、山脉和悬崖的影响。闪电和大气静电也会发射接近全向无线电信标频率的射频,即使在范围内也能影响自动定向仪接收,从而导致自动定向仪指针漂移和通道噪声。降水也可能引起类似的问题[3]。

然而,在适当的条件下,全向无线电信标系统可用于仪表(导航)进场着陆,引导飞机在最高限度 600 英尺或更低、能见度不超过 1 英里的情况下着陆。相较于"目视飞行规则(VFR)飞行"所标称的最高限度 1000 英尺和能见度 3 英里的要求,这为在恶劣天气和多山地区的着陆引导带来显著的改善。

图 4.3 给出了典型的全向无线电信标和简化定向设备(SDF)的导航图解,这些传统的图解可与本章后面甚高频无线信标以及地基增强系统(GBAS)的图解相比较。

GPS 正在取代许多当前的助航设备,但联邦航空局仍然认可全向无线电信标进场导航方法。自 1998 年 7 月 16 日起,飞行员已经允许用 IFR 认证的 GPS 接收机替代测距设备(DME),用自动定向仪航空电子设备替代除了没有 GPS 覆盖的全向无线电信标导航之外的所有操作。在所有定位器类型的导航以及甚高频全向信标/测距设备导航中,当全向无线电信标或测距设备发射机暂时停止服务时,GPS 可用于替代测距设备和自动定向仪。图 4.3 中给出了例外情况:简化定向设备导航需要自动定向仪,GPS 不能被替代。表 4.1 给出了当前可用的自动定向仪的所有规格。

华盛顿州兰顿市
AL-5396 (FAA)
14037
NDB RWY 16
RENTON MUNI (RNT)
NDB RNT 353
APP CRS 156°
Rwy ldg 4742
THRE 24
Apt Elev 32
如果未收到本地高度计设置，使用西塔科机场高度计设置。
复飞要求双ADF接收机
复飞:爬升到ZEBKU INT130° 方向的2400高度并保持
ATIS 126.95
SEATTLE APP CON 119.2 284.7
RENTON TOWER 124.7 (CTAF) 256.9
GND CON 121.6 256.9
UNICOM 122.95
雷达要求
MSA RNT 25 NM
180°
270°
360°
3400
7200
6400
(IF) NUGUE RADAR
336°
2000
156°
(6.3)
HAKIM INT RADAR
234°
241°
206 PWT
206 PWT
ODAGE INT
RENTON
353 RNT
130°
310°
ZEBKU INT
216 GRF
213°
ELEV 32
THRE 24
156° to NDB
5382 X 200
TWR 98
MIRL Rwy 16-34
REIL Rwys 16 and 34
NUGUE RADAR
HAKIM INT RADAR
ODAGE INT
3.16°
TCH 50
2400
RNT 130°
ZEBKU INT
RNT NDB
2000
156°
2000
1000
6.3 NM
2.9 NM
2.8 NM
0.3
CATEGORY A B C D
S-16 1000-1¼ 976 (1000-1¼) 1000-1½ 976 (1000-1½) 1000-3 976 (1000-3)
CIRCLING 1000-1¼ 968 (1000-1¼) 1000-1½ 968 (1000-1½) 1000-3 968 (1000-3)
ODAGE FIX MINIMUMS (DUAL ADF RECEIVERS REQUIRED)
S-16 900-1 876 (900-1) 900-1¼ 876 (900-1¼) 900-2½ 876 (900-2½)
CIRCLING 920-1¼ 888 (900-1¼) 920-2¾ 888 (900-2¾) 920-3 888 (900-3)
NW-1' 2014年6月26日至7月24日
华盛顿州兰顿市
Amdt 7A 06FEB14
47°30'N-122°13'W
RENTON MUNI (RNT)
NDB RWY 16

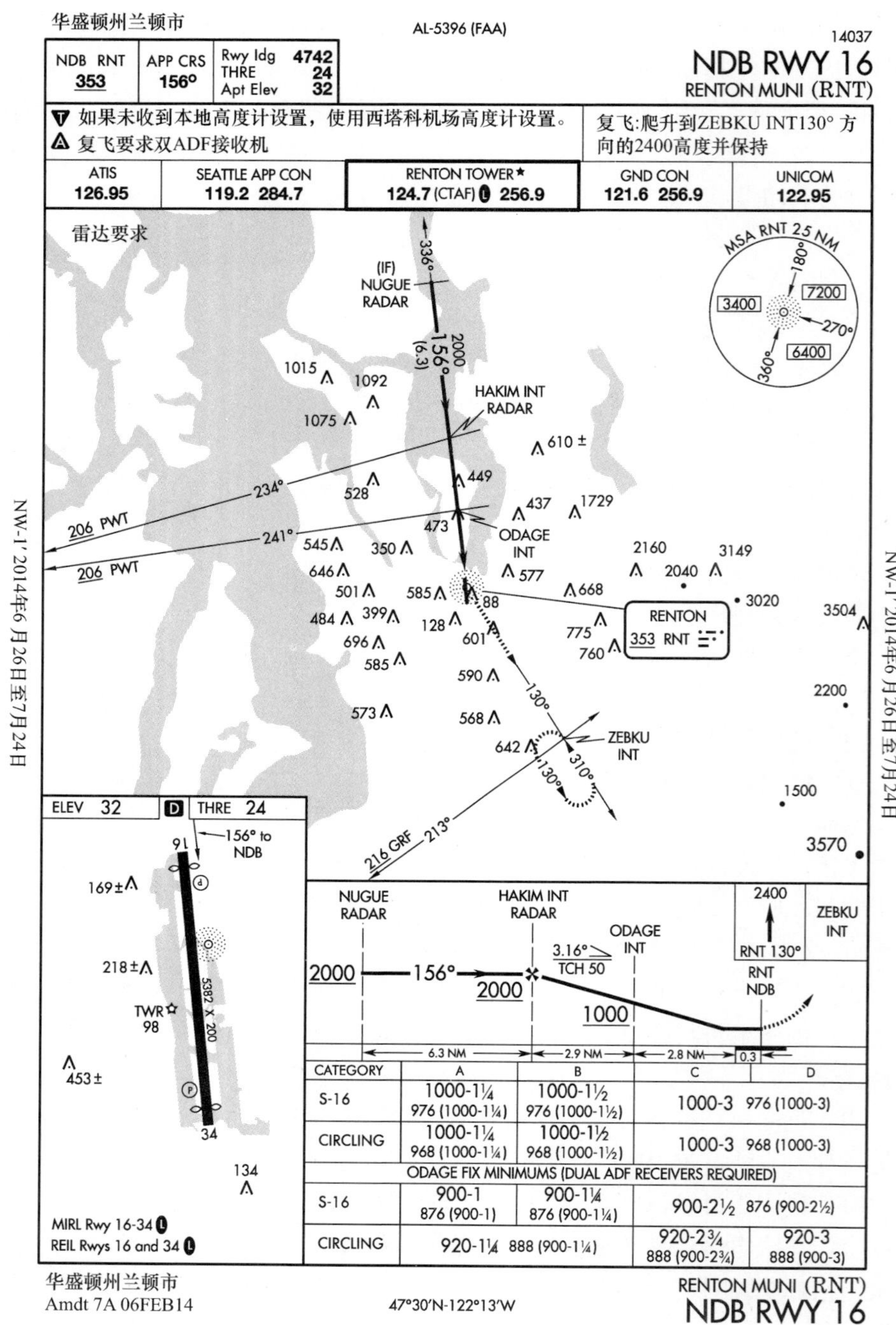

(a)

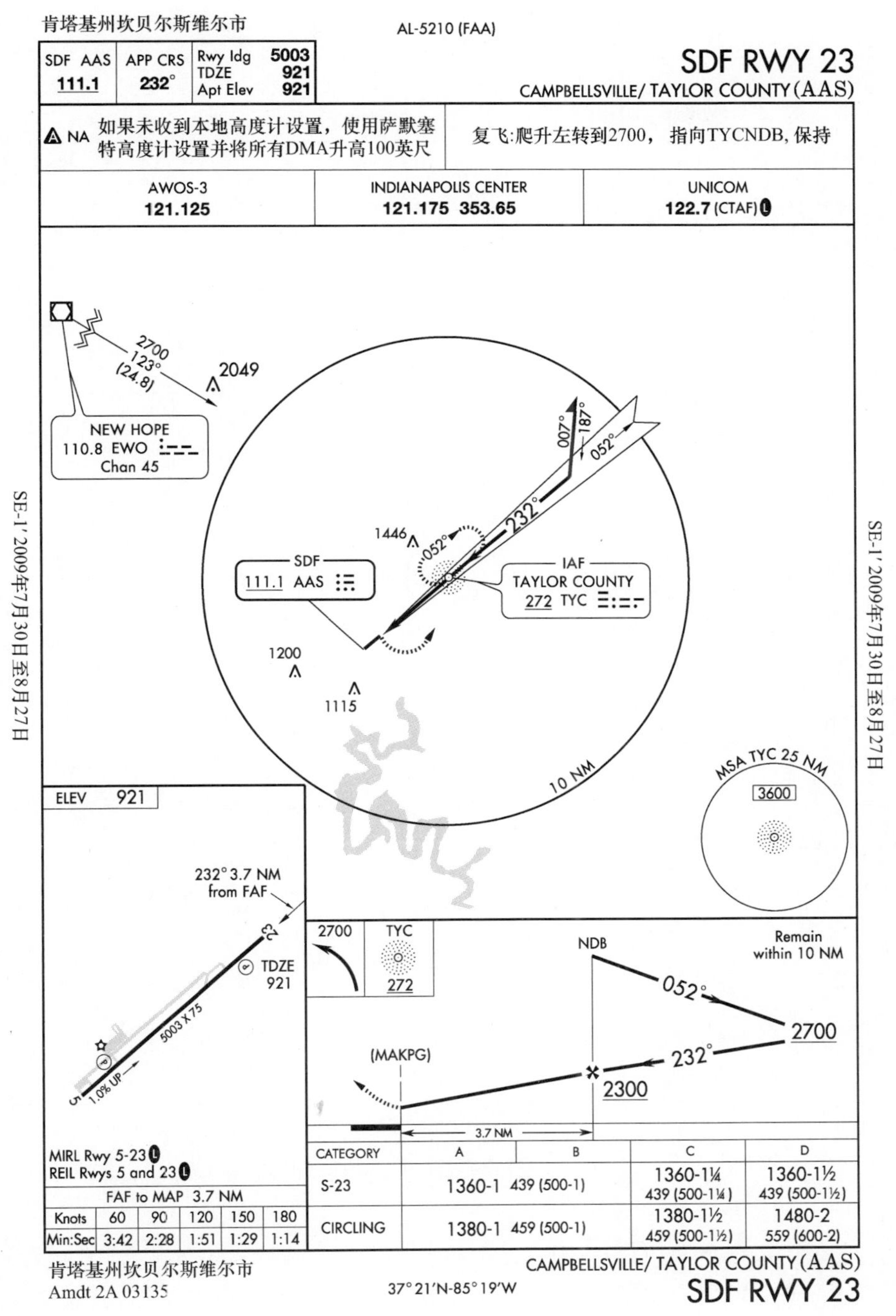

FAF to MAP 3.7 NM					
Knots	60	90	120	150	180
Min:Sec	3:42	2:28	1:51	1:29	1:14

CATEGORY	A	B	C	D
S-23	1360-1 439 (500-1)		1360-1¼ 439 (500-1¼)	1360-1½ 439 (500-1½)
CIRCLING	1380-1 459 (500-1)		1380-1½ 459 (500-1½)	1480-2 559 (600-2)

(b)

图 4.3 典型的自动定向仪(ADF)和简化定向设备(SDF)进场导航图解

表 4.1 商业 Rockwell Collins 自动定向仪的典型规格

电源要求			
	ADF-60A	ANT-60	ANT-60B
电源	28V DC 0.6A,包括 ANT	由 ADF-60A 供电	由 ADF-60A 供电
控制	使用一个 CAD-62 适配器单元,ARINC 2/5 或 CSDB		
范围	190.0 ~ 1749.5kHz		
调谐增量	0.5Hz		
捕获范围	典型值为 ±250Hz		
其他规格			
中频(IF)			
第一 IF	15MHz		
第二 IF	3.6MHz		
带宽	6dB 时为 2.8kHz(标称值)　80dB 时不大于 14kHz		
灵敏度	在 400Hz 时调制 30%		
ANT	在 6dB$(s+n)/n$ 时最大值为 70μA·(V/m)		
ADF	在 6dB$(s+n)/n$ 时最大值为 100μA·(V/m)		
ADF 精度	在工作温度范围内 ±3°,输入信号 70 ~ 0.5μA·(V/m)驱动 2 个 ARINC 标准的 ADF 指示器		
杂散响应	低于所需响应 80dB 以下		
音频增益	600Ω 负载为 100 mW(标称值),输入信号 1000μA·(V/m),在 400Hz 调制 30%		
CW 标识符	1000Hz 音调		
输出负载			
DC sin/cos	输出最大 8V 直流电,最小 5kΩ		
同步承载	能够驱动多达 5 个负载		
输出	伴随着下面的承载误差,可能会驱动额外的负载:3 个负载,0.3°;4 个负载,0.7°;5 个负载,1.2°		

4.3 甚高频全向信标

地基甚高频全向信标(VOR)发射机在 108.0 ~ 117.95MHz 的 VHF 频段进行工作。国际民用航空组织早在 1960 年开始采用甚高频全向信标,几十年来,甚高频全向信标一直是主要的短程助航设备,但目前正在被 GPS 所取代。然而,甚高频全向信标系统仍在使用,联邦航空局将持续使用至 2020 年或更久。

前面章节讨论的自动定向仪/全向无线电信标发送非定向信号,而甚高频全向信标发送的是包含定向信息的信号。操作原理是用相位比较法进行方位测量。简单地说,地面上的发射机发射一组信号,接收机通过将这些信号的相位与全向信号进行比较,可以确定其相对于该地面站的位置。从飞行员的观点来看,甚高频全向信标产生了始发于发射机的多条轨道。这些轨道称为径向,从 1 到 360 以度数为单位编号。360°径向轨道远离甚高频全向信标站并指向磁北方向,而罗盘的其余 359 点也由甚高频全向信标发射机产生的信号表示。

4.3.1 基本甚高频全向信标原理

地基甚高频全向信标发射机在 108.0 ~ 117.95MHz 的射频频段进行发射。甚高频全向信标站使用的离散频率是 108.0MHz、108.05MHz、108.2MHz、108.25MHz、108.4MHz 和 108.45MHz,以这种方式间隔到 111.8MHz 和 111.85MHz。这提供了总共 40 个甚高频全向信标通道,分配给仪器着陆设备定位器发射机的 40 多个频率也允许使用 108MHz 和 112MHz 之间的相同频段(见 4.5.2 节)。从 112MHz 到 117.85MHz 的间距为 0.05MHz,提供另外 120 个甚高频全向信标通道。

所有甚高频全向信标站都传送 3 字节(3B)莫尔斯识别码(调幅 1020Hz),每分钟重复 6 次,如果甚高频全向信标与测距设备配合使用(见 4.4 节)或者甚高频全向信标站正在接收一个广播甚高频全向信标是唯一的例外。广播甚高频全向信标用于通过语音信道传送辅助信息。如果收到的代码是 TST,则该站处于"测试"或校准之下,不能用于导航。典型的发射功率范围为 200W,用于航路甚高频全向信标,为其导航提供约 200n mile 的有用范围。机场信标通常以 50W 的功率传输,作用范围小于 100n mile,称为终端甚高频全向信标(TVOR)。

地面设备安置在一个被测地点,由一驱动天线系统的发射机组成,一部分产生基准信号(REF),另一部分产生可变信号(VAR)。基准信号是甚高频全向信标站基频处的全向连续波传输,其由 9960Hz 的副载波进行频率调制,后者又以 30Hz 进行频率调制。由于这是一个全向传输,它的极坐标图为一个圆圈。该信号的 30Hz 分量用于测量相对于可变信号相位差的基准。

可变信号从一回路天线发射,该回路天线产生以 30r/s 的电子方式旋转的 8 位极坐标图。当可变信号和基准信号混合时,得到的极坐标图变成一个称为蚶线的心脏线,以 30r/s 的速度旋转。这个蚶线的旋转导致 30Hz 幅度调制,但不像自动定向仪心脏形,它没有空位置[4,5]。

甚高频全向信标接收机将两个信号分离成它们的两个原始分量,在相位比较器中比较固定的基准信号和旋转的可变信号的 30Hz 调制相位。这两个信号之间的相位差与飞机相对于甚高频全向信标发射机的角位置成正比。磁北极是径向的正常基准值,因此,当检测到0°相位差时,接收机位于甚高频全向信标站的360°径向。

图4.4给出了机载接收机为航向偏差指示器(CDI)提供显示驱动信号的信号比较示例。上述描述适用于传统的甚高频全向信标,通常称为CVOR。然而,CVOR受到甚高频全向信标现场附近物体的反射,可能导致误差,这种误差在水平天线尺寸增加的情况下,原则上可以减少。不过,它们也可以通过一种新型地基传输系统减少,该系统称为多普勒甚高频全向信标(DVOR),它可以在驾驶舱中产生相同的甚高频全向信标导航显示,目前,CVOR发射机被DVOR发射机取

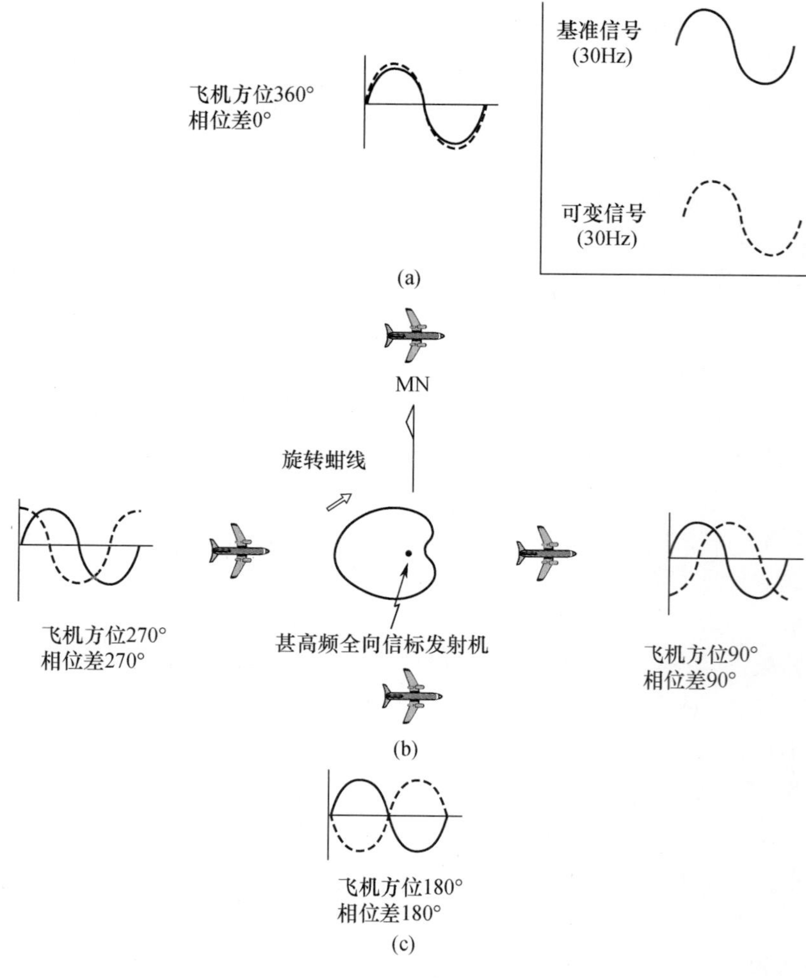

图4.4 甚高频全向信标传输示例

代。无论是接收到 CVOR 还是 DVOR 信号,飞机甚高频全向信标接收机都以相同的方式运行。

4.3.2 多普勒甚高频全向信标

多普勒甚高频全向信标(DVOR)的操作也基于调制 9960Hz 副载波的两个 30Hz 信号之间的相位差,形成基准相位信号和可变相位信号。

基准相位信号通过对 30Hz 正弦波形的子载波进行调幅而获得,在相应甚高频全向信标频率处的整个复合信号由中心天线在水平面的全向辐射而得到。辐射图形成圆形,并在飞机接收机处产生一个 30Hz 信号,其相位与方向角无关。

可变相位信号通过对 9960Hz 子载波进行调频而获得,该子载波可对射频载波进行幅度调制,使上、下边带信号分别位于该射频载波 9960Hz 上下。因此,当与载波相位相加时,它们将产生一个调幅为 9960Hz 的总信号。该子载波以 30Hz 的频率进行频率调制。

边带信号由 48 个排成圆圈的天线辐射产生并依次分布,用于模拟以 30rad/s 的速度绕天线环以逆时针方向旋转的两个完全相反的天线,其中一个天线辐射上边带信号,另一个天线辐射下边带信号。由于旋转边带源与远程接收点之间行进路径的有效长度以 30Hz 的速率变化,所以边带信号的观测频率也以 30Hz 的速率变化,因此,子载波的调频也在 30Hz。

在工作频率处的频偏与以波长表示的边带天线环的直径成正比。当直径设置为 44.0 英尺(13.4m)时,会分别在 118.85MHz、108MHz 和 118MHz 的频率处产生 480Hz、454Hz 和 497Hz 的峰值频偏。因此,相应的偏差比从 108MHz 处的 15.13 变化到 118MHz 处的 16.57。偏差频率由以下公式确定,即

$$f_d = \omega \cdot \lambda \cdot \pi \tag{4.1}$$

式中:f_d 为以赫兹为单位的偏差频率;ω 为信号的角速度(30Hz);λ 为波长的环的直径;$\pi = 3.14$。偏差比为

$$r_d = \frac{f_d}{30} \tag{4.2}$$

飞机接收机使用由 9960Hz 调频副载波而获取的 30Hz 信号。第二个 30Hz 信号的相位随着接收点方位角的变化呈线性变化:方位角每变化 1°,30Hz 可变相位信号的相位也变化 1°。基准相位和可变相位 30Hz 信号与 DVOR 地面站在 0°磁场处同相,边带天线的顺序通电和载波的 30Hz 幅度调制以这样一种方式时间相关。当接收点在站周围顺时针移动时,可变相位信号(30Hz 的调频波形)

开始引导基准信号(30Hz 的调幅波形)。例如,DVOR 的一个观察者看到 30Hz 的调频信号借助 2700Hz 引导 30Hz 的调幅信号。飞机接收机判断两个 30Hz 信号之间的相位差,并将其转换为相对于地面站的方位度数,也就是说,30Hz 调幅信号滞后于 30Hz 调频信号的度数[4,6]。

总而言之,DVOR 天线系统模拟了一个旋转臂,该旋转臂在每端具有发射天线,从一端辐射上边带信号,从另一端辐射下边带信号。此功能通过使用等间距围绕在一个直径为 44 英尺(13.4m)的圆周周围的 48 个天线实现,在圆周中心的天线辐射基准载波。这种配置和传输方法向飞机接收机提供信号,无论是来自 DVOR 或 CVOR 的传输,将获得的信号解码后即可生成相同的导航信息。

4.3.2.1 甚高频全向信标/多普勒甚高频全向信标导航显示器

使用机载接收机的输出,计算出的解调信号相位差显示在航向偏差指示器(CDI)上。如图 4.5 所示,航向偏差指示器是一个罗盘,其指针表示飞机在所选航向的左侧或右侧位置,罗盘上还有朝向/背向(TO/FROM)指示器和一个 NAV 有效性标志。该显示可以通过机械运动显示或数字表示。这种类型的偏差指示是非常清楚的,它在许多情况下使用,而不管导航源的类型如何。航向偏差指示器可以由 GPS、甚高频全向信标和战术空中导航设备(TACAN)驱动,代表了驾驶舱显示器的黄金标准。

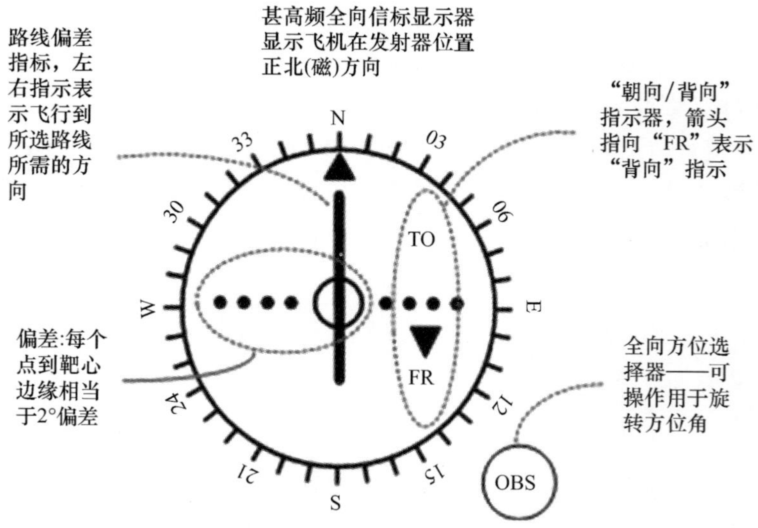

图 4.5 典型的航向偏差指示器(来源:兰利飞学校)

为了确定一个方位是朝向还是背向信号站飞行,可对可变相位信号施加一个 90°相移,并再次与由另一个相位检测器产生的基准信号进行比较。超前或滞后基准信号的 90°相移产生一个朝向/背向的指示驱动信号,该信号驱动电流计移动,在航向偏差指示器上显示朝向/背向的标志。一个小金属“标志”移动到表示朝向/背向的仪器表面的开口后面。

根据全向方位选择器(OBS)选择的航向偏差量,航向偏差指示器指针向左或向右偏离。显示器中的每个点表示航向在左或右方向上偏离2°。

当飞机在选定航向上飞过地面发射站时,甚高频全向信标接收机有两个区域显示模糊:一个直接位于发射机的头顶;另一个在发射机的左侧或右侧。国际民航组织将这个模糊飞行锥体区域定义为在发射机上方最多延伸50°的区域。当飞机沿着发射机的横向和垂向飞行时,在其两侧的20°扇形区域上显示器提供的航向偏差指示是不正确的。这些区域称为模糊区域。

甚高频全向信标的典型误差如表4.2所列。

表4.2 甚高频全向信标典型误差值

发射机误差	±1°
机载设备误差	±2°
地面发射站干扰	±1°
现场误差	与多普勒甚高频全向信标无关
传播误差	如果甚高频全向信标在射程内,则误差接近零
总误差	±2°~5°

甚高频全向信标接收机的灵敏度通常为3μV,选择性为在±41kHz时的6dB至±15kHz时的60dB。目前,接收机由Collins、Garmin、Honeywell和其他供应商制造。许多接收机集成了甚高频全向信标和仪表着陆系统电路,一些显示器结合了甚高频全向信标和仪表着陆系统数据。选择哪个功能取决于所选的频率。

相较于图4.3中典型的全向无线电信标和简化定向设备的进场导航图解,典型的甚高频全向信标进场导航图解如图4.6所示。

4.4 测距仪和战术空中导航系统

4.4.1 测距仪设备

测距仪(DME)是一雷达系统,用于测量装载了测距仪询问机的飞机与地面站测距仪应答机之间的斜距。为了完成距离计算,成形的射频双脉冲由飞机传输到地面站,经过一段应答机时间延迟之后,该地面站返回脉冲。飞机上的接收机使用双脉冲的往返时间确定到地面站的距离。该方法可参考国际民用航空公约附录10以及美国联邦航空局技术标准规范T66a[4-7]。

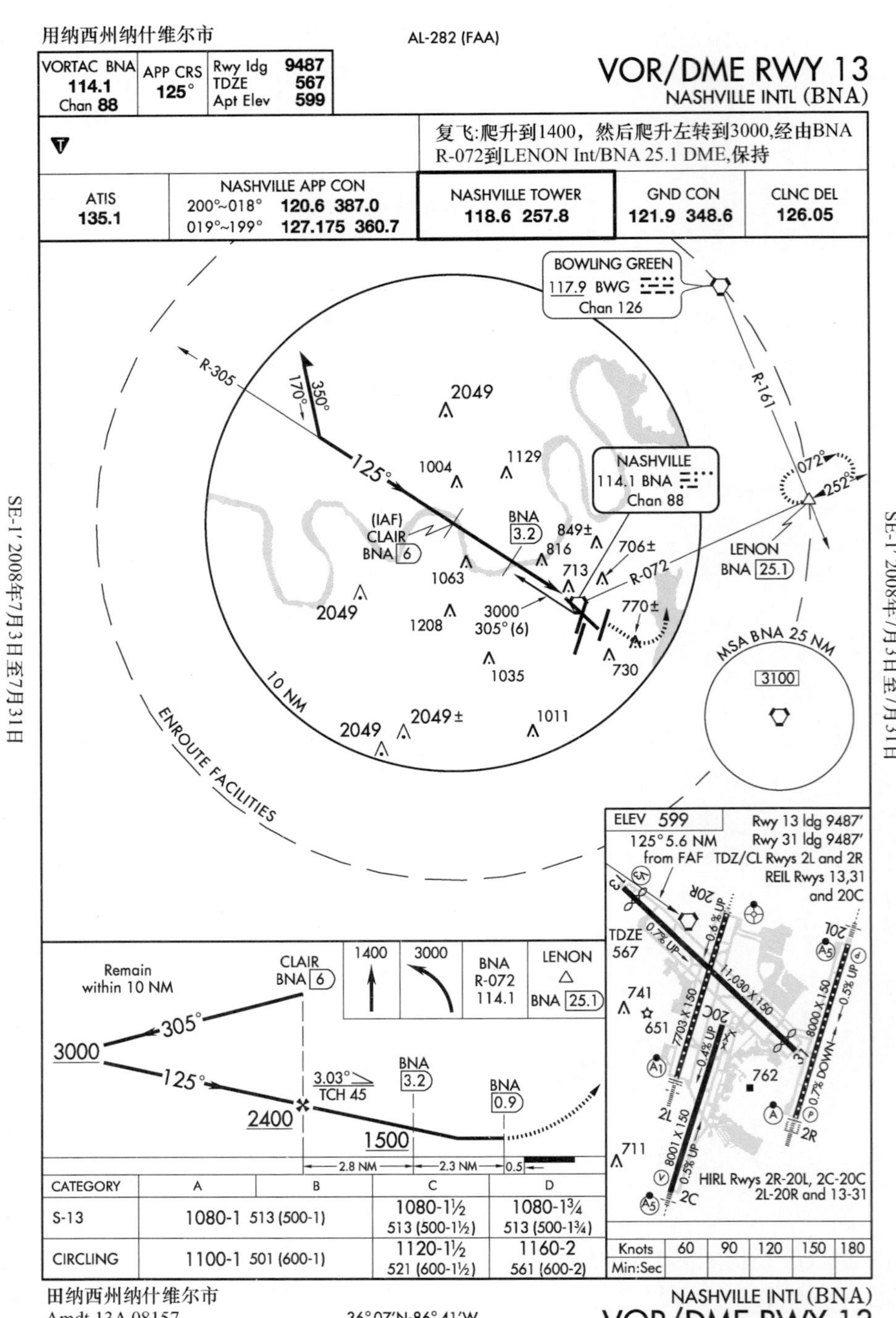

CATEGORY	A	B	C	D
S-13	1080-1 513 (500-1)		1080-1½ 513 (500-1½)	1080-1¾ 513 (500-1¾)
CIRCLING	1100-1 501 (600-1)		1120-1½ 521 (600-1½)	1160-2 561 (600-2)

图 4.6　典型的甚高频全向信标进场导航图解

大多数测距仪地面站与甚高频全向信标系统共同完成定位,使得飞机可以根据距离和方位确定其相对于该站的位置。飞机发射机的测距仪信道范围为1025~1150MHz,地面站的测距仪信道范围为962~1213MHz。发送和接收信号之间的频差始终为63MHz,各个测距仪信道之间的间距总是1MHz。每个信道具有两个编码(X和Y),它们的脉冲间距不同。地面设备称为X信标(TACAN/DME)。为了在相同的频率配置中将信道数量从126个增加到252个,修改后的信标称为Y信标。Y信标接收机与具有相同信道号的X信标接收机在相同的频率上操作,但发送频率不同。X信标发射机频率比相应的接收机频率低63MHz,信道号为1~63,而Y信标的发射机频率比其接收机频率高63MHz,信道号为64~126。此时,应注意的是,民用测距仪中使用的量程脉冲系统与军事战术空中导航系统(TACAN)中使用的量程脉冲系统之间没有差别。民用飞机也可以使用战术空中导航系统测量出到使用标准测距仪设备的地面站的距离,但不能使用战术空中导航信号从方位到地面站的部分[8]。

4.4.1.1 测距仪脉冲细节

如前所述,飞机测距仪询问机发射一个脉冲序列,地面站接收后,经过一段时间延迟之后以不同的频率返回,发送和接收信号之间的频差总是63MHz。飞机上的接收机从所有接收到的脉冲中滤出自己的脉冲序列,以这种方式确定发射和接收脉冲之间的时间差。这使得可以通过计算往返时间来确定到地面站的斜距。该距离以海里为单位(其中1n mile=1852.02m),12.36μs的脉冲间隔作为内部基准。注意:随着飞机高度增加或其距地面站的距离减小,倾角及其测得的与该地面站的斜距将越来越远离水平距离。

使用飞机高出地面等级(AGL)的飞行高度及其与甚高频全向信标地面站的方位角,也可以确定飞机的精确位置。机载测距仪询问机分为搜索模式和跟踪模式。在搜索模式下,询问机尝试建立与地面站的连接并与该地面站同步。在这种模式下,脉冲重复率可以提高到150pp/s(pp/s表示脉冲对/秒)。当询问机与地面站同步时,它会变为跟踪模式并定期进行距离测量。跟踪模式中的脉冲重复率最大为16pp/s,机载询问机的发射功率为100~250W。图4.7显示了测距仪询问和应答的时间包络。

X信道和Y信道的脉冲与空间延迟时间不同,这是一个简单的信道识别功能:X信道的脉冲间隔为12μs,Y信道的脉冲间隔为36μs。测距仪地面站分为两种类型:测距仪途中应答机,具有1 kW的脉冲功率输出,提供距地面站高达200n mile的距离信息;测距仪终端应答机,具有100W脉冲功率输出,提供距地面站高达60n mile的距离信息。两种类型的地面站都发射相同的信号用于测距[7]。

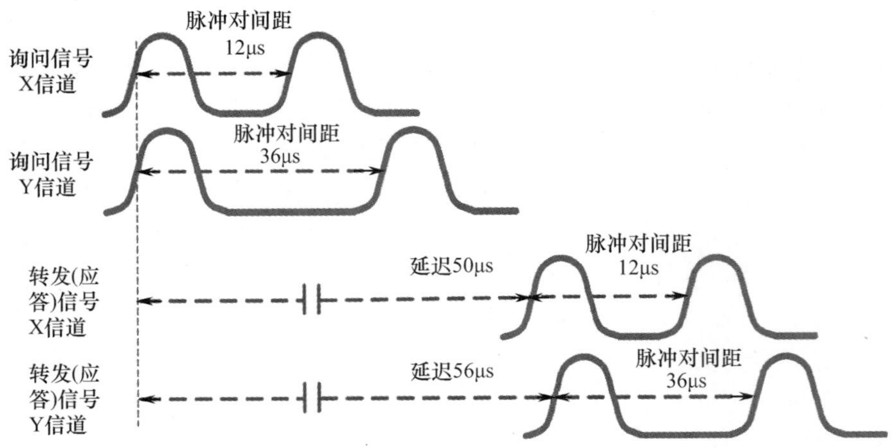

图 4.7 测距仪询问和应答的时间包络(由 Rohde 和 Schwarz,慕尼黑,德国提供)

为了充分了解测距仪的操作,必须考虑测距仪地面站操作的两种独特模式——断续脉冲模式和自动增益模式。测距仪地面站使用自动增益和断续(噪声产生的输出)控制方法保持恒定的脉冲输出。如果从飞机接收到的询问太少,则接收机的增益和脉冲数增加,随后将噪声产生的脉冲加到脉冲序列上,以此将脉冲对的数目保持在 2700pp/s 的恒定值。如果更多的询问飞机进入地面站的操作范围,增益和断续减少,数量减少的噪声脉冲被施加在传输上。如前所述,信标每秒发送一定数量的脉冲,使得接收到的询问脉冲数越多,地面站所需的噪声脉冲越少,维持在 2700pp/s。随着越来越多的飞机进入测距仪地面站的操作区域,增益将会降低,直到具有小幅度的噪声脉冲不能满足响应(地面站发送答复)电路的要求。由于询问脉冲的跟踪速率为 24 ~ 30s^{-1},超过 100 架飞机的询问将占用所有的触发电路。如果发生这种情况,接收机增益将会降低,直到只有通过最强的 100 个询问产生回复,以此减少测距仪地面站的可用范围包络。因此,测距仪地面站只能在给定位置上为一定数量的飞机提供服务。

测距仪设备的典型精度约为 ±0.1n mile,而联邦航空局规定的最小精度为 1/2 英里或 199n mile 距离的 3%,大多数接收机满足该规范的指标[6]。一旦知道到达地面站的距离和距离随时间的变化,即可知道到达地面站的时间和地面速度。

4.4.2 战术空中导航系统

战术空中导航系统(TACAN)是测距仪的军用版本。战术空中导航系统中测距仪部分的工作方式与民用版本相同,但战术空中导航系统信号也提供飞机和地面站之间的方位信息。因此,方位确定的准确度高于民用甚高频全向信标方法。为了使得机载战术空中导航系统接收机判定到一个系统地面站的方向,除了测距仪脉冲之外,该站还每秒传输 900 个专门编码的脉冲对。所有脉冲都由旋转天线传输,从而产生一个特别的心形辐射图,把双音(15Hz 和 135Hz)幅度调制信号应用到从 TACAN 飞机询问机接收的测距仪脉冲包络。战术空中导航系统接收机通过测量幅度调制和 900 个专门编码的 TACAN 脉冲之间的相位关系确定方位角方向。由于幅度调制由旋转天线产生,所以应答机输出(或天线输入)的脉冲峰值振幅是恒定值,就像一个测距仪应答机的情况一样。

将 15Hz 调制信号与从地面设备接收的 15Hz 基准脉冲串信号进行比较可以完成方位信息的计算。15Hz 调制信号和 15Hz 基准脉冲串信号之间的相位关系取决于飞机在心形图中的位置。当心形图中的最大信号指向正东时,发送 15Hz 的基准脉冲串信号。这 12 个脉冲对组通常称为北或主基准脉冲串。使用 135Hz 调制的附加相位进行比较可进一步降低误差并提高精度。战术空中导航系统信号模式如图 4.8 所示[8,9]。

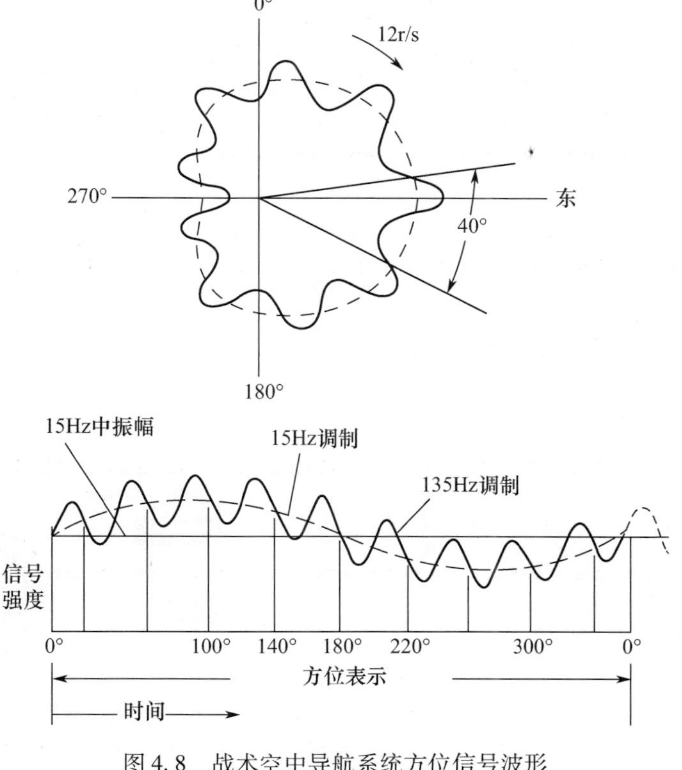

图 4.8　战术空中导航系统方位信号波形

战术空中导航系统到一个地面站的方位精度的标称值为 ±0.5°,但与本章前面所提到的甚高频全向信标系统相似,它在地面站上方也有一个 70°的锥体区域,在这个锥体区域内这种方位定向功能不起作用。战术空中导航系统有一个特别有趣空对空模式。这是军事系统的一部分,不能用于民用飞机。此模式下,两架飞机可以设置战术空中导航系统设备,就像每架飞机都传送到一个地面站一样,也就是说,每架飞机都像一个地面站一样进行应答。这使得一个多达 33 架飞机的组群可以确定其对任何给定飞机的距离。这种方式非常适合加油机作业,一组飞机可以获取到一架加油机的距离数据。图 4.9 显示了典型的军用战术空中导航系统和民用测距仪控制/显示模块。

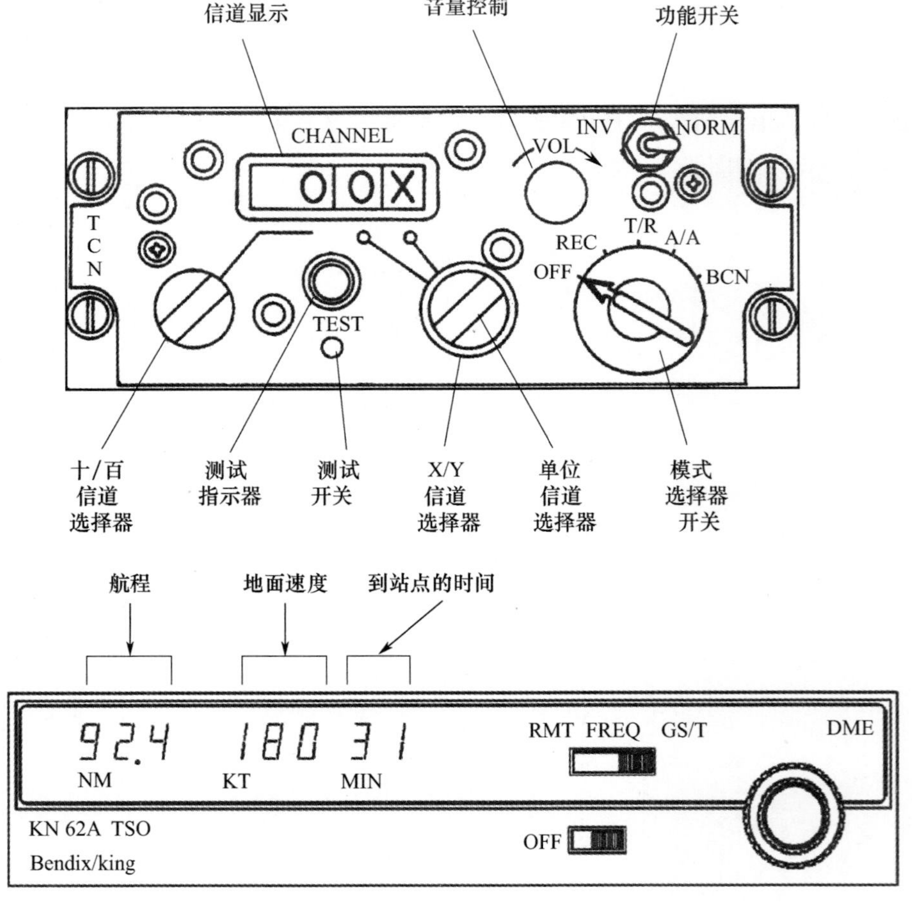

图 4.9 军用战术空中导航系统和民用测距仪控制/显示模块(在 KN662 控制中,注意其所选模式为 GS/T,该模式提供到一个地面站的航程、时间和距离)

4.5 甚高频全向信标+战术空中导航站

甚高频全向信标+战术空中导航(VORTAC)站在民用机场普遍使用,由位于机场或远程站的甚高频全向信标和战术空中导航系统简单组成。根据航空信息手册(AIM),VORTAC是由甚高频全向信标和战术空中导航系统两部分组成的设备,它提供3种独立的服务:一个站点的甚高频全向信标方位角、战术空中导航系统方位角和距离(测距仪)。虽然由多个部件组成,包含多个工作频率,并使用多个天线系统,但VORTAC被认为是一个统一的导航辅助设备。VORTAC的2个部件都需要同时运行,并始终提供3种服务。甚高频全向信标和战术空中导航系统的发射信号各由3字节代码传输进行识别和互锁,这使得使用具有战术空中导航系统距离的甚高频全向信标方位角的飞行员可以确保正在接收的两个信号绝对来自同一地面站。每个VORTAC设备的甚高频全向信标和战术空中导航系统的频道根据一项旨在简化机载操作的国家计划进行“配对”[6,10]。

图4.10显示了一个典型的VORTAC装置,其中顶部用于承载战术空中导航系统的设备。较小的天线允许战术空中导航系统设计成活动形状,甚至可以安装在船上,而在船上不可能安装一个标准的战术空中导航系统。

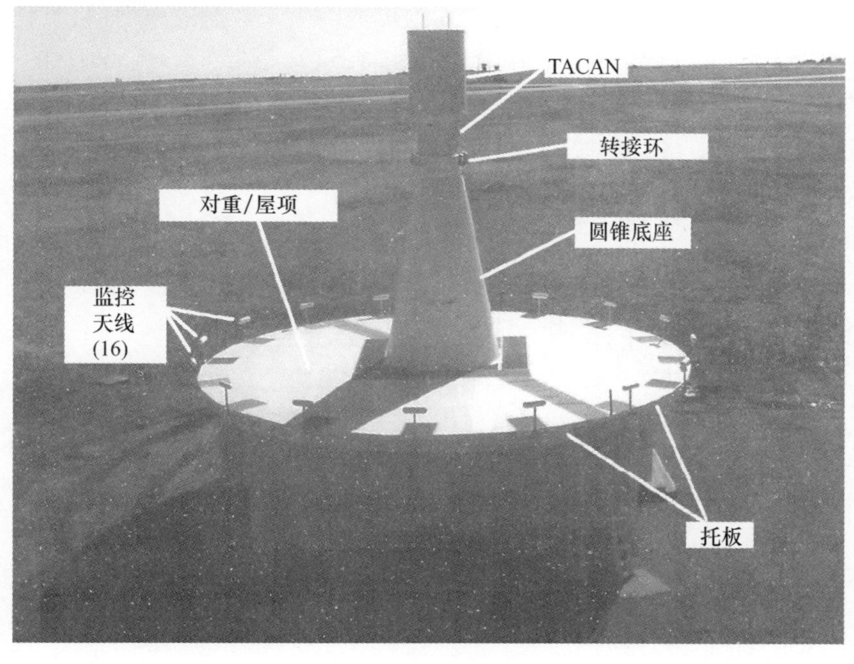

图4.10 VORTAC装置

4.6 无线电技术短程导航系统

非国际民航组织的无线电短程导航系统(RSBN)起源于俄罗斯[11],目前主要用于俄罗斯、印度和中国的军事目的。

RSBN本质上是一个短距离的导航系统,包括地对空的方位传输和空对地的识别要求,也包括测距仪和下滑道子系统,如无线电信标组(PRMG)着陆系统,该系统自动将飞机从约80km带到跑道的指定高度,其中飞行员负责最终的着陆。不同于甚高频全向信标系统,它使用了一个机械旋转方位天线,这将在后面描述,它的准确性可能更高,这就是为什么RSBN-2、RSBN-4、RSBN-6、RSBN-7等后续系列被继续开发的原因。

4.6.1 RSBN系统的操作原理和构建原则

在RSBN系统中,基于来自地基旋转发射天线的信号相对于在该发射机处定义了北子午线的全向基准信号的到达时间,进行方位测量。RSBN和测距仪设备组成一个极坐标定位系统,其精度达到±0.25°和±200m。

方位角天线是具有3个缝隙辐射器的旋转截断抛物面反射器,3个缝隙辐射器提供45°的垂直覆盖。它在水平面上形成一个未调制的辐射图,该辐射图由以$\Omega_A = 100$r/min旋转的两个波瓣组成(图4.11),相当于$f_A = 1.66$Hz的扫频,即600(°)/s。

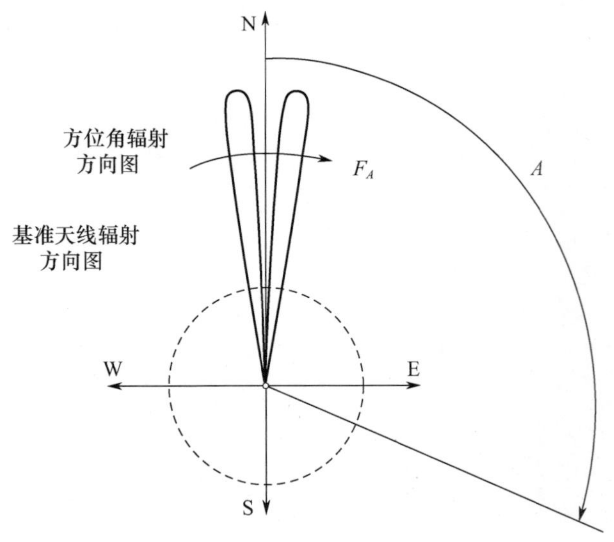

图4.11 RSBN方位角和基准天线的辐射图

因此,机载接收机提取具有双脉冲形状的方位信号(AS),其重复频率为$f_{AS}=f_A=1.6\bar{6}$Hz。信号扫过机载接收天线时,两个波瓣之间的最小点被用作方位角测量点。从图4.11可以看出,在任何方位角处,该信号相对于起始时间t_0延迟一个时间$t_A=A/\Omega_A$,其中辐射图最小值与通过旋转地面天线的子午线的北方向N重合。因此,这个时间间隔t_A是从飞机到地面站的方向的度量,这又意味着t_0也必须由飞机接收机确定。具体描述如下。

全向地面天线与旋转方位角天线位于同一地点,辐射由两个脉冲序列组成的基准信号(RS),其中一个脉冲重复率为35pp/s,另一个为36pp/s。当方位角辐射图最小点(在其两个波瓣之间)通过北子午线方向N,且来自两个RS序列的脉冲也与此一致时,则定义该点为t_0。这与飞机用两个RS信号定义t_0是一致的,之后方位角脉冲到达t_A。该延迟用于确定飞机与地面站的方位角(显然,如果飞机位于地面站的正北,则$t_A=0$)。

通过计算t_0和t_A之间的36pp/s信号的脉冲数提供概略方位定时;在此测量的基础上,精确定时器通过测量最后脉冲与AS信号最小值之间的间隔提供精确定时。总时间t_A等于这两个测量值之和。

从理论上讲,这种方法可以提供±0.02°的精度;但在实践中,观察到的精度受到后续电子设备和显示设备中数据处理的限制,约为±0.25°。

使用询问和应答设备使得该过程可从飞机或地面站启动,为此,在询问和应答设备这两处都安装了适当的天线。

参考文献

[1] Collinson R P G(1997), Introduction to Avionics, Chapman & Hall, London.

[2] Rockwell Collins(1997, April 11), ADF - 60A Installation Manual, Manual Number 523 - 0766186 - 00A118.

[3] Civil Aviation Authority(2000), Description of NDB and ADF Operation and Definition of Protection Requirements, Report Number 8AP/88/08/04. Civil Aviation Authority, London.

[4] Moir I and Seabridge A(2003), Civil Avionics Systems, Professional Engineering Publishing, Bury St. Edmunds.

[5] Helfrick A D(2007), Principles of Avionics, 4th Ed., Avionics Communications, Leesburg, VA.

[6] Federal Aviation Administration(FAA)(2012), Aeronautical Information Manual, dated July 7 - 26, 2012. FAA, Washington, DC, Change 3.

[7] Ostermeirt J(2009) Rhode & Schwartz, Test of DME/TACAN Transponders, Application Note 03. 2009 - 1. 10.

[8] U. S. Department of Defense(1998), Standard Tactical Air Navigation(TACAN), MIL - STD - 291C, U. S. Department of Defense(September 1986), Navigational Set AN/URN - 25, MIL - N - 29510.

[9] Moir I and Seabridge A(2006), Military Avionics Systems, John Wiley and Sons Ltd, Chichester.

[10] FAA, (2002), Order 8260.3B Change 19, United States Standard for Terminal Instrument Procedures (Terps).

[11] Baburov V I and Ponomarenko B V(2005), Principles of Integrated Onboard Avionics. Agency "RDK - Print", St. Petersburg(in Russian).

第 5 章　无线电导航着陆系统

J. Paul Sims　东田纳西州立大学工程技术与测绘学院,
约翰逊城,得克萨斯州,美国

5.1　仪表着陆系统

仪表着陆系统(ILS)是一种用于进场和着陆的最终助航设备,由航向台(LOC)、下滑台(GP)以及一系列的指点标构成,其中指点标包括外指点标、中指点标和内指点标,各组分别连续产生无线电信号。航向台提供水平指引,下滑台提供垂直指引,指点标则提供飞机相对跑道入口的距离信息。通常,控制塔台中的设备可对这 3 种设施进行控制和监控,该系统的整体布局如图 5.1 所示,信息均来自联邦航空局的《航空信息手册》[1]。

5.1.1　指点标

指点标垂直向上发出扇形的射频能量,图 5.2 展示的装置共使用了 3 种指点标,而在新的装置中,内指点标往往省去。所有指点标传输载波的固定频率为 75MHz,由于下滑台的辐射方向范围窄,相邻的指点标之间并无干扰。指点标传输在特定频率以摩尔斯符号中的点和/或线的形式进行调幅的信号(1 个或 2 个定位指点标——低功率的无方向信标(NDB)——与外指点标和中指点标一样,往往位于同一地点,但如果只使用 1 个定位器,它通常与外指点标位于同一地点)。内指点标安装的位置距跑道入口 75m,中指点标的位置距入口 1050m(或更远),外指点标的距离则为 7200m ~ 11.2km。如前所述,各指点标以 75MHz 的载波频率垂直向上传输一个特定的脉冲编码,内指点标的调制频率为 3000Hz,中指点标的调制频率为 1300Hz,外指点标的调制频率为 400Hz。飞机沿着进场航线飞过信号传输锥时,飞行员会收到脉冲编码的提示音,并确定信号。为了确保以下的波束宽度,指点标的输出应进行相应调整,其中波束宽度沿着下滑台和航向台的坐标轴测量得出。

(1) 内指点标:150m ± 50m。

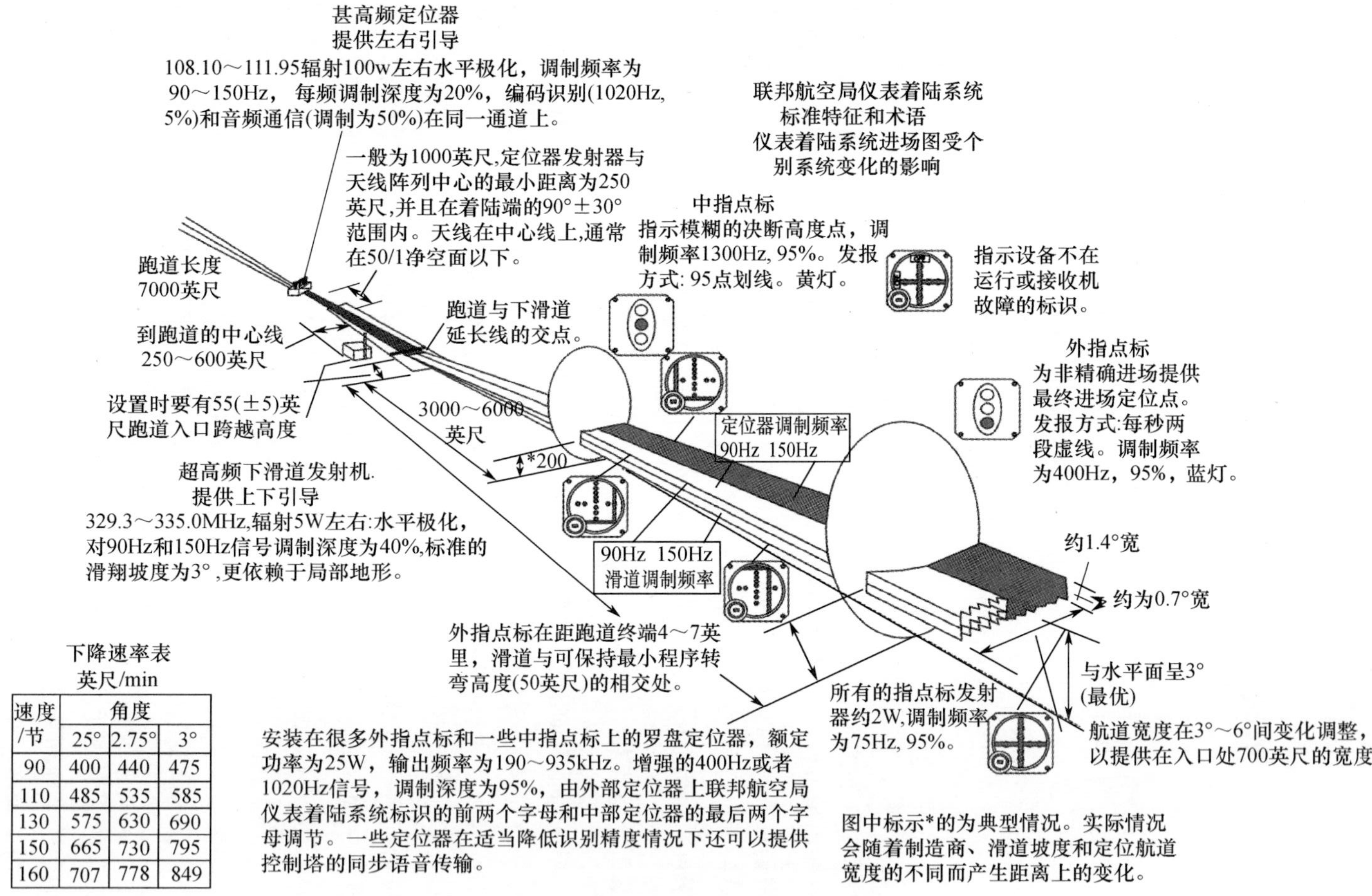

下降速率表
英尺/min

速度/节	角度		
	25°	2.75°	3°
90	400	440	475
110	485	535	585
130	575	630	690
150	665	730	795
160	707	778	849

图5.1　标准的美国联邦航空局仪表着陆系统

（2）中指点标:300m ±100m。

（3）外指点标:600m ±200m。

除了指点标,还可以安装一种测距仪（DME）系统（见 4.3.1 节）,此系统能持续提供飞机与跑道着陆点之间的距离读数。

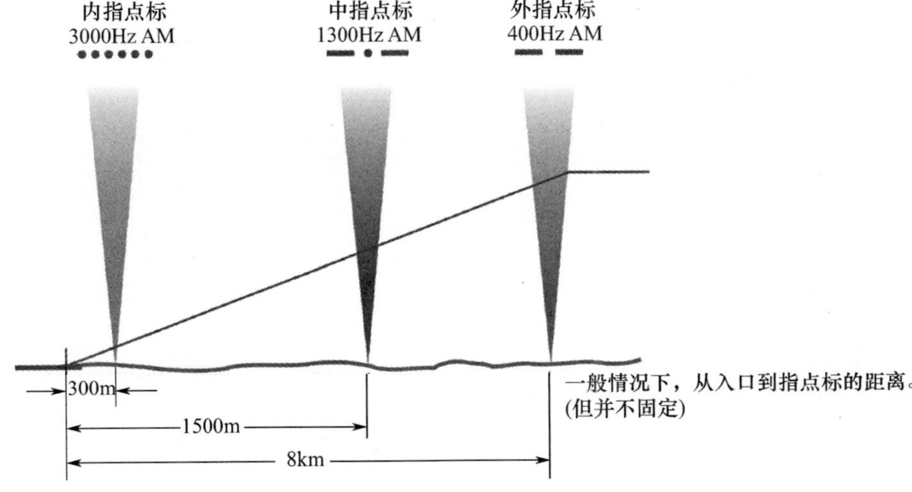

图 5.2　一种典型的指点标基站布局

（从信号灯到入口的距离根据飞机进场时保持和对齐的需求进行调整）

5.1.2　进场引导——地面设施

另外两个组成部分——航向台和下滑台的运作原理相同,但频率不同,两者均以调制度（DDM）之差测量为基础,其中调制度差是指频率分别为 90Hz 与 150Hz 这两种信号之间的差异①。这些导航频率用来探测正确的进场航道（DDM =0）以及指定的下滑台角度（DDM =0）。航向台的工作频率范围为108 ~112MHz,它产生一种垂向引导平面,飞行员在辐射功率仅为 25W 的情况下,在远达 25n mile 处,能选择一条左边或右边的进场航道。在引导平面,天线辐射方向图能为 90Hz 与 150Hz 这两种调制频率传输同样的振幅。

如果飞行员偏离到引导平面的左边,90Hz 调制信号则会给驾驶舱发出“向右飞行”的指令。如果飞行员偏离到引导平面的右边,150Hz 调制信号则会给驾驶舱发出“向左飞行”的指令。图 5.3 展示了一种典型装置的航向信标值[2]。

下滑台的工作频率为 328 ~336MHz,所生成的下滑信标在跑道上因特定的滑行角而有所升高。典型装置的辐射功率为 5W,信号接收范围为 5n mile,天线辐射

① 调制度差是用较大信号的调制度减去较小信号的调制度,然后除以 100 计算得出。

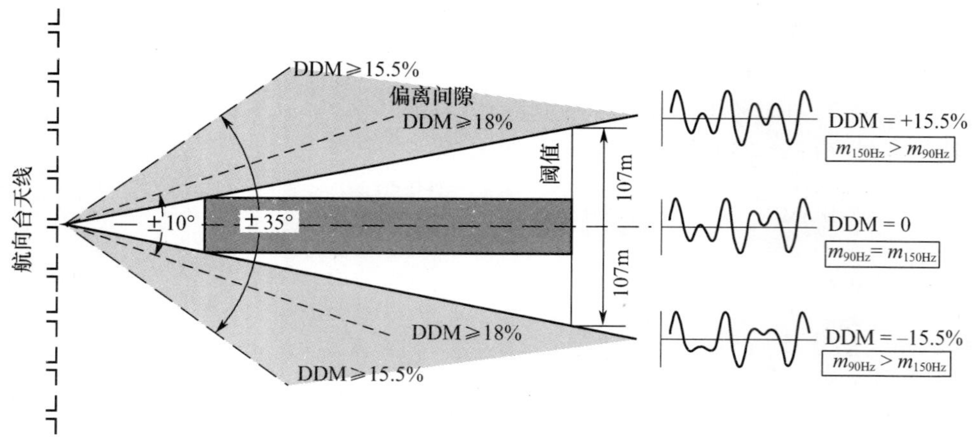

图 5.3　典型的航向台布局(注意入口点处的宽度为 107m)(图片由 EASA 提供)

方向图因与地球表面相互作用而形成,其中包括下滑台下方的 150Hz 调制和下滑台上方的 90Hz 调制,而下滑台本身的这两种调制信号幅度相等。铅垂面方向图与水平面方向图相交所形成的光束决定正确的进场航线,图 5.4 展示了一种典型的下滑台布局与信号结构,其中跑道入口处的下滑台高度为 15m[3]。

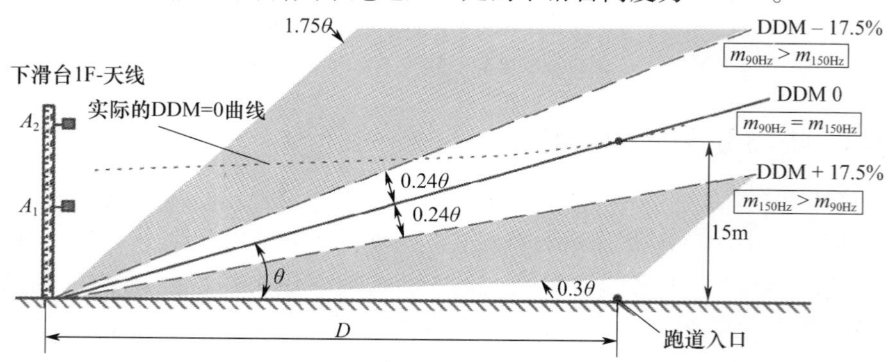

图 5.4　下滑台布局(注意入口 15m 处的交叉点)(图片由 EASA 提供)

图 5.5 展示了信号通路的矩形形式,而信号通路由航向台和下滑台信号构成。受当地地形和障碍物的影响,地面卫星接收站的天线配置可能有所差别。由于航向台是单 – 双频系统,下滑台是三大系统(2 个单频系统和 1 个双频系统),二者均为飞机提供同样有效的引导。

除了航道信息,航向台的射频信号还包括一种莫尔斯电码形式的机场识别信号,这种电码包含 3 个或 4 个频率为 1020Hz 的符号。还可以使用辅助特征以语音信号形式(传至或来自控制塔的机场信息播送业务(ATIS))从外部对航向台的射频信号进行调制,这一特征的音频范围为 300 ~ 3000Hz,调制度可达到 40%[4,5]。

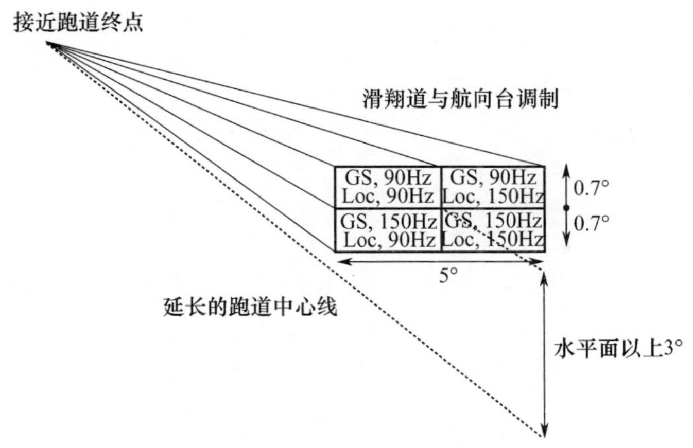

图 5.5　进场滑翔道与航向台信号[4]

飞机与仪表着陆系统(又称为盲降)之间又有怎样的联系呢? 5.4 节对光学引导系统进行了描述,值得注意的是,在某个特定的机场,该机场无任何障碍间隙问题,盲降与目视进场(精密进场航道指示器(PAPI)或目视进场坡度指示器(VASI))设定的角度大约为 3°,因此,两种系统提供的信息之间必然有直接联系。然而,机身较长的飞机如波音 747 飞机或空中客车 A300 飞机,它们的轮子在飞行员的视线范围下几米处,而飞行员的脑海中必须设定一个平行且更高的坡度,以便飞机降落时在跑道入口处有足够的轮胎间隙。三排式目视进场坡度指示器正是为了确保机身较长飞机的飞行员仅使用目视进场坡度指示器的上风灯和中间灯,而避免下风灯(较低)。若飞机按正确的进场坡度下滑时,上风灯将呈红色,中间灯则是白色,以确保起落架之间有合适的空隙。

5.1.3　进场引导——飞机设备

在飞机上,水平状态指示器(HSI)提供先进的仪表着陆系统引导显示,它的基本功能与普通仪表着陆系统或甚高频全向信标的两排式显示相似。如图 5.6 所示,当使用甚高频模式时,垂直指针每点偏离航向台 2°;若使用仪表着陆系统模式,则仅仅偏离 0.5°。

当飞机在下滑台以上或以下约 0.75°时,水平指针则会满刻度偏转,因此,根据标准的 5 点显示,指针的 1 点偏离则意味着飞机偏离下滑台约 0.15°。

5.1.4　着陆进场类别Ⅱ与类别Ⅲ

虽然仪表着陆系统提供了标准信号,但是根据进场类别(CAT),地面部分必须包括某些信号传送器。例如,进场类别为Ⅲ,航向台则必须包括一个双传送器或

图 5.6 展示垂直航向台和水平滑翔道指针的典型仪表着陆系统水平位置指示器

双显示器。监测系统必须确保仪表着陆系统的信号是一致的,并符合操作规程。

进场类别的数字仅仅表示最低进场的视觉最小值①,为了达到这些进场标准,需要以下 3 点要求:特殊的地面装备(如前所述);在某些情况下,需要特殊的飞机设备与仪表着陆系统结合,以便通过调整姿态和推力自动驾驶飞机;受过特殊训练的工作人员。

影响仪表着陆系统范围和精确度的常见因素包括射束弯曲,这由当地的地形所致,当飞机靠近入口时,航向台的精确度增加,从而射束弯曲的影响几乎为零。另一影响因素是传播误差,这也由当地地形造成。最后,进场航线旁的大型物体也会引起多路径效应。进场类别为Ⅱ和Ⅲ的机场,均会对这些误差保持监测,为了做好预防措施,联邦航空局每天派飞机飞进美国不同的机场航道,以确保仪表着陆系统正常运作,并提供安全可靠的入场航道。所有的仪表着陆系统进场设备均需一片保护区域,该区域称为敏感区域,位于航向台和下滑台信号传送器的前方,以防范车辆、其他飞机以及任何可能会进入仪表着陆系统信号传输区域的物体。为了保证信号的完整性,这些敏感区域在机场的占地面积非常大。进场类别为Ⅲ的机场敏感区域影响范围最大,例如,一个进场类别为Ⅲ的机场敏感区域形状为长方形,当一架飞机在入场航道上时,该区域的长度沿着跑道可达 2750m,宽度可达 90m,此距离均以航向台为参照物。

---

① 进场类别Ⅰ——决断高度为 200 英尺(60m),跑道视距为 1800 英尺(550m)。
进场类别Ⅱ——决断高度为 100 英尺(30m),跑道视距为 1200 英尺(350m)。
进场类别Ⅲa——决断高度为 50 英尺(15m),跑道视距为 700 英尺(200m)。
进场类别Ⅲb——决断高度为 50 英尺(15m),跑道视距为 150 英尺(50m)。
进场类别Ⅲc——决断高度为 0 英尺,跑道视距小于 150 英尺(50m)。

表 5.1　需要机组人员决定后续进场方式的进场类别Ⅱ和Ⅲ进场情况的偏差限制

参数	若偏差超出	需要的呼叫
IAS	+10kt -5kt	"加速"
下降速率	-1000 英尺/min	"过高下降率"
俯仰姿态	机头抬起 10° 0°(A330\340), -2.5(A320\321)	"俯仰"
倾侧角	7°	"倾侧"
定位器	超出偏差警告　1/4 DOT(PFD)	"定位器"
滑翔道	1 DOT(PFD)	"滑翔道"
注:来自空中客车的Ⅱ类和Ⅲ类的操作规程与空中客车 2011 年 10 月的技术文档 STL 472.3494/95		

飞行员在飞机进场时使用了仪表着陆系统进场图,虽然只有薄薄一页,却为飞机安全入场提供了所有的必要信息。图 5.7 展示了国际民航组织、联合航空局以及联邦航空局在进场类别为Ⅱ和Ⅲ的机场关于操作方面的不同定义,这些操作都是国际航班飞行员在入场时必须应对的,其中,联邦航空局和联合航空局的设备为标准规格[2,6,7]。

		国际民航组织	联邦航空局	联合航空局
进场类别 II	决断高度	100英尺 ≤ 决断高度 < 200英尺	100英尺 ≤ 决断高度 < 200英尺	100英尺 ≤ 决断高度 < 200英尺
	跑道视程	350m≤跑道视程 1200英尺≤跑道视程	350m≤跑道视程< 800m 1200英尺≤跑道视程 < 2400英尺	300m≤跑道视程 1000英尺≤跑道视程
进场类别 IIIA	决断高度	没有决断高度或 决断高度< 100英尺(1)	没有决断高度或 决断高度< 100英尺(1)	决断高度< 100英尺(1)
	跑道视程	200m≤跑道视程 700英尺≤跑道视程	200m≤跑道视程 700英尺≤跑道视程	200m≤跑道视程 700英尺≤跑道视程
进场类别 IIIB	决断高度	没有决断高度或 决断高度< 50英尺	没有决断高度或 决断高度< 50英尺	没有决断高度或 决断高度< 50英尺
	跑道视程	50m≤跑道视程<200m 150英尺≤跑道视程 <700英尺	50m≤跑道视程<200m 150英尺≤跑道视程 <700英尺	75m≤跑道视程<200m 250英尺≤跑道视程<700 英尺
进场类别 IIIC	决断高度	没有决断高度	没有决断高度	
	跑道视程	没有跑道视程限制	没有跑道视程限制	

图 5.7　不同区域中跑道视距和决断高度的差别

若进场类别为Ⅱ或Ⅲ，飞行员则必须借助自动系统，结合仪表着陆系统的传输，对飞机进行操控，而且必须对进场进行持续监测，以防出现变更而超出规定范围。表 5.1 展示了可能会出现的变数，此时，工作人员需要就如何前行作出相关决定，若超出了规定范围，有以下 3 种选择：继续入场、调高最小值或四处盘旋。然而，若进场类别为Ⅲ，相关配备完整，且采用稳健设计的自动驾驶仪和耦合的仪表着陆系统，即使在自动驾驶仪出现单一故障或在警戒高度①以下发生引擎故障，有的空中客机仍能继续安全着陆[8]。

目前，近远程导航的 GPS 系统仍处于巨大变化中，但将来仪表着陆系统的操作性能仍然良好。2011 年，联邦航空局曾预计仪表着陆系统在接下来的 20 年或更长时间内能继续运作，但最终将会逐步取消，由天基精密进场系统②取而代之。例如，根据 2010 年的美国参议院报告 111 - 069，国家拨款 1800 万美元在全国范围内安装新的仪表着陆系统。

现代地基增强系统（GBAS）是一种以 GPS 为基础的精密进场系统，用来取代当前的仪表着陆系统，为进场类别Ⅱ与Ⅲ的机场服务，下文将会进行概述。

5.2 微波着陆系统——现状

在美国，除了一些民航和军事航空应用，微波着陆系统（MLS）已经或将会被基于 GPS 的进场系统取代。然而，军事系统仍在广泛使用微波着陆系统，例如，美国海军和其他国家仍在使用 AN/ARA - 63 战术仪表着陆系统，该系统以微波着陆系统为基础，很多飞机上安装了该系统，如 F/A - 18E/F/G 与 E - 2D 型飞机，到目前为止，美国海军仍在继续订购这些系统。

与标准的仪表着陆系统相比，微波着陆系统更有优势，它没有任何地形方面的困难，如信号阻挡或其他的地形问题，而且微波着陆系统信号也很少出现干扰问题，其中最重要的优势也许是微波着陆系统能够在波束覆盖范围内的任何一点为飞机进场提供支持。例如，进场入口与跑道中线的角度可达 ±60°，滑翔道的角度范围可能为 0.9°～30°，则捕获范围可达 20n mile。由于微波着陆系统采用了宽频带，按当前的设计，可拥有 200 个频道，而仪表着陆系统最多有 40 个频道。

---

① 警戒高度是指跑道之上的一种高度，根据飞机及其故障后可用自动着陆系统的特征规定的高度，在这一高度之上，若自动着陆系统的某一冗余部分或地面设备发生故障，进场类别为Ⅲ的进场将中断并开始复飞。

② 联邦航空局全球导航卫星系统更新，ICG - 6，2011 年 9 月 5 日。

5.2.1 微波着陆系统的基本概念

在技术方面,微波着陆系统非常稳定可靠,提供了进场方位角、反方位角、进场仰角、距离以及数据通信。信号传送器以跑道为基础,向各方传播信息,飞机接收器通过测量波束连续经过飞机之间的时间间隔,计算方位角和仰角,该波束较窄,呈扇形。测距源自精密测距仪,因此无需指点信标。该系统的两个独特部分在于反方位角引导,在重新进场时,能给飞机提供水平导航信息;另外,系统的数据通信部分能提供多种数据信息,如天气或风切变警报等。

5.2.2 微波着陆系统的功能

在功能方面,该系统通过提供一组信号,使飞机能够从机场着陆点进行三维定位,给飞行员的展示与仪表着陆系统相同(稍有变化)。仰角台负责提供仰角数据,它与方位台传输信号的频率相同,还提供多种下滑角,以便飞行员能为飞机选择一种适当的进场角度。仰角台信号贯穿整个方位角范围,因此,只要有方位引导的所有点,仰角台都能提供精准的下滑台引导。测距仪/P 站提供距离引导,其范围可达 22n mile。

方位信号是一种垂直波束,较窄,呈扇形,在覆盖区域来回扫描,波束的中心通常对准跑道的中线,如图 5.8 所示。在进场道,波束从左边开始,以恒定角速度向右扫描,此段称为 TO 扫描。经过一小段保护时间之后,波束往回扫射到出发点,这就是 FRO 扫描(来源于“to and from”(‘往和返’))。因此,在“往”和“返”扫描的整个周期内,飞机将会收到两个脉冲,通过精确测量这两个脉冲之间的时间间隔,推断出当时的方位,该时间间隔与飞机的角度位置(方位)成比例,这一扫描的重复速度为 13.5 次/s。“往”和“返”波束之间的最大时间间隔是从覆盖区域的最左边测量得出,而最小的时间间隔则是从最右边测量得出,实际测量的时间间隔则是角位置,也是距中线的角位移[1,4,9,10]。

仰角扫描法与方位扫描法大致相同,仰角波束以 40.5 次/s 的速度进行上下扫描。飞机接收器结合仰角信息和方位以及测距(来自 DME/P)进行三维定位,从而,机载设备能得出有关曲线入场、不同滑翔道以及分段入场的操纵指令。典型的微波着陆系统频率从 5031.0MHz 到 5090.7MHz 范围内分出 300kHz,除了测距仪,其他所有功能仅在单频道就能实现,时分复用和前同步信号用来分割方位角和仰角扫描。图 5.8 展示了典型的微波着陆系统扫描方式——左右扫描和上下扫描,由此提供二维数据以及由 DME/P 提供的测距数据。

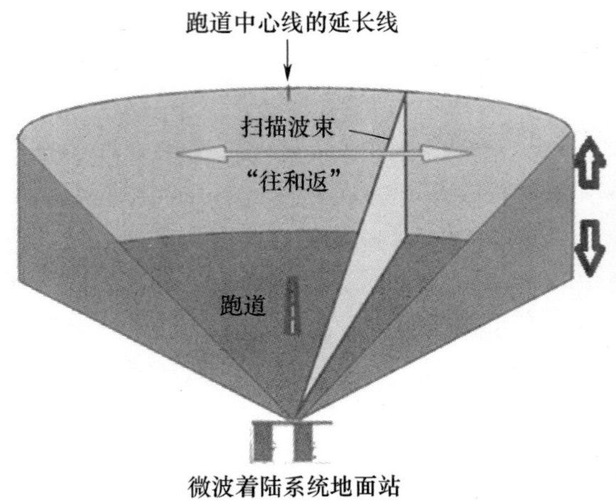

图 5.8　基本的微波着陆系统信号扫描和站点布局

5.3　地基增强系统

地基增强系统实际上是一种以卫星为基础的精准着陆系统，该系统已经被国际民航组织所采用，以取代当前的仪表着陆系统。这一新型系统包括一个固定的地面卫星接收站，该站负责为 GPS 卫星信号传输位置校正数据，以便为飞机的最后入场阶段提供非常精准的定位引导，之后则为飞机的着陆阶段提供精确的三维定位信息。仅仅一个地基增强系统站就可以同时提供多达 26 条高精度入场航线。

联邦航空局提供了以下地基增强系统的相关信息。

地基增强系统对目前美国航空领域所使用的 GPS 进行了巩固加强，为机场附近的飞机提供了位置校正信息，以提升这些飞机 GPS 导航位置的精确性和完整性。地基增强系统的目标是成为仪表着陆系统（ILS）的替代选择，支持全方位的入场和着陆操控。目前，非联邦（non – Fed）地基增强系统设备提供了Ⅰ类（CAT – Ⅰ）精密进场服务，而联邦航空局当前工作计划的中心则是给地基增强系统进场服务类型 – D（GAST – D）（CAT – Ⅲ 最小值）确定标准，此计划可以使当前的 GAST – D 地基增强系统在 2016 年得以使用①。

5.3.1　现状

目前，美国仅有两个正在运行中的地基增强系统：一个在新泽西州的纽瓦克

① http://www.faa.gov/about/office_org/headquarters_offices/ato/service_units/techops/navservices/。

市;另一个位于得克萨斯州的休斯敦。其他唯一一个获得批准进场的在德国不来梅港市,另外一些站台在未来也将运行,如西班牙的马拉加和澳大利亚的悉尼。唯一一个正在试验运行的 CAT Ⅲ类站位于德国的法兰克福机场,该站台于2013 年5 月31 日开始运行,目前正由欧洲的监管机构进行试验,预计在2025 年大多数机场将拥有经过认证的地基增强系统①。

5.3.2 技术参数

地基增强系统的优势在于地面部件的数量少,这些部件对于多跑道飞机着陆是非常必要的。例如,仅仅一个地基增强系统站就能支持多跑道末端的 26 条进场航线,从而减少了仪表着陆系统的总数目。通信宽带方面的问题也少了——地基增强系统仅需一个甚高频(VHF)信道就可以支持多达 48 个独立的进场程序,此外,地基增强系统地面卫星接收站与 GPS 基准接收机几乎能安装在机场的任何一点,这样地基增强系统就能为那些仪表着陆系统不能支持的跑道进行服务。

按目前的联邦航空局标准,地基增强系统的精确度应达到 1m,其可靠性应达到进场类别为Ⅱ或Ⅲ的操作要求(目前在运行中的霍尼韦尔(Honeywell)地基增强系统的精确度为 4m,符合进场类别为 Ⅰ 的操作要求)。基本的地基增强系统包括一条中心水平极化的甚高频天线和 4 条 GPS 基准天线,提供一个基准坐标网格,从而能进行非常精准的定位。该定位用来纠正以卫星为基础的 GPS 信号中所出现的误差,校正数据通过中央地面卫星接收站传输给飞机,由机载航空电子设备进行处理,最终进行精准的三维定位,从而航空电子设备能为机场的任何跑道提供自动着陆系统以及详细的工作人员引导。一般来说,地基增强系统的覆盖范围距机场地面卫星接收站的距离可达 30 英里[11]。

在一定区域(半径约 50 英里),大气修正值和电离层修正值相同,地基增强系统的基本工作概念正是基于这一事实。因此,地面卫星接收站在安装时进行过精确调查,能提供固定的位置参数。在确定来自所有地面卫星接收站的数据差异后,将计算出的校正数据传送给飞机。按目前的国际民航组织标准,以下数据应编码成甚高频数据库信息②。

(1) 差分编码校正和完整性数据(其中包括差分校正和完整性——每颗卫星的相关数据由地面系统负责跟踪)。

---

① http://www.faa.gov/about/office_org/headquarters_offices/ato/service_units/techops/navservices/gnss/laas/。

② http://ieeexplore.ieee.org/ieee_pilot/articles/96jproc12/jproc-TMurphy-2006101/article.html。

（2）基准点和地基增强系统站的数据。

（3）最终进场航线描述（进场航线定义包括最终进场段定义，即每个跑道头或由地面段服务进场的定义）。

机载航空电子设备采用此信息为工作人员和自动着陆系统计算入场和引导数据，这对飞机和机场有许多优势。例如，机场中不再有任何有关仪表着陆系统的临界区域了，这一点已经在仪表着陆系统部分进行了概述，另外，由于飞机的入场形式更加灵活，噪声也得到了更好的控制。对于飞机和航空公司来说，停留时间和燃料费都会有所减少。正如微波着陆系统，下滑台的变更和移位阈限都是可能出现的。目前，霍尼韦尔和罗克韦尔·柯林斯公司均提供地基增强系统电子设备，其中波音 737 - NG、波音 747 - 8、波音 787 型飞机以及空中客车 A320、空中客车 A330/340、空中客车 A380 飞机已经进行了认证安装。目前使用地基增强系统的航空公司包括美国联合航空公司、澳洲航空公司以及柏林航空公司。图 5.9展示了一种典型的地基增强系统布局①。

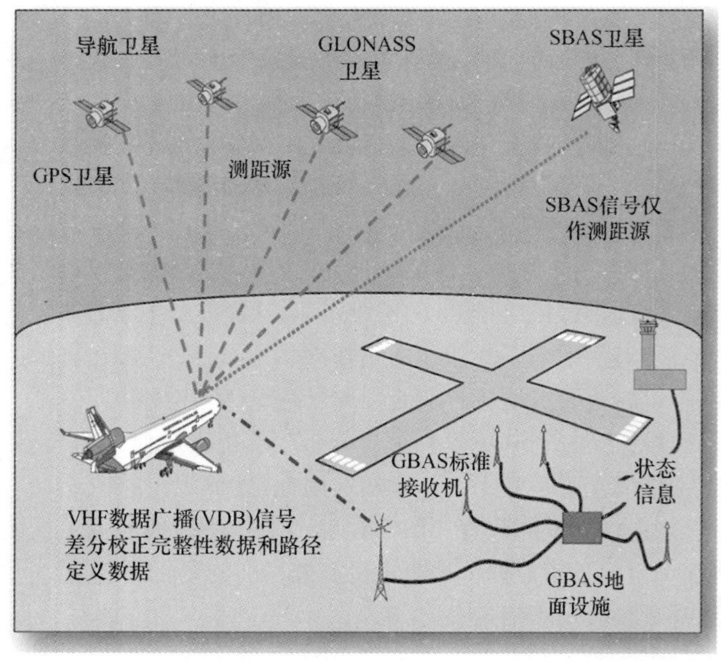

图 5.9　典型的地基增强系统布局

（http://ieeexplore.ieee.org/ieee_pilot/articles/96jproc12/jproc - TMurphy - 2006101/article.html）

① http://honeywellsmartpath.com/system_features.php。

5.4 灯光系统——机场目视着陆设备与其他近程光学导航系统

和大多数与飞机及机场相关的物品一样，机场目视着陆设备也有相关的特定规则。在目视气象条件下，飞行员在机场识别的第一个组件通常是机场灯标，在2005年11月17日发布的联邦航空局AC 150/5345－12E通知中，对这几种灯标类型进行了概述——“机场与直升机场灯标的规格”。表5.2提供了大部分有关各种灯标类型的重要信息。

与表5.2中第4栏的最低要求相比，典型的机场灯标显然能提供更强的灯光，例如，位于俄亥俄州的曼斯菲尔德Manairco公司生产的机场灯标可见范围为30～40英里，其发光强度可达400000cd（发光强度单位）。机场灯标是飞行员看到的第一个机场助航设备，灯标不仅提供了机场的目测方位，而且通过可视信号的特征表明该机场的类型。

表5.2 机场灯标描述

灯标类型	应用	提供的信号	最低强度/cd（仰角，3°～7°）
L－801A	中等强度机场灯标	依次闪现白色和绿色	50000
L－801H	中等强度直升机场灯标	依次闪现白色、绿色和黄色	25000
L－801S	中等强度水上飞机基地灯标	依次闪现白色和黄色	50000
L－802A	高强度机场灯标	依次闪现白色和绿色	75000
L－802M	高强度军用机场灯标	依次闪现白色、白色和绿色	95000
L－802H	高强度直升机场灯标	依次闪现白色、绿色和黄色	37500
L－802S	高强度水上飞机基地灯标	依次闪现白色和黄色	75000

当飞行员靠近机场时，接下来看到的设备则是跑道指示灯，这些指示灯显示出跑道本身的轮廓，有时还能提供磁航向。在飞机入场阶段，有几种视觉引导系统帮助飞行员选择合适的航道，这一协助作用对飞行员来说相当重要，而且对于采用仪表飞行规则（IFR）时决断高度和过渡到视觉引导是必须的，此时，由于天气原因，机场能见度低，飞行员只能采用仪表飞行，直至飞机降落至低空。

灯标之后，飞行员通常会看到进场灯光系统，进场灯光系统（ALS）是一种高强度或中等强度的顺序闪光信号灯配置，旨在引导飞行员从进场区到达跑道入口。进场灯光还能为目视飞行规则下的夜间进场提供额外的视觉引导。

经批准，进场灯光系统在美国和其他国家有各种用途，其中包括为进场类别Ⅱ

和Ⅲ的精密仪表进场提供带有顺序闪光灯(ALSF-2)的高强度灯光阵列、高强度顺序闪光灯(ALSF-1)以及3种中等强度的进场灯光阵列(MALSR、MALS和MALSF)。据2012年的《航空信息手册》记载,“进场灯光系统是一种信号灯配置,起始于跑道入口,延伸至进场区域,这一距离在精密仪表跑道可达2400~3000英尺,在非精密仪表跑道的距离可达1400~1500英尺。其中有的系统包括顺序闪光灯,这在飞行员看来是一个快速向跑道移动(2次/s)的光球”。图5.10展示了一种典型的进场灯光系统布局。

图5.10 典型的进场灯光系统布局(注意:绿线标示的是跑道的入口)

5.4.1 目视进场坡度指示器

飞行员在对进场灯光系统进行定位并将飞机对准跑道后,就能使用目视进场下滑道指示器进行降落,确保飞机以适当的下滑角入场。这里有两种典型的视觉显示:目视进场坡度指示器(VASI)与精密进场轨迹指示器(PAPI)。其中,目视进场坡度指示器是一种光学基准装置,位于地面跑道的两侧,根据视程与跑道上飞机的类型要求,目视进场坡度指示器有多种设计类型,每个指示器包括一、二或三“排”灯,称为灯组。对于飞行员来说,每组灯根据飞机的位置而呈现不同的颜色。如果飞机进场时角度过低,则所有灯号均为红色;如果角度过高,则呈白色;如果飞机的进场角度正确,则 1/2 的灯组呈红色,另外 1/2 呈白色。美国最常见的系统包括 VASI－2、VASI－4、VASI－12 以及 VASI－16。首字母缩略词后的数字代表该系统中的灯组数目,《航空信息手册》规定"2 排灯组的目视进场坡度指示器装置提供一个目视下滑道,设置角度通常为 3°"。

3 排灯组的目视进场坡度指示器装置则提供两个目视下滑道,其中前排灯组和中排灯组指明较低的下滑道,设置角度通常为 3°;较高的下滑道则由中排灯组和后排灯组决定,设置的角度通常高出 1/4°。较高的下滑道仅用于高驾驶舱的飞机,以便提供足够的跑道末端通过高度。虽然正常的下滑道角度为 3°,但在有些地方,为了提供适当的障碍间隙,这一角度可高达 4.5°。目视进场坡度指示器灯号在夜间的可视范围达 20 英里,在白天的范围为 3～5 英里,尤其在距机场跑道入口 4n mile 处,采用目视进场坡度指示器降落能确保障碍间隙安全,与延伸的跑道中心线所呈的角度将控制在 ±10°以内。另外还有其他形式的目视进场坡度指示器,其中包括三色目视进场坡度指示器和脉冲式目视进场坡度指示器(PVASI),这两种系统的视觉显示与标准的目视进场坡度指示器不同,图 5.11 展示了一种典型的脉冲式目视进场坡度指示器布局,其灯光由单光源产生,跑道旁的圆圈则指示灯光的相关颜色。

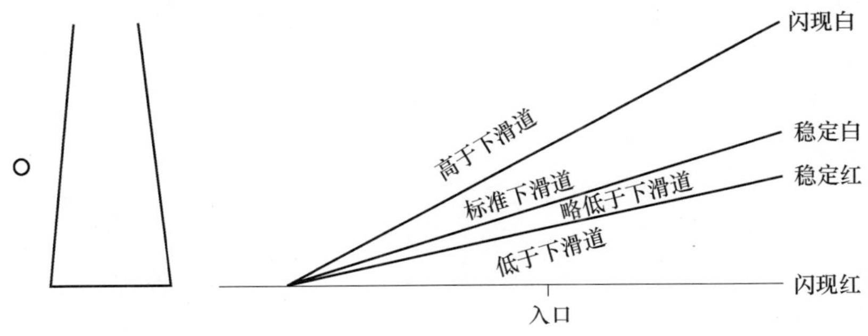

图 5.11　PVASI 进场下滑道制导

5.4.2　精密进场轨迹指示器

精密进场轨迹指示器是一种目视进场坡度设备,经批准在美国和其他国家投入使用。该系统为飞行员提供了更精准的飞机进场航线,且仅使用一排灯,系统包括 4 盏灯泡,分布在进场跑道的一侧,显示的颜色为白色或红色,以提供飞机位置的目测指示。如图 5.12 所示,灯泡一般安装在跑道的左侧提供滑翔道指示。

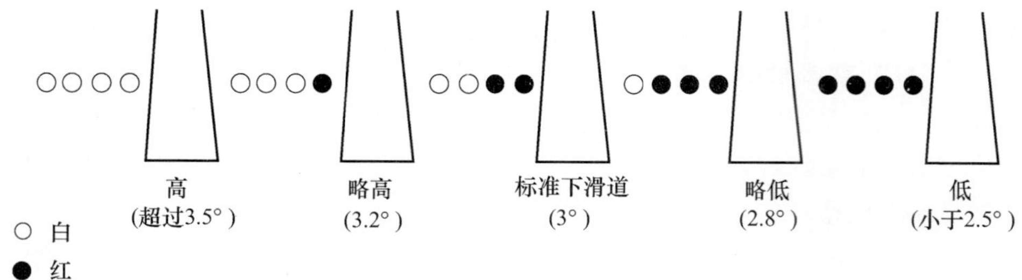

图 5.12　精密进场轨迹指示器

5.4.3　最终进场跑道占有信号

由于飞机降落时跑道被另一架飞机或车辆堵住而造成的事故经常发生。实际上,最糟糕的是飞机起飞时,撞上另一架堵在跑道上的飞机,而造成人员伤亡。目前有了跑道状态灯(RWSL)系统这样的技术,这一事故就可以避免。跑道状态灯系统为工作人员提供视觉提示,以确定飞机在滑行道继续前行的时间以及何时进入跑道起飞,飞机进场期间若跑道上发生了事故,该系统还能给出相关建议。以最终进场跑道占有信号(FAROS)为例,FAROS 是跑道状态灯系统的一部分,不受航空交通管制,根据机场跑道和滑行道监测系统的输入自动运行。若某个物体占用了跑道保护区,最终进场跑道占有信号系统则会闪现精密进场轨迹指示器灯光,当该物体离开跑道保护区时,精密进场轨迹指示器灯光则停止闪烁。为了确保该系统正常运行,当飞机在机场时,异频雷达收发机必须处于工作状态,正如《航空信息手册》规定:"在装有跑道状态灯的机场,飞行员在离开出入口或停靠区域时,异频雷达收发机应该是'开启'状态,直至飞机到达出入口或停靠区域时才关闭,这就确保了与联邦航空局监测系统如 ASDE - X 之间的相互作用,ASDE - X 为跑道状态灯提供了相关信息。"还有其他各种机场灯光系统为飞行员提供相关引导信息,《航空信息手册》第 10 部分对机场场面的导航有详细记载。

参 考 文 献

[1] FAA(August 2013), Aeronautical Information Manual, Change 3, FAA, Washington, DC.

[2] International Civil Aviation Organization(ICAO)(June 2000) Report 8071, Vols. 1 and 2. *Manual on Testing of Radio Navigation Aids, Volume I: Testing of Ground - Based Radio Navigation Systems*, 4th ed; reprinted June 2000; Amendment 1: 10/31/02. *Manual on Testing of Radio Navigation Aids, Volume* Ⅱ: *Testing of Satellite - Based Radio Navigation Systems*, 5th ed, ICAO.

[3] Moir I and Seabridge A(2006) *Military Avionics Systems*, John Wiley & Sons, Ltd, Chichester.

[4] Battlett J L *Microwave and RF Avionics Applications*, CRC Press, Boca Raton, FL, 2008.

[5] Thales(2010), ILS 420 System, Technical Manual, Parts 1, 2, and 3. Thales, Neuilly – sur – Seine.

[6] Moir I and Seabridge A(2003), *Civil Avionics Systems*, Professional Engineering Publishing, London.

[7] Helfrick A D(2007), *Principles of Avionics*, 4th ed., Avionics Communications, Leesburg, VA.

[8] Airbus(October 2001), CAT Ⅱ/CAT Ⅲ Operations, Report STL472. 3494/95.

[9] FAA(May 2002), Order 8260. 3B Change 19, United States Standard For Terminal Instrument Procedures (Terps), FAA, Washington, DC.

[10] McShea R E(2010), *Test and Evaluation of Aircraft Avionics and Weapon Systems*, AIAA, Reston, VA.

[11] Honeywell(2001), *DFS Embraces New Precision Approach Technology*, Honeywell.

第 6 章 相关极值系统和传感器

Evgeny A. Konovalov 俄罗斯齐奥尔科夫斯基宇航学院，莫斯科，俄罗斯
Sergey P. Faleev 州立航空航天仪器仪表大学，圣彼得堡，俄罗斯

6.1 构建原理

相关极值系统（Correlated – Extremal Systems，CES）与高精度定位、速度控制、方向控制及飞行器到达（或设定点）等制导过程相关，它能够提高计算速度和相关函数的计算精度。[1-15]

相关极值系统（图 6.1）的作用可通过图 6.2 和图 6.3 示例说明。相关极值检测设备（the Correlated – Extremal Sensing Device，CESD）的主要目的是确定这些图像的互相关或互协方差函数或互相关函数的主峰 – 峰值位置（the Principal Peak – to – Peak Position，PPP）（图 6.4 ~ 图 6.7）。通过位置信息，就可以自动控制飞行器，使得 PPP 坐标模块输出趋于零，相关内容随后详细介绍。

在图 6.1 中，t 为时间，其他参数含义如下。

$g_{(t)}$——从图像传感器 1 得到的原始图像（或当前图像）。

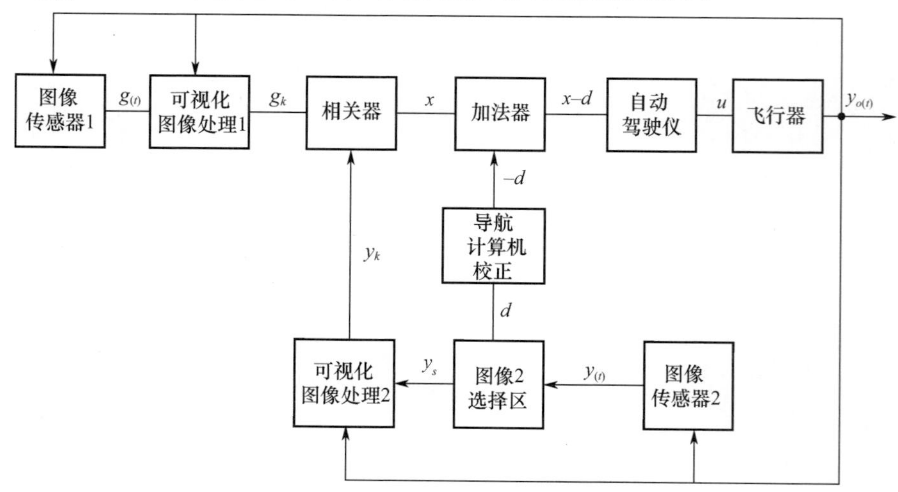

图 6.1 互相关飞行控制系统（Cross – correlation Flight Control System，CFCS）

图 6.2　卫星拍摄的某城市公园图像

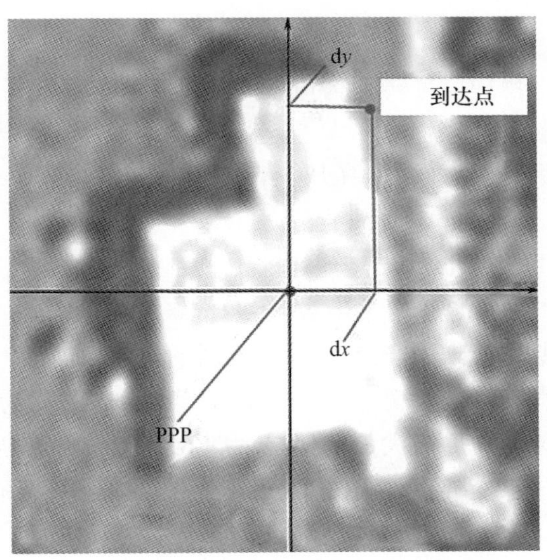

图 6.3　某城市公园中一幢建筑物图像

$y_{(t)}$——从图像传感器 2 得到的次图像(或主图像)。

$y_{(s)}$——次图像中选中用于定位的区域。

g_k 和 y_k——用于交叉协方差扩展失真最小化处理的图像。

d——方向或瞄准点偏差。

x——最大 PPP 数值 - 方向、位置或瞄准误差。

u——发送到飞行器的指令信号。

$y_{o(t)}$——飞行器运动输出参数(位置、方向、速度)。

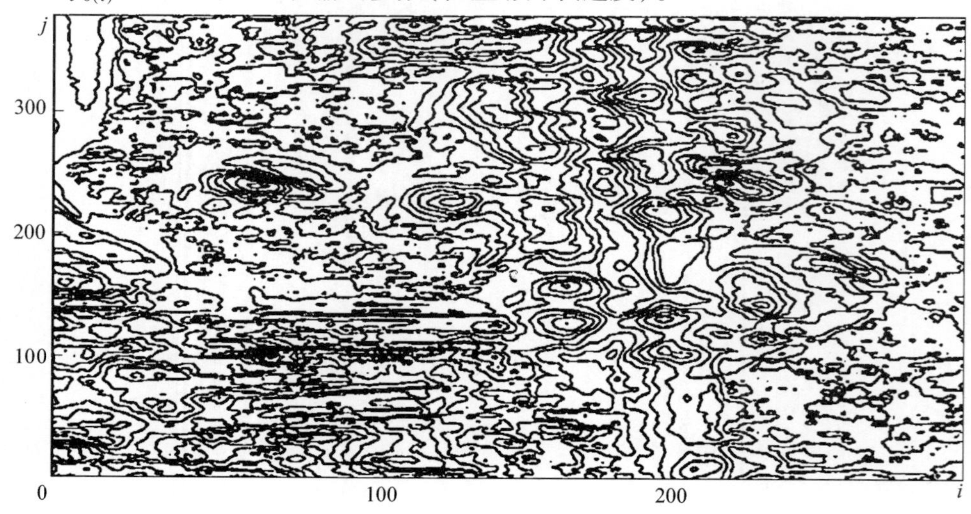

图 6.4　互相关函数等值线图

图像传感器将物理信号转化为电信号,同时会产生孔径失真与非线性失真。由于可视化图像处理程序放大了这些失真,因此,PPP 误差将增加。相关器后面的加法器将一个方向偏差(从飞行器运动输出参数中获得)叠加到 PPP 数据中。

图 6.2 是卫星拍摄的某城市公园图像,图中一栋建筑物(图 6.3)是飞行器的瞄准目标。这些图像的互相关函数(the Cross - Correlation Function, CCF)如图 6.4 中的等值线图所示,图 6.5 是其三维图形。图中展示出互相关函数的不规则形和许多极值点。最大值称为全局最大值,其他的称为局部最大值。图 6.5(b)显示的是包含全局最大值的区域。图 6.6 和图 6.7 显示的是互相关函数通过 PPP 的两个正交界面图。图 6.6 是沿 y 轴的部分,图 6.7 是沿 x 轴的部分。

在图 6.6 中,相交部分在 $i=67$(实线)处位于互相关函数的 PPP 最大值。只有 3 个像素点(短划线的左边和点线的右边)分隔的相交部分趋近于零,并且明显低于最大值,此时,PPP 已经非常模糊。

图 6.7 中,相交部分在 $j=102$(实线)处位于互相关函数的 PPP 最大值,最大值只是相对较大。只有上下 3 个像素点(用短划线和点线表示)分隔的相交部分明显比 PPP 数值小。

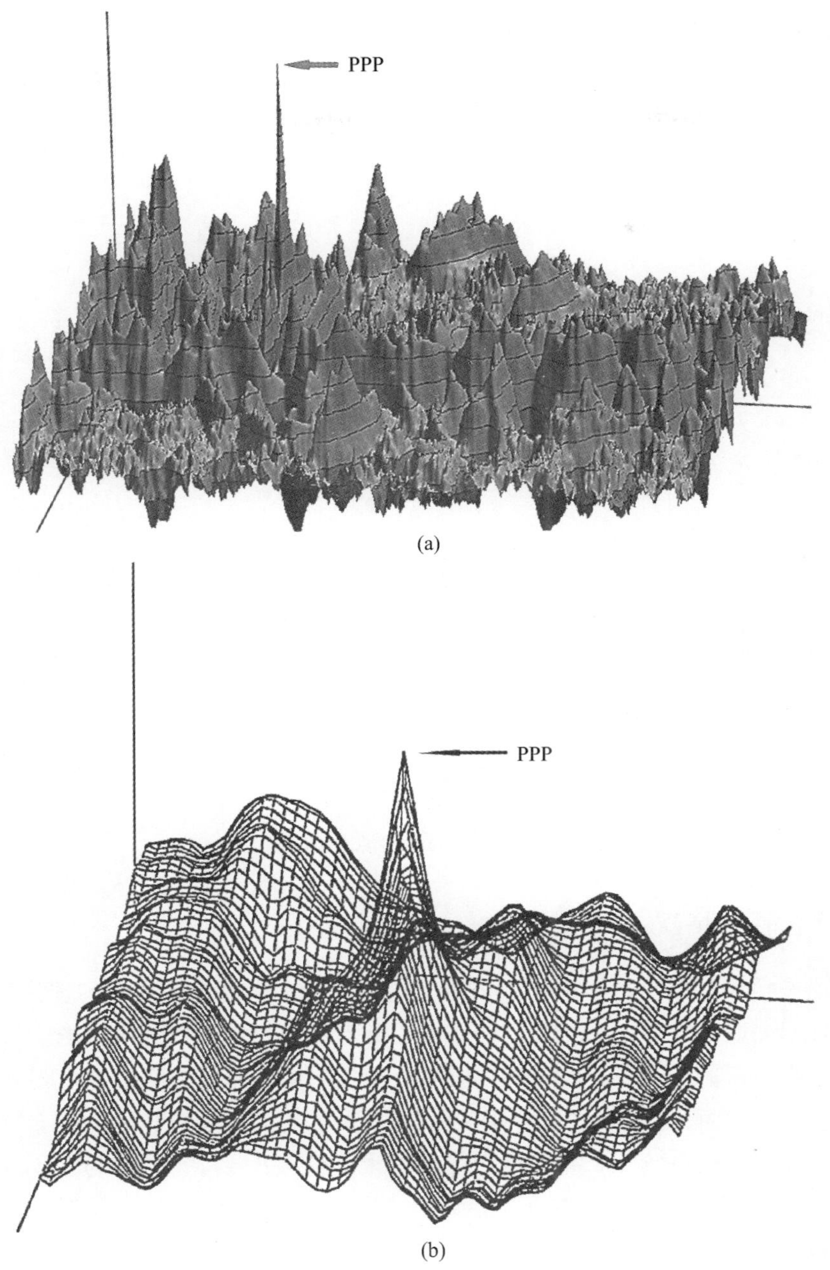

图 6.5 互相关函数三维图形(a)和互相关函数局部放大图(b)

从图 6.6 和图 6.7 可以明显看出,相交部分沿 y 轴有多个局部最大值,同时沿横坐标轴 x 只有 1 个最大值。

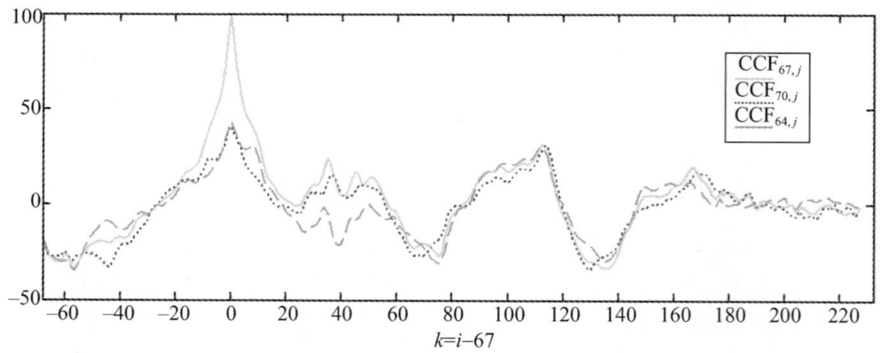

图 6.6　互相关函数正交部分图(一)

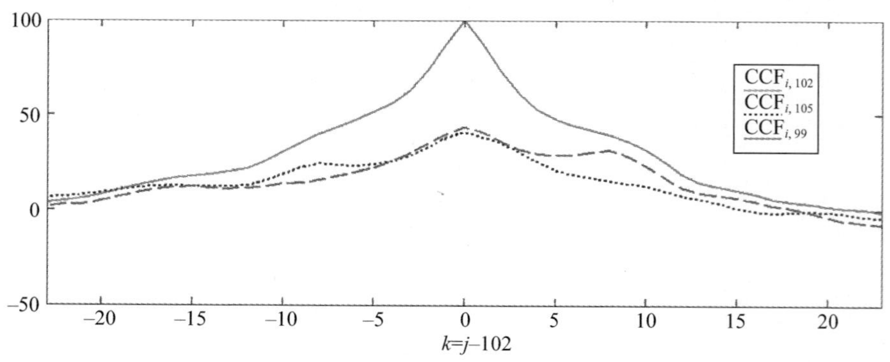

图 6.7　互相关函数正交部分图(二)

6.1.1　基本情况

相关函数以零幅角到达 PPP 的事实是所有相关极值系统处理的理论基础。

自相关取向区特征对相关极值系统函数有重要影响。PPP 区域的尖峰值超过相关函数(图 6.5)中其他局部极值的 PPP 值,这与相关极值系统常规处理模式相一致。然而,图 6.8 中 PPP 相关函数的平滑顶部表明 PPP 定位较差且相关极值系统精度相对较低。相关函数的局部最大值接近 PPP 时(称为 Ravine Surface Functional,峡谷表面功能)会导致相关极值系统异常错误,如获得一个随机的局部最大值。

除了数据传感器的自相关定向特征,影响相关极值系统函数的因素还有相关函数计算的数据访问方法、伴随噪声和相关极值测试设备的构建特性等。

相关极值系统函数需要使用主要和次要的物理场。主要的定向场独立存在,而次要的场由相关极值系统用户自行定义。例如,在天文制导中需要用到天

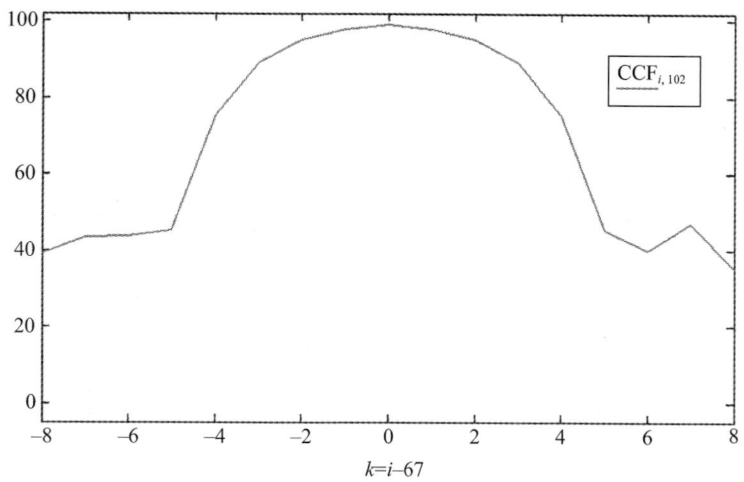

图 6.8　一个病态互相关函数全局最大值

文场，在近地空间制导中需要用到地球物理场。

传感器通过将信息转化为二维图像、一维数据（线性器件）或单个点的形式，产生相关极值系统相关函数计算的数据。在全部 3 种情况中，定向区域的自相关特性仍旧存在。

通过二维图像可以容易实现 2 个坐标控制，但是降低相关函数计算复杂性的同时，也会导致飞行器控制能力的下降。

相关极值系统传感器的特点是数据获取及时可靠、物理场自动转换（见 6.2 节）及孔径失真。如果当前图像和主图像的传感器观测的点不一致，就会产生角度变形、尺度偏差及相互旋转等问题。如果传感器不同时间工作，物理场的变化则可以显示出来。同样，图像增益压缩效应在各种条件下都会出现。最后，传感器输出中总会存在干扰，干扰会显著影响图像的自相关特征。

有些相关极值系统单元优先提取主图像，而有些同时提取当前图像和主图像。例如，确定飞行器相对云的速度，需要根据云的实时图像，虽然此时主图像时间相对很短；在飞过可见地域时，就需要使用优先获取的此地域主图像；最后，天文定位主要基于星空图像，因为星空图像长时间不会变化。

相关极值系统技术解决了飞行器控制中如下一些问题。

（1）天文制导。

（2）借助各种地理图表确定飞行器的位置、速度和方向（这些系统术语称为地图匹配或地形基准导航相关极值系统）。

（3）飞行器导航至目标点（制导相关极值系统）。

最后一个问题是解决难度最大的一个，因为图像处理过程由相互关联的若干部分组成(表 6.1)。飞行器导航至目标点的相关方法最初是由科诺瓦洛夫等人 1960 年提出的。

表 6.1 图像互相关改进校正

图像处理	相关极值系统类型		
	天文制导	地图匹配	制导
缩放	无	少	总是
旋转	可能	少	可能
投射图像补偿	无	很少	可能
孔径失真补偿	很少	很少	有时

许多测量角度、距离和速度的系统处理一维信号时也可确定互相关函数最大值,但是通常效果不明显。

恒星的角位置通常是固定不变的,因此,在天文制导中只需要主图像的初始方位和随后的旋转角度。但是,飞行中有方向、高度变化时,相关极值系统还需要知道主图像的缩放信息。这一点已经在图 6.1 中表明,在飞行前,天文制导系统应该设置为某一特定空域。导航基准区域通常是一个半球或更少些。在这种情况下,基准区域导航仅需要旋转处理。

飞行器到达目标点时,当前图像范围急剧变化,因此,需要主图像进行相应的缩放。从不同方向到达目标点时,还需要对主图像进行旋转。主图像需要事先从多角度制作,在飞临目标点时,还需要对标准投影变形进行补偿校正。组合制导时(见 6.4 节),传感器孔径分辨率低,还需要增加孔径变形校正。

借助常规信号进行无线电定位相关极值系统首先被研发出来。随后,借助恒星位置进行二维光学、电视和无线电定位的相关极值系统及借助地图信息导航的系统陆续出现。如今,正在发展准三维(立体视觉)和三维(全息和声学结合)相关极值系统。

所有相关极值系统可以分为存储主图像的系统(i)和同时接收两种图像进行相关处理的系统(ii)。有些相关极值系统采用 2 个或 2 个以上的相关极值检测设备,并将其与不同类型传感器组合,以适应环境要求。

然而,所有相关极值系统的数学基础相似,且各种数字器件和计算机系统的有效使用对相关极值系统有着重要意义。相关极值系统的数字计算机与各种数字器件组合工作,包括光学、声学和相干光学(全息)处理器,因此,需要采用高效的数字运算,而模拟器件相对不太稳定且需要参数稳定,或者工作范围相对较窄。

6.1.2 数学基础

首个相关极值系统研发的目的是用于测量飞行器速度,下面给出了其基本数学方程。

假设飞行器上安装有2台雷达(或2台摄像机),它们的天线(或物镜)正交指向地球表面。第1台雷达输出信号为$X_1(t)$,第2台雷达输出相对第1台雷达有一个延迟(飞行器移动速度V,距离d)。因此,第2台雷达输出值是$X_2(t) = X_1(t-\tau)$,其中延迟$\tau = d/V$。

信号$X_1(t)$和$X_2(t)$进行相关计算,偏移量为λ的相关函数如下式所示,即

$$R(\lambda) = \frac{1}{T}\int_0^T X_1(t-\lambda)X_2(t)\mathrm{d}t \tag{6.1}$$

当式(6.1)有最大值时($\lambda=\tau$),容易得出飞行器速度$V=d/\lambda$。

在计算式(6.1)的极值时,信号$X_1(t)$和$X_2(t)$的维数并不重要。最早设计的测量运动飞行器速度的相关极值系统采用的无线电只有一维数据。如今,平面图像(二维)和三维图形都可以采用。在最新数学研究中,函数$R(\tau)$的极值不仅可以通过选择λ(未知数τ)获得,而且可以通过直接计算全局最大值坐标获取。

间隔T的选择一般要兼顾计算速度与精度的要求。

6.1.3 相关极值系统基本单元

相关极值系统包含2种图像传感器。

图像传感器1,或当前图像传感器(图6.1)按照实时方式工作,图像信息的获取时间一方面受传感器响应速度影响,另一方面受飞行器运动因素影响。

图像传感器2,或主图像传感器有时也按照实时方式工作。绝大多数情况下,主图像是事先获取并存储在内存中的。图像处理系统为互相关和PPP增加完成所有必须的图像转换操作,但在有些相关极值系统中也可以省略。

相关极值系统图像传感器是一个重要的计算单元。通常在确定当前图像和主图像互相关函数的PPP值时采用2种方法:第1种方法,使用相关器和优化平滑数据链;第2种方法,基于某些顺序决策而到达PPP位置。

控制器完成飞行器的控制算法,也可以看作是一个计算单元。从相关极值系统动力学角度来看,整个系统的最大时间常数由飞行器自身确定,包括积分及各种动态处理过程的其余模块根据飞行器类型确定。控制器通常包括一个积分-微分单元,相关极值系统传感器动力学是非线性的,可以由非周期单元近似。

6.1.4 模拟与数字实现方法

计算互相关函数有多种方法,如时域和频域分析等。图像畸变(旋转、位移、缩放、孔径失真和非线性等)对计算结果有重要影响。PPP搜索还需要一些

关于 PPP 位置的先验信息,否则,就要对各种可能进行大量计算。

通过符号相关处理图像(原图缩放和旋转畸变较小)的方法有可能简化计算流程。

最后,在相关极值系统中除了计算单元,相关极值系统还可能包括离散单元、光学单元、超声波单元及各种其他混合单元。

相关极值系统经过近半个世纪的发展,第一个用于测量不同电视视频互相关函数(显示在胶片上)的模拟光学相关器出现在 1952 年[16]。相关函数模式是:平行光束穿过由不同电视图像 $F_1(x,y)$ 和 $F_2(x,y)$ 组合成的掩模,并集中在一个图像接收器敏感层。这样就产生下式所示的输出结果,即

$$R(\xi,\eta) = C\int_S F_1(x,y)F_2(x-\xi,y-\eta)\,\mathrm{d}x\mathrm{d}y \tag{6.2}$$

式中:C 为与发光强度成正比的常数;ξ 和 η 为掩模相对彼此在轴上偏移的数值。

作为图像在 X 轴和 Y 轴上相对偏移的结果,图像接收器输出形成一个空间相关函数,表明初始电视图像的一些统计特征。极值代表这些图像在 X 轴和 Y 轴上的结合点。

相关函数的最大量值可以由“登山”法或经典相关鉴别法确定。

前面提到过,为了自动搜寻相关函数的极值及其轨迹,在相关鉴别输出中需要相关函数的导数 $R'(\tau)$。

$R'(\tau)$ 的值如下式所示,即

$$R'(\tau) = \frac{1}{T}\int_0^{\mathrm{T}} X_1(t)X'_2(t\pm\tau)\,\mathrm{d}t \tag{6.3}$$

为了得到相关函数的导数 $R'(\tau)$,需要在高频成分和噪声等不良影响下对 $X_2(t)$ 进行微分。

搜寻相关函数导数零值的过程由分辨特征参数确定,特征参数包括零区域的线性范围和斜率。

图像相对偏移测量指标参数有图像测量精度、噪声强度和运动特性。如果没有噪声,特征参数的斜率数值较大。然而,噪声引起的不确定性会导致一种典型的现象:2 个极性不同、在变号区有一段线性中间部分的“波纹”。噪声强度的增加会降低线性中间部分的斜率和“波纹”的幅度。

数字计算系统的快速发展使相关极值系统实现的难度降低,主要的困难还在于如何掌握高效计算算法。自动检索 PPP 区域,获取 PPP 进行搜索,直到如今还是很麻烦,相关分辨函数的最佳算法还没有发现。尽管在图 6.6 和图 6.7

中,相关极值系统的精度已经接近互相关函数的相关距离,但是相关极值系统的精度和互相关函数的必要相关距离之间的关系还没有彻底解决。相关距离(与互相关函数在全局最大值区域的宽度成比例)在一幅图像的不同轴之间变化幅度达到一个量级。

相关极值系统传感器的进步使得图像分辨率显著提高,并会使相关极值系统的精度提升。然而,这种提升在实际运用中有一定困难,因为过高的互相关函数不规则会增加异常错误的概率和图像频谱中噪声成分的扩散。

6.2 相关极值系统图像传感器

相关极值系统的传感器通过相关极值检测设备计算单元将不同的物理信号转化为电信号。可以根据传感器类型将相关极值系统划分为无线电定位型、光学(电视)型、热成像型,以及激光型、声学型、电磁型、多光谱型、引力型等。

传感器对相关极值系统性能的影响取决于以下参数。

(1) 分辨率,或传感器独立成像单元数量。

(2) 停留时间,或图像变化反应速度。

(3) 传感器将物理信号转化为相关极值系统可处理的电信号的速度。

(4) 孔径畸变(可能导致有用光谱信号的损失)的大小。

(5) 最后,也是最令人烦恼的因素之一,传感器非线性失真。

图像单元 N 的数量决定了量化(采样)噪声的相对大小。数量 N 对相关极值系统质量的影响如图 6.9 所示。

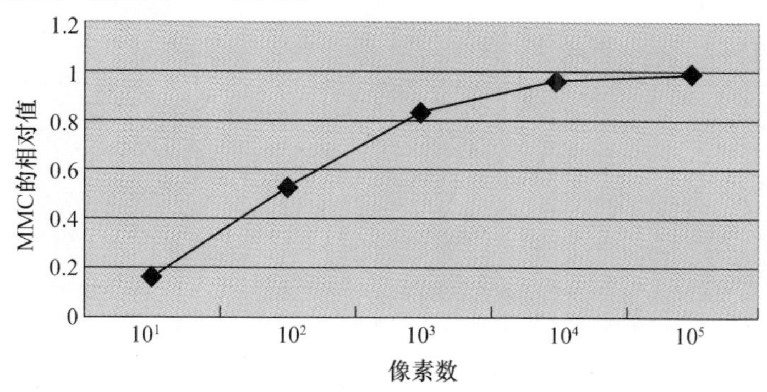

图 6.9　像素数量对共变函数最大值的影响(大量图像的平均值)

雷达传感器通常是图像反应速度最慢的一种,但是它只对一些相关极值系统有影响,如在终点末制导阶段。其余传感器相对反应速度较快,对相关极值系统的动态特性没有影响。

对传感器得到的当前图像,其信噪比决定了传感器输出信号与原始信号之间的联系。相关极值传感器信息定量估计的主要问题如下。

当前图像和主图像形成机制不同。主图像的位置与目标在选定坐标系中沿预设弹道的运动相关。当预设弹道偏差不大时,当前图像和主图像的偏差不会超过它们空间互相关函数的半径,就可以采用预设的极值方向、制导与导航方法。当前图像是由各种传感器将不同的物理信号转化为电信号(或其他信号)形成的,这些电信号可以由相关极值设备计算单元进行处理。

如何选择相关极值系统的传感器取决于传感器传送信息的性能,这也是传感器最重要的性能。各种相关极值系统的传感器获取的信息差别巨大,因此,有必要对其性能进行定量评估。

假定这样一个模型,测量一个像素的值,且图像是一个二维高斯场。对线性传感器,该像素的测量值是其振幅;对二次传感器,测量值是振幅的平方;对非线性传感器,测量值是振幅的 4 次方。

使用该模型测量的像素值,可以粗略地用两种方式表示:第一种方式是传统简单的——它只考虑像素测量值的散布;第二种方式还要考虑像素测量值散布的熵。这样首先可以显示评价算法所确定的测量噪声,其次可以显示数字处理过程中像素值噪声量值的影响。像素值的量化步长越大,对估计算法硬件要求就越低——但是像素的测量信息就越差。

表 6.2 给出了不同传感器 $x_i, i=1,2,\cdots,9$ 的转换算法、高斯场 $v_1(x_i)$ 的输出信号概率密度(这是最重要的参数)、中值 m_1、散布 M_2 和残差波动 γ。显然,处理两个物理场的量 u 和 v 的传感器表现更好。

表 6.2　图像像素估计算法的特征

x_i	$v_1(x_i)$	m_1	M_2	γ_1	γ_2	γ_3
$x_1=\|u\|$	$\frac{D}{\sqrt{2\pi D}} * \mathrm{e}^{-(x_1^2/2D)}$	$\sqrt{2D/\pi}$	$(\pi-2)D/\pi$	0.571	2.283	7.991
$x_2=u^2$	$\frac{1}{\sqrt{2\pi D x_2}} * \mathrm{e}^{-(x_2/2D)}$	D	$2D$	—	2	8
$x_3=u^4$	$\frac{1}{2\sqrt{2\pi D}x_3^{3/4}} * \mathrm{e}^{-(\sqrt{x_3}/2D)}$	$3D^2$	$96D^4$	—	—	10.667
$x_4=\|u\|+\|v\|$	$\frac{4}{\sqrt{\pi D}} * \Phi_0\left(\frac{x_4}{\sqrt{2D}}\right) * \mathrm{e}^{-(x_4^2/4D)}$	$2\sqrt{2D/\pi}$	$2(\pi-2)D/\pi$	0.285	1.142	3.996
$x_5=\sqrt{u^2+v^2}$	$\frac{x_5}{D} * \mathrm{e}^{-(x_5^2/2D)}$	$\sqrt{\frac{\pi D}{2}}$	$\frac{(4-\pi)D}{2}$	0.273	1.093	3.825

（续）

x_i	$v_1(x_i)$	m_1	M_2	γ_1	γ_2	γ_3
$x_6 = u^2 + v^2$	$\frac{1}{2D} * e^{-(x_6/2D)}$	$2D$	$4D^2$	—	1	4
$x_7 = (u^2 + v^2)^2$	$\frac{1}{4D\sqrt{x_7}} * e^{-(\sqrt{x_7}/2D)}$	$8D^2$	$320D^4$	—	—	5
$x_8 = D_{2.3} at \frac{\varpi^*}{\varpi *} \to 0$	$\frac{x_8}{4D^2} * e^{-(x_8/2D)}$	$4D$	$D^2/2$	—	0.5	2
$x_9 = \sqrt{x_8}$	$\frac{x_9^3}{2D^2} * e^{-(x_9^2/2D)}$	$\frac{3}{4}\sqrt{2\pi D}$	$\frac{(32-9\pi)D}{8}$	0.132	0.527	1.845

在表 6.2 中，D 表示传感器输入物理场分布，$D_{2.3}$ 是适当的估计方差[17]。由相应算法 $x_i(i=1,2,\cdots,9)$ 产生的估值单变量概率密度位于第 2 列，随后两列为期望值 m_1 和分布 M_2。第 5 列、第 6 和 7 列分别为归一化的均方根方差 γ_1、分布 γ_2 和平方分布 γ_3。显示值是 N 个独立值 x_i 平均后的结果，及其平方或 4 次方。

任何算法的归一化结果如下所示，即

$$\gamma_j = \frac{M^2}{m_1^2}, \quad \gamma_{j+1} = 4\gamma_j, \quad \gamma_{j+2} = 14\gamma_j, \quad j = 1,2,3 \tag{6.4}$$

一个复杂系统中传感器最重要的测量性能之一就是它获取的信息量。关于随机过程概率密度的非随机参数估计，可以采用残差估计的不确定性。

$$H_0(y_i) = -\int_B v_1(y_i)\log v_1(y_i)\,\mathrm{d}y_i, i = 1,2,\cdots,9 \tag{6.5}$$

式中：$y_i = x_i/m_1(x_i)$ 为归一化的平均估计值，由表 6 - 2 中第 i 个算法得到；H_0 为归一化估计值的熵；B 为 x_i 值的域。

式(6.6)计算的是表 6.2 中算法概率密度的熵，其计算结果如表 6.3 所列，即

$$H(x_i) = -\int_B v_1(x_i)\log[x_{i0} v_1(x_i)]\,\mathrm{d}x_i \tag{6.6}$$

式中：x_{i0} 为变量 x_i 最小成分，与噪声的平方根成正比；H_0 为剩余熵的归一化值，且 H_0 的数值以对数形式给出（以 2 为底的对数）。

熵 H_0 的数值从 x_1 算法的 1.37 减小到 x_9 算法的 0.56，对应评估参数残差不确定性减小超过 2。比较表 6.3 前 4 个算法的熵 H_0 与表 6.2 中对应的归一化方差的数值（第 5 列），可以看出算法的优先顺序是：x_9, x_5, x_4, x_1，如表 6.2 第 1 列

表 6.3　像素估计算法的信息性

x	熵 $H(x)$	H_0	H_0/bit
x_1	$0.5\log\left(\frac{\pi e D}{2x_{10}^2}\right)$	$0.5\log\left(\frac{\pi^2 e}{4}\right)$	1.373
x_4	$1.727(7)+0.5\log\left(\frac{D}{x_{40}^2}\right)$	$1.727(7)+0.5\log\left(\frac{\pi}{8}\right)$	1.053
x_5	$0.5\log\left[\left(\frac{D}{2x_{50}^2}\right)*e^{(c+2)}\right]$	$0.5\log[e^{(c+2)}/\pi]$	1.033
x_9	$0.5\log\left[\left(\frac{D}{2x_{90}^2}\right)*e^{(3c+1)}\right]$	$0.5\log\left[\left(\frac{9}{4\pi}\right)e^{(3c+1)}\right]$	0.560
x_6	$\log\left(\frac{2eD}{x_{60}}\right)$	$\log e$	1.443
x_2	$0.5\log\left[\left(\frac{\sqrt{\pi}D}{2x_{20}}\right)*e^{(1-c)/2}\right]$	$0.5\log[\sqrt{\pi}D*e^{(1-C)/2}]$	1.131
x_8	$\log\left[\left(\frac{2D}{x_{80}}\right)*e^{(c+1)}\right]$	$\log[0.5e^{(1+c)}]$	1.275
x_3	$0.5\log\left[\left(\frac{\sqrt{\pi}D^2}{x_{30}}\right)*e^{(1-3c)/2}\right]$	$0.5\log\left[\left(\frac{\sqrt{\pi}}{3}\right)*e^{(1-3c)/2}\right]$	1.287
x_7	$\log\left[\left(\frac{8D^2}{x_{70}}\right)*e^{(1-c)}\right]$	$\log[e^{(1-c)}]$	0.610
注：欧拉常数 $c=0.577$			

所列。因此，像素值估计算法 x_9 比算法 x_5 要好，算法 x_5 比算法 x_4 好……但是算法 x_9 需要的计算程序数量最多，而算法 x_1 需要的最少。

对这些算法，如果归一化方差 γ_1 较小，则熵 H_0 的数值较小。也就是说，归一化估计概率密度与 delta 函数越接近，熵 H_0 越小，因此，较小的归一化方差和相应的像素估计算法就更好。

6.3　相关极值系统在航空航天中的应用

相关极值系统已经用于精确测量地球卫星轨道角度，以及根据天体进行飞行器定向。相关极值系统还可以参与测量飞行器空间（3D 立体图）中水平与垂直速度、运行路径和位置等。

6.3.1 天文定向

古代就有依靠太阳、月亮、星星定位的思想。在所有随后发展起来的数学和天文定位装置中,当天文定向的容许误差以角分或角秒为单位进行测量时,对于精确机动来说,相关极值系统是最完美的角度光电传感器。

飞行器精确的定向信息对于如何选择天体非常必要,对如何准备主图像(用于目标区域相关极值系统的恒星位置获取)也非常必要。球面中的恒星以亮点形式显示,因此,可以测量主图像的互相关函数扩展和确定初始跟踪阶段合适的球面区域。这些可以通过临时散焦主图像等方式获取。

飞行器的运动很复杂,可以使用多种坐标系进行求解,如地球坐标系、轨道坐标系、太阳坐标系、世界坐标系和恒星坐标系等。同时使用这些坐标系就涉及坐标系的相互转换,这就是为什么定向误差受到相关极值系统的天文定向条件和计算精度影响的原因。

相关极值系统安装在高精度稳定平台上,或采用捷联安装,通过捷联计算方法减小定向误差。在这种条件下,相关极值系统的天文定向精度较高,因为空间的标准和真实区域的互相关半径通常较大。

选择天文定向区域和飞行器的时间、经纬度方面的初始设置信息可以通过航空天文年历得到。

相关极值系统非常适合于天文定向,因为其精度不取决于飞行距离和飞行时间。然而,它也是一个复杂的技术,它的错误会对航空航天飞行带来不利影响。

6.3.2 导航

飞行器控制系统中相关极值系统在制导中的主要作用包括修正导航系统自身积累的误差和进行粗略制导。例如,当需要转换到与地表特征相关的低高度高精度飞行时,就会发生这种情况。

制导相关极值系统还可以解决与地形基准导航(Terrain Reference Navigation,TRN)或地图匹配相关的另一个重要问题。

在飞行前准备的标准图和地形剖面会随着时间变化而失去相关性。因为现代标准大型地图通常会发生变化,如人类活动导致的改变,为标准图的实现提出了一个问题,因此,近地导航必须使用更广泛的地球图谱。这意味着,飞行器的轨迹范围、起始时间、相关飞行区域(海面、平原、山脉等)和精度要求将根据合适地区确定,该地区选择取决于季节和日常稳定性(如由于含水层的变化)。

增加信息、快速成像、热成像和其他地图信息可以提高相关极值系统制导精度。然而,地图匹配导航所需的大量相关计算使定性图像处理算法的实现变得复杂。减小图像尺寸会影响相关极值系统的运算,而增加图像尺寸会影响相关极值系统的精度。用当前图像提取的被动方法对相关极值系统操作进行预先处理,在某些应用中是有效的。

实际上,使用无线电定位的地图匹配导航早在 1944 年就获得专利(美国专利号:2508562),但直到现在该技术才得以应用。

6.3.3 电视图像制导

对目标点进行高精度制导的最有发展前途的方法是通过电视成像的相关极值系统制导。该制导过程首先要获取目标区域的主图像及目标点信息。

仅通过电视图像、热成像或无线电定位导航时,可能会丢失目标点信息,而且目标点与其周围环境之间的对比度较低。然而,结合相关极值系统技术使得目标点和任何对比对象的位移信息变得更加精确(图 6-3)。考虑到已知目标点的精确位移,然后,可使用正常的主图像和当前图像通过相关观测装置实现目标点跟踪。

举一个简单的例子。假设视频设备轴向(Sighting Device Axis,SDA)与目标点方向(the Direction to the Arrival Point,DAP)一致,在相关极值系统操作开始时,将视频设备输出的主图像 A 的信号 $S(t)$ 传输到存储装置(具有多路信号读取能力),这可能会导致相对图像运动丢失(图 6.10)。主图像在记录时,视频设备工作在最大固有噪声范围之内,这意味着存储的信号 $S(t)$ 包含了加性噪声 $n(t)$,噪声会在信号被读取到存储器时造成影响。

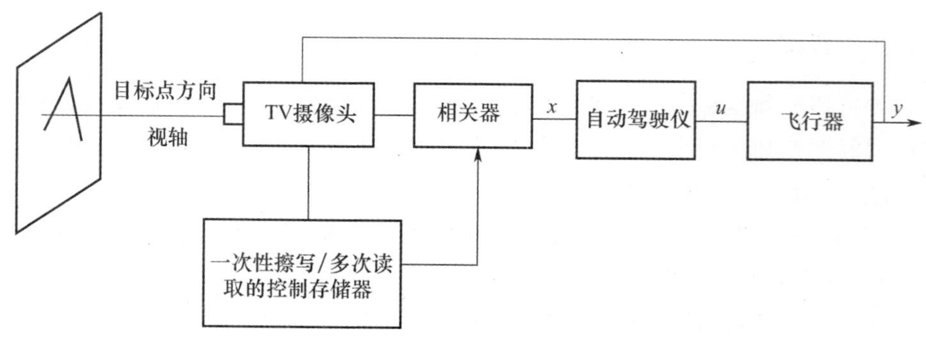

图 6.10 使用 TV 图像的简单互相关飞行控制系统

受各种随机因素的影响,如气动偏度、大气差异性等,视频设备轴向就会偏离初始的目标点方向,导致当前图像 A 与存储的主图像 A′存在一个偏差角 φ。如果某个坐标轴上的偏差角较小,可以用存储设备信号 $S(t)$ 与当前视频设备信号 $S(t-\tau)$之间的时间差 τ 进行相移(延迟)处理。

参考图 6.10,电路单元由跟踪视频设备(TV 摄像头)、多次读取存储设备,以及具有转换放大器和驱动器(实现视频设备轴向自动跟踪目标点方向)的图像运动相关器组成。利用相关输出电压 U_{out}，放大器可控制自动驾驶仪将偏差角修正为零。也就是说，整个网络实际上是一个复杂的反馈系统。

测量设备（相关器）必须是偏差角 φ 的不均匀函数，这意味着，它必须是平滑的可微分信号。

如果互相关输出信号与相关器函数导数相等，则

$$R(\tau) = \lim_{T\to\infty}\frac{1}{T}\int_0^T X(t)S'(t-\tau)\mathrm{d}t \tag{6.7}$$

其中

$$X(t) = S(t) + n(t)$$

当相对延迟为零，互相关输出也为零，因此，这是测向导航相关极值系统的特性，可以在自动跟踪模式下进行高精度角度校正。也就是说，输出的跟踪电压引发精确的转动，直到偏差角 φ 修正为零，此时，视频设备轴向与目标点方向一致。

垂直提取图像亮度信息（即垂直于扫描线）可以通过选通扫描线的方式实现。电视取景器随后同时输出由扫描线和帧组成的两个视频信号，当信号的临时位置与相应的存储视频信号进行比较时，就可以得到取景器水平和垂直轴向偏差角。借助这两个视频信号就可以在平面取景器角度跟踪系统中使用单一相关测量方法。此外，为了在另一平面中实现取景器自动跟踪，系统可以通过具有单个执行器的相同控制回路来补充。

这种简捷相关方法的一个优点是在每个视频帧期间（0.02s）都可以计算出偏差角（决定飞行器和水平图像的延迟时间）大小。

对于小偏差角相关统计特性的线性部分可表述为

$$U_{out} = K_d(\tau + \Delta\tau_n) = K_d\tau + K_d\Delta\tau_n \tag{6.8}$$

式中：K_d 为曲线在 $\tau=0$ 点的斜率，它表示临时图像的运动效能，由定向区域的自相关特性确定。在实时工作中，系统信号伴随着内部噪声和相关误差 $\Delta\tau_n$（可产生一个快速下降因子 K_d），而且，滤波器跟踪部分有一个交叉因子 K_f。

因为角坐标 φ_P 用于定义瞄准点相对平台的方向，因此，φ_B 表示视频设备轴向的角坐标。

电视视频设备（提供无惯性发送目标扫描）可用于把角偏差 φ 转换为时间延迟 τ，由此得出一具有交叉因子 $\mu=\tau/\varphi$ 的线性元素。因此，总交叉因子为 $K=\mu\cdot K_dK_f$。

在量化输入信号的电平时，可以将相乘信号中的一个信号替换为恒幅交流信号（信号的符号与原信号符号保持一致），这样可以简化互相关函数的计算。

简化计算同时导致产生系统误差和等效信噪比恶化。理论上估算这种损失为1.19dB。这可以通过互相关函数计算过程的比较建模获得,互相关函数计算过程针对高斯噪声下的高斯信号,高斯噪声由评估互相关函数最大值在横坐标上位置的误差生成[18]。

对于11~20行的短电视信号,理论结论和试验数据证明由于符号相关器的使用而不存在相关函数最大延迟或零导数(当$\tau=0$时);相关函数比率误差增加值不超过1%~2.5%。

在制导相关极值系统工作期间,取景器图像和存储器设备等比例关系的缺失将引起比例误差。在极端情况下,PPP、K_d和噪声与信号的比率在尺度差异下会减小并变为零。与观察角调整和图像方向变化相关的因素都具有类似的影响。

在良好条件下(图像比例一致且不存在输入噪声干扰),τ延迟计算中的误差仅涉及1~2个电视图像单元。在最差条件(10%尺度偏差且相关器输入噪声与信号比为1)和最优积分时间下,相关方法误差不超过10~15个电视图像单元。

试验结果表明,在高达4行或5行的视频信号实现期间,相关函数的斜率和其导数的线性区域基本保持恒定。同时,尺度偏差影响试验表明,如果信号中的尺度偏差不超过10%,则相关函数及其导数保持可接受的形状,偏差继续加大将导致明显的互相关函数失真。

瞄准角度的调整也会影响相关函数。图像方向变化为1°~2°还可接受,但如果为4°,则相关函数最大值变得发散。如果图像方向变化大于13°,则系统不能正常工作(图6.11)。

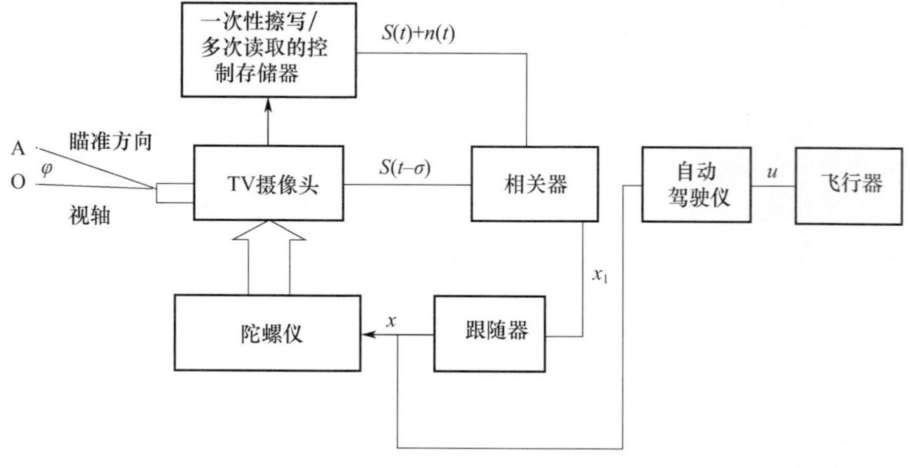

图6.11　一个互相关飞行控制系统

在视频信号噪声电平大于 10dB 的情况下，尽管系统工作特性降低明显，但系统仍能有效工作。在这种情况下，相关器输出波动几乎没有。

如果图像方向变化进一步加大，则互相关函数开始分解，PPP 相对于局部最大值减小；PPP 的限制条件降低；噪声分量水平增加，导致 PPP 搜索和跟踪性能下降。对于超过规定限度的图像尺度偏差和角度失真，可以观察到类似的结果。

对上述操作情况适当加以注意，具有数千米范围的现代导航相关极值系统可以控制与目标点均方根偏差在数米范围内[19,20]。

6.4 相关极值系统发展展望

现代相关极值系统已经用于许多飞行器（如卫星和空间站）、飞机（包括无人机）以及各种制导火箭，它们很大程度上都要依赖相关极值系统。相关极值系统计算系统的快速改进也促进了极值寻找算法的发展，由于确定互相关函数的 PPP 的图像处理速度加快，从而降低了异常错误的概率，提高了相关极值检测设备的速度和准确性。相关极值系统传感器技术的改进可以帮助创建改善获取图像质量的计算系统。目前已经可以通过转换物理场并补偿传感器本身特有的孔径失真，优化目标传感器的信号通信。这些改进可以提高图像的信息性，降低噪声水平，并且进一步提高相关极值系统的质量。

小型化技术使得组合和集成相关极值系统实际应用成为可能，相关计算不再成为障碍。

6.4.1 组合相关极值系统

对于现代相关极值系统的全天时和全天候应用，它们可以配备各种传感器，以便在白天或夜晚及在任何天气条件下获取当前图像。例如，这些传感器的数据组合可以使操作人员在任何复杂变化的条件下完成相关任务。

6.4.2 相关极值系统及组成部件的微型化

如今，相关极值系统微型化的基础是将算法固化在微处理器和可编程逻辑阵列（Programmed Logic Matrices，PLMs）中。这些芯片包含上百万的控制单元，可以实现相关极值系统所需的所有算法。分离空间可编程技术增强了低功耗可编程逻辑阵列的工作性能——它的质量只有几克。

6.4.3 相关极值系统发展前景

相关极值系统的发展有以下 3 个方向。

(1) PPP(用于互相关函数坐标搜寻)专用新算法的应用。

对于这样的算法,直接计算新型数据处理过程产生的数据,有助于提高计算设备的性能。

(2) 现代微型技术发展使得相关极值系统进一步微型化。

微型化使得相关极值系统可以安装到更小的飞行器中。

(3) 相关极值系统应用条件的改善。

通过传感器技术的改进、微型化技术和各种类型传感器的集成,使得飞行器上相关极值系统应用条件得到改善。还通过使用高效算法和预处理设备,提供参考图像,以减小孔径失真并增加互相关函数的 PPP。

计算 PPP 坐标的方法值得关注,在图 6.5 中定义了互相关函数的 PPP。该方法直接计算互相关函数的 PPP 的横坐标和纵坐标,不必考虑相关器或最佳平滑电路。然而,并不是所有的方法都可以这样使用。有人做过试验,观察在互相关函数下轻质气体气泡(或羽流)的产生及效果。气泡可以上升到全局最大值,从而解决问题,但也可能进入一个局部最大值,导致异常错误。事实上,对于包括全局最大值和几个局部最大值区域的互相关函数,这种异常错误实际上是不可避免的。这种效果是带有周期性图像的固有特性,如海洋表面、正在施工的建筑或森林植被。关于传感器孔径畸变的争论也在研究中,因为互相关函数计算的方法对图像尺度偏差、方向变化及透视收缩变形不敏感。事实上,有必要开发能够识别各种距离、旋转和倾斜目标的相关极值系统。

6.4.4 相关极值系统未来特性

通过前面介绍的算法和组成部件的进展可以预测未来相关极值系统的发展前景。任何飞行器,即使非常小型的飞行器,现在也可以装备相关极值系统,并且通过全球通信可以将大范围的目标参考图像传送到飞行器。

飞行器或导航技术的任何新进展也不能忽略参考图像和当前图像之间的互相关通信处理。已经开发出的压减统一坐标技术、三维图像处理技术,以及未来的立体图像处理技术和各种传感器集成技术,将使得在所有相关极值系统操作条件下完成各项任务提供可靠保障。

图 6.12 和图 6.13 展示出 3 种特征相关极值系统的孔径失真和透视收缩变形、尺度和方向变化以及可处理的畸变特性。

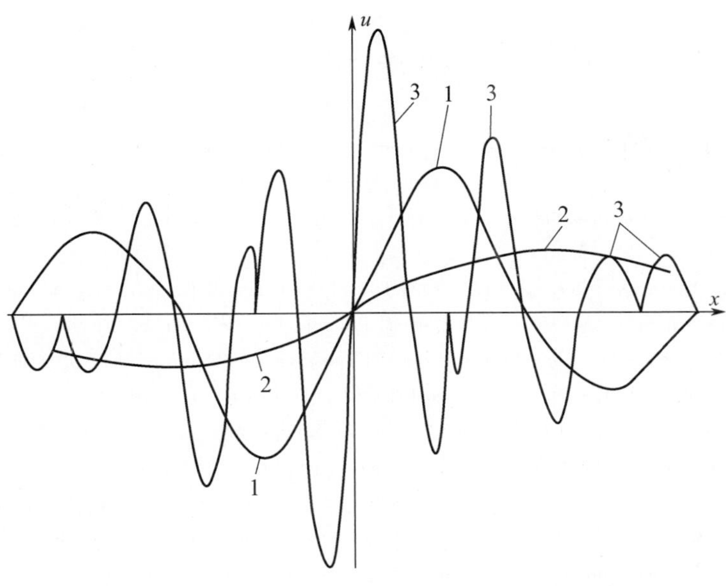

图 6.12　一个高级互相关飞行控制系统鉴别器曲线

1—普通；2—对延迟误差进行平滑；3—提高斜率以增加全局最大值的峰度。

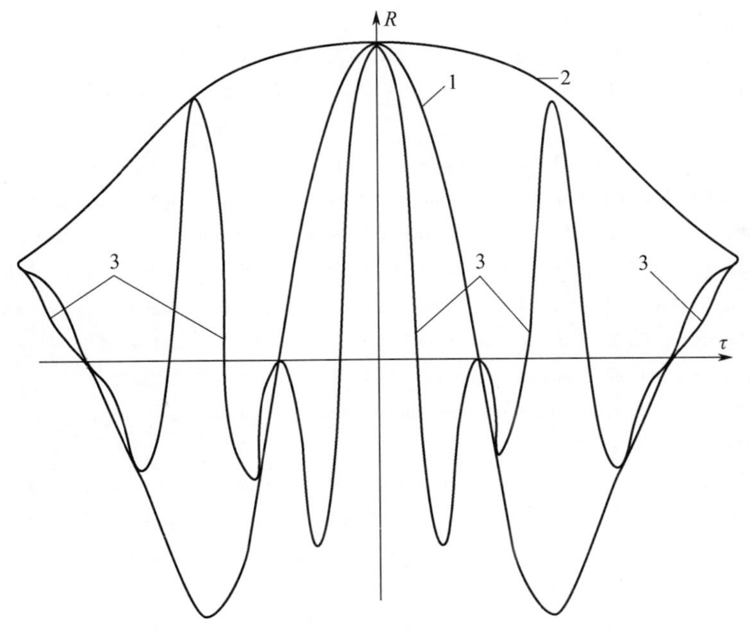

图 6.13　互相关函数

1—普通；2—平滑；3—提高斜率的互相关函数。

参考文献

[1] Baklitskiy V. K. and Yuryev A. N. (1982). Correlated – Extreme Methods of Navigation – Moscow: 'Radio and Communication', 256 pp. (in Russian).

[2] Beloglazov I. N. and Tarasenko V. P. (1974). Correlated – Extreme Systems – Moscow 'Soviet Radio', 392 pp. (in Russian).

[3] Bernstein, D. and Kornhauser, A. (1996). An Introduction to Map Matching for Personal Navigation Assistants. Technical report. New Jersey TIDE Center, Princeton University, Princeton, NJ.

[4] Collier, W. C. (1990). 'In – Vehicle Route Guidance Systems Using Map Matched Dead Reckoning,' Proceedings of the IEEE Position Location and Navigation Symposium, pp. 359 – 363.

[5] Degawa, H. (1992). 'A New Navigation System with Multiple Information Sources,' Proceedings of the Vehicle Navigation and Information Systems Conference, pp. 143 – 149.

[6] Dickey F. R. (1958). 'The Correlation Aircraft Navigator, A Vertically Beamed Doppler Radar,' Proceedings of the National Conference on Aeronautical Electronics, Dayton, OH, May, pp. 463 – 466.

[7] Iwaki, F., Kakihari, M., and Sasaki, M. (1989). 'Recognition of Vehicle's Location for Navigation,' Proceedings of the Vehicle Navigation and Information Systems Conference, pp. 131 – 138.

[8] Jo, T., Haseyamai, M., and Kitajima, H. (1996). 'A Map Matching Method with the Innovation of the Kalman Filtering', IEICE Transactions on Fundamentals of Electronics, Communications and Computer Sciences, Vol. E79 – A, pp. 1853 – 1855.

[9] Kim, J. S., Lee, J. H., Kang, T. H., Lee, W. Y., and Kim, Y. G. (1996). 'Node – Based Map Matching Algorithm for Can Navigation System,' Proceedings of the 29th ISATA Symposium, Florence, Italy, Vol. 10, pp. 121 – 126.

[10] Lakakis K. (2000). 'Land Vehicle Navigation in an Urban Area by Using GPS and GIS Technologies,' Ph. D. thesis. Aristotle University of Thessaloniki, Department of Civil Engineering, Thessaloniki.

[11] Savvaidis, P., I. Ifadis, and K. Lakakis(2000). Thessaloniki Continuous Reference GPS Station: Initial Estimation of Position. Presented at the EGS XXV General Assembly, September, Nice, France.

[12] Scott, C. A. and C. R. Drane(1994). 'Increased Accuracy of Motor Vehicle Position Estimation by Utilizing Map Data, Vehicle Dynamics and Other Information Sources', Proceedings of the Vehicle Navigation and Information Systems Conference, pp. 585 – 590.

[13] Shahidzhanov, E. S., editor(2002). Problems of creation of guided and corrected aerial bombs. Engineer, Moscow, p. 528.

[14] Watanabe K., Kobayashi K., and Munekata F. (1994). 'Multiple Sensor Fusion for Navigation Systems,' Proceedings of the Vehicle Navigation and Information Systems Conference, pp. 575 – 578.

[15] White, C. E., Bernstein, D., and Kornhauser A. L. (2000). Some map matching algorithms for personal navigation assistants. Transportation Research Part C vol. 8, pp. 91 – 108.

[16] Kretzmer E. R. (1952). Statistics of television signals, BS Ⅱ, v. 31, no. 4.

[17] Faleev S. P. (1980). Calculation and modeling of devices for processing the signals of control systems: Study Guide. Saint Petersburg Electrotechnical University 'LETI' (Saint Petersburg State University of Aerospace Instrumentation), Saint Petersburg, 110 pp. (in Russian).

[18] Bonner T. W. Position locating method, US Patent 2,508,562, May 23, 1950. Belmont, MA, USA; assigned to USA as represented by Secretary of War Application Serial No. 558,013, October 10, 1944.

[19] Konovalov E. A., Tumanov A. V., Dyatlov Y. M., and Isaev N. S. (1960). Guided Missile Guidance System, Consisting of a Head Image Registration – Combining and Self – Tuning Autopilot. Patent 1840806 SU(in Russian). MPK F41G 7/00.

[20] Dehtyarenko P. I. and Kozubovskiy S. F. (1962). The Analysis of Errors of Relay Correlation Functions, Avtomatika, Kiev, No. 3(in Russian).

[21] Tanaka, J. (1990). 'Navigation System with Map – Matching Method,' Proceedings of the SAE International Congress and Exposition, pp. 45 – 50.

第 7 章　自动寻的装置

Georgy V. Antsev　JSC 海洋信息系统－玛瑙集团,莫斯科,俄罗斯
Valentine A. Sarychev　JSC 毫米波雷达开发公司,圣彼得堡,俄罗斯

7.1 简　　介

术语"homing"是指通过具备检测目标和周围地形的拓扑(包括高度)、温度和其他物理参数的各种机载地形传感器将飞行器自动引导到目标。这实质上包括对飞行指挥算法和无线电控制的两类编程数据进行增强和动态不匹配修正,还包括该目标相对于地形和自动寻的飞行器的运动。

本章主要讨论无人机(Unmanned Airborne Vehicles,UAVs)[1]采用的自动寻的系统[2-4]。这种自动控制系统已经广泛应用于各种军事装置中,如各种高精尖的制导武器[4]。

飞行器的各种位置和动态参数由相空间中各点组成,相空间是系统所有可能状态构成的空间。也就是说,系统的每个可能状态对应于相空间中一个唯一的点。它们的坐标包括姿态坐标(攻角、滚动、俯仰、偏航等)、线速度和角速度、加速度和自动寻的装置的性能参数。

自动控制飞行器可以估算这些点的实际坐标 PC_{AEV} 用于二次处理。同样,绝对或相对于飞行器的目标相位坐标 PC_{TG},可以用于描述飞行器与它们要求值 PC_{AEVO}("O"表示"要求")之间的偏差。然后,这些数据可以用于产生必要的控制信号。

这些控制信号(也称为失配参数)处理规则称为飞行指挥控制算法[5]。失配参数由下式给出,即

$$MIS_i = \pm (PC_{AEVIi} - PC_{AEVOi}) \tag{7.1}$$

式中:i 为相关控制信号;"＋"用于导航模式分析;"－"用于自动模式分析。通常,仅考虑两个控制信号,对应于包括转向控制的两个相互正交的控制平面的处理。

历史上,军事用途的自动寻的系统的主要目的是用于飞行器及其武器系统

对空中、地面、地下、太空和海面的瞄准[6,7]。然而,民用自动寻的系统的应用主要包括车辆导航以及在预设或非预设设施上着陆(当需要将各种设备运送到指定区域时),还包括为人造实体(如飞机发动机管道、核电厂设备和化工生产设施(如天然气和石油管道))创建内部诊断系统、机器视觉系统、机动车辆运动监控传感器和用于各种安全系统的传感器时,将药物、传感器、反应器和试剂输送到相应对象内。

自动寻的系统非常重要,因为它们的参数和特性在相当大的程度上决定了整个飞行器的效率。在撰写本书时,最迫切的问题涉及在外部控制系统和被引导飞行器之间非连续数据交换的条件下,如严重的湿气和灰尘烟雾混合物影响,如何提高飞行器自动寻的系统操作效率,以及军事领域中的电子对抗等。

制导式飞行器在水平和垂直两个平面中运动,这意味着,必须在这两个平面中进行制导。因此,将至少需要两个制导回路(可以相同)。这两个回路再加上其他一些因素决定了整个系统的维度。其他因素包括考虑飞行器和目标的相对或绝对运动时相位坐标转换产生的飞行器运动。也就是说,系统维度实际上由自动寻的描述相位轨迹的相位坐标数量确定。

当自动寻的装置相位坐标的数量和数值增加时,如自动寻的需要额外估算横向加速度的超机动目标,导致自动寻的维度的增加。在这种情况下,考虑到无线电制导回路部件的总体动态响应,有必要遵循飞行器和自动寻的装置的统一控制原理。例如,在雷达自动寻的装置中,飞行器加速度通常显著且无法预测地影响着系统的效率。这些系统接收信号的不确定性是由于频率调制对应的频谱展宽和频谱密度降低而产生的。反之,对于超机动自动寻的,导数跟踪相位坐标(距离、速度、观测角)的阶数超过了伺服网络阶数的无向性,迫使多回路控制系统进行改变,其精度和稳定性要求只能由几个回路提供。

对于军事应用,自动寻的装置可以在单目标或多目标跟踪模式下工作。单目标模式通常称为连续跟踪模式,自动寻的装置数据通道仅指向一个目标,这可以对相对运动坐标进行连续测量和估算,随后调整飞行器控制命令。在多目标模式,或空间扫描模式下,所有目标在覆盖区域内是单独显示的。在该模式中,多个目标的坐标基于其轨迹的外推来连续估算。通过测量目标信号的到达时刻修正外推结果。因此,它不仅可以控制飞行器飞行,而且可以同时修改多个目标的指定命令。这种模式是群操作的典型情况(参见 7.2.1 节)。

自动寻的装置使得远离控制中心的各种飞行器的自主操作成为可能,在军事领域中,参考文献[8-13]介绍了以网络为中心的战争。

大多数军用航空航天自动寻的装置[14]在剧烈的冲击和振动条件下工作,受重量和尺寸方面的限制,通常工作时间较短。然而,它们必须实现全自动操作模式并且适应工作范围要广。尽管有这些限制，由于微电子学、微机电、光电子学[15]和纳米技术[16]的发展，如今已经可以将它们封装成单个组件。在提供足够外部相位坐标（对于单个目标）方面也有相当大的进展。

近年来，自动寻的装置已经得到相当大的发展，通常分为以下类别。

（1）G1 类。它包括使用模拟接收器和由硬件设计确定的无条件操作逻辑的半自动寻的装置，即没有机载计算机或集成电路。

（2）G2 类。半自动寻的装置，但使用机载计算机并具有集成电路。

（3）G3 类。它包括具备模拟接收器和对接收器数据进行二次处理的数字可编程控制器的自动和半自动寻的装置。这涉及捕获、跟踪和自我保护对抗信号抗干扰的逻辑构建。微型装置、集成微电路和微带技术被广泛采用，使其免受基本干扰，但是不能完全避免外部干扰，并且在后半球中工作范围有限。

（4）G4 类。具备数字接收机和高速数字信号处理器的主动、半主动和组合自动寻的装置。与 G3 类的主要区别是更长的有效工作范围和更好的抗干扰性（包括来自侧瓣）。然而，这些自动寻的装置具有由输入模拟滤波器确定的有限多普勒频率分析区，它们不具有距离跟踪，而仅具有角度跟踪和中间脉冲重复率（PRR）。

（5）G5 类。系统提供从宽带中高频或第一中频开始的数字处理能力。它们具有最小的模拟路径长度，具备高性能信号处理器。因此，这些自动寻的装置在高、中等 PPR 下工作，可以提供目标检测及速度和距离的并行分析。它们还具有对抗由目标直接产生的干扰及由其他干扰源产生的外部干扰的抗干扰算法。随着目标捕获距离增加，并且由于中间重复脉冲率，后半球中的目标捕获距离也随之增加。

（6）G6 类。它包括所有智能自动寻的装置（参见 7.8 节）。

7.2 自动寻的装置的定义

7.2.1 自动和群操作寻的系统

使用自动寻的装置的飞行器可以认为是单个或一组飞行器。一组飞行器自动寻的最简单的例子是，一组中不同的飞行器能够在不与其他飞行器交互的情况下执行独立的自动寻的任务。例如，在军事应用中，使用多个相同的制导武器以提高成功命中的机率。

然而，如果使用交互以提高自动寻的装置的效率，则称为群操作。群操作包括为了重新瞄准和飞行路径修正使用目标环境数据交换（如与每个飞行器的外部数据源交互),改变操作模式的命令(如干扰源对单个或一组飞行器的影响),以及对飞行器应用侦察和目标指定等功能。在这种情况下,群仅由其自身机载自动寻的装置和交换信息(与外界和自身的当前状态)所控制。例如,当攻击机动目标时,需要每秒发送多达30个控制命令。为了发出每个控制命令,通常需要处理至少4个目标图像帧,因此,交换数据流速率应当不小于每秒120帧。自动寻的系统中的数据通信设备应完成整形、处理、控制、存储、归档和分发运动图像(用于收集数据,进行侦察和战场态势观察)等功能。

在群交互作用中,可以通过SISO、SIMO、MISO和MIMO任一电路对目标环境建立两个和多个观察位置[17-23],其中S表示"单",M表示"多",I表示"输入",O表示"输出"。实质上,在进行群操作时,信息交互的一组飞行器要完成采用分布式控制原理的一种虚拟航空系统的功能[24,25]。这种虚拟系统可以在扫描模式下自动跟踪目标。这里,接收飞行器和目标之间相对运动坐标的精确信息变得越发重要,特别是该组覆盖区域中出现新目标时。

群操作本质上是以网络为中心的操作结构所特有的。以网络为中心的操作信息域具有网络结构,其中每个信息元素都是一个节点。只有在这种条件下,另一个飞行器可以成为网络控制设备中的"伙伴"。信息域可以有效地强化战场中的所有飞行器。战场空间对于在网络控制设备中建立飞行器自动寻的是必要的,以确保战斗任务的成功。在这种情况下,必须在大范围动态变化参数和条件内,相当远离战斗控制中心的场所,提供自动寻的信息。

概括地说,自动寻的装置可从相似装置接收数据以支持群操作并协助完成当前正在实施的特定自动寻的功能。在群操作条件下,自动寻的系统在下文中将称为"自动寻的装置或自动寻的系统"。然而,术语"装置"对于单独飞行器中的自动寻的系统较为合适。

7.2.2 制导和自动寻的系统

为了理解自动寻的装置的特性,恰当的方法是研究各种无线电控制系统之间的差异,这些系统仅使用合适的控制指令制导飞行器。这些系统首次出现在第一次世界大战期间,称为"空中鱼雷",但那时它们的效率很低[26]。原则上,只有通过空中方式独立实施时,无线电控制系统才能满足自动寻的系统的定义。然而,使用这种方式,几乎不可能击中快速移动目标。如今,在飞行轨迹的主要段落上,如果相位轨迹是固定的或者由诸如惯性、多普勒惯性、空中数据监控、多普勒空中数据监测或卫星等导航方式提供时,多数自动寻的系统仍可以采用这种工作方式。在这种情况下,除了相对于地球的加速度和速度之外,还必须获取飞行器的飞行方向。飞行器的路线通过加速度的二次积分或速度的一次积分计算得到。自动寻的装置利用数据通道(记录在轨迹的中间点特别是在最后阶段的当前目标环境)进行飞行修正,在最后阶段,修正累积导航误差后完成飞行器的主要功能。也就是说,自动寻的装置仅在飞行轨迹到达目标的最后阶段起作用。因此,称为自动寻的装置的无线电控制系统是在任何飞行段(通常在最后阶段)在时 – 空域内根据前期或飞行中确定的信息完成独立引导的无线电控制系统。

仅为飞行器提供沿预定轨迹飞行的自动寻的装置有时称为无线电控制制导系统(装置),或简称为制导系统。该系统根据飞行器周围环境的图像,完成以下任务:通过飞行修正到达移动目标,分析干扰和目标环境的变化,改变机载无线电设施操作模式,以及在群操作期间完成有效的数据交换。这些称为相关和极值寻的系统[27],曾用作导航到地面固定目标的远程飞行器自动寻的装置的组成部分。

相关和极值系统的自动寻的使用从地球物理场(重力、辐射、磁场、雷达分布、热与光照对比,加之沿飞行路线的地形起伏)得到的信息,这些信息与地面上的特定区域密切相关(参见第 6 章)。通过将飞行期间得到的当前区域分布信息与预先获取的相同区域分布信息进行比较,可以确定飞行器的位置。这就能够以较高精度完成地形确定。

在战斗准备和任务期间,最先进的(或未来的)军用飞行器为了在最短时间内到达目标,必须自动选择攻击和机动程序的类型。

自动寻的严重受到与目标环境(不一定是目标本身,而是特定的时空域)特定图像相关的导航程序可用性的限制。自动寻的功能还必须能够区分其他飞行器(如战斗机、地面攻击机、直升机或卫星等)的自动寻的程序,并可以将其导引到指定的时空域。

总而言之,自动寻的装置具有以下特征:安装在飞行器上;根据环境的特定图像(最常见的是目标环境)进行独立制导;对飞行器和其系统进行控制和操作;功能自动化;结构、功能和信息的综合性;具有群操作的能力。简言之,考虑到整个飞行器的预期目的,自动寻的装置必须在自动寻的过程中起主导作用。

7.2.3 自动寻的装置的原理和分类

自动寻的装置可以根据目标的类型进行分类,目标类型有战斗机、轰炸机、空空导弹、空地导弹、制导炸弹、空间目标、无人驾驶战斗机(UCAVs)和目标无人机等。安装在航空器上的导弹称为空射巡航导弹(ALCMs),它还可以根据特征进一步细分为中程、短程和远程、战术、战略、高空、弹道、巡航、亚声速、非战略弹道、超声速巡航导弹,超机动和超声速飞行器,无人驾驶战斗机等。用于战斗机和空空导弹（无论哪个是目标哪个是武器）的自动寻的装置是最复杂的，它的特征是目标和飞行器轨迹异常复杂。因此，对它们的重量和外形有着严格的要求。近年来，能够用作战斗机、地面支持飞机和轰炸机的多用途自动寻的装置变得越来越普遍。

有些自动寻的装置用于反舰导弹[28]，其他为用于对地、地下、掩体和空间的导弹。导弹前面的修饰词指出载体部署的位置和目标的位置，如“空地导弹”“空舰导弹”和“地空导弹（SAM）”等。

自动寻的装置还可以根据接收数据通道信息的方法和来源细分为非自主（In - sensors）、自主（Out - sensors）和组合模式（In + Out - sensors）。非自主自动寻的装置是指形成控制规则所需的信息至少有一部分来自目标信号。数据通道的自主模式意味着引导程序可以完全在飞行器中实现。大多数情况下，自主寻的意味着使用惯性系统和传感器，或惯性测量单元（IMU）和惯性导航系统（INS）。后者可以是平台式或捷联式，还要使用测量重力加速度的加速度计，以及测量陀螺仪轴的角度偏转的角速度传感器。应用中，不可能对这些传感器实施干扰，因为干扰它们将需要改变地球的重力场或改变陀螺仪的旋转速率。

没有必要将自动寻的装置限制为纯粹的自主或非自主模式。有一类自主的自动寻的装置设计为可以“允许”与目标环境（如使用卫星导航技术、远程和短程导航系统信号）交互，直到控制规则所需的信息来自于其自身的传感器，而不需要借助目标或外部命令，这时，自主导航才开始。

自主自动寻的装置使用相关极值制导方式，因为即使在目标区域中，这种寻的装置也使用包含目标的环境图像。然而，任何飞行器的飞行修正程序立即使自动寻的装置变为非自主型。从战斗命令和控制中心（或群操作情况下的其他飞行器），飞行器可以接收目标环境和地球物理场的更新图像，根据该图像，自动寻的装置执行自主制导。在从其他飞行器接收信息的情况下，非自主自动寻的装置的使用对应于接收该信息的飞行器自主操作模式。当需要飞行器接近目标上的指定点，并使用更精确的自动寻的装置的数据通道（后续通道）时，发生的情况类似。

自主自动寻的装置的优点是具有很长的有效距离和高抗干扰性能（由于隐藏性）。它的缺点是仅限于静止目标，且准确性较差（由于载体自身位置定义中的误差而导致），以及需要非常高的操作可靠性。组合自动寻的装置[29]综合了自主和非自主系统的特点。

前面的示例指出了自动寻的装置一种发展趋势，通过改进数据通道的组合功能，使得相对于目标视线，具有更大的有效距离、接近速度和角速度，从而具有更好的精度。通过隐身技术可以提高抗干扰性，并且自动寻的装置的可靠性也在不断地得到改进。然而,所有这些改进的代价是信息冗余和相互修正。最常见的组合方式是在控制初始阶段使用自主系统,在制导的最后阶段使用非自主寻的系统。

自主和非自主自动寻的系统还有其他定义。在自主系统中,仅通过隐蔽操作确保抗干扰性,而在非自主系统中,也可能采用抗干扰措施。根据这些定义,非自主系统的类型包括具有外部照射的所谓的半自主自动寻的系统。这里,飞行器通过从目标接收的信号被引导到目标,这些信号是通过从另一飞行器、地面或空中照射目标而产生的。寻的到辐射源的被动系统也属于这一类型。这样的系统是低概率截取(LPI)技术应用的典型[30]。对于非自主和组合自动寻的系统,该技术包括在系统使用的当前数据信道内降低自动寻的系统可观察性的措施。

自动寻的装置可以采用各种类型的传感器,如使用加速度计、空气速度传感器和陀螺仪[31]惯性系统,高度计[32],卫星导航系统,多普勒速度和漂移雷达,雷达地形感知预警系统(地形和避障),相关和极值系统[33]及在群操作期间建立交互的装置。重要的是,要意识到,所有这些系统通常在自动寻的期间参与飞行器控制工作,同时还参与其他自动控制回路工作。由于这个原因,自动寻的装置的干扰信息会干扰寻的过程。

在这些情况下,经常会提到相应的信号场,在自主系统中,信号场被理解为由自身雷达、热辐射、地球磁场、目标发射、导航系统信号(包括来自卫星)产生,或由与目标和地面上特定区域相关的各种主动非自主寻的装置产生。这些场也可以是来自沿着飞行路线的高度计的信号。原则上,通过在自动寻的装置内的处理过程,可以通过它们的任何特性检测相应的信号场。自动寻的装置信号场的维度不低于所包括传感器的维度。

信号场可以根据在自动寻的装置输入天线处检测到的电磁波的特性描述,雷达寻的装置的信号场通常带有偏振模式,原则上,允许对寻的偏振误差进行分析。最终,可以使用目标环境的特性作为信号场特性,即目标表面上闪光点的位置和亮度,沿着飞行路径的高度分布,以及地球物理场等。自主寻的装置在持续飞行中,该物理场的作用是通过其自身的表示地球表面和各种自然参考点的物理场实现。通过自动寻的装置信号场识别特性的时空分布的条件如下:在自动寻的装置信道中“跟随”信号的可能性,在自动寻的装置工作过程中使用相应的信号特性,信号场与目标区域内的目标或环境特性的关联性,以及根据时空坐标的特征结构,该坐标足以在对照观察到的目标环境信号性质中产生对比度和梯度。

这些概念允许对自动寻的装置的以下转换过程进行假设:物理场→信号场

→相位坐标→相位轨迹。本质上,相位坐标是物理场的估算。然而,有时这一组概念可以通过改进转换过程或者以稍微不同的方式引入信息实体来简化。例如,导航领域常常使用的一个不同概念:它基本上只是信号场的另一个名称,尽管将它看作是由相位坐标形成的域更合理一些。

该领域最新研究集中在一个场到另一个场的转换,这意味着,关于物理场和目标(以及作为目标的目标环境)特性与信号场之间的关系可以描述目标雷达特性[34],以应用于智能雷达寻的装置。因此,对于分布式目标,相应的物理场可以以距离、速度和角度的形式构造,或以闪烁点(散射中心)的布置图,由雷达横截面(RCS)标记。

根据自主传感器和非自主传感器之间的相互作用方法,组合式自动寻的装置可分为串联、并联和混合类型。在串联系统中,自主和非自主传感器按时间顺序工作:在初始阶段执行惯性制导,在中段采用无线电控制命令,在最后阶段自主寻的接管。在并联系统中,自主和非自主传感器在整个制导期间同时工作。在混合系统中,自主和非自主传感器及系统按照飞行阶段划分,在这些阶段内综合工作。在同时工作的情况下,具有不同物理性质的传感器可以独立或者组合(集成)到单个复杂系统(如群操作)中工作。

自动寻的装置的主要目的是改进制导精度,扩大战斗使用条件,改善抗干扰性能。实际上,人们努力创建一种统一的、目标通用的、组合式终端制导雷达/光电系统。根据涉及的物理场类型确定雷达、热、激光、电视、磁力计或其他自动寻的装置哪种类型更合适。例如,旨在用于地面目标的精确自动寻的装置通常采用具有良好抗干扰性能的组合类型。这种情况下,通常借助惯性系统或卫星无线电导航系统将飞行器注入空间中预先计算的点。然而,使用这些系统的导航误差可能非常大,为了减少误差,可以使用数字地形映射(DTM)修正的方法,通常用于邻近目标的区域,该区域提前输入到自动寻的装置内存中。结果,通过更精确但不再是自主系统对所需地形区域图像进行处理后,再把接收到的图像与DTM的相关极值处理连接,可以找出图像帧中心的坐标。该信息可以确定飞行器自身的坐标,可以绘制出到达目标的轨迹。当沿着这样计算的轨迹接近目标时,需要对目标区域中的地形进行监视并连续测量飞行器自身的坐标。

组合自动寻的装置可以采用各种结构或功能的传感器。典型例子包括惯性/卫星自动寻的装置——使用雷达和非雷达(红外或IR、磁力计、电视、卫星、惯性器件等)各种传感器综合建立的集成传感器系统。为使各种传感器相互间交互,自动寻的装置信息源的架构必须能够逐级增加功能,可以在没有限制的情况下进行改进。在第一种情况中,自动寻的装置信号与数据天线和处理器为几个不同的子系统(传感器)服务,这是一种更大范围的自动寻的装置集成。例如，群操作可以通过雷达信道发送的命令实现。在这个意义上，自动寻的装置就是组合传感器系统。

将自主和非自主信息设备组合到飞行器上单个集成系统中，可以显著改善自动寻的装置的重量和维度特性。光电子的出现和计算技术的发展也有助于这种改进。因此，需要全面构建飞行器上所有数据传感器同时执行多通道数据处理的高速处理器应用的自动寻的装置[35,36]。随着超高频（SHF）固态电子器件的发展，使用从毫米到分米波段以及超宽带（UWB）信号的发射/接收机模块已经设计和生产出来。其他发展包括工作频带中允许重叠倍频的新天线阵列。后面的两个发展使得创建集成的、有源的相控天线系统（APAA），或者更确切地说数字相控天线系统成为可能[37-42]。这有助于创建具有数字相控天线系统模块空间排列的自动寻的系统。

最近，在设计组合自动寻的系统时，设计人员倾向于采用软件无线电（SDR）技术，该技术允许调整随机频带，接收不同类型的调制信号，使用可编程制导设备[43]。对于采用这种技术的制导装置，未来前景与超宽带信号的应用有关[34,44-49]。与这些信号相关的特殊要求取决于飞行器捕获目标的概率[50]。

应当注意，在文献中可能会遇到，自动寻的装置在保持一般分类架构的同时，还具有与其他类似的自动寻的装置不同的特征。主要包括具有低雷达可见性飞行器自动寻的装置、高机动飞行器自动寻的装置、具有扫描模式自适应自动寻的装置中的目标跟踪自动寻的装置、智能自动寻的装置、多位置自动寻的装置和精确武器自动寻的装置等。

目前，确保飞行器在全天候运行的自动寻的装置中主要数据传感器是自主无线电传感器。它们可以细分为两组——自差和雷达。在某些情况中，自主自动寻的装置的体积被限制为几立方厘米，其中大部分被电路设备、电源和安全与启动机构占据。这就是为什么许多无线电自动寻的装置基于自差原理的原因[51]。在该原理下，发射机的有源器件在控制电路方面也是接收装置。自差技术的使用使得寻的装置得以最大程度简化，使得接收/发送模块微型化。然而，付出的代价是抗干扰性能降低，效率变低，因为自差结构不允许提供范围选择。因此，自差技术的一个替代方式是雷达自动寻的设备（最初是发射机-接收机部分）小型化。

通常，在雷达自动寻的装置中区分主要和次要信号处理。主要处理用于搜索、检测和识别目标环境，以及一般调整模糊距离测量、接近速度和角坐标的过程。次要处理主要用于接收控制飞行器所需的全部相位坐标的估值，通过其重要程度对目标进行分类，向飞行器和接口系统（包括通信监视装置、无线电对抗措施，以及执行网络中心操作时各种其它机载传感器）发出指令的各种算法。

在最先进的雷达自动寻的装置中，雷达传感器决定所有测量参数的分辨率和全天候能力等主要系统参数，所有类型的抗干扰性，操作的有效范围（检测、选择、跟踪）以及重量和尺寸特性。自主自动寻的装置与导航和侦察装置之间的数据交换为飞行器在打击距离、精度、抗干扰性和总体效率方面提供良好的性能。还有，当自动寻的装置直接命中后、远程近爆引信动作、通过目标后自毁以及穿过死区边界时，可以停止对飞行器的控制。

7.3 自动寻的装置在信号场中的功能

7.3.1 自动寻的装置信号场的特点

如前所述，自主自动寻的装置的信号场与目标不直接相关。信号场和自主自动寻的装置运行原理在制导和寻的应用方面是相通的，并且很少考虑寻的目标的细节因素，因此，在下文中将不再介绍。

用于非自主寻的装置的信号场可以按照信号特点分类，如振幅、多普勒和时间偏移（对于超宽带信号）、接收到的极化状态估值、监视对象散射属性[34,52]、亮度、能量、谱扩展、监视对象轮廓、距离和速度特征、二次调制效应、磁场梯度、到达方向等。信号场的工作意味着伴随寻的过程的干扰不会引起该信号显著失真，在某些情况中，如果自动寻的的目的是破坏干扰源，那么，干扰源可以作为目标。

非自主自动寻的装置的性能在很大程度上取决于所选用的工作频段。在长波和毫米波频段[53-55]，现在则在太赫频段[56]，能够最大程度地检测到隐蔽目标（没有明显的导航对比参考点）。寻的到目标固有的辐射源也可以实现[57-60]。使用这种技术的飞行器包括防辐射导弹（ARM）、高速防辐射导弹（HARM）、攻击模块（HDAM HARM）、目标系统（HTS HARM）、高级防辐射制导导弹（AARGM）及智能制导和超程防辐射导弹（ARMIGER）。飞行器寻的无线电信号采用 LPI 原理，该原理可见参考文献[61-63]。在干扰和制导到辐射目标的情况下，传输时间的信息会丢失，从而不可能直接测量到辐射源或干扰源的距离。因此，为了找到辐射目标的距离，并确定接近速度，当从几个独立飞行器飞行路径点接收到信号时，必须采用间接估算方法。

原则上，任何特定的信号场都可以用外部手段破坏，主要手段是干扰。因此，在这种情况下，需要合理考虑信号场的稳定性和可靠性。提高信号场稳定性的主要方法是使用更多的自动寻的装置传感器增加维度[64,65]。根据基本信息理论，这种多维信号场的每个组件都可以分别提供关于目标环境的信息。大多数情况下,它是通过将不同物理实体的场(如通过频段)整合到单个多维信号场中实现的[66]。这种多维信号场产生方法对应于前面介绍的组合自动寻的装置。

自动寻的装置的信号场不仅由当前的目标环境构成,而且它的异向性也取决于自动寻的过程中产生的优先次序。该信号场以及改进寻的算法(如通过删除多余信息)的结构也是自动寻的装置的功能,其通常与识别功能进行组合。自动寻的装置的第一优先级是通过方向(即通过角坐标)形成跟踪通道。如果自动寻的装置操作正确,这种制导原则上可以不必借助其他通道(如距离和速度),将飞行器送到指定的位置。"基于图像"的自动寻的也归类为直接寻的,但与距离和速度制导通道相比,角通道确实存在显著的制导误差。然而,至少在飞行器和自动寻的装置可用的全部类型资源的限制条件下,仅使用非角制导通道不能有效执行这样的自动寻的任务。如今,为给飞行器自动寻的装置提供信息支持,有必要对垂直和水平方向的目标距离、方位角、接近速度和视线角速度进行准确的估算。

由于大多数制导误差都出现在自动寻的装置测角通道中,因此,寻的过程中有必要采取特殊措施以提高工作精度,特别对机动目标,这意味着,随着目标环境观测角度变化,相应信号场敏感精度也要增加。这个特征要求改进天线与飞行器振荡角的耦合度,这是由于位置和速度修正引起的。根据这些参数进行制导,可以显著提高制导精度。当使用相控天线(特别是主动相控天线)时,与飞行器角度和线性运动变化相关的综合修正信号必须考虑相控天线波束处理规律的变化。因为采用可编程扫描责任区域,相控天线的使用也缩短了处理最重要目标的时间间隔。此外,当建立位于该区域之外参考点的多光束跟踪时,相控天线在没有明显的导航对比度参考点(隐蔽目标)区域内可提供目标自动寻的功能。

7.3.2 自动寻的装置中的光电传感器

多年来,大多数自动寻的装置都采用激光寻的(包括半主动型,采用外部激光目标照射)或电视和红外图像寻的,光电瞄准系统由于其独特的特点,值得特别关注。自动寻的装置内的光电系统具备搜索、检测、跟踪、坐标查找(包括距离,如使用激光测距仪等)和目标运动参数识别以及瞄准等功能。电视制导导弹的寻的系统包括装有可变焦距透镜的陀螺稳定电视寻的装置,以及用于接收和存储飞行任务数据及产生导弹稳定与控制信号的自主制导控制系统。随着导弹接近目标,开始进行目标检测和识别。

使用红外波段光电传感器的自动寻的装置已经得以普遍应用。它的任务是从环境背景(或者其他热物体)中分辨出自指定物体(目标)的热辐射。因此,红外波段自动寻的装置必须配备保护罩,以防止冲压气流和热冲击,但保护罩必须能透过所涉及的红外波段。除了用于吸收辐射并将其转换为电信号的材料和表层之外,红外波段自动寻的装置还包括反射辐射的材料和表层(用于镜面和镜面透镜天线)。

根据热力学定律,不同温度观测对象具有不同的热辐射频率,因此,红外波段自动寻的装置可以针对表面“冷”目标(400~500K)、“中”目标(500~1000K,一般是直升机)和“热”目标(超过1000K,如各种类型的航天器和弹道导弹)等进行设计。借助于这种频率选择,当自动寻的装置接近目标时,可以使用接收到的辐射进行多普勒修正。被动和主动红外波段自动寻的装置都可以采用这些措施。

在数字无线电出现之前,红外波段自动寻的装置采用将目标瞄准角度转换成相应图像焦平面上的比例位移。这涉及位于焦平面处的转盘调制器,它具有透明和不透明区域的扫描图案,因此,可以调制接收到的辐射。目前,已有超过20种这样的调制盘扫描图案,根据其图案,可以将目标角位置的信息转换成具有不同类型的调制信号参数。

如今,几乎不再使用旋转元件,敏感元件即可接收目标的全部辐射能量。图7.1为一红外波段自动寻的装置框图[33],其检测元件由具有单脉冲跟踪能力的半导体芯片组成。它被划分为4个部分,每个部分都有1个检测电极,因此,每个象限产生的信号取决于被图像照射的面积。因此,通过信号幅度比可以确定目标图像与光轴的角度。

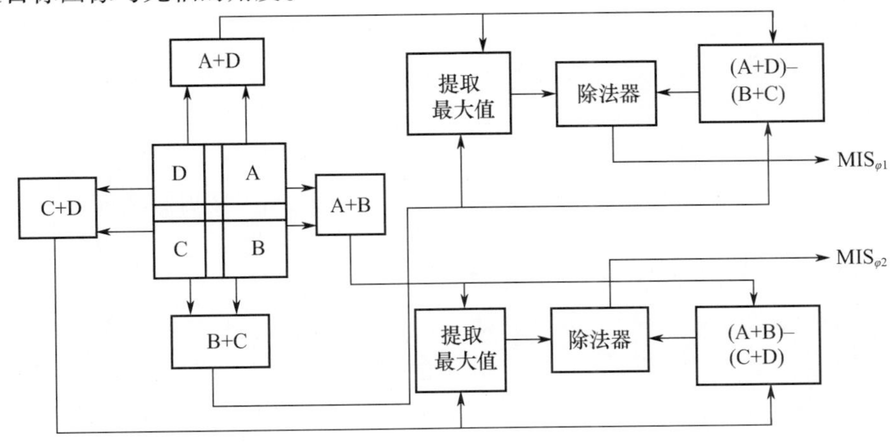

图7.1 红外波段自动寻的系统框图

如果检测元件的数量显著增加,则传感器可接近人眼的效果。通过这种方式,检测元件(或检测元件组)照射部分的位置可以指出瞄准角度和瞄准平面,因此，可以测量目标在仰角和方位角的数值。在具备大量检测元件的情况下，可以获得目标的轮廓图像，然后，红外波段自动寻的装置处理器可以将观察到的图像与存储样本进行对比识别。

长时间飞行的飞行器可能会安装红外波段和雷达组合自动寻的装置。在高空，自动寻的装置在 3.3 ~ 3.8μm 的中红外光谱段工作，而在低空和多云条件下，它将在无线电频段内工作。也可以使用 7 ~ 10μm 的远红外波段，在这种情况下，必须采用能穿透红外波段的非制冷蓝宝石窗口。为了在该波段进行使用，必须采用适当的检测元件——通常是锑化铟或铂硅化物，并且焦点阵列可以位于双轴万向悬挂状态。

对于军事应用，导弹弹头通常为圆锥形，成像器中提供相对于纵轴的视距角位移，可以使用杜瓦容器中的三镜式光学系统。

7.3.3 雷达自动寻的装置

雷达自动寻的装置可以进行目标环境雷达监视，它的效果取决于自然条件，相关雷达技术已经成功应用了 100 多年[33,67-72]。

总体而言，雷达自动寻的装置在很大程度上类似于现代雷达系统[33]，区别在于它们主要用于支持飞行器快速机动或跟踪高机动目标。然而，与航空雷达不同，它通常使用半主动工作模式。这类似于两点或多点监测，以及被动工作模式，可以进行跟踪并制导到正在工作的无线电设施上。在后一种情况中，相应的自动寻的装置称为无源装置，它们不采用电磁辐射测量（无线电/热定位）的机理。使用光学检测原理的自动寻的装置按照"雷达"图工作，这里使用激光和准直器作为信号源。与雷达相比，这种自动寻的装置的优点是确定坐标和速度的精度更高，但缺点是全天候能力和目标搜索速度方面较差。

新一代雷达自动寻的装置采用了现代电子学最新技术，包括宽带高频技术，微型化或几乎没有模拟电路，也就是说，它们可能完全由数字电路构成。它们的高性能数字信号处理器能够胜任任何工作模式，可以在群操作期间跟踪多个目标，完成并行分析并确定目标速度和距离。它们还可以采用合成天线模式估算目标的散射与辐射特性[34]和各种其他发射信号（包括隐蔽控制），实现用于选择和识别模式的抗干扰算法，通过采用自适应多波束相控天线控制雷达可视性。这些处理器使得整个雷达数据数字化，相控天线能够将平面天线转换成共形天线，使得发射和接收阵列元件可以布设于飞行器的表面。这就扩大了视场，增加了子孔径，还有助于使整个飞行器的雷达横截面积最小化。

雷达自动寻的装置的微型雷达（特别是用于军事目的的雷达）与机载和地面雷达系统相比，具有一些独有的重要特征。工作时间短和一次性工作允许这些自动寻的装置采用没有强制冷却的发射机,但是它能够依靠结构的热惯性在整个飞行期间正常运行。没有散热器或冷却器保护的能源密集设备,以及微型化的特点,要求装置的重量小,能够安装在飞行器有限的空间内,因此,要谨慎使用 CAD/CAM/CAE 方法,也充分考虑采用手工设计技术。这些技术是航空电子设备常用设计方法的经验积累。在飞行器自动寻的装置设计领域,手工设计技术加上复杂的设计软件是自动寻的装置制造商的主要诀窍。

根据主源(发射机)的位置,自动寻的装置工作模式可以分为主动、半主动、被动和组合模式。在主动寻的模式下,目标被机载发射机照射,然后,目标环境的反射信号用于控制飞行器。在半主动寻的模式下,目标由远离自动寻的装置的发射机照射,散射信号由机载接收机接收。还有一种情况,目标本身就是电磁辐射源,如来自无线电设施或发出热辐射的发动机。在这些情况中,自动寻的装置只需要一个接收器,就可以通过参考目标辐射的信号,使用被动寻的模式。组合型非自主系统包括各种自动寻的装置的组合。根据情况,使用来自目标本身的信号,在精度、抗干扰性和有效距离方面可以确保性能最佳。通常,组合自动寻的装置可以增加有效距离,提高抗干扰能力,提高制导精度和运行可靠性。根据采用的电磁波频率,寻的信号可以是无线电(雷达),也可以是红外线和可见光等。

雷达寻的装置的综合特性已经在有源/无源雷达组合系统转换中进行了介绍。对特定目标区域的制导,可以集成在雷达自动寻的装置的高分辨率信道,如高空间分辨率毫米波雷达信道。还可以采用天线合成孔径模式[73]和超宽带信号模式[44],后者还可以影响干扰环境。在某些情况中,还可以选择光学或红外成像等替代方案。

使用多普勒波束锐化(DBS)模式或使用前面提到的合成天线孔径模式(两种模式都可以提供较高的方位角线性分辨率),可以得到良好的目标环境图像分辨率。然而,它们在自动寻的装置中应用具有一定的困难,除了在合成孔径期间必须要补偿轨迹的不稳定性外,目标制导精度与提供方位的良好线性分辨率之间也存在一定偏差。

为了在多普勒波束锐化或合成天线孔径模式中实现高线性分辨率,飞行器至少应该以 10°~15°的角度接近目标。在这方面,需要采用新的制导模式,它通过相应的轨迹弯曲可同时满足高分辨率和高制导精度的要求。

自动寻的设备在最后阶段的任务如下[67]。

(1) 在目标区域设定角度范围内控制表面扫描。

(2) 接收信号的内部扫描。

(3) 目标检测、分类、识别和选择。

（4）目标捕获和自动跟踪。

（5）目标坐标及相关量的测量，以及目标自动寻的相位坐标估算矢量的形成和发布。

（6）为指定目标区域提供可选的和高精度制导的目标图像识别。

（7）分析干扰情况，如果需要，激活抗干扰设施或飞行器重新瞄准有源干扰源。

（8）为无线电近爆引信产生准备和控制信号。

对以上任务列表的分析表明，现在已经开发了大量的解决问题的方法、设备和算法程序。使用高分辨率数据信道（如合成天线孔径或者应用超宽带信号），原则上看来可以将飞行器引导到目标脆弱性较高的区域，从而显著提高工作效率。

雷达自动寻的装置接收到的图像分辨率的精细度，由解析元素在径向和方向范围内确定，它应与自动寻的过程中的误差进行综合处理。因此，当使用不同的雷达监视模式时，需要列出轨迹类型与分辨率之间的相互关系。具体来说，当飞行器沿着飞行路线移动时，该路线不仅应满足战术任务要求，而且能创造观测目标环境的最佳条件。

在多普勒波束锐化模式的目标距离（RN）处，交叉线性分辨率 δRC（其中 RC 是交叉距离）描述为

$$\delta RC = \sqrt{\frac{\lambda \times RN}{2}} \tag{7.2}$$

式中：λ 为自动寻的装置雷达通道的波长。

它比传统天线自动寻的装置光束（孔径尺寸 AP）的相同参数小得多（超过一个数量级），即

$$\delta RC = \frac{\lambda}{AP} \times RN \tag{7.3}$$

因此，使用多普勒波束锐化模式可以确保飞行器对目标制导的高精度。

当采用合成孔径天线模式时，仍可以获得较高的 δRC 值。原则上，该模式可以获得的分辨率很高，它只取决于合成间隔的长度。同时，合成模式也对飞行器真实飞行路线呈现的精度要求更加严格。反之，对微型传感器（在合成模式时）的要求也变得更加严格，因此，有必要在 δRC 值和微型传感器要求之间进行平衡。

因此，高精度自动寻的轨迹信号处理最合理的模式是多普勒波束锐化模式。然而，采用此模式需要绘制曲线飞行路径，该路径能满足制导精度和所需分辨率

的要求。曲线飞行路径仅在飞行器飞行初始段采用，在最终段通常是针对固定表面目标或移动目标的精确制导。采用这种飞行路线，增加了飞行器控制设备的功耗，因此，提高自动寻的程序效率的问题变得迫切。通常，只有分析出跟踪目标或其组件的方位角时，才会转换到真实波束自动寻的模式。

为了处理多普勒波束锐化模式自动寻的任务，可以提出几种不同的自动寻的轨迹，它们主动段初始点位置不同，因此，具有不同的初始相对方向、目标航向参数和轨迹长度，但到目标的距离相同。

考虑到从观测地段反射信号的积累，可以估算所需的处理时间（TPR），即

$$\mathrm{TPR} = \sqrt{\frac{\lambda \times \mathrm{RN}}{2 \times V_{\mathrm{AEV}}^2 \times \sin^2(\mathrm{PEL})}} \tag{7.4}$$

式中：PEL 为目标的当前相对方向；V_{AEV} 为飞行器的飞行速度。

因此，式（7.2）可以更精确表示为

$$\delta\mathrm{RC} = \frac{\lambda \times \mathrm{RN}}{2 \times V_{\mathrm{AEV}} \times \mathrm{TPR}} \tag{7.5}$$

在沿指定路径飞行过程中，目标的相对方位角减小，导致飞行器向目标逐渐转向。因此，飞行器不会随着目标方位角快速变化而执行突然机动，这简化了寻的任务，使得对飞行器空气动力学参数要求不必太过苛刻。

为了根据实际背景检测目标，通常，有必要将线性方位角分辨率 δRC 和距离分辨率 δRN 的值限制在 5 ~ 10m。

距离线性分辨率 δRN 需要的信号带宽（WBS）由下式给出，即

$$\mathrm{WBS} = \frac{c}{2 \times \delta\mathrm{RN}} \tag{7.6}$$

其中

$$c = 3 \times 10^8\,\mathrm{m/s}$$

为了获得地面区域的精确图像，自动寻的装置天线方向图的控制是在飞行器沿其飞行路线的运动期间，沿着该区域的中心方向设置方向图最大值并将其保持在该方向。如果天线设置足够精确和稳定，就可以采用望远镜扫描。

为了测量目标反射信号频率的最大多普勒频移，应使用相干脉冲序列作为探测信号，脉冲重复频率（PRF）应不小于特定值

$$\mathrm{PRF} = \frac{2 \times V_{\mathrm{AEV}}}{m} \tag{7.7}$$

给定最大距离 $\mathrm{RN}_{\mathrm{MUA}}$ 为

$$RN_{MUA} = \frac{C}{2 \times PRF} \tag{7.8}$$

通常，自动寻的满足 $RN_{MUA} < RN$ 的条件，所谓盲区的出现，对脉冲重复频率 PRF 特定值的选择应加以限制。在 TPR 处理期间，从相同距离反射的信号被置于相同的时间间隔（距离门限）内。为了获得更好的分辨率（大约一个数量级），应考虑轨迹信号处理过程中的 δRC ——平方相位渐变。运动目标轨迹不稳定性补偿可以采用自动对焦方式处理。

通过合成获得的雷达图像的特点与斑点噪声相关。图像斑点能够显著降低小尺度地面目标的检测和识别概率。这种斑点噪声的影响通过相同地形的几个独立图像的不连贯积累而减弱。

自动寻的装置天线（如单脉冲类型）调整的主要误差不一定会影响目标（瞄准点）坐标的测量精度。只有在接近目标的最后阶段，借助自动寻的装置单脉冲天线才能达到所需的精度。为了实现目标坐标修正（方位角和仰角）测量中所需的精度，并且为了目标跟踪，需要采用相对于地面速度矢量的目标角度测量方法。这可以通过将目标信号多普勒频率与目标相同分辨距离元素中背景信号频谱的最大频率进行比较实现。这种方法的最大优点是：角度估算与地面速度矢量测量系统中的误差、与飞行器相关的天线方向图误差以及与从一个系统到另一个系统坐标转换误差无关。高重复频率探测信号的选择确保了频率测量的准确，通过准确测量目标和背景信号多普勒频移来保证伴随角度测量的精度[67]。

接下来，可以修正瞄准点坐标，之后，将自动寻的装置自跟踪系统改为瞄准点捕获模式，这使得初始条件以瞄准点距离坐标、角坐标和接近速度的形式输入跟踪系统。然后，执行初始捕获误差跟踪，其中在寻的算法中使用两个平面的接近速度、视线角速度和目标角位置等信息。

基于软件的自跟踪算法可以用两个主要流程实现：第一是关于多维频率敏感检测器的输出信号，它是跟踪目标与飞行器速度矢量、仰角、距离的角度偏差函数；第二是过滤目标坐标参数。为了自动寻的，可以采用在方位和距离（分辨率元素的面积）上都具有线性稳定分辨率的飞行控制算法，这种情况，在方位 CNT_{AZ} 和仰角 CNT_{EL} 平面中形成控制信号（CNT）所需的失配参数，分别由以下公式确定[67]，即

$$\begin{aligned} CNT_{AZ} &= K_{AZ}\left(\widehat{AZ}_{TG}(t) - \widehat{AZ}_{TGO}(t)\right) \\ &= K_{AZ}\left(\widehat{AZ}_{TG}(t) - \arcsin\frac{\widehat{RN}(t) \times \lambda}{2 \times \hat{V}_{AEV}(t) \times TPR \times \delta RC_{AZ}}\right) \end{aligned} \tag{7.9}$$

$$CNT_{EL} = K_{EL}\left(\widehat{EL}_{TG}(t) - \widehat{EL}_{TGO}(t)\right)$$

$$= K_{EL}\left(\widehat{EL}_{TG}(t) - \arcsin\frac{\widehat{RN}(t)\times\lambda}{2\times\hat{V}_{AEV}(t)\times TPR\times\delta RC}\right) \tag{7.10}$$

式(7.9)和式(7.10)中:K_{AZ}和K_{EL}分别是方位和高度通道上控制信号的比例因子;上面的公式给出目标坐标、方位$AZ_{TG}(t)$、高度$EL_{TG}(t)$、距离$RN(t)$和飞行器的地面速度V_{AEV}、方位$AZ_{TGO}(t)$、高度$EL_{TGO}(t)$的当前值。目标方位和高度的要求值(O 意为"顺序")在方位线性分辨率δRC_{AZ}和距离线性分辨率δRN中提供一致性。

飞行器根据飞行控制算法式(7.9)和式(7.10)实施制导时,其飞行沿曲线路径进行,并提供恒定分辨率区域。

根据控制信号接收式(7.9)和式(7.10),控制比率可以重写为

$$CNT_{AZ1} = K_1\times MIS(AZ), CNT_{EL1} = K_2\times MIS(EL) \tag{7.11}$$

式中:MIS(误差)为某些目标特征的跟踪误差。然后,可以形成"多维"控制程序[67],即

$$\begin{aligned} CNT_{AZ2} &= K_3\times MIS(AZ) + K_4\times MIS(\omega_{AZ}) \\ CNT_{EL2} &= K_5\times MIS(EL) + K_6\times MIS(\omega_{EL}) \end{aligned} \tag{7.12}$$

$$\begin{aligned} CNT_{AZ3} &= K_7\times MIS(AZ) + K_8\times MIS(\omega_{AZ}) + K_9\times\omega_{AZ,TG} \\ CNT_{EL3} &= K_{10}\times MIS(EL) + K_{11}\times MIS(\omega_{EL}) + K_{12}\times\omega_{EL,TG} \end{aligned} \tag{7.13}$$

$$\begin{aligned} CNT_{AZ4} &= K_{13}\times MIS(AZ) + K_{15}\times MIS(\omega_{AZ}) + K_{16}\times\omega_{AZ,TG} + K_{17}\times\frac{d\omega_{AZ,TG}}{dt} \\ CNT_{EL4} &= K_{18}\times MIS(EL) + K_{19}\times MIS(\omega_{EL}) + K_{20}\times\omega_{EL,TG} + K_{21}\times\frac{d\omega_{EL,TG}}{dt} \end{aligned} \tag{7.14}$$

$$\begin{aligned} CNT_{AZ5} &= K_{22}\times MIS(AZ) + K_{23}\times MIS(\omega_{AZ}) + K_{24}\times\omega_{AZ,TG} \\ &\quad + K_{25}\times\frac{d\omega_{AZ,TG}}{dt} + K_{26}\times\frac{d^2\omega_{AZ,TG}}{dt^2} \\ CNT_{EL5} &= K_{27}\times MIS(EL) + K_{28}\times MIS(\omega_{EL}) + K_{29}\times\omega_{EL,TG} \\ &\quad + K_{30}\times\frac{d\omega_{EL,TG}}{dt} + K_{31}\times\frac{d^2\omega_{EL,TG}}{dt^2} \end{aligned} \tag{7.15}$$

式(7.12)~式(7.15)中:ω为目标视线的相应角速度。

式(7.14)和式(7.15)决定了在寻的到机动目标时发出的控制信号。

7.4 自动寻的装置的特点

7.4.1 飞行器自动寻的方法

自主自动寻的是一种相对于飞行器初始位置推算路径的方法。对于长距离推算,选择坐标系非常重要。在自动寻的程序中,使用与地球中心对齐的几种地心坐标系。长距离自动寻的软件通常需要采用坐标转换算法。极地区域采用地心坐标会导致飞行器运动微分方程的不稳定性,因此,这些方程的数量必须显著增加。因此,极地区域自动寻的装置采用所谓的全纬度推算法。

短距离自动寻的假定地球是平坦的,因此,可以选择直角坐标系,如正常的地球基准轨迹坐标系[67]。地球基准坐标系的原点可以为地球表面上的参考点。在描述飞行器大气中的飞行动力学时,地球基准坐标系通常认为是惯性系。在此假设下,飞行器质心运动的绝对速度矢量由地面速度矢量代替。类似地,绝对角速度矢量用相对于地球基准坐标系的角速度矢量代替,即地面角速度。这个坐标系中两个轴的方向相对于地球不变化,也就是说,它们与地球的子午线平行。因此,第三个坐标轴将沿着当地垂直方向向上。

常用的坐标系是运动坐标系,其原点通常与飞行器的质心重合,其中一个轴沿当地垂直方向。

轨迹坐标系的原点与飞行器的质心重合,其中一个轴与飞行器地面速度矢量一致,而另一个轴沿着当地垂直方向。在该坐标系中可以计算飞行器在水平和垂直平面中运动轨迹的曲率半径。

自动寻的程序在测量目标运动坐标和参数上,还采用了其他几个直角坐标系,包括修正、天线和飞行器基准坐标系,其原点与飞行器质心重合。修正坐标系设置为与自动寻的装置数据通道选定零方向偏转对应的角度。天线坐标系设置为天线系统目标视线的一个轴方向。飞行器基准坐标系如其名称,与飞行器的主轴线一致,通常为飞行器纵轴。

如果需要为军事目的提供一组飞行器,则飞行器组分为封闭、开放和分散3种形式。有时,这些术语用于指定一组飞行器的形式,如前部形式、V形式、护航形式等。也可以使用内部导航术语:飞机与飞机之间、无人驾驶战斗机之间、空间物体之间以及巡航导弹之间。当然,这里最终情况是飞行器交会;对于军事应用,使用与作战单元动态特征差异巨大的诱饵目标对战斗编队安排尤其重要。

在式(7.9)~式(7.15)中,获取所需参数值的过程在控制命令生成中起着重要作用,这显然取决于所选择飞行器对目标的制导律。因此,所需的比率必须得到证实,并因此将其与自动寻的程序联系起来。

在自动寻的中只采用两点式制导方法。在任何自动寻的方法中都可以绘制相位轨迹:飞行器质点相对于目标质点的运动。考虑飞行器和目标的响应时间,可以在相位空间中绘制动态轨迹,飞行器的实际轨迹也受到干扰和噪声(影响闭环控制回路)的影响。

对于所有的两点式制导方法,必须在飞行器上估计目标方位,为此,式(7.9)~式(7.15)中角度相位坐标 AZ 和 EL 可以用来确定相对于纵轴的目标角位置。

在直接制导的情况中[67],飞行器的纵轴将始终朝向目标。因此,相对方位数值将等于零,$AZ_{TGO} = EL_{TGO} = 0$,从而飞行器的速度矢量与目标方向一致。有时这称为"追逐方法",它适用于在没有侧风的情况下对静止或缓慢移动目标的制导。

直接制导方法的优点是其与目标的距离和高度无关,而且自动寻的装置简单,其本质上是用测量仪将目标方位 AZ_{TG}和 EL_{TG}记录在自身坐标系中。该方法意味着,对于固定目标的任一观测角,自动寻的轨迹基本上是直线,当飞行器速度较低和风速较高时,制导飞行器的飞行路径真实曲率较大。

对于移动目标,直接制导方法沿着"追逐曲线"进行导航。这种方法需要分别在两个平面中找到侧滑角和攻角,以估算飞行器速度矢量相对其纵轴的方向。

快速移动目标会产生较大曲率的追逐曲线,使得飞行器无法在其允许的过载范围内转弯。沿着这种追逐曲线飞行也会产生巨大的制导误差,减小自动寻的装置的有效范围,增加制导时间。这些影响都会干扰电子对抗下的自动寻的效果。

式(7.9)~式(7.15)可以看出,方位角和仰角控制律具有相似的结构。因此,使用下标 1 和 2 可以将飞行器运动平面(不一定是方位角或仰角)结合起来。在这种情况下,方位 PEL_1 和 PEL_2 可以用式(7.4)描述。

使用互补引导角的"追逐方法"有时称为连续引导制导[67]。这里,控制信号与求和项(与地面目标相对方位投影成比例)还包含互补引导角的投影,其与视线角速度成正比。当使用这种连续引导方法时,飞行控制算法可以用下式表示,即

$$CNT_{1,2} = K_{PEL1,2} \times PEL_{1,2} + K_{\omega 1,2} \times \omega_{1,2} \tag{7.16}$$

在因子 $\omega_{1,2}$的作用下,可以写出直接制导方式在飞行器最终误差的最小条件,使得视线角速度的数值满足条件 $\omega_{1,2TGO} = 0$。

对快速移动目标的自动寻的,采用前置点制导的变形方式,通常是比例制导

方法[67]，其中控制信号包含与视线角速度成比例的求和项，即

$$CNT_{1,2} = N_0 \times \left(-\frac{dRN}{dt} \right) \times \omega_{1,2} - a_{1,2AEV} \tag{7.17}$$

当使用比例制导方法时，控制平面中所需的横向加速度 $a_{1,2}$ 和过载 $EXS_{1,2}$ 必须与视线角速度 $\omega_{1,2}$、飞行器接近目标的速度 V_{CL} 成正比，并且

$$\begin{aligned} a_{1,2} &= N_0 \times V_{CL} \times \omega_{1,2} \\ EXS_{1,2} &= \frac{N_0}{g} \times V_{CL} \times \omega_{1,2} \end{aligned} \tag{7.18}$$

式中：N_0 为导航参数（无量纲）；g 为重力加速度；$EXS_{1,2}$ 为无量纲量。大多数情况下，V_{CL} 和 $\omega_{1,2}$ 由雷达传感器（测速仪）和加速度计测量。这种方法的主要特点是具有全方位和全高度能力，而且几乎是直线制导轨迹。

采用比例制导方法时，自动寻的装置目标视线 r_{HDT} 与目标平行移动。这里，引导角是一个与目标距离相关的变量。采用这种方法不需要测量目标运动速度矢量或确定目标引导位置。目标速度矢量改变了视线 r_{HDT} 的角度位置，或更精确地说，改变了目标速度矢量和视线角度位置的切量。为了实现平行接近，需要确定角度 PEL_{HDT} 的导数，并成比例地改变自动寻的装置速度矢量的位置（以与目标视线平行移动的方式）。因此，通过增加陀螺仪系统（该系统可以在开始时尽快记录视线的角位置），使得自动寻的装置变得更加复杂。该方法与自动寻的装置采用的所有制导方法都能够良好结合，并且不响应风载荷对飞行器的影响。

导航参数 N_0 越大，飞行器的飞行路线越平直，在携带相同燃料的情况下，机载电子设备的有效范围越大。同时，导航参数 N_0 将转换为制导误差。在 $N_0=3$ 时，制导轨迹实际上是直线。给定这些数值，可以确保对任何拦截角的稳定制导。

比例制导方法的严重缺点是由于不能消除初始瞄准（目标方向）误差，长距离自动寻的装置的可控性较差。当引导到机动目标时，通常采用具有偏移的改进比例制导方法[67]，其中引入了与相应飞机中的视线角速度增量（由地面目标运动产生）成比例的附加求和项，即

$$CNT_{1,2} = N_0 \times V_{CL} \times (\omega_{1,2} + MIS\omega_{1,2}) - a_{1,2} \tag{7.19}$$

式中：$MIS\omega_{1,2}$ 为由系统测角仪测量并由目标机动调节的视线角速度增量。

一种飞行导航控制变形算法可以为高机动目标提供全方位自动寻的。这是连续引导制导算法，即

$$\mathrm{CNT}_{1,2} = a_{1,2\mathrm{TGO}} - a_{1,2\mathrm{TG}} = \frac{N_{\mathrm{PEL}1,2}}{\hat{V}_{\mathrm{CL}}} \times (\mathrm{PEL}_{\mathrm{TG}1,2} - \mathrm{PEL}_{\mathrm{AEV}1,2}) + \frac{N_{1,2\omega}}{\mathrm{RN}} \times \hat{\omega}_{1,2} - \hat{a}_{1,2\mathrm{AEV}} \tag{7.20}$$

当前,自动寻的装置通常采用基于噪声自适应和范围相关的增强比例导航技术。在这种情况下,视线角速度被转换为横切于视线的自动寻的装置加速度。

在具有跟踪环路的自动寻的装置中,其主要任务由自动寻的角通道承担。测角位置指示器的选择性改进与天线系统模式变窄的需求相关,它导致天线装置的重量和尺寸增加。在小型飞行器上布设这种装置是一项具有挑战性的任务,为此,在自动寻的装置中需要采用特殊的措施让目标落在接收天线方向图开口内。在使用脉冲辐射的系统中,跟踪测距探测仪用作特殊的选择器,在连续辐射模式下工作的系统中,采用速度跟踪。

测距选择的主要目的是仅在所选目标反射信号到达时,才开启自动寻的装置伺服系统接收机。在其余时间内,接收机关闭,以便来自其他目标的信号不会通过接收通道,因此,不影响角位置指示器。以这种方式,飞行器的方向制导仅针对由距离跟踪通道捕获和跟踪的那些目标。由该通道产生的脉冲信号在短时间内打开自动寻的装置接收信道,通常称为“距离门”。

通过速度对目标自动跟踪可以接收跟踪目标运动速度的连续信息,能够相对目标环境中的静止或移动缓慢的物体来选择移动目标。这种自动速度跟踪通道的重要功能(与跟踪距离通道一样)是对落在自动寻的装置接收天线方向图限制范围内的群目标进行选择。不同群目标的速度径向分量差异将在接收信号中产生不同的频率增量,然后,可以通过窄带滤波器进行分离。

自动寻的装置中的距离和速度搜寻通道可以完成对指定点或物体的距离估算、接近速度、目标的绝对速度以及通过距离和速度自动选择目标。这些估算对于飞行器状态控制命令是必要的,相关传感器通常称为速度和距离自动选择器。这些自动选择器由于接收装置打开状态时间的减少而增加了自动寻的装置的灵活性和抗干扰性。通常,自动选择器根据滤波器延迟时间和速率制作,也包括定时鉴别器(敏感元件)和控制电路(滤波器和控制器)。为了估算距离和速度,门列单元起到调节器、修正信号传感器和修正信号计算机的作用(图 7.2)。

自动寻的装置需要解决的主要问题包括确定检测目标的最大和最小距离,提高抗干扰性能,提高观察性差和机动性强的目标制导精度,满足轻量化和小型化要求,以及生成飞行器控制所需的所有相位坐标的估算。

7.4.2 自动寻的装置动态误差

安装自动寻的装置的飞行器,运动时,飞行角度在正交控制平面和滚动中振

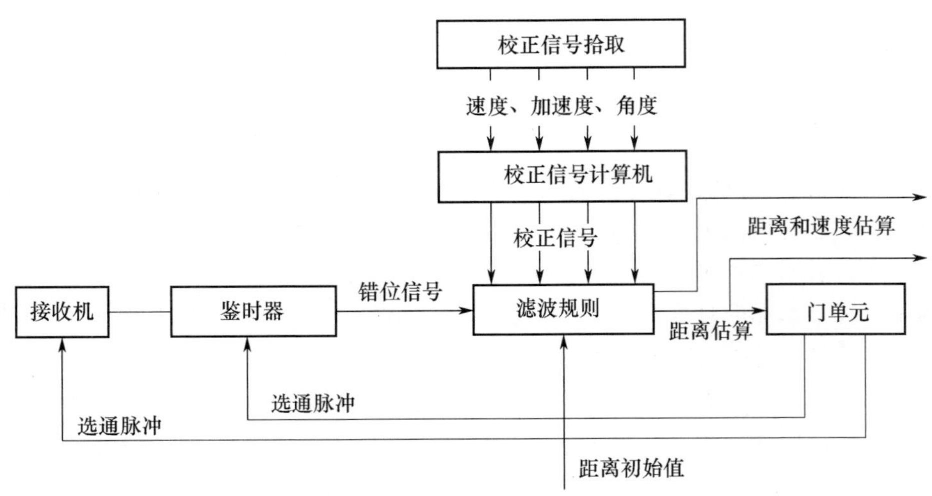

图 7.2　距离和速度自动选择器方案

动变化。因此,发送到飞行器的控制信号通过测量到的视线角速度而形成,显然,自动寻的装置天线必须在空中保持稳定,否则,振动将与视线角速度叠加,飞行器会受到虚假信号控制。另一个错误信号来源是由于自动寻的装置天线罩的影响而导致天线波束失真,也称为同步误差[67]。这些因素会对自动寻的精度产生很大的影响。

自动寻的装置的寻的通道是一个复杂的非线性非平稳随机系统,其动态(惯性)特性直接反映在寻的误差上[74]。基于加速度控制计算的控制信号滤波通常用于计算视线角速度时进行噪声平滑、阻尼飞行器的残留运动(由同步误差调节)以及减小数据发生可变频率的影响。

导航参数取决于飞行到目标的时间和控制输入重量比。目标机动加速度的估算是基于自动寻的装置视距角数据的测量。此外,自动寻的装置必须根据目标类型的先验信息、飞行器在轨迹的最终阶段动态特性,以及关于距离和自动寻的装置测量信息的质量适应当前状态。对空中目标的寻的需要知道接近速度、目标和飞行器的加速度矢量,以及视线角速度矢量。此外,寻的开始和结束范围由飞行器性能确定,并作为控制律的设定参数。对地面目标,自动寻的装置要完成的控制程序包括用于估算距离、速度、漂移角、相对方位角、视线角速度矢量和飞行器自身的加速度矢量的处理。

当前,自动寻的装置经常配备有合成孔径天线。这里,仅当飞行器相对视线以较大的角度运动时,才能实现角坐标线性分辨率改善,而飞行器跟踪线必须与视线一致以追踪目标。因此,自动寻的任务的飞行控制算法必须同时满足预设角度分辨率和误差值的要求。在这里,导航伴随着飞行器沿曲线路径运动,而在初始阶段和最后阶段接近目标进行转弯时才执行天线孔径合成动作。

上述问题可以通过半主动寻的方式予以解决,它们通常采用远离自动寻的装置的其他发射源指示目标。

真实的自动寻的装置飞行路径,由于所需的控制参数程序不准确,而产生与预设飞行路径的偏差,被认为是动态误差的表现。

7.5 自动寻的装置效能

自动寻的装置效能定义为满足要求的程度,即根据其分配的任务,控制系统对飞行器状态控制的效率。与任何人为系统一样,自动寻的系统效能可以通过指标(定量评估)和准则(判定完成目的程度的规则)进行评算。自动寻的装置特有的质量因素分别是最终(全局)指标及个体和综合指标。最终指标评算自动寻的装置在飞行器所有阶段和模式的影响。个体指标代表所有自动寻的装置子系统和单元(所有单独操作的执行)的运行效率,以便使用这些估算判断整个自动寻的装置的效能。飞行器最常用的个体指标包括以下性能特征:高度范围、速度和有效距离、控制类型和数量、允许的过载范围、响应速度特征、飞行路径和动力学方程等。在军事领域,如果自动寻的装置用于武器系统,最重要的性能指标是应用范围和命中区域的大小。当然,也有许多综合或组合指标。

自动寻的装置性能指标包括可控性、可靠性、响应时间、控制信号集、带宽和可观测性等。对于信息和计算系统,通常采用目标检测正确率或虚警率、视图参数的提取、精度和分辨率、抗干扰性和可靠性等指标。这些指标取决于更具体的子指标,包括目标照射信号参数、天线方向特性、接收机灵敏度、发射机功率、信号路径带宽、增益因子和信号处理器性能等,通常编制出影响最终指标的个体指标层次结构。在自动寻的装置运行的各个阶段都有特殊的指标,而不仅是针对某些特定操作的指标。全阶段指标的例子包括操作精度、抗干扰性、可靠性、成本和操作方便性等。

由于特定指标依赖于时间,并且以不同的方式影响整个自动寻的装置的运行效率,所以经常使用综合指标(也称为结果、性能函数或质量函数),它们包括极限、极值(阈值)、固定和混合准则等。极限性能准则判定最佳自动寻的装置能够达到特定指标的极限。极值准则判定那些自动寻的装置(或其操作模式),它们的指标优于指定的指标。固定准则要求采用等于设定数值的指标。混合准则表示前 3 个准则的一些组合。

对于最大化系统效能准则,使用最小寻的误差作为极限准则。以导弹的极值准则为例,准则要求寻的误差不应超过有效命中范围。固定准则的例子是零偏差(直接命中)准则。奈曼-皮尔逊准则可以作为混合准则的示例,它要求在特定资源条件下达到完成任务的最大概率。自动寻的装置的最终质量因素通常基于阈值准则。自动寻的装置对各个指标的优化采用极限和极值准则。

7.5.1 自动寻的装置精度

自动寻的精度是自动寻的装置最重要的指标之一,通常采用瞬时指标(当前和隔离)和积分指标[75]。误差和控制误差是在特定时刻表示自动寻的装置精度的瞬时指标。这里,误差是在散射平面中目标和自动寻的装置之间的距离。散射(或图像)平面被理解为穿过目标质心(或通过飞行器将要达到区域中的预设点)的平面,它垂直于自动寻的装置,速度矢量是自动寻的装置的绝对速度矢量与目标的绝对速度矢量之差。

误差不仅由自动寻的装置本身的参数确定,而且也由其应用条件决定。假设自动寻的装置控制通道及其支持系统是理想的,并且彼此互不影响,则目前的误差由下式确定,即

$$\mathrm{MISS}_{1,2}=\frac{\mathrm{RN}^{2}\times\omega_{1,2}}{V_{\mathrm{CL}}}\tag{7.21}$$

速度和距离对当前时刻有效,之后通常假设自动寻的装置完全以惯性方式向目标运动。最终误差在自动寻的装置停止发出任何控制命令之后以类似的方式确定。

7.5.2 自动寻的装置死区

死区是任何飞行器无线电控制系统中固有的现象,由飞行器距目标或目标点的距离(自动寻的装置在该位置停止正常运行)确定。死区产生的原因包括飞行器本身、自动调节闭环系统和目标环境观测特性等。在死区,飞行器方向舵通常设置在中立位置,进一步运动方向由控制停止之前的速度矢量确定。

鉴于死区发生有多种原因,通常,每个原因都与其死区匹配,死区半径总是所有死区半径的最大值。因此,整个自动寻的装置的误差由死区半径的最大值确定。

死区发生的主要原因如下。

(1) 自动寻的装置中的瞬时误差超过了误差允许值,这可以解释为由闭合控制回路中的噪声或干扰等随机因素引起。

(2) 飞行器机动性有限导致运动轨迹偏离,使制导实施过程中受到干扰。

(3) 由闭环响应时间引起的运动轨迹偏离。

(4) 自动调节闭环系统的不稳定性(通常是由于运动链路传输因子的增加

与距离成反比，这需要采用特殊的距离测量）。

（5）跟踪系统对目标点的响应时间。

（6）散射中心颗粒度[76]引起的各种形式的目标噪声（角度、距离、速度、极化）在接近目标时不断变化。

（7）在靠近目标时，自动寻的装置动态范围的限制，其中接收信号电平显著增加。

由于在发送探测信号后必须临时中断接收机，在无线电最小控制范围内，信号限制导致目标误差增加。这是因为，如果距离太小，反射信号将会快速到达，而接收机此时仍然处于中断状态。解决接收和发射天线隔离问题的一种方法是：将发射部分装入前端、接收机处理电路和尾部安全装置装入尾段，这可以扩大自动寻的装置与目标之间的距离。

在接近制导区域时，目标噪声被转换为目标映像[34]，以便对目标轮廓进行估算和识别。这些信道由虚拟信号提供，包括超带宽信号[34,44]、使用合成孔径天线模式[73]及转换到毫米波段等[77]。

7.6 无线电近爆引信

无线电近爆引信是自动寻的装置的一种类型，通常在军事上用于生成一次性命令的场所，其运行基于对导弹弹头爆炸的目标环境分析[67,78]。然而，应当注意，精确自动寻的装置不是无线电近爆引信，在其结构中不包含近爆引信，因为它能确保脱靶量小于允许值。目前，无线电近爆引信能够完成可控爆炸要求，导弹弹头可以将爆炸控制在所需的打击程度。在这里，重要的是，考虑弹头本身的特性，无线电近爆引信本质上是通过选择接近目标的相位轨迹，以便在目标区域中实现预设的爆炸模式。典型的例子包括在水线以下的反舰弹头或在一个掩体内引爆一个重型装甲目标。

一个"标准"无线电近爆引信由以下单元组成：射频模块、通过感应通道进行设置的程序模块、用于轨迹修正的外部信号接收器、用于轨迹修正的制动单元、微型机电安控装置和电源等。

无线电近爆引信可以包含在自动寻的装置中，有时也单独设置，而且它也可在所属自动寻的装置的死区中运行。考虑到各向同性和各向异性弹头爆炸特点，打击区域应该超过自动寻的装置死区半径造成的偏差。动态打击区域应当考虑到由于导弹和目标的速度造成的撞击区域的变形。对于各向同性爆炸，动态打击区域中心沿着飞行器的纵轴向前移动，对于各向异性爆炸，前端角相对于初始（静态）打击区域圆锥减小。因此，动态打击区域定义了无线电近爆引信作动区域,因为只有当目标进入该区域内时,才会产生弹头爆炸的一次性命令。

动态打击区域通常被"转换"为滤波器过程参数,它根据从目标接收信号(对应于动态击打区域)的多普勒频率变化进行调整。如果从振幅、多普勒频率或反射信号延迟中分别提取目标时空位置信息,则无线电近爆引信可以分为振幅、多普勒或脉冲3种类型[67]。由于存在来自目标表面反射信号的随机相位成分,无线相位近爆引信逐渐不再采用。目前,智能无线电近爆引信的运行取决于接收到的目标图像和环境。这种无线电近爆引信通过分析目标区域的情况并选择爆炸点,自主生成爆炸指令。

振幅无线电近爆引信通常使用雷达信号包络变化时间的二阶导数激活,而且通常与各向同性弹头一起使用。脉冲无线电近爆引信具有大约1ns的探测脉冲持续时间和大约15cm的死区。然而,专家正在研究采用超带宽信号的短脉冲模式设计无线电近爆引信的可能性,在这种情况下,死区基本上包括在内,并且可以使用持续时间小于200ps的非常高的脉冲重复频率。

多普勒无线电近爆引信由多普勒频率变化控制,即低频信号相位的导数。当多普勒频率与动态打击区域爆炸碎片角确定的阈值相匹配时,它就会产生爆炸指令。显然,无线电近爆引信与动态打击区域匹配应该与天线模式最大值方向相一致。当使用相控天线时,这样的设置几乎同时进行,并且伴随着产生相应的分量光束(其参数与目标跟踪光束不同。如果捕获目标被破坏,参见7.3.1节)。

图7.3给出了多普勒无线电近爆引信框图。其所有元素都是具有动态打击区域的多普勒窄带雷达典型元素。它包括在各种载波频率上运行的两个相同的通道,作用在穿过飞行器纵轴的两个相互垂直平面的区域。两个发射天线和两个接收天线位于飞行器两侧,用于互补。安全装置在到达动态打击区域和自毁时负责无线电近爆引信的安全存储和传输,产生爆炸指令和弹头爆炸。

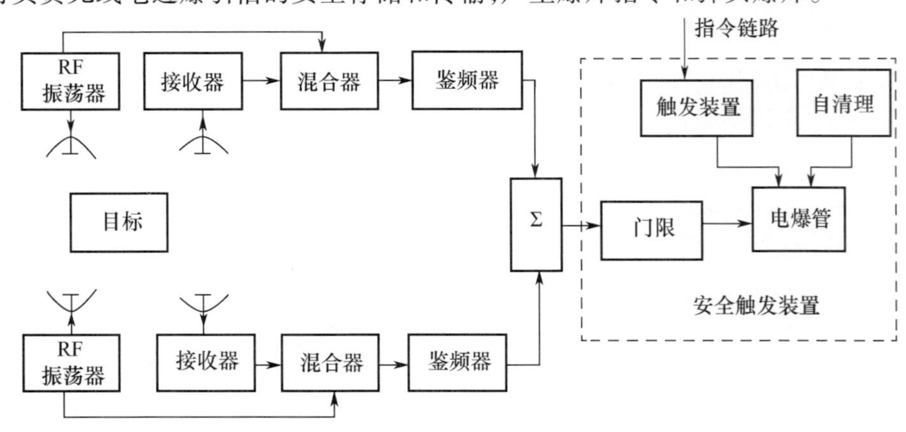

图7.3　双点无线电多普勒爆炸方案

7.7 干扰条件下自动寻的装置的性能

自动寻的装置对干扰的敏感性由其传感器感知的信号场决定。在干扰信号的影响下,自动寻的装置的检测、测量和选择特性大幅下降,这已经被雷达和光电系统采用的抗干扰措施所证实。如果自动寻的装置根据瞬时视场运行,则干扰影响非常有效。如今的军事行动中,必须强制采用自动寻的装置抗干扰措施。雷达和光电系统的不断发展,不断改进着抗干扰措施及相关应用方法,这将是影响作战效果的重要因素。干扰、火力和机动措施的组合如今可以非常有效。自动寻的装置结构(特别对于作战)包括硬件和软件系统,它们在电子战中提供自动寻的功能,目前发展趋势是改进软件系统。

自动寻的时,主数据通道使用的是角度数据,其性能偏差由以下类型的干扰引起:相干、极化、闪烁、不连续、重定向、空间点干扰以及单脉冲计开关频率的振幅调制等[67,79]。主动、半主动和被动寻的装置更具抗干扰能力。对于采用比例制导方式进行自动寻的的飞行器,需要采用角度干扰措施,它会导致跟踪角速度发生变化。对于干扰范围和速度自动选择器,主要干扰类型包括偏转、瞄准和基于频率的拦阻干扰、噪声、中继器干扰以及闪烁和掩蔽组合等。

如果自动寻的装置是智能的(见 7.8 节)并且能够进行目标环境识别,则应考虑设置相应干扰的可能性,目的是减小实际目标的雷电横截面积、雷达特性失真[45]、小型虚拟目标的雷达横截面积模拟、雷达特征谱结构模拟、假目标模拟、组合(光和无源雷达)假目标、雷达特性时间模式模拟[34]以及复杂信号的应用。

针对每种类型的自动寻的装置干扰,都有恰当的简化技术。此外,在某种程度上,还有一种通用的方法,它基于功率、结构和信息隐藏为自动寻的装置提供抗干扰能力,特别是对于巡航(跳跃)路径区域以及创建稳定的多维超信息信号场。这种稳定性通过采用不同的异质和均匀物理场,如在频带、信号类型和极化领域,组合有源、半有源和无源传感器以及红外、光学和雷达的方法实现。

单一类型的干扰不能抑制所有的自动寻的装置,因此,针对不同类型的自动寻的装置和通道需要采用不同类型的干扰信号。此外,采用类型不同的干扰信号抑制相同类型的自动寻的装置,但是干扰信号类型和处理方法不同。参考文献[67]提出了各种标准的干扰分类。

根据干扰起源,干扰类型被细分为自然(非人造和电磁)和人为两类。显然,在自动寻的抗干扰中人为干扰类型起着最重要的作用。

干扰设备分为有源和无源类型。有源干扰是由干扰发射机产生的,辐射到自动寻的装置所在的空间区域。无源干扰通过抑制自动寻的装置探测信号的反射进行，如使用人为建造的反射器、偶极子云、改变无线电波分布特性或减小受保护对象的雷达横截面积等。

抑制和模拟干扰的方法根据干扰的性质有所不同。屏蔽干扰通过降低其接收机属性以及创建显著阻碍或完全抑制目标检测和识别的杂波背景抑制自动寻的装置。它通过挑选从目标反射的有用信号，使自动寻的装置无法以所需的精度测量目标参数，如空间位置、运动参数等。屏蔽能力随着干扰功率的增加而增加。

模拟（或欺骗）干扰对自动寻的装置输入类似于有用的信号，但其中包含一些错误的数据。这导致部分有用信息丢失并降低了系统带宽。这种形式抑制干扰的作用机理是因为自动寻的装置接收机放大路径输入信号动态范围有限。因此，可以在自动寻的装置输入处产生一个干扰信号，使得接收信道无法分离出有用信息。抑制干扰可能导致自动寻的装置丢失目标或使跟踪系统从跟踪模式切换到搜索模式。

对于战术应用，干扰分为自覆盖干扰和外部干扰（为群组保护而实施）。自覆盖干扰是指目标自身携带干扰源，因此，可以实现对目标个体的保护。在外部干扰中，干扰源安装在战斗组单独干扰器中，为战斗组提供保护。干扰机经常在防空系统范围外巡视，并制造所谓的外部干扰，以提高保护和生存能力。

自覆盖干扰难度是最大的，因为干扰必须与自动寻的装置信号场特性最大程度匹配。在这种情况下，所有（或多数）源坐标通过测量通道转换为虚拟分离数据。由于这种干扰使用自动寻的飞行器的能源，自覆盖干扰的效率（和稍后的堵塞干扰）显著提高。信号和干扰源坐标的良好匹配显著提高了寻的性能。

外部干扰常用于红外自动寻的装置，这是因为信号源和干扰源的坐标不同。目前，通常根据干扰类型和来源（包括自覆盖和外部干扰）进行组合干扰，它显著提高了干扰效果。

堵塞和精确干扰根据频带重叠进行区分。堵塞干扰占据频带宽，可以超过接收机带宽的数倍。这种干扰可以抑制同一区域在相邻频段工作的自动寻的装置。这样的干扰只需要掌握被抑制的自动寻的装置大致工作频段即可，这就是为什么控制干扰机的监视设备可能相当简单的原因。堵塞干扰的主要缺点是干扰发射机的功效低，因为只有一小部分发射机功率被传送到自动寻的装置的接收机。

精确干扰只占用被抑制设备的带宽。干扰信号频谱中值与被抑制自动寻的装置的载波频率基本匹配。因此，用于精确干扰的发射机功率更加高效，但是必须准确地知道被抑制自动寻的装置的载波频率。这使干扰控制系统变得复杂，需要使用能够在较宽的频段内快速调整载波频率的高频发生器。

在干扰信号频谱功率密度相同的情况下，相对于堵塞干扰，精确干扰能够显著降低设备的重量和尺寸。因此，这种干扰常用于单个自动寻的装置防护方面。

干扰可以是连续式，也可以是脉冲式。连续干扰由通过振幅、频率和相位调制的高频连续振荡（通常随机产生）组成，有时这些调制同时使用。根据调制类型，可以分为振幅调制（AM）、频率调制（FM）和振幅－频率调制（AFM）干扰。噪声也可以用作调制源，在这种情况下，可以采用连续噪声。脉冲干扰是一系列调制或非调制高频脉冲。

自动寻的装置包括数据和控制通道系统，其可以通过无线电线路（如建立群交互）提供跟踪目标的方位、距离、速度。因此，自动寻的装置无线电干扰也必须具有一体化的特性，对各系统和通道进行控制，以完全抑制或降低它们的效能。

无线电干扰策略应根据控制系统的不同而变化，以使弹头在远离目标的安全区域内引爆。为了实现这一点，可以对自动寻的装置巡航飞行部分实施连续噪声和脉冲干扰。

连续噪声干扰包括振幅、频率和相位上的随机振荡，通常称为波动噪声。在自动寻的装置输入端，它可看做是在接收机带宽内具有均匀频谱的随机过程。这种干扰可以在固定角度和范围内屏蔽具有任何结构、任何形状的有用信号。由于噪声的结构类似于接收机内部的波动噪声，难以检测，也难以采取相应措施减少其影响。因此，自动寻的装置分辨率会显著下降，目标坐标检测精度随之降低。

直接噪声干扰通常是放大器内部产生的噪声放大的结果。它具有频谱均匀性，且频率带宽足以覆盖信号频率带宽。

使用发射机产生调制型干扰，其中载波振荡通过噪声信号在振幅、频率或相位上进行调制。实际上，通常采用幅频或幅相组合调制，在辐射信号中同时发生振幅与频率或振幅与相位的变化。

数字技术的发展可以允许使用所谓的噪声型信号进行干扰。这些涉及信号的整形和再辐射，它们具有通过载波调制扩展信号频谱的特殊功能。这种扩展函数基于伪随机码序列，通常为二进制，并且经常用于辐射信号的相位调制或用于工作频率的伪随机再调整。可采用 M 序列、Gold 序列和 Kasami 序列作为码序列。

脉冲干扰是指模拟类干扰机，它是为在脉冲辐射模式下工作的自动寻的装置而制造的干扰机。同步多脉冲干扰和异步混沌脉冲干扰区别如下。同步脉冲干扰的原理是干扰机接收从自动寻的装置辐射的信号，并将其用载波重新辐射到自动寻的装置，但具有一定延时。它可以为每个接收信号重新辐射多个响应脉冲,并且在形状、范围和功率方面与接收信号脉冲匹配。

使用这种干扰,可以模拟不存在的目标,可以模拟一组具有相似角坐标但距离不同的伪目标。如果有足够的响应干扰功率,当通过抑制雷达旁瓣进行接收时,可以模拟与干扰机或其他受保护目标信号不匹配的目标角坐标。通过编程干扰辐射控制,不仅可以模拟任何假目标运动,而且可以模拟不同类型的机动。所有这些导致自动寻的装置变得复杂起来,需要处理大量信息,弱化了面向真正目标的作战能力。

异步混沌脉冲干扰是指其载波频率与自动寻的装置辐射的频率相近的无线电脉冲序列,其中脉冲之间的振幅、持续时间和间隔随机变化。这样的信号会在自动寻的装置的视野内随机产生错误的目标。当在距离和方位角上大量随机出现干扰信号的情况下,会使选择真实目标变得异常困难。在某些情况下,干扰会使自动寻的装置接收天线旁瓣的视野存在许多假目标。

混沌脉冲干扰对控制各种目标的无线电指令通道的影响实际上是堵塞干扰。这可能会导致传输命令被全部或部分抑制,改变子载波调制参数,并产生虚假指令。

制造多重干扰的主要困难是必须在干扰机接收天线输入处信号消失时,以辐射信号的载波频率辐射响应脉冲序列。为此,辐射信号载波频率必须保存相对较长时间,并且近似等于辐射脉冲周期。

使用辐射信号频率矩阵存储法实现的多通道,可以显著减少通道数量,这种方法可以使用输入信号频率的多个(阶梯)转换实现。多通道系统的一般缺点是存在通道间的相互影响,这可能导致识别和存储辐射信号频率的偏差。然而,这种缺点可以通过专门的逻辑设计消除,该设计通过采用特殊的隔离电路和改进频率选择滤波器的特性实现。如今,已经研究出可以实现目标辐射信号结构精确回放的数字信号存储方法。

对空间运动目标的角坐标、距离和速度自动跟踪通道的干扰,即扰乱其正常运行,是电子对抗的最重要任务之一。一般来说,干扰应该改变跟踪信道转换器的特性,包括降低目标对象的感知动态特性,造成受保护目标跟踪和捕获系统误差增大,将跟踪系统从跟踪模式切换到搜索模式。然而,如前所述,目前对不同的自动跟踪信道具有相同效率的干扰,从技术和经济角度还无法实现。但是,针对每个通道已经研究出最佳的干扰组合。

自动目标方向跟踪系统和通道是自动寻的装置回路中的主要组件。在大多数情况下,目标角坐标信息丢失都可能导致任务失效,或者至少导致寻的中断。因此,这个信息必须连续不中断地进入跟踪系统,采用无线电定位方法也应如此。

在自动寻的装置中,使用了包含单脉冲定向检测方法的定向自动跟踪通道,因为与其他方法相比,它提供的目标方向精度更高。该跟踪通过控制单元和执行机构根据取向器输出信号进行空间位移完成。有时,角度跟踪程序会被飞行器绕轴线旋转而改变,特别是当这种旋转通过空气动力或借助低功率反作用发动机实现时。

飞行器定向自动跟踪的无线电对抗目标是模拟假目标的干扰信号形状,其方向与真实目标方向不匹配。

从空间两个或多个点辐射的群保护干扰的情况下,可以创建一组目标"漂移"能量中心,该中心可以位于目标体之外。这样的漂移有一个特殊的名称,称为"目标噪声",它可能会以距离、角坐标和速度方式显示,从而增加飞行器寻的误差,这可能导致角坐标跟踪中断。

干扰自动寻的装置的方法取决于所使用的定向自动跟踪的类型。目前,有两种主要的定向自动跟踪增强系统,即顺序比较信号系统(振幅 - 相位系统)和同步比较信号系统(单脉冲系统)。

在顺序比较系统中,只要已知或确定天线方向图的扫描频率,针对自动寻的装置扫描频率的干扰即有效。有时,为了削弱这种干扰,自动寻的装置可采用隐藏式圆锥扫描方式,其发送器和接收器位于不同位置(采用目标照射的半有源寻的)。发射天线方向图不进行扫描,并且天线方向图扫描发生在自动寻的装置接收机中。对于这样的自动寻的装置操作系统,在电子对抗中难以确定扫描频率并针对该扫描频率进行干扰。在这种情况下,可采用在扫描频率带宽上设施堵塞干扰。制造针对自动寻的装置角度跟踪通道堵塞干扰的一种方法是使用该通道的载波频率。使用具有覆盖扫描频率带宽的均匀频谱低频噪声对辐射信号进行幅度调制。这种类型的干扰有时被称为"低频噪声"干扰。

可以使用谐波信号调制载波产生用于另一种对抗定向自动跟踪的堵塞干扰,该谐波信号的频率在自动跟踪系统接收天线方向图的扫描频率带宽内进行平滑且线性排列。此外,为了获得最大振幅调制深度,可以用矩形信号代替谐波信号。这种调制显然容易实现,并且已知这种形状的第一谐波信号振幅是使用纯谐波调制振幅的 1.3 倍。

自动寻的装置中的单脉冲自动定向跟踪只要接收到一个反射脉冲后,就能获取目标角度信息。目前,单脉冲雷达检测和测距方法已成功应用于连续辐射系统。相位和振幅单脉冲通道目前都已运用在自动寻的装置中,并且比顺序比较信号的自动定向跟踪系统更能抵抗从空间中一点传输的干扰。通过几个分散干扰器产生的"闪烁"干扰可以实现对自动寻的装置单脉冲通道的有效干扰。闪烁干扰的特殊情况是不连续的干扰,这是一个干扰器辐射的低占空比脉冲周期性序列。这种干扰旨在根据抑制干扰原理扰乱自动放大调整操作。

对目标距离的测量在自动寻的装置中非常重要,因为这样的测量可以实现对目标环境的评算和对最危险目标的检测。对自动寻的装置跟踪通道的干扰不仅会导致测距偏差,而且可能会扰乱测角通道的正常工作。距离跟踪通道的中断可以通过连续噪声方式实施,并通过干扰来偏转距离门限。

脉冲偏转干扰基本上是对自动寻的装置跟踪通道进行距离模拟干扰。这里,在寻的系统的载波频率上辐射响应脉冲序列,相对于辐射信号的延迟从零平滑变化到某个指定值。在干扰创建的初始阶段,延迟变化规律(或"漂移定律")可以是线性的,也可以是具有较低加速度的抛物线。这种干扰可以偏转自动寻的装置的距离门限,干扰当前距离和速度信息,破坏目标角坐标信息流的连续性。

由于在相对较窄的跟踪滤波器通带中难以产生明显的频谱干扰信号功率密度,所以通过速度对自动寻的装置跟踪通道进行宽带堵塞干扰是无效的。这就是为什么窄带噪声(其频谱与输入信号多普勒频率带宽重叠)用于干扰自动寻的装置速度跟踪通道的原因。

通过速度模拟自动寻的装置跟踪通道干扰的最常见的一种方法是偏转速度门限。这种形式的干扰会导致自动寻的装置接收天线孔径的电磁场具有两个以相同速度移动的目标信号。在偏转周期开始时,其中一个似乎开始运动。也就是说,干扰辐射模拟出了一个与受保护目标移动速度不同的目标,只要相关信号具有更高的强度,就会使自动寻的装置速度跟踪通道切换到跟踪这一不存在的目标。因此,自动寻的装置会在每个偏转周期接收目标速度和加速度的失真信息,并在周期间隔期间丢失实际目标,导致目标坐标信息流的连续性被中断。

7.8 智能自动寻的装置

目前,所有自动寻的装置的发展前景都或多或少地涉及人工智能(见 7.1 节)[80]。在书面和广告媒体中,研发的自动寻的装置通常被称为智能或感知装置。然而,智能装置出现是在以前自动寻的装置长期研究的基础上发展起来的[81-86]。如上所述,自动寻的装置已经是一个集成系统,包括用于目标环境分析的各种传感器。此外,对高速机动目标的寻的导致跟踪信道维数的增加(见 7.4.1 节)。实际上,自动寻的装置早已成为具有多种用途的系统[87-89],可以完成的功能包括对特定目标进行寻的、动态目标环境分析、攻击目标和其最薄弱部分的选择、群组操作、电子战、高效弹头引爆、重新瞄准、自毁、飞行路线选择以及提供可靠的控制和运行等。有时,也采用一个新的名称,如观察/标定/决策/执行(Observe,Orient,Decide and Act,OODA)自动寻的装置。

综合集成为智能自动寻的装置提供了软硬件基础,因此,自动寻的装置可以不在预定条件下以“非规范”的方式运行,虽然这样会损失一些效率。飞行器参与网络操作时这种情况已经成为常态。显然,自动寻的装置需要具备相应的智能,以使它们能够改变路径,特别是在寻的最后阶段。它们还必须能够为数据通道运行划分优先级,尤其是针对目标机动方面的特殊性(见 7.1 节)。此外,这种目标机动能够提供一种最有效的算法,导致自动寻的装置工作中断,自动寻的装置必须使用“智能”跟踪这种无法预测的目标机动。如 7.2.3 节所述,目前非常需要在自动寻的装置中采用软件无线电技术。

前面提到的自动寻的装置操作的“非规范”条件首先源于任务环境所需的高响应性。7.7 节介绍了不断发展的干扰效应。作战自动寻的装置的一种典型任务环境是目标更加机动,可观测性降低,可选择参考飞行高度和地形起伏。为了检测可疑目标,也需要自动寻的装置采用新的方法。

如今,智能自动寻的装置结构将包括场景分析单元(“场景分析器”)和环境动态数据库(EDDB,其可利用机载数据源和外部数据源对数据进行更新)。环境动态数据库是主要组成单元,采用基于知识的算法。

在智能或感知自动寻的装置中,考虑到从接收机到发射机的反馈,可以从先前形状库中选择波形。接收机在分析有关环境数据后,对发射机进行控制,以更好地提取和识别目标。这就说明了与典型雷达自动寻的装置(其适应性受到接收机的限制)的差异。在智能自动寻的装置中,异构数据对于接收目标环境数据(为获取目标意图和威胁)是必要的。智能自动寻的装置中的自适应发射机可确保从接收机到发射机反馈通道的效率。

根据一般的动态规划方案,感知波形选择(CWS)算法可以使目标路径预测在任何特定时间间隔内被最小化。天线孔径定向和逆合成模式[90]可以使用以离散频率序列形式表现的复杂信号,也可以采用飞行试验结果和现代机载设备能力分析(微型导航、相控天线等)。

最近,专家提出了一个问题,即在所谓信息战期间自动寻的装置的运行能力问题[91-94]。这个问题至关重要,因为“信息武器”的发展原则与传统武器完全不同,特别是因为信息战可能是不宣而战或在暗中进行,在这种情况下,自动寻的装置数据通道就成为信息战场的一部分。信息武器包括影响信息的各种手段,如计算机病毒、逻辑炸弹和地雷,它们可能在电子战设定时期被启动。因此,在信息战中,寻的制导需要确保信息安全,这是人工智能自动寻的装置特有的要求。

自动寻的装置运行时假定它们能够修改飞行路径和观察角度,以提供最佳的环境信息，特别在飞行路径的终端阶段。在电子对抗、采用合成孔径天线模式和提高飞行器生存能力方面，这点尤其重要。例如，当系统电子特性发生变化，且对目标观察角、路径和动力学特性进行智能调整时，可以显著简化群目标的识别和跟踪以及干扰状况估算。通常情况下，当每项功能工作在极限状态（如由于大规模的干扰）且需要从已经耗尽的其他功能中获取“帮助”时，需要采用这样的策略。半自主观察和双位置雷达特性分析更加凸显了这一问题。实时飞行路径选择是基于对快速变化情况的识别和估算，因此，任务能否实现取决于采用的智能技术。

智能自动寻的装置可以确保执行任务的灵活性，如飞行战术和飞行控制的软件优化，包括目标环境识别、影响效率评估和飞行器重新定位等。自动寻的装置的这种智能属性意味着可以对这些属性进行定量估算。这里，非智能电子系统的传统测试方法与此相关，而且是进行相互比较的基础。然而，为了描述自动寻的装置的智能属性，必须采用合适的测试条件。这里，需要组合采用各种测试技术，如基于仿真建模的全尺寸、半实物、控制回路等，以创建适合检测自动寻的装置智能属性的环境条件。为了开展这些测试，必须重视自动寻的装置在未来真实情况下的性能。这些情况需要自动寻的装置的各种功能组合，可以采用智能技术通过模拟建模来实现这些功能。当需要对自动寻的装置的群操作智能特性进行评估时，情况会变得更加复杂。

目前，自动寻的装置的智能属性能够极大地改变飞行器的运行模式。因此，对自动寻的装置运行的采样在统计上不尽相同，一般来说，相应的统计方法（即在测试期间对特征进行评估）变得无效和不可信，因此，不能用于状态评估。

自动寻的装置揭示了另一个事实：对于具有智能逻辑和复杂动态特性的固定位置的类似多用途系统，需要在其整个生命周期内通过软件更新进行升级。这与自动寻的装置不断改进机制非常相似。

参 考 文 献

[1] Shephard's Unmanned Vehicles Handbook(2005) The Shephard Press, Burnham.

[2] Bolkcom, B.,(2004) Military suppression of enemy air defenses(SEAD): Assessing future needs, CRS Report for Library of Congress, Washington, DC, USA, September 23, RS21141.

[3] Isby, D. C. (2004) US Air Force are evaluating characteristics of new modernization of Raytheons. AIM—120 AMRAAM. Jane's Missiles & Rockets, January 15.

[4] JP 1 -02. Department of Defense Dictionary of Military and Associated Terms, April 12, 2001, as amended through, 2004.

[5] Shneydor, N. (1998) Missile Guidance and Pursuit, West Sussex.

[6] Gunston, B. (1979) The Illustrated Encyclopedia of Rockets and Missiles, Salamander Books Ltd., London.

[7] Ozu, H. (2000) Missile 2000—Reference Guide to World Missile Systems, Shinkigensha, Tokyo.

[8] Cebrowski, A. K. (2004) Implementation of Network – Centric Warfare, Office of Force Transformation, Arlington, VA.

[9] Kruse, J., Adkins, M., and Holloman, K. A. (2005) Network centric warfare in the U. S. Navy's fifth fleet, Proceedings of the IEEE 38th Hawaii International Conference on Systems Sciences.

[10] Ling, F. M., Moon, T., and Kruzins, E. (2005) Proposed network centric warfare metrics: From connectivity to the OODA cycle, Military Operations Research, 10(1), 5 – 14.

[11] Net – Centric Environment—The Implementation, Joint Functional Concept, Version 1.0. Arlington, VA, April 7, 2005.

[12] Phister, P. W. Jr. and Cherry, J. D., (2006) Command and control concepts within the network – centric operations construct, Proceedings of the IEEE Aerospace Conference, March 4 – 11.

[13] Stein, F., Garska, J., and McIndoo, P. L. (2000) Network – centric warfare: Impact on army operations, EUROCOMM 2000 Information Systems for Enhanced Public Safety and Security, IEEE/AFCEA.

[14] Ben – Asher, J. Z. and Yaesh, I. (1998) Advances in Missile Guidance Theory, American Institute of Aeronautics and Astronautics, Reston, VA.

[15] Jiang, R., Wolfe, K. W., and Nguyen, L. (2000) Low coherence fiber optics for random noise radar, Proceedings of the IEEE Military Communications Conference(MILCOM), Los Angeles, CA, USA, October.

[16] Maluf, N. and Williams, K. (2004) An Introduction to Microelectromechanical Systems Engineering, Artech House, London.

[17] Derham, T. E., Doughty, S., Woodbridge, K., and Baker, C. J. (2007) Design and evaluation of a low – cost multistatic netted radar system, IET Radar, Sonar & Navigation, 1(5), 67 – 73.

[18] Donnet, B. J. and Longstaff, I. D. (2006) MIMO radar, techniques and opportunities, Proceedings of the Third European Radar Conference, Manchester, UK, pp. 112 – 115.

[19] Gray, D. A. and Fry, R. (2007) MIMO noise radar: Element and beam space comparisons, Proceedings of the International Waveform Diversity and Design Conference, Pisa, Italy.

[20] Haimovich, A. M., Blum, R. S., and Cimini, L. J. (2008) MIMO radar with widely separated antennas, IEEE Signal Processing Magazine, 25(1) 116 – 129.

[21] Lehmann, N. H., Haimovich, A. M., Blum, R. S., and Cimini, L. (2006) High resolution capabilities of MIMO radar, Record of the 40th Asilomar Conference on Signals, Systems and Computers.

[22] Liu, H., Zhou, S., Su, H., Yu, Y. (2014) Detection performance of spatial frequency diversity MIMO radar. IEEE Transactions on Aerospace and Electronic Systems, 50(4), 3137 – 3155.

[23] Sammartino, P. F., Baker, C. J., and Griffiths, H. D. (2006) Target model effects on MIMO radar performance, Proceedings of the IEEE International Conference on Acoustics, Speech and Signal Processing.

[24] Hume, A. L. and Baker, C. J. (2001) Netted radar sensing, Proceedings of the CIE International Conference on Radar.

[25] Teng, Y., Griffiths, H. D., Baker, C. J., and Woodbridge, K. (2007) Netted radar sensitivity and ambiguity, IET Radar Sonar and Navigation, 1(6), 479 – 486.

[26] Augustine, N. R. (2000) The engineering of systems engineers. IEEE Aerospace & Electronic Systems Magazine. Jubilee Issue, October.

[27] Lennox, D. (2002) Cruise missile technologies and performance analysis, Jane's Strategic Weapons Systems 38, 43 – 50.

[28] Pace, P. E. and Burton, G. D. (1998) Antiship cruise missiles: Technology, simulation and ship self – defense, Journal of Electronic Defense, 21(11), 51 – 56.

[29] Biezard, D. J. (1999) Integrated Navigation and Guidance Systems, American Institute of Aeronautics and Astronautics, Reston, VA.

[30] Pace, P. E. (2009) Detecting and Classifying Low Probability of Intercept Radar, Artech House, Boston, MA/London.

[31] Titterton, D. and Weston, J. (2004) Strapdown Inertial Navigation, The Institution of Electrical Engineers, London.

[32] Cruise missile radar altimeter, Jane's Radar, July 17, 1994.

[33] Skolnik, M. (1990) Radar Handbook, McGraw – Hill, New York.

[34] Kozlov, A. I., Logvin, A. V., and Sarychev, V. A. (2005 – 2008) The Polarization of Radio Waves, vols. 1 – 3, Radiotechnika, Moscow(in Russian).

[35] Lewis, B. L., Kretschmer, F. F., and Shelton, W. W. (1986) Aspects of Radar Signal Processing, Artech House, Norwood, MA.

[36] Pace, P. E. (2000) Advanced Techniques for Digital Receivers, Artech House, Norwood, MA.

[37] Neri, F. (2001) Introduction to Electronic Defense Systems, Artech House, Norwood, MA.

[38] Richards, M. (2005) Fundamentals of Radar Signal Processing, McGraw – Hill, New York.

[39] Rodrigue, S. M., Bash, J. L., and Haenni, M. G. (2002) Next generation broadband digital receiver technology, Fifteenth Annual AESS/IEEE Symposium.

[40] Stutzman, W. L. and Thiele, G. A. (1997) Antenna Theory and Design, John Wiley & Sons, Inc., New York.

[41] Tsui, J. B. Y. and Stephens, J. P. (2002) Digital microwave receiver technology, IEEE Transactions on Microwave Theory and Techniques, 50(3), 699 – 705.

[42] Wirth, W. D. (2001) Radar Techniques Using Array Antennas, IEE, London.

[43] SDR Forum, SDRF cognitive radio definitions, working document. SDRF – 06 – R – 0011 – V1.0.0, 2007.

[44] Astanin, L. Y. and Kostylev, A. A. (1997) Ultrawideband Radar Measurements: Analysis and Processing, The Institution of Electrical Engineers, London.

[45] Astanin, L. Y., Kostylev, A. A., Zinoviev, Y. S., and Pasmurov, A. Y. (1994) Radar Target Characteristics: Measurements and Applications, CRC Press, Boca Raton/Ann Arbor/London/Tokyo.

[46] Kulpa, K. (2013) Signal Processing in Noise Waveform Radar, Artech House, Norwood, MA.

[47] Li, Z. and Narayanan, R. M. (2006) Doppler visibility of coherent ultrawideband random noise radar systems, IEEE Transactions on Aerospace and Electronic Systems, 42(3), 904 – 916.

[48] Sun, H. (2004) Possible ultra – wideband radar terminology, IEEE Aerospace and Electronic Systems Magazine, 19(8), 38.

[49] Zetik, R., Sachs, J., and Thoma, R. S. (2007) UWB short range radar sensing, IEEE Instrumentation

& Measurement Magazine, 10(2), 39 – 48.

[50] Narayanan, R. M. and Dawood, M. (2000) Doppler estimation using a coherent ultrawide – band random noise radar 48(6), 868 – 878.

[51] Piper, S. O. (1995) Homodyne FMCW radar range resolution effects with sinusoidal nonlinearities in the frequency sweep, Record of the IEEE International Radar Conference.

[52] Xu, Y. and Narayanan, R. M. (2001) Polarimetric processing of coherent random noise radar data for buried object detection, IEEE Transactions on Geoscience and Remote Sensing, 39(3), 467 – 478.

[53] Klein, L. A. (1997) Millimeter – Wave and Infrared Multisensor Design and Signal Processing, Artech House, Inc., Norwood, MA.

[54] Lukin, K. A. (2001) Millimeter wave noise radar applications: Theory and experiment, Proceedings of the Fourth International Symposium on Physics and Engineering of Microwave, Millimeter Wave and Submillimeter Waves, Kharkov, Ukraine.

[55] Zhouyue, P. and Khan, F. (2011) An introduction to millimeter – wave mobile broadband systems IEEE Communications Magazine, 49(6), 101 – 107.

[56] Naftaly, M. (2014) Teraherz Metrology, Artech House, Norwood, MA.

[57] Fan, W., RuiLong, H., and Xiang, S. (2001a) Anti – ARM technique: Distributed general purpose decoy series(DGPD), Proceedings of the International Conference on Radar, Beijing, China.

[58] Fan, W., RuiLong, H., and Xiang, S. (2001b) Anti – ARM technique: Feature analysis of ARM warning radar, Proceedings of the International Conference on Radar, Beijing, China.

[59] Neng – Jing, L. (1995) Radar ECCM new area: Anti – stealth and anti – ARM, IEEE Transactions on Aerospace and Electronic Systems, 31(3), 1120 – 1127.

[60] Wang, S. and Zhang, Y. (2001) Detecting of anti – radiation missile by applying changeable – sample ratios technology in the AEW, Proceedings of the International Conference on Radar.

[61] Lee, J. P. Y. (1991) Interception of LPI radar signals, Defence Research Establishment, Ottawa, Technical Note 91 – 23.

[62] Schrick, G. and Wiley, R. G. (1990) Interception of LPI radar signals, IEEE International Radar Conference.

[63] Wiley, R. G. (1985) Electronic Intelligence: The Interception of Radar Signals, Artech House Publishers, Dedham, MA.

[64] Jie, S., Xiao – ming, T., and You, H. (2006) Multi – channel digital LPI signal detector, Proceedings of the International Conference on Radar, October.

[65] Klass, P. J. (1998) New anti – radar missile uses dual – mode seeker, Aviation Week and Space Technology, October 26.

[66] Jankiraman, M., Wessels, B. J., and van Genderen, P. (2000) Pandora multifrequency FMCW/SFCW radar, Record of the IEEE International Radar Conference.

[67] Kanashchenkov, A. I. and Merkulov, V. I. (ed.)(2003) Radio Electronic Homing Devices, Radiotechnika, Moscow(in Russian).

[68] Levanon, N., (1988) Radar Principles, John Wiley & Sons, New York.

[69] Nathanson, F. E. (1991) Radar Design Principles, McGraw – Hill, New York.

[70] Schleher, D. C. (1991) MTI and Pulsed Doppler Radar, Artech, Boston, MA.

[71] Skolnik, M. I. (2001) Introduction to Radar Systems, McGraw - Hill, Boston, MA.

[72] Stimson, G. W. (1998) Introduction to Airborne Radar, Scitech Publishing Inc. , Mendham, NJ.

[73] Pasmurov, A. and Zinoviev, J. (2005) Radar Imaging and Holography, The Institution of Electrical Engineers, London.

[74] Siouris, G. M. (2004) Missile Guidance and Control Systems, Springer, New York.

[75] Kee, R. J. (1992) Estimation for Homing Guidance, Queen's University of Belfast, Belfast.

[76] Ostrovityanov, R. V. and Basalov, F. A. (1985) Statistical Theory of Distributed Targets—A Polarimetric Approach, Artech House, Dedham, MA.

[77] Clark, W. H. (1992) Millimeter Wave Seeker Technology. AIAA92 - 0992 Naval Air Warfare Center, China Lake, CA.

[78] Zarchan, P. (2002) Tactical and Strategic Missile Guidance, American Institute of Aeronautics and Astronautics, Reston, VA.

[79] Chrzanowski, E. J. (1990) Active Radar Electronic Counter Measures, Artech House, Inc. , Norwood, MA.

[80] Bonabeau, E. , Dorigo, M. , and Theraulaz, G. (1999), Swarm Intelligence from Natural to Artificial Systems, Oxford University Press, New York.

[81] Andrea D. M. (2012) Introduction to Modern EW Systems, Artech House, London.

[82] Gini, F. and Rangaswamy, M. (eds.) (2008) Intelligent Adaptive Signal Processing and Knowledge Based Systems(KBS) for Radars: Knowledge Based Radar Detection, Tracking and Classification, John Wiley & Sons, Inc. , Hoboken, NJ.

[83] Gini, F. , Stinco, P. , and Greco, M. S. (2012) Dynamic Sensor Selection for Cognitive Radar Tracking, Universita di Pisa, Pisa.

[84] Haykin, S. (2006). Cognitive radar: A way of the future, IEEE Signal Processing Magazine, 23(1), 30 - 40.

[85] Haykin, S. (2012) Cognitive Dynamic Systems: Perception - Action Cycle, Radar and Radio, Cambridge University Press, Cambridge, UK.

[86] Rangaswamy, M. (2012). SAM challenges for fully adaptive radar. Seventh IEEE Workshop on Sensor Array and Multichannel Processing(SAM - 2012), Hoboken, NJ, USA, June.

[87] Hughes, P. K. and Choe, J. Y. (2000) Overview of advanced multifunction RF system(AMRFS), Proceedings of the IEEE International Conference on Phased Array Systems and Technology.

[88] Stove, A. G. (2004) Modern FMCW radar—Techniques and applications, European Radar Conference, Amsterdam, the Netherlands.

[89] Tavik, G. C. , Hilterbrick, C. L. , Evins, J. B. , et al. (2005) The advanced multifunction RF concept, IEEE Transactions on Microwave Theory and Techniques, 53(3), 1009 - 1020.

[90] Yan, S. , Li, Y. , Zhou, Z. (2011) Real - time motion compensation of an airborne UWB SAR. 2011 European Radar Conference(EuRAD), pp. 305 - 308.

[91] Karlof, C. and Wagner, D. (2003) Secure routing in wireless sensor networks: Attacks and countermeasures, Proceedings of the IEEE International Workshop on Sensor Network Protocols and Applications.

[92] Kopp, C. (2002) Support jamming and force structure, The Journal of Electronic Defense, 4, 24 - 32.

[93] Levin, R. E. (2001) Electronic warfare—Comprehensive strategy needed for suppressing enemy air defen-

ses, United States General Accounting Office Report to Congressional Requesters, Washington, DC, GAO – 01 – 28.
[94] Pietrucha, M. (2006) "Starbaby": A quick primer on SEAD, Defense IQ Airborne Electronic Warfare Conference, London UK.

第 8 章　组合导航系统中的滤波优化

Oleg A. Stepanov　ITMO 大学 CSRI 研究中心,圣彼得堡,俄罗斯

8.1　简　　介

本章重点介绍组合导航系统的滤波算法设计,共包括 4 个部分。8.2 节简要介绍解决估计和滤波问题的主要方法。8.3 节介绍组合导航系统滤波问题的解决过程。8.4 节详细介绍惯性导航系统(INS)与全球卫星导航系统(SNS)组合(即所谓的 INS/SNS)的滤波问题。8.5 节给出了一个滤波和平滑算法设计的示例,用于对重力仪和卫星数据进行处理。

8.2　滤波问题:主要方法和算法

估计和滤波理论广泛应用于测量数据处理。有很多文献对其理论基础和发展进行了深入研究[1-39]。

滤波理论基本原理将在以后介绍,下面大致按时间顺序介绍各种滤波方法和算法。

8.2.1　最小二乘法

现代滤波理论由德国数学家、天文学家和物理学家卡尔·弗里德里希·高斯(Carl Friedrich Gauss,1777—1855)和法国数学家阿德里安·玛丽·勒让德(Adrien Marie Legendre,1752—1833,他发明了最小二乘法)开创。他们都研究了未知参数时不变矢量的估计问题,该问题与使用 m 维测量矢量 $\boldsymbol{y}=(y_1,y_2,\cdots,y_m)^{\mathrm{T}}$ 求解 n 维矢量 $\boldsymbol{x}=(x_1,x_2,\cdots,x_n)^{\mathrm{T}}$ 的问题类似,即

$$\boldsymbol{y}=\boldsymbol{H}\boldsymbol{x}+\boldsymbol{v} \tag{8.1}$$

式中:$\mathbf{H}$ 为 $m\times n$ 维矩阵;$\boldsymbol{v}=(v_1,\cdots,v_m)^{\mathrm{T}}$ 为描述测量误差的 m 维矢量。在不考虑估计参数矢量和测量误差的概率与统计特征的情况下,可以采用最小二乘法。在这种情况下,通过最小化准则可以确定估计值[31,40],即

$$J^{\mathrm{LSM}}(x)=(\boldsymbol{y}-\boldsymbol{Hx})^{\mathrm{T}}\boldsymbol{Q}(\boldsymbol{y}-\boldsymbol{Hx}) \tag{8.2}$$

该估计值表示计算结果和测量值之间的偏差。可以看出,式(8.2)计算最小化估计的算法由下式给出,即

$$\hat{\boldsymbol{x}}^{\mathrm{LSM}}(\boldsymbol{y})=(\boldsymbol{H}^{\mathrm{T}}\boldsymbol{QH})^{-1}\boldsymbol{H}^{\mathrm{T}}\boldsymbol{Qy} \tag{8.3}$$

在最简化的情况下,例如,当用如下测量值估计标量参数 x 时,有

$$y_i=x+v_i,\quad i=\overline{1.m}$$

假设 $\boldsymbol{Q}=\boldsymbol{I}_m$ 是单位矩阵,则可以用测量的算术平均容易得到估计值,即

$$\hat{x}^{\mathrm{LSM}}(y)=\frac{1}{m}\sum_{j-1}^{m}y_j$$

式(8.3)中:$\boldsymbol{H}^{\mathrm{T}}=(1,\cdots,1)^{\mathrm{T}}$。该公式也可以用递归形式表示为

$$\hat{x}_i^{\mathrm{LSM}}(y_i)=\hat{x}_{i-1}^{\mathrm{LSM}}(y_{i-1})+\frac{1}{i}(y_i-\hat{x}_{i-1}^{\mathrm{LSM}}(y_{i-1}))=\hat{x}_{i-1}^{\mathrm{LSM}}+K_i(y_i-\hat{x}_{i-1}^{\mathrm{LSM}}) \tag{8.4}$$

在一个复杂的非线性矢量情况下,当 $y_i=s_i(x)+v_i,i=\overline{1.m}$时,最小二乘法准则可以表示为

$$J^{\mathrm{LSM}}(x)=(\boldsymbol{y}-\boldsymbol{s}(x))^{\mathrm{T}}\boldsymbol{Q}(\boldsymbol{y}-\boldsymbol{s}(x)) \tag{8.5}$$

其中

$$\boldsymbol{s}(x)=(s_1(x),s_2(x),\cdots,s_m(x))^{\mathrm{T}}$$

为了最小化,应该采用非线性规划方法,该方法用于全局极值搜索算法设计中[40]。

在研究最小二乘法的同时,高斯还从概率角度考虑了估计问题。在这种情况下,各种测量误差被假设为独立且符合高斯分布。这个最小二乘法解释对于创建最大似然估计(MLE)方法作出了巨大贡献,该方法由现代统计先驱英国数学家罗纳德·费舍尔(Ronald Fisher,1890—1962)提出。

假设测量误差是高斯分布,其协方差矩阵 $\mathbf{R}>0$,似然函数可以写成如下形式,即

$$f(\boldsymbol{y}/\boldsymbol{x})=\frac{1}{(2\pi)^{\frac{m}{2}}\sqrt{\det\boldsymbol{R}^{-1}}}\exp\left(-\frac{1}{2}(\boldsymbol{y}-\boldsymbol{s}(\boldsymbol{x}))^{\mathrm{T}}R^{-1}(\boldsymbol{y}-\boldsymbol{s}(\boldsymbol{x}))\right)$$

容易看出,最大化该函数或最小化其对数(两者相同),等价于式(8.5)中 $\boldsymbol{Q}=\boldsymbol{R}^{-1}$的最小值。具体来说,在 $\boldsymbol{s}(\boldsymbol{x})=\boldsymbol{Hx}$ 的线性情况下,有

$$\hat{\boldsymbol{x}}^{\mathrm{MLE}}(\boldsymbol{y})=(\boldsymbol{H}^{\mathrm{T}}\boldsymbol{R}^{-1}\boldsymbol{H})^{-1}\boldsymbol{H}^{\mathrm{T}}\boldsymbol{R}^{-1}\boldsymbol{y}$$

8.2.2 维纳滤波

估计和滤波理论下一个重要发展阶段是由两位著名科学家 A. N. 科尔莫戈罗夫(A. N. Kolmogorov,1903—1986,杰出的苏联数学家,现代概率论创始人)和著名的美国数学家诺伯特·维纳(Norbert Wiener,1894—1964,他为控制论的发展做出了贡献)开创的[5,41-43]。高斯和勒让德研究处理时不变矢量的估计问题,而科尔莫戈罗夫和维纳解决了时变序列估计问题。这些问题和解决算法得到了进一步简化。

假设以如下形式给出离散标量测量,即

$$y_i = x_i + v_i, \quad i = 1,2,\cdots \tag{8.6}$$

式中:x_i 和 v_i 为估计(有效的)信号和噪声,是已知相关函数 $k_c(l,\mu) = E\{x_i x_\mu\}$、$k_v(l,\mu) = E\{v_l v_\mu\}$ 和互相关函数 $k_{xv}(l,\mu) = E\{x_l v_\mu\}$,$l,\mu = \overline{1.\ i}$的零均值高斯随机序列,其中,$E$ 表示数学期望。

问题是使用随时间 i 增加的测量值 y_i,$l = \overline{1.\ i}$估计 x_i,即 i 维测量值 $\boldsymbol{Y}_i = (y_1, y_2, \cdots, y_i)^{\mathrm{T}}$,基于如下的最小化准则,有

$$\sigma_{\text{apost}}^2 = E\{(x_j - \hat{x}_j)^2\} \tag{8.7}$$

已经表明,最小化估计可以如下确定,即

$$\hat{x}_{j/i}(\boldsymbol{Y}_i) = \boldsymbol{K}_i^j \boldsymbol{Y}_i \tag{8.8}$$

式中:$\boldsymbol{K}_i^j$ 为满足以下等式的 $1 \times i$ 行矩阵,并且

$$\boldsymbol{P}^{x_i Y_i} = \boldsymbol{K}_i^j \boldsymbol{P}^{Y_i} \tag{8.9}$$

式中:$\boldsymbol{P}^{x_i Y_i} = \{E(x_j y_\mu)\} = \{k_x(j,\mu) + k_{xv}(j,\mu)\}$,$\mu = \overline{1.\ i}$为确定 x_j(测量值 Y_i)相关函数的行矩阵;$\boldsymbol{P}^{Y_i} = \{E(y_l y_\mu)\} = \{k_x(l,\mu) + 2k_{xv}(l,\mu) + k_v(l,\mu)\}$,$l,\mu = \overline{1.\ i}$ 为矢量 $\boldsymbol{Y}_i$ 的协方差矩阵。如果这个矩阵是非奇异的,$\boldsymbol{K}_i^j$ 可以如下所示,即

$$\boldsymbol{K}_i^j = \boldsymbol{P}^{x_j Y_i}(\boldsymbol{P}^{Y_i})^{-1} \tag{8.10}$$

最小方差如下所示,即

$$\sigma_{\text{apost}}^2 = \sigma_0^2 - \boldsymbol{P}^{x_j Y_i}(\boldsymbol{P}^{Y_i})^{-1} \boldsymbol{P}^{Y_i x_j}$$

由式(8.8)~式(8.10)可以看出,为了获得式(8.7)最小化估计,应该知道测量值与估计值之间的相关行矩阵和测量矢量的协方差矩阵。

估计值中时间 i 和 j 之间的关系,决定了估计问题的种类:$j = i$ 时,为滤波问题;$j < i$ 时,为平滑或插值问题;$j > i$ 时,为预测问题[24]。

实际上,式(8.6)测量值估计 x_i 的问题就是在测量误差的背景下提取有效

信号的问题。

对于连续时间，式(8.6)给出的测量值可以写成

$$y(t)=x(t)+v(t)$$

式中：$x(t)$和$v(t)$分别为有效信号和噪声，它们是零均值随机过程，其相关函数$k_x(t_1,t_2)=E\{x(t_1)x(t_2)\}$，$k_v(t_1,t_2)=E\{v(t_1)v(t_2)\}$和互相关函数$k_{xv}(t_1,t_2)=E\{x(t_1)v(t_2)\}$已知。在这种情况下，最小化估计准则

$$\sigma_{\text{apost}}^2=E\{(x(t_1)-\hat{x}(t_1))^2\} \tag{8.11}$$

可以表示为

$$\hat{x}(t_1)=\int_0^t h(t_1,\tau)y(\tau)\,\mathrm{d}\tau \tag{8.12}$$

式中：$h(t_1,\tau)$为指定的加权函数，$t_1,\tau\in[0,t]$。该问题最初被认为是在无限时间内稳态模式下的时间不变过程。在这种情况下，估计值由下式给出，即

$$\hat{x}(t)=\int_0^\infty h(t-\tau)y(\tau)\,\mathrm{d}\tau$$

已经表明，稳态模式的加权函数$h(u)$满足维纳－霍夫积分方程[38,40]，即

$$k_{xy}(\tau)=\int_0^\infty h(u)k_y(\tau-u)\,\mathrm{d}u,\quad 0<\tau<\infty \tag{8.13}$$

式中：$k_y(\tau)$和$k_{xy}(\tau)$分别为测量值的相关函数和测量值与估计过程的互相关函数。

该方程的解可以在频域中通过采用功率谱密度(PSD)因子分解的频率传递函数得到，如下式所示[38,40]，即

$$S(\omega)=S^+(\omega)S^-(\omega),\quad S(\omega)=[S(\omega)]_++[S(\omega)]_-$$

式中：$[S(\omega)]_+$和$S^+(\omega)$在下半平面中没有零点和极点(时间函数仅在$t>0$时为非零)。使用常用的表示方法，频率传递函数方程式可以写为

$$W_0(\mathrm{j}\omega)=\frac{1}{S_y^+(\omega)}\left[\frac{S_{xy}(\omega)}{S_y^-(\omega)}\right]_+ \tag{8.14}$$

式中：$S_y(\omega)$和$S_{xy}(\omega)$分别为测量值的功率谱密度和测量值与估计过程的互功率谱密度。显然，式(8.14)传递函数给出的估计算法可确定时不变动态系统。该系统通常称为维纳滤波器，前面介绍的滤波算法称为维纳(Wiener)滤波方法。显然，这种类型的滤波器仅能在稳态模式用于估计时不变过程。如果去除

时不变过程和无限测量时间的假设，那么，为了找到加权函数，不是式(8.13)所示，而是要解决第一类弗雷德霍尔姆积分方程[38,40]，即

$$k_{xy}(t_1,u) = \int_0^t h(t_1,\tau)k_y(\tau,u)\mathrm{d}\tau, \quad 0 < u < t \tag{8.15}$$

这可以作为式(8.9)对连续时间的扩展。求解这个方程显然使滤波器设计变得复杂。

8.2.3 卡尔曼滤波

R. 卡尔曼(R. Kalman)和 R. L. 斯特拉托诺维奇(R. L. Stratonovich，1930—1997)提出的方法和算法在很大程度上放宽了上述限制，他们被认为是现代滤波理论的创始人。卡尔曼的第一篇论文专门介绍了使用状态空间法解决估计问题的算法[5,44]。在这种情况下，估计序列由整形滤波器定义为

$$\boldsymbol{x}_i = \boldsymbol{\Phi}_i \boldsymbol{x}_{i-1} + \boldsymbol{\Gamma}_i \boldsymbol{w}_i \tag{8.16}$$

与该序列相关的 m 维测量值为

$$\boldsymbol{y}_i = \boldsymbol{H}_i \boldsymbol{x}_i + \boldsymbol{v}_i \tag{8.17}$$

式中：$\boldsymbol{x}_i$ 为 n 维高斯矢量；$\boldsymbol{\Phi}_i$、$\boldsymbol{H}_i$ 和 $\boldsymbol{\Gamma}_i$ 分别为 $n\times n$、$m\times n$ 和 $n\times p$ 的已知矩阵；$\boldsymbol{x}_0$ 为协方差矩阵是 $\boldsymbol{P}_0$ 的零均值高斯矢量；$\boldsymbol{w}_i$ 和 $\boldsymbol{v}_i$ 分别为具有已知协方差矩阵 $\boldsymbol{Q}_i$ 和 $\boldsymbol{R}_i$ 的 p 维和 m 维高斯零均值离散白噪声，即 $E\{\boldsymbol{w}_i\boldsymbol{w}_j^{\mathrm{T}}\} = \boldsymbol{Q}_i\delta_{ij}, \boldsymbol{Q}_i \geqslant 0$ 和 $E\{\boldsymbol{w}_i\boldsymbol{w}_j^{\mathrm{T}}\} = \boldsymbol{R}_i\delta_{ij}, \boldsymbol{R}_i > 0$。为简化起见，假设矢量 $\boldsymbol{x}_0$、$\boldsymbol{w}_i$ 和 $\boldsymbol{v}_i$ 彼此互不相关：$E\{\boldsymbol{x}_0\boldsymbol{w}_i^{\mathrm{T}}\} = 0, E\{\boldsymbol{w}_i\boldsymbol{v}_i^{\mathrm{T}}\} = 0, E\{\boldsymbol{x}_0\boldsymbol{v}_i^{\mathrm{T}}\} = 0$。

卡尔曼滤波器准则最小化的滤波算法为

$$\boldsymbol{P}_i = E\{(\boldsymbol{x}_i - \hat{\boldsymbol{x}}_i)(\boldsymbol{x}_i - \hat{\boldsymbol{x}}_i)^{\mathrm{T}}\} \tag{8.18}$$

其中

$$\hat{\boldsymbol{x}}_{i/i-1} = \boldsymbol{\Phi}_i \hat{\boldsymbol{x}}_{i-1} \tag{8.19}$$

$$\boldsymbol{P}_{i/i-1} = \boldsymbol{\Phi}_i \boldsymbol{P}_{i-1} \boldsymbol{\Phi}_i^m + \boldsymbol{\Gamma}_i \boldsymbol{Q}_i \boldsymbol{\Gamma}_i^m \tag{8.20}$$

$$\hat{\boldsymbol{x}}_i = \hat{\boldsymbol{x}}_{i/i-1} + \boldsymbol{K}_i(\boldsymbol{y}_i - \boldsymbol{H}_i \hat{\boldsymbol{x}}_{i/i-1}) \tag{8.21}$$

$$\boldsymbol{K}_i = \boldsymbol{P}_{i/i-1}\boldsymbol{H}_i^m(\boldsymbol{H}_i\boldsymbol{P}_{i/i-1}\boldsymbol{H}_i^m + \boldsymbol{R}_i)^{-1} \tag{8.22}$$

$$\boldsymbol{P}_i = \boldsymbol{P}_{i/i-1} - \boldsymbol{P}_{i/i-1}\boldsymbol{H}_i^{\mathrm{T}}(\boldsymbol{H}_i\boldsymbol{P}_{i/i-1}\boldsymbol{H}_i^{\mathrm{T}} + \boldsymbol{R}_i)^{-1}\boldsymbol{H}_i\boldsymbol{P}_{i/i-1} = (\boldsymbol{I} - \boldsymbol{K}_i\boldsymbol{H}_i)\boldsymbol{P}_{i/i-1} \tag{8.23}$$

式中：$\boldsymbol{I}$ 为单位矩阵。

应当注意,最小化协方差矩阵式(8.18)在此被理解为相应二次形的最小化。在式(8.21)和式(8.18)中,$\hat{\boldsymbol{x}}_i$ 和 $\boldsymbol{P}_i = E\{(\boldsymbol{x}_i - \hat{\boldsymbol{x}}_i)(\boldsymbol{x}_i - \hat{\boldsymbol{x}}_i)^{\mathrm{T}}\}$ 分别是最优估计及其误差协方差矩阵,$\hat{\boldsymbol{x}}_{i/i-1}$ 和 $\boldsymbol{P}_{i/i-1} = E\{(\boldsymbol{x}_i - \hat{\boldsymbol{x}}_{i/i-1})(\boldsymbol{x}_i - \hat{\boldsymbol{x}}_{i/i-1})^{\mathrm{T}}\}$ 分别是预测估计和相应的误差协方差矩阵。在这里,可以在估计式(8.21)和递推式(8.4)之间看到关联,对应于估计常数标量的最简化问题。

对于连续情况,滤波问题有如下描述。假设 n 维马尔可夫过程为

$$\dot{\boldsymbol{x}}(t) = \boldsymbol{F}(t)\boldsymbol{x}(t) + \boldsymbol{G}(t)\boldsymbol{w}(t), \quad \boldsymbol{x}(t_0) = \boldsymbol{x}_0 \tag{8.24}$$

且 m 维测量值写为

$$\boldsymbol{y}(t) = \boldsymbol{H}(t)\boldsymbol{x}(t) + \boldsymbol{v}(t) \tag{8.25}$$

式中:$\boldsymbol{F}(t)$、$\boldsymbol{G}(t)$ 和 $\boldsymbol{H}(t)$ 分别是 $n \times n$、$n \times p$ 和 $m \times n$ 的已知时变矩阵;$\boldsymbol{x}_0$ 为具有协方差矩阵 $\boldsymbol{P}_0$ 的高斯零均值矢量;$\boldsymbol{w}(t)$ 和 $\boldsymbol{v}(t)$ 为具有特定功率谱密度的高斯零均值白噪声,即

$$E\{\boldsymbol{w}(t)\boldsymbol{w}^{\mathrm{T}}(\tau)\} = \boldsymbol{Q}(t)\boldsymbol{\delta}(t-\tau), \quad \boldsymbol{Q}(t) \geqslant 0 \tag{8.26}$$

$$E\{\boldsymbol{v}(t)\boldsymbol{v}^{\mathrm{T}}(\tau)\} = \boldsymbol{R}(t)\boldsymbol{\delta}(t-\tau), \quad \boldsymbol{R}(t) \geqslant 0 \tag{8.27}$$

如前所述,为简化起见,假设矢量 $\boldsymbol{x}_0$、$\boldsymbol{w}_i$、$\boldsymbol{v}_i$ 彼此不相关,即

$$E\{\boldsymbol{x}_0\boldsymbol{w}^{\mathrm{T}}(t)\} = 0, \quad E\{\boldsymbol{w}(t)\boldsymbol{v}^{\mathrm{T}}(t)\} = 0, \quad E\{\boldsymbol{x}_0\boldsymbol{v}^{\mathrm{T}}(t)\} = 0 \tag{8.28}$$

滤波问题的目的是基于最小化准则,采用区间[0,t]上的测量值 $\boldsymbol{Y}(t) = \{\boldsymbol{y}(\tau):\tau \in [0,t]\}$ 估计 $x(t)$,即

$$\boldsymbol{P}(t) = E\{(\boldsymbol{x}(t) - \hat{\boldsymbol{x}}(t))(\boldsymbol{x}(t) - \hat{\boldsymbol{x}}(t))^{\mathrm{T}}\} \tag{8.29}$$

根据卡尔曼(R. Kalman)与波希(R. Bocy)的联合研究,以及斯特拉托诺维奇(R. Stratonovich)的研究,可使用以下等式确定估计和误差协方差矩阵[35,45-47],即

$$\dot{\hat{\boldsymbol{x}}}(t) = \boldsymbol{F}(t)\hat{\boldsymbol{x}}(t) + \boldsymbol{K}(t)(\boldsymbol{y}(t) - \boldsymbol{H}(t)\hat{\boldsymbol{x}}(t)) \tag{8.30}$$

$$\boldsymbol{K}(t) = \boldsymbol{P}(t)\boldsymbol{H}(t)^{\mathrm{T}}\boldsymbol{R}^{-1}(t) \tag{8.31}$$

$$\begin{aligned}\dot{\boldsymbol{P}}(t) = {} & \boldsymbol{P}(t)\boldsymbol{F}(t)^{\mathrm{T}} + \boldsymbol{F}(t)\boldsymbol{P}(t) - \boldsymbol{P}(t)\boldsymbol{H}(t)^{\mathrm{T}}\boldsymbol{R}^{-1}(t)\boldsymbol{H}(t)\boldsymbol{P}(t) \\ & + \boldsymbol{G}(t)\boldsymbol{Q}(t)\boldsymbol{G}^{\mathrm{T}}(t)\end{aligned} \tag{8.32}$$

从式(8.30)可以看出,估计方程可以写成

$$\dot{\hat{\boldsymbol{x}}}(t) = (\boldsymbol{F}(t) - \boldsymbol{K}(t)\boldsymbol{H}(t))\hat{\boldsymbol{x}}(t) + \boldsymbol{K}(t)\boldsymbol{y}(t) \tag{8.33}$$

也就是说,卡尔曼滤波器是具有由矩阵($\boldsymbol{F}(t) - \boldsymbol{K}(t)\boldsymbol{H}(t)$)确定的动态特

性和具有加权矩阵 $\boldsymbol{K}(t)$ 输入测量值 $\boldsymbol{y}(t)$ 的线性时变系统。

应该注意的是，在实践中，滤波问题在证明步骤中是以连续形式表达的。然而，当使用计算机辅助实现滤波算法时，需要采用离散模拟，它需要从一个系统转换到另一个系统[6,11,12,40]。

式(8.18)最小化准则算法通常称为最优最小方差估计器(滤波器)或最优最小方差滤波算法。需要注意，如果忽略了序列和过程的高斯特性，则之前给出的算法和估计使这类线性算法最小化。在这种情况下，它决定了在各种应用估计和滤波问题中算法的有效性。有时，这种算法称为线性最优最小方差估计器或滤波器[48,49]。

卡尔曼发表第一篇论文后，基于状态空间法和合成方法的滤波理论开始迅速发展。在应用问题中，使用卡尔曼滤波器存在如下特性：选择描述状态矢量和测量值的模型有很多困难；算法对所选模型过于敏感；由于估计状态矢量的维度降低，开发次优滤波算法的计算负担减少；简化了状态矢量和测量值的描述以及计算程序稳定性等。有很多专业文献发展了卡尔曼思想[1,3,4,6,7,10-13,17,22-26,29,39,50-52]。也有很多资料研究各种解决非线性问题的改进型卡尔曼滤波器[11,13,29,53,54]。在导航应用中，非线性通常与测量模型中函数的非线性相关[55,56]。非线性问题滤波器最简单的改进设计是基于这些函数的线性化形式。

例如，对于非线性测量

$$\boldsymbol{y}_i = \boldsymbol{s}_i(\boldsymbol{x}_i) + \boldsymbol{v}_i$$

可写成下式，即

$$\boldsymbol{s}_i(\boldsymbol{x}_i) \approx \boldsymbol{s}_i(\boldsymbol{x}_i^n) + \left.\frac{\mathrm{d}\boldsymbol{s}_i}{\mathrm{d}\boldsymbol{x}_i^{\mathrm{T}}}\right|_{\boldsymbol{x}_i=\boldsymbol{x}^n}(\boldsymbol{x}_i - \boldsymbol{x}_i^n) = \boldsymbol{s}_i(\boldsymbol{x}_i^n) + \boldsymbol{H}_i(\boldsymbol{x}_i^n)(\boldsymbol{x}_i - \boldsymbol{x}_i^n)$$

式中：$\boldsymbol{x}_i^n$ 为线性化点，$\boldsymbol{H}_i(\boldsymbol{x}_i^n) = \mathrm{d}\boldsymbol{s}_i/\mathrm{d}\boldsymbol{x}_i^m \mid_{\boldsymbol{x}=\boldsymbol{x}^l}$。为了获得线性次优卡尔曼滤波器，可以使用一些固定值，如 $\boldsymbol{x}_i^n = \bar{\boldsymbol{x}}_i$，其中$\bar{\boldsymbol{x}}_i$ 表示先验数学期望。在这种情况下，有

$$\bar{\boldsymbol{y}}_i^{\mathrm{lin}} = \boldsymbol{s}_i(\bar{\boldsymbol{x}}_i) + \boldsymbol{H}_i(\bar{\boldsymbol{x}}_i)(\hat{\boldsymbol{x}}_{i/i-1} - \bar{\boldsymbol{x}}_i)$$

式中：$\bar{\boldsymbol{y}}_i^{\mathrm{lin}} = \boldsymbol{y}_i - \boldsymbol{s}_i(\boldsymbol{x}_i^n)$，协方差矩阵 $\boldsymbol{P}_i^{\mathrm{lin}}$ 和增益因子 $\boldsymbol{K}_i^{\mathrm{lin}}$ 可以采用式(8.22)和式(8.23)的方程计算，其中 $\boldsymbol{H}_i$ 应该用 $\boldsymbol{H}_i(\bar{\boldsymbol{x}}_i) = \left.\frac{\mathrm{d}\boldsymbol{s}_i}{\mathrm{d}\boldsymbol{x}_i^m}\right|_{\boldsymbol{x}=\bar{\boldsymbol{x}}_i}$ 代替。

扩展卡尔曼滤波器是目前使用最广泛的次优算法[11,13,54]。这里，使用预测估计 $\boldsymbol{x}_i^n = \hat{\boldsymbol{x}}_{i/i-1}$ 作为处理测量值中的一个线性化点，并且在协方差方程中，矩阵 $\boldsymbol{H}_i$ 应该用 $\boldsymbol{H}_i(\hat{\boldsymbol{x}}_{i/i-1}) = \left.\frac{\mathrm{d}\boldsymbol{s}_i}{\mathrm{d}\boldsymbol{x}_i^{\mathrm{T}}}\right|_{\boldsymbol{x}=\hat{\boldsymbol{x}}_{i/i-1}}$ 代替。注意：扩展卡尔曼滤波器是非线性滤波

器，因为矩阵 $\boldsymbol{H}_i(\hat{\boldsymbol{x}}_{i/i-1})$ 取决于测量值。

之后，提出了所谓的迭代滤波器。其中，使用以下算法重复处理当前测量值[13]，即

$$\hat{\boldsymbol{x}}_i^{(\gamma+1)} = \hat{\boldsymbol{x}}_{i/i-1} + \boldsymbol{K}_i(\hat{\boldsymbol{x}}_i^{(\gamma)})(\boldsymbol{y}_i - \boldsymbol{s}_i(\hat{\boldsymbol{x}}_i^{(\gamma)}) - \boldsymbol{H}_i^{(\gamma)}(\hat{\boldsymbol{x}}_i^{(\gamma)})(\hat{\boldsymbol{x}}_{i/i-1} - \hat{\boldsymbol{x}}_i^{(\gamma)}))$$

$$\boldsymbol{K}_i(\hat{\boldsymbol{x}}_i^{(\gamma)}) = \boldsymbol{P}_i(\hat{\boldsymbol{x}}_i^{(\gamma)})\boldsymbol{H}_i^{\mathrm{T}}(\hat{\boldsymbol{x}}_i^{(\gamma)})\boldsymbol{R}_i^{-1}$$

$$\boldsymbol{P}_i(\hat{\boldsymbol{x}}_i^{(\gamma)}) = ((\boldsymbol{P}_{i/i-1})^{-1} + \boldsymbol{H}_i^{\mathrm{T}}(\hat{\boldsymbol{x}}_i^{(\gamma)})\boldsymbol{R}_i^{-1}\boldsymbol{H}_i(\hat{\boldsymbol{x}}_i^{(\gamma)}))^{-1}$$

其中

$$\boldsymbol{H}_i^{(\gamma)}(\hat{\boldsymbol{x}}_i^{(\gamma)}) = \left.\frac{\mathrm{d}\boldsymbol{s}_i(x_i)}{\mathrm{d}\boldsymbol{x}_i^{\mathrm{T}}}\right|_{\boldsymbol{x}_i = \hat{\boldsymbol{x}}_i^{(\gamma)}}, \quad \gamma = 1,2,\cdots, \quad \hat{\boldsymbol{x}}_i^{(1)} = \hat{\boldsymbol{x}}_{i/i-1}$$

由式(8.21)和式(8.30)确定的结构次优算法通常被称为卡尔曼型算法。随后引入的高阶滤波器(如二阶滤波器)也可被视为卡尔曼型算法的各种改进[13]。

滤波算法广泛应用在很多领域，其中之一是无线电工程系统(包括无线电导航系统)的研发。通常，这里考虑的问题是时间连续的[29,32,39,57]。另一个应用领域与导航、制导和跟踪有关，它们需要处理连续和离散时间问题[3,4,11,12,58-60]。应该强调说明的是，在卡尔曼60岁生日发表的论文合集中，卡尔曼滤波器应用部分采用了导航问题作为示例[22]。

8.2.4 卡尔曼和维纳方法的对比

对于时不变系统，当式(8.24)和式(8.25)滤波问题中使用的矩阵与时间无关时，卡尔曼滤波器中的增益因子 $\boldsymbol{K}(t)$ 具有稳态值 $\boldsymbol{K}_\infty$。这可从式(8.32)中 $\dot{\boldsymbol{P}}(t)=0$ 得到。在这种情况下，由方程 $\dot{\hat{\boldsymbol{x}}} = (\boldsymbol{F} - \boldsymbol{K}_\infty\boldsymbol{H})\hat{\boldsymbol{x}}(t) + \boldsymbol{K}_\infty\boldsymbol{y}(t)$ 描述的卡尔曼滤波器为稳态模式下的时不变系统。如果由式(8.14)的卡尔曼滤波器和维纳滤波器求解同样的问题，它们的结果显然一致。在瞬态模式下，卡尔曼滤波器中的增益因子 $\boldsymbol{K}(t)$ 发生变化，滤波器可以用两个模块表示稳态和瞬态模式[40,61]。

通常，在比较卡尔曼和维纳方法时，可以列出卡尔曼方法的以下优点[2,62,63]。

(1) 它可以处理时不变和时变过程，并最大限度地减少估计误差方差。如果确实存在，它能确保到达稳态模式的时间最短。

(2) 用最优估计，卡尔曼滤波器产生表征估计精度的协方差矩阵，这对于导航数据处理非常重要。

(3) 卡尔曼滤波器目的是解决多输入和输出的多维问题，因此，随着问题的解决，会找到状态矢量所有元素(包括不能直接测量的)的最佳估计。

(4) 卡尔曼滤波器可以方便地用于设计迭代重复算法。

卡尔曼滤波器的其他优点包括适用范围广,如增强状态矢量的自适应估计问题,使用扩展卡尔曼滤波器或一组滤波器的非线性估计问题,以及估计问题和假设检验同时解决等。

卡尔曼滤波方法需要注意以下限制:需要以式(8.16)或式(8.24)的形式表现序列和过程;假设具有马尔可夫性质;算法设计中的计算问题,特别是对于多维状态矢量。

对于维纳方法,应注意以下几点。

(1) 它用于时不变过程的滤波,并且只有在稳态模式下才能使滤波误差方差最小化。

(2) 在瞬态模式下,误差可能会较大,模式持续时间可能较长。

(3) 需要在相关函数或功率谱密度方面描述估计过程和测量误差。

(4) 由于滤波问题得到解决,所以仅估计测量过程,并且不会产生精度特征;只能在稳态模式下获得这些特征。

(5) 该方法目的是通过一个输入和一个输出来解决一维问题。

维纳方法的优点包括以下几方面。

(1) 一般来说,估计过程不一定具有马尔可夫性质。

(2) 估计器为时不变,因此更容易实现。

(3) 可以采用直观易懂的工具设计滤波器,并为信号及其测量误差选择合适的描述。

这两种方法的共同特征如下。

(1) 在时不变稳态滤波模式中,维纳滤波器和卡尔曼滤波器功能一致。

(2) 只有高斯过程可实现最小估计误差方差。

(3) 对于非高斯过程,在线性算法类中可实现最小滤波误差方差。

(4) 所得到的算法与所使用的模型密切相关。

(5) 在测量误差中没有白噪声成分的情况下,滤波器设计中出现计算问题。

以上分析可以看出,卡尔曼算法比维纳滤波器有更广泛的应用范围:卡尔曼算法能够解决时变问题,在任何时间点获得最优估计,并与估计一起产生精度特征。然而,尽管卡尔曼型算法具有明显的优势和广泛的应用,但是基于维纳方法的频率方法仍然在导航数据处理等方面得到应用,它们允许使用时变序列和过程[59,60,64-66]。在工程实践中,解决这类问题的近似(次优)方法是最受欢迎的。在导航应用中,研究人员广泛采用参考文献[59,64,67]提出的、基于对数曲线校正的方法,后来该方法称为信号和测量误差功率谱密度的局部近似法[65]。如果使用功率谱密度 $S_x(\omega)$ 和 $S_n(\omega)$ 分别描述有效信号 $x(t)$ 和噪声 $n(t)$,则可以应用该方法。为了以对数近似描述它们,可使用直线近似,对应于信号和噪声的所谓条件功率谱密度 $S_x(\omega)\approx a^2(\rho/\omega)^{2p}$ 和 $S_n(\omega)\approx a^2(\rho/\omega)^{2q}$,其中 p 和 q 是整数。该方法基于这样的假设,即滤波器特性由功率谱密度在交叉点的性质决定。参考文献[65]提出了具有不同 p 和 q 组合的滤波器传递函数的方程。该方法的一个主要优点是可以在窄带频段中使用条件功率谱密度求解,这有助于信号模型的选择和简化。另外,一般来说,所获得的滤波器传递函数非常适合于用硬件实现。最后,当测量误差为白噪声时,在估计多重积分白噪声的维纳滤波问题和卡尔曼滤波问题之间找到了一个连接。它基于卡尔曼和维纳方法的组合发展了一种算法。在这种情况下,对滤波问题的研究,有时使用局部近似法在维纳方法中列出对应表达式,且在滤波器设计的最后阶段使用相关的卡尔曼滤波器。它消除了维纳滤波器的主要缺点,即在瞬态过程中,误差方差会显著超过其稳态值[65]。

8.2.5 超卡尔曼滤波

滤波方法在 20 世纪 90 年代后期得到了进一步发展。除了其他因素之外,主要由于机器人中复杂导航需求和计算技术进步而引起。在解决这些问题的同时,研究人员经常需要处理由下列方程描述的 n 维状态矢量的非线性估计问题,即

$$\boldsymbol{x}_i=\boldsymbol{g}_i(\boldsymbol{x}_{i-1})+\boldsymbol{\Gamma}_i\boldsymbol{w}_i \tag{8.34}$$

估计中使用 m 维测量值,即

$$\boldsymbol{y}_i=\boldsymbol{s}_i(\boldsymbol{x}_i)+\boldsymbol{v}_i,\quad i=1,2,\cdots \tag{8.35}$$

式中:i 为离散时间;$\boldsymbol{g}_i(\boldsymbol{x}_{i-1})$ 和 $\boldsymbol{s}_i(\boldsymbol{x}_i)$ 分别为已知的非线性 n 维和 m 维矢量函数;$\boldsymbol{\Gamma}_i$ 为已知的矩阵;$\boldsymbol{w}_i$ 和 $\boldsymbol{v}_i$ 分别为具有已知概率密度函数(PDF)的相关维度零均值离散白噪声。在这个问题中,可以为后验概率密度函数 $\boldsymbol{f}(\boldsymbol{x}_i/\boldsymbol{Y}_i)$ 写出以下递归方程[27,39,55,56],即

$$\boldsymbol{f}(\boldsymbol{x}_i/\boldsymbol{Y}_i)=\frac{\boldsymbol{f}(\boldsymbol{y}_i/\boldsymbol{x}_i)\boldsymbol{f}(\boldsymbol{x}_i/\boldsymbol{Y}_{i-1})}{\int\boldsymbol{f}(\boldsymbol{y}_i/\boldsymbol{x}_i)\boldsymbol{f}(\boldsymbol{x}_i/\boldsymbol{Y}_{i-1})\,\mathrm{d}\boldsymbol{x}_i}=\boldsymbol{c}_i^{-1}\boldsymbol{f}(\boldsymbol{y}_i/\boldsymbol{x}_i)\boldsymbol{f}(\boldsymbol{x}_i/\boldsymbol{Y}_{i-1}) \tag{8.36}$$

式中:$\boldsymbol{f}(\boldsymbol{x}_i/\boldsymbol{Y}_{i-1})=\int\boldsymbol{f}(\boldsymbol{x}_i/\boldsymbol{x}_{i-1})\boldsymbol{f}(\boldsymbol{x}_{i-1}/\boldsymbol{Y}_{i-1})\,\mathrm{d}\boldsymbol{x}_{i-1}$ 为概率密度函数预测值;$\boldsymbol{c}_i=\boldsymbol{f}(\boldsymbol{y}_i/\boldsymbol{Y}_{i-1})=\int\boldsymbol{f}(\boldsymbol{y}_i/\boldsymbol{x}_i)\boldsymbol{f}(\boldsymbol{x}_i/\boldsymbol{Y}_{i-1})\,\mathrm{d}\boldsymbol{x}_i$ 为归一化系数;$\boldsymbol{f}(\boldsymbol{y}_i/\boldsymbol{x}_i)$ 和 $f(\boldsymbol{x}_i/\boldsymbol{x}_{i-1})$ 分别为使用式(8.34)和式(8.35)定义的概率密度函数。应该注意,计算估计

$$\hat{\boldsymbol{x}}_i(\boldsymbol{Y}_i)=\int\boldsymbol{x}_i\boldsymbol{f}(\boldsymbol{x}_i/\boldsymbol{Y}_i)\,\mathrm{d}\boldsymbol{x}_i \tag{8.37}$$

和相应的协方差矩阵

$$\boldsymbol{P}_i(Y_i) = \int(\boldsymbol{x}_i - \hat{\boldsymbol{x}}_i(\boldsymbol{Y}_i))(\boldsymbol{x}_i - \hat{\boldsymbol{x}}_i(\boldsymbol{Y}_i))^{\mathrm{T}} f(\boldsymbol{x}_i/\boldsymbol{Y}_i)\mathrm{d}\boldsymbol{x}_i \tag{8.38}$$

的问题实际上包括多个积分计算，这通常决定了求解的方法。

目前，在次优滤波算法开发方面主要有两大趋势。

第一种是基于后验概率密度函数的高斯特性假设。对于这种情况，卡尔曼型算法在每一步都要计算概率密度函数的两个初始时刻。除了前面提到的扩展和迭代卡尔曼滤波器及二阶滤波器之外，还提出了一些新的滤波器，如回归滤波器、Sigma 点滤波器或无损卡尔曼滤波器（UKF）、立方滤波器等[48]。基于一个相当简单的想法，其中用导数获得线性函数的过程被近似统计线性化的过程代替，大量的滤波器得到了普及。早在 20 世纪 70 年代初，就提出了这样的算法。在其他出版物中，可参见参考文献[11]，这是关于该方法的第一篇文献。然而，当时由于计算机技术不发达，它们没有得到真正的应用。从理论上讲，这些算法与非线性非高斯系统的线性最优算法设计相关。算法背后的基本思想可以通过使用测量值估计时不变矢量的问题解释，即

$$\boldsymbol{y} = \boldsymbol{s}(\boldsymbol{x}) + \boldsymbol{v} \tag{8.39}$$

通过式（8.18）表示的最小化准则，可以找到线性最优算法。引入一个复合矢量$\tilde{\boldsymbol{z}} = (\boldsymbol{x}^{\mathrm{T}}, \boldsymbol{y}^{\mathrm{T}})$。使用以下等式，可以找到使用式（8.39）测量值的线性最优估计 x，式（8.11）最小化线性估计准则及其后验误差协方差矩阵[48,68]，即

$$\begin{gathered}\hat{\boldsymbol{x}}(\boldsymbol{y}) = \bar{\boldsymbol{x}} + \boldsymbol{K}^{\mathrm{lin}}(\boldsymbol{y} - \bar{\boldsymbol{y}}), \quad \boldsymbol{K}^{\mathrm{lin}} = \boldsymbol{P}^{xy}(\boldsymbol{P}^{y})^{-1} \\ \boldsymbol{P}^{\mathrm{lin}} = \boldsymbol{P}^{x} - \boldsymbol{P}^{xy}(\boldsymbol{P}^{y})^{-1}\boldsymbol{P}^{yx} = \boldsymbol{P}^{x} - \boldsymbol{K}^{\mathrm{lin}}\boldsymbol{P}^{yx}\end{gathered} \tag{8.40}$$

式中：$\bar{\boldsymbol{x}}$、$\bar{\boldsymbol{y}}$和 $\boldsymbol{P}^{xy}$、$\boldsymbol{P}^{y}$ 分别是相关数学期望和协方差矩阵。因此，为了使用式（8.40）中矢量$\tilde{\boldsymbol{z}} = (\boldsymbol{x}^{\mathrm{T}}, \boldsymbol{v}^{\mathrm{T}})^{\mathrm{T}}$ 的两个已知初始时刻，计算线性最优估计和误差协方差矩阵，需要找到测量矢量 $\boldsymbol{y}$ 的数学期望$\bar{\boldsymbol{y}}$、互协方差矩阵 $\boldsymbol{P}^{xy}$ 和协方差矩阵 $\boldsymbol{P}^{y}$。可以看出，式（8.40）类似于式（8.8）和式（8.10）。为简化而假设矢量 $\boldsymbol{x}$ 和 $\boldsymbol{v}$ 彼此独立，$\boldsymbol{v}$ 是零均值，可以写出下列公式，即

$$\bar{\boldsymbol{y}} = E_y(\boldsymbol{y}) = E_{x,v}\{\boldsymbol{s}(\boldsymbol{x}) + \boldsymbol{v}\} = \int \boldsymbol{s}(\boldsymbol{x})\boldsymbol{f}(\boldsymbol{x})\mathrm{d}\boldsymbol{x} \tag{8.41}$$

$$\begin{aligned}\boldsymbol{P}^{xy} &= E_{x,y}\{(\boldsymbol{x} - \bar{\boldsymbol{x}})(\boldsymbol{y} - \bar{\boldsymbol{y}})^{\mathrm{T}}\} = E_{x,v}\{(\boldsymbol{x} - \bar{\boldsymbol{x}})(\boldsymbol{s}(\boldsymbol{x}) + \boldsymbol{v} - \bar{\boldsymbol{y}})^{\mathrm{T}}\} \\ &= \int(\boldsymbol{x} - \bar{\boldsymbol{x}})(\boldsymbol{s}(\boldsymbol{x}) - \bar{\boldsymbol{y}})^{\mathrm{T}}\boldsymbol{f}(\boldsymbol{x})\mathrm{d}\boldsymbol{x}\end{aligned} \tag{8.42}$$

$$\begin{aligned}\boldsymbol{P}^{y} &= E_{x,y}\{(\boldsymbol{y} - \bar{\boldsymbol{y}})(\boldsymbol{y} - \bar{\boldsymbol{y}})^{\mathrm{T}}\} = \iint(\boldsymbol{s}(\boldsymbol{x}) + \boldsymbol{v} - \bar{\boldsymbol{y}})(\boldsymbol{s}(\boldsymbol{x}) + \boldsymbol{v} - \bar{\boldsymbol{y}})^{\mathrm{T}}\boldsymbol{f}(\boldsymbol{x},\boldsymbol{v})\mathrm{d}\boldsymbol{x}\mathrm{d}\boldsymbol{v} \\ &= \int(\boldsymbol{s}(\boldsymbol{x}) - \bar{\boldsymbol{y}})(\boldsymbol{s}(\boldsymbol{x}) - \bar{\boldsymbol{y}})^{\mathrm{T}}\boldsymbol{f}(\boldsymbol{x})\mathrm{d}\boldsymbol{x} + \boldsymbol{R}\end{aligned} \tag{8.43}$$

注意:求解非高斯线性问题的线性最优算法简化为一个标准卡尔曼滤波。但是在非线性问题中实现该算法需要在式(8.41)~式(8.43)中进行数值积分,以确定测量值的两个统计时刻和测量与估计参数的相互时刻。它们可以使用蒙特卡罗法等进行计算。在估计随机序列时,该过程可以重复进行,例如,使用其两个统计时刻,用每一步的后验概率密度函数代替功率谱密度的高斯近似。算法的各种改进简化成各种不同方法,用以化简查找这些时刻的积分。在这种情况下,最流行的算法是基于无损转换[69-71]。

应该强调的是,如果概率密度函数只有一个极值,则基于后验概率密度函数的高斯近似的卡尔曼型滤波算法才能有效运行。然而,在实际应用中,概率密度函数通常具有多个极值。在这种情况下,应采用更复杂的次优方法,如点质量法[8]、高斯和近似法[9,72]、分区法及其他方法[53]。目前,连续蒙特卡罗法是最受欢迎的方法[73-78]。

在连续蒙特卡罗方法中,每一步的后验概率密度函数近似为

$$\boldsymbol{f}(\boldsymbol{x}_i/\boldsymbol{Y}_i) \approx \sum_{j=1}^{L} \tilde{\boldsymbol{\omega}}_i^j \boldsymbol{\delta}(\boldsymbol{x}_i - \boldsymbol{x}_i^j), \quad \sum_{j=1}^{L} \tilde{\boldsymbol{\omega}}_i^j = 1 \tag{8.44}$$

式中:$\boldsymbol{\delta}(\cdot)$为多维$\delta$函数;$\tilde{\omega}_i^j$、$x_i^j(j=\overline{1.\ L})$为一组所谓的归一化权重系数和独立随机矢量的样本。如果$\boldsymbol{f}(\boldsymbol{x}_i/\boldsymbol{Y}_i)$用于计算所需精度的概率密度函数时刻,则式(8.44)可视为$\boldsymbol{f}(\boldsymbol{x}_i/\boldsymbol{Y}_i)$的近似值。特别是,从式(8.44)可以看出,滤波问题中的估计和协方差矩阵可以计算如下,即

$$\hat{\boldsymbol{x}}_i(\boldsymbol{Y}_i) \approx \sum_{j=1}^{L} \tilde{\boldsymbol{\omega}}_i^j \boldsymbol{x}_i^j, \quad \boldsymbol{P}_i(\boldsymbol{Y}_i) \approx \sum_{j=1}^{L} \tilde{\boldsymbol{\omega}}_i^j \boldsymbol{x}_i^j (\boldsymbol{x}_i^j)^{\mathrm{T}} - \hat{\boldsymbol{x}}_i(\boldsymbol{Y}_i)(\hat{\boldsymbol{x}}_i(\boldsymbol{Y}_i))^{\mathrm{T}}$$

下面简要介绍蒙特卡罗法中使用的一些提高性能的主要技术[27,74-82]。

如果以式(8.44)构造近似值,则样本集合$(\boldsymbol{X}_i^j)^{\mathrm{T}} = [(\boldsymbol{x}_1^j)^{\mathrm{T}} \cdots (\boldsymbol{x}_i^j)^{\mathrm{T}}]$的选择很重要。样本应在后验概率密度函数不为零的区域产生,这就是重要性抽样方法在实践中受欢迎的原因。

蒙特卡罗法的主要优点是可以循环得到式(8.44)近似值,这意味着第i步的近似值可以通过将样本x_i^j添加到样本$\boldsymbol{X}_{i-1}^j = [(\boldsymbol{x}_1^j)^{\mathrm{T}} \cdots (\boldsymbol{x}_{i-1}^j)^{\mathrm{T}}]^{\mathrm{T}}$得到的$\boldsymbol{X}_i^j$产生,即$\boldsymbol{X}_i^j = [(\boldsymbol{X}_{i-1}^j)^{\mathrm{T}}, (\boldsymbol{x}_i^j)^{\mathrm{T}}]^{\mathrm{T}}$,且使用$\boldsymbol{\omega}_{i-1}^j$计算非规格化权重$\boldsymbol{\omega}_i^j$。

使用重要性抽样和循环过程生成样本和计算权重的蒙特卡洛法称为顺序重要性抽样[74,76,78]。

在实现蒙特卡罗法时,会出现算法退化问题:只有一个权重的时间值接近1,而其他所有权重值将接近0。这个问题可以采用顺序重要性重采样或者自举程序(the Bootstrap Procedure)得到部分解决[74,80,82]。在此,自举程序包括根据

离散分布式(8.44),使用集合 $\boldsymbol{X}_i^j, j=\overline{1.L}$生成新的样本 $\widetilde{\boldsymbol{X}}_i^j, j=\overline{1.L}$。使用以下近似可以代替式(8.44),即

$$f(\boldsymbol{x}_i/\boldsymbol{Y}_i) \approx \frac{1}{L}\sum_{j=1}^{L}\boldsymbol{\delta}(\boldsymbol{x}_i - \widetilde{\boldsymbol{x}}_i^j) \tag{8.45}$$

在参考文献[79]中讨论了对应于离散分布生成样本 $\widetilde{\boldsymbol{X}}_i^j, j=\overline{1.L}$的各种算法。注意:从早期生成的集合 $\boldsymbol{X}_i^j, j=\overline{1.L}$中选择 $\widetilde{\boldsymbol{X}}_i^j$ 的值,可以循环生成样本 $\boldsymbol{X}_i^j = (\widetilde{\boldsymbol{X}}_{i-1}^j, \boldsymbol{x}_i^j)$。与权重较小的样本相比,式(8.45)包括的样本相关贡献是由于较频繁地复制(克隆)而实现,这点非常重要,因为重采样过程的引入不会影响递归算法的设计。参考文献[73]讨论了是否需要重新采样的各种方法。

最后,另一种显著提高蒙特卡罗法性能的技术就是所谓的饶-布莱克威尔法,它基于部分变量的解析积分。如果可以在状态矢量中区分子矢量,则可以进行此操作,其固定部分将非线性问题简化为线性问题。例如,根据下列方程的描述,有

$$\boldsymbol{\theta}_i = \boldsymbol{\Phi}_i^{\theta}\boldsymbol{\theta}_{i-1} + \boldsymbol{\Gamma}_i^{\theta}\boldsymbol{w}_i^{\theta}$$
$$\boldsymbol{x}_i^I = \boldsymbol{\Phi}_i^I(\boldsymbol{\theta}_{i-1})\boldsymbol{x}_{i-1}^I + \boldsymbol{\Gamma}_i^I\boldsymbol{w}_i^I$$

我们估计一个复合矢量 $\boldsymbol{x}_i^{\mathrm{T}} = ((\boldsymbol{\theta}_i)^{\mathrm{T}}, (\boldsymbol{x}_i^I)^{\mathrm{T}})$[75,77,81],其中使用了测量值 $\boldsymbol{y}_i$,即

$$\boldsymbol{y}_i = \boldsymbol{s}_i(\boldsymbol{\theta}_i) + \boldsymbol{H}_i(\boldsymbol{\theta}_i)\boldsymbol{x}_i^l + \boldsymbol{v}_i, \quad i=1,2,\cdots$$

可以看出,如果矢量 $\boldsymbol{\Theta}_i = (\boldsymbol{\theta}_1^{\mathrm{T}}, \boldsymbol{\theta}_2^{\mathrm{T}}, \cdots, \boldsymbol{\theta}_i^{\mathrm{T}})^{\mathrm{T}}$ 是固定的,则所考虑的问题是线性的。然后,可以使用相关的卡尔曼滤波器计算概率密度函数的参数 $\boldsymbol{f}(\boldsymbol{X}_i^I/\boldsymbol{\Theta}_i, \boldsymbol{Y}_i)$,且蒙特卡罗法仅适用于维度小于矢量 $\boldsymbol{x}_i$ 的矢量 $\boldsymbol{\theta}_i$ 的概率密度函数 $\boldsymbol{f}(\boldsymbol{\theta}_i/\boldsymbol{Y}_i)$ 近似,这对设计有效算法非常关键。

8.3 组合导航系统的滤波问题

滤波问题的正确表述对有效解决问题非常重要,下面给出导航数据处理中常见的一些问题表述[63,83]。

8.3.1 数据处理系统直接测量待估参数的滤波问题

假设测量值取自以下形式的两个系统或传感器,即

$$\boldsymbol{y}^{\mathrm{I}}(t) = \boldsymbol{X}(t) + \Delta\boldsymbol{y}^{\mathrm{I}}(t) \tag{8.46}$$

$$\boldsymbol{y}^{\mathrm{II}}(t) = \boldsymbol{X}(t) + \Delta\boldsymbol{y}^{\mathrm{II}}(t) \tag{8.47}$$

式中:$\boldsymbol{X}(t)=(\boldsymbol{X}_1(t),\boldsymbol{X}_2(t),\cdots,\boldsymbol{X}_n(t))^{\mathrm{T}}$ 为待估计的 n 维矢量;$\boldsymbol{y}^j(t)$ 和 $\Delta\boldsymbol{y}^j(t)$ 分别为来自系统或传感器的 n 维测量矢量及误差,$j=$ Ⅰ、Ⅱ 是系统或传感器的编号。

问题陈述:使用 t 时间累积的测量值式(8.46)和式(8.47)估计未知矢量 $\boldsymbol{X}(t)$。

考虑滤波问题两个可能性陈述,初始假设可以提供两个系统误差的先验统计信息,而没有矢量 $\boldsymbol{X}(t)$ 的信息。在这种情况下,可以使用所谓的互补滤波器方案[83]。因此,对矢量 $\boldsymbol{X}(t)$ 滤波问题求解简化为使用以下测量值的差值形式,估计一个系统在其他系统误差背景下的误差,即

$$\boldsymbol{y}(t)=\boldsymbol{y}^{\mathrm{I}}(t)-\boldsymbol{y}^{\mathrm{II}}(t)=\Delta\boldsymbol{y}^{\mathrm{I}}(t)-\Delta\boldsymbol{y}^{\mathrm{II}}(t) \tag{8.48}$$

图 8.1 提供了标量情况下这种方案的基本原理。

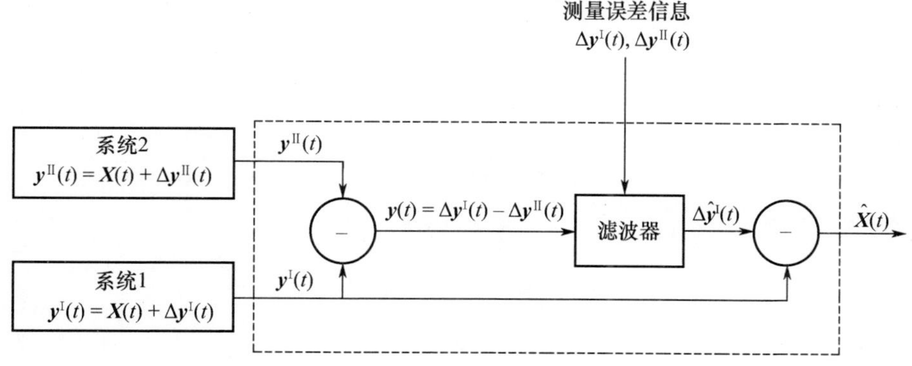

图 8.1　不变处理方案

从图 8.1 可以看出,滤波问题中测量值由与参数 $\boldsymbol{X}(t)$ 无关的测量差值表示,其估计值通过补偿某一传感器测量误差形成。正是这个特征,此方案又称为不变($\boldsymbol{X}(t)$ 独立)处理方案[84]。在矢量情况下,陈述相应的卡尔曼滤波问题,有必要完成如下内容。

(1) 建立状态矢量模型(即用整形滤波器式(8.24)进行描述)。

(2) 以式(8.25)描述测量值的模型,将这些测量值与状态矢量相关联。

(3) 在求解滤波问题中采用测量值。

假设,在一般情况下,系统的误差可以描述为两部分之和,即

$$\Delta\boldsymbol{y}^j(t)=\boldsymbol{\varepsilon}^j(t)+\boldsymbol{v}^j(t),\quad j=\mathrm{I},\mathrm{II} \tag{8.49}$$

式中:$\boldsymbol{v}^{\mathrm{I}}(t)$ 和 $\boldsymbol{v}^{\mathrm{II}}(t)$ 为高频误差分量;$\boldsymbol{\varepsilon}^{\mathrm{I}}(t)$ 和 $\boldsymbol{\varepsilon}^{\mathrm{II}}(t)$ 分别为针对 n^{I} 和 n^{II} 维矢量 $\boldsymbol{x}^{\mathrm{I}}(t)$ 和 $\boldsymbol{x}^{\mathrm{II}}(t)$ 的整形滤波器描述的误差分量,即

$$\boldsymbol{x}^j(t)=\boldsymbol{F}^j(t)\boldsymbol{x}^j(t)+\boldsymbol{G}^j(t)\boldsymbol{w}^j(t) \tag{8.50}$$

$$\boldsymbol{\varepsilon}^j(t)=\boldsymbol{H}^j\boldsymbol{x}^j(t),\quad j=\mathrm{I},\mathrm{II} \tag{8.51}$$

式中：$\boldsymbol{F}^j(t)$、$\boldsymbol{H}^j(t)$和$\boldsymbol{G}^j(t)$分别为$n^j\times n^j$、$n\times n^j$和$n^j\times p^j$维的已知矩阵；$\boldsymbol{v}^j(t)$和$\boldsymbol{w}^j(t)$分别为n和p^j维零均值白噪声，即$E\{\boldsymbol{w}^j(t+\tau)\boldsymbol{w}^j(t)\}=\boldsymbol{Q}^j(t)\boldsymbol{\delta}(\tau)$，$E\{\boldsymbol{v}^j(t+\tau)\boldsymbol{v}^j(t)\}=\boldsymbol{R}^j(t)\boldsymbol{\delta}(\tau)$，其中矩阵$\boldsymbol{Q}^j(t)$和$\boldsymbol{R}^j(t)$为噪声功率谱密度。为简化起见，假定矢量$\boldsymbol{v}^j(t)$、$\boldsymbol{w}^j(t)$和$\boldsymbol{x}^j(0)$，$j=\mathrm{I},\mathrm{II}$彼此不相关。

引入复合$(n^{\mathrm{I}}+n^{\mathrm{II}})$维状态矢量$\boldsymbol{x}^{\mathrm{I}}(t)=((\boldsymbol{x}^{\mathrm{I}}(t))^{\mathrm{T}},(\boldsymbol{x}^{\mathrm{II}}(t))^{\mathrm{T}})^{\mathrm{T}}$，可以形成以下模型，即

$$\dot{\boldsymbol{x}}(t)=\boldsymbol{F}(t)\boldsymbol{x}(t)+\boldsymbol{G}(t)\boldsymbol{w}(t) \tag{8.52}$$

其中

$$\boldsymbol{F}(t)=\begin{bmatrix}\boldsymbol{F}^{\mathrm{I}}(t) & 0\\ 0 & \boldsymbol{F}^{\mathrm{II}}(t)\end{bmatrix}$$

$$\boldsymbol{G}(t)=\begin{bmatrix}\boldsymbol{G}^{\mathrm{I}}(t) & 0\\ 0 & \boldsymbol{G}^{\mathrm{II}}(t)\end{bmatrix}$$

$$\boldsymbol{Q}=\begin{bmatrix}\boldsymbol{Q}^{\mathrm{I}}(t) & 0\\ 0 & \boldsymbol{Q}^{\mathrm{II}}(t)\end{bmatrix}$$

$$\boldsymbol{w}^{\mathrm{T}}=(\boldsymbol{w}^{\mathrm{I}}(t))^{\mathrm{T}},(\boldsymbol{w}^{\mathrm{II}}(t))^{\mathrm{T}}$$

使用式(8.48)可以生成滤波问题的n维测量值。因此，这些测量值的模型由下式确定，即

$$\boldsymbol{y}(t)=\boldsymbol{H}(t)\boldsymbol{x}(t)+\boldsymbol{v}(t) \tag{8.53}$$

其中$\boldsymbol{H}(t)=[\boldsymbol{H}^{\mathrm{I}}(t),-\boldsymbol{H}^{\mathrm{II}}(t)]$，$\boldsymbol{v}(t)=\boldsymbol{v}^{\mathrm{I}}(t)-\boldsymbol{v}^{\mathrm{II}}(t)$和$\boldsymbol{R}(t)=\boldsymbol{R}^{\mathrm{I}}(t)+\boldsymbol{R}^{\mathrm{II}}(t)$，而$\boldsymbol{H}^{\mathrm{I}}(t)$和$\boldsymbol{H}^{\mathrm{II}}(t)$分别为$n\times n^{\mathrm{I}}$和$n\times n^{\mathrm{II}}$维矩阵。

最后，需要指定协方差矩阵$\boldsymbol{P}_0$，表征初始时刻状态矢量的不确定度。通常，它是一个对角矩阵，其中元素确定相关状态矢量分量的先验不确定性水平。因此，问题简化为使用式(8.53)测量值计算式(8.52)状态矢量的标准滤波问题。它可以通过8.2节给出的卡尔曼滤波器解决。因此，可以得到矢量$\boldsymbol{x}(t)=((\boldsymbol{x}^{\mathrm{I}}(t))^{\mathrm{T}},(\boldsymbol{x}^{\mathrm{II}}(t))^{\mathrm{T}})^{\mathrm{T}}$的最优估计。使用该估计并按照不变处理方案，可以将估计$\boldsymbol{X}(t)$表述为$\hat{\boldsymbol{X}}(t)=\boldsymbol{y}^{\mathrm{I}}(t)-\hat{\boldsymbol{\varepsilon}}^{\mathrm{I}}(t)$，其中$\hat{\boldsymbol{\varepsilon}}^{\mathrm{I}}(t)=\boldsymbol{H}^{\mathrm{I}}(t)\hat{\boldsymbol{x}}^{\mathrm{I}}(t)$。图8.2给出了解释该处理方案的过程框图。

前面的问题陈述可以通过一个简单的例子来说明，此例为对气压高度计和卫星接收机测量的飞行器高度数据进行处理。

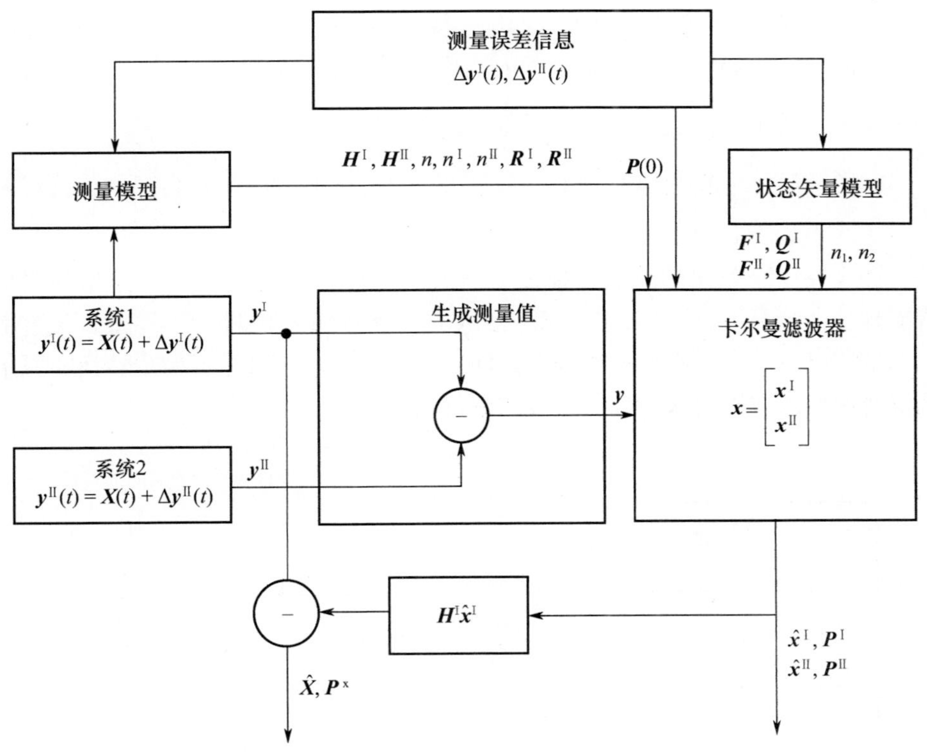

图 8.2　线性情况下不变数据处理方案

示例 8.1　不变方案。

假设式(8.46)和式(8.47)给出的为标量测量值。考虑测量值的标量特性,可以写成如下形式,即

$$y^{\mathrm{I}}(t) = h(t) + \Delta y^{\mathrm{I}}(t) \tag{8.54}$$

$$y^{\mathrm{II}}(t) = h(t) + \Delta y^{\mathrm{II}}(t) \tag{8.55}$$

式中:$h(t)$、$y^{\mathrm{I}}(t)$、$y^{\mathrm{II}}(t)$、$\Delta y^{\mathrm{I}}(t)$和$\Delta y^{\mathrm{II}}(t)$分别为描述真实高度、气压高度计测量值($\mathrm{I} = \mathrm{BAR}$)、卫星接收机测量值($\mathrm{II} = \mathrm{SNS}$)和其误差。假设气压高度计误差$\Delta y^{\mathrm{BAR}}(t) = \varepsilon^{\mathrm{BAR}}(t) + v^{\mathrm{BAR}}(t)$包含白噪声$v^{\mathrm{BAR}}(t)$和一阶马尔可夫过程,即$\dot{\varepsilon}^{\mathrm{BAR}}(t) = -\alpha_B \varepsilon^{\mathrm{BAR}}(t) + \sqrt{2\sigma_B^2}\alpha_B w^{\mathrm{BAR}}(t)$。卫星接收机误差仅包含白噪声分量,即$x^{\mathrm{II}}(t) = \varepsilon^{\mathrm{SNS}}(t)$不存在。在这种情况下,状态矢量$\boldsymbol{x}(t) = \boldsymbol{x}^{\mathrm{I}}(t) = \boldsymbol{x}^{\mathrm{BAR}}(t) = \boldsymbol{\varepsilon}^{\mathrm{BAR}}(t)$,其中

$$F = F^{\mathrm{BAR}} = -\alpha_B,\quad G = G^{\mathrm{BAR}} = \sqrt{2\sigma_B^2}\alpha_B,\quad H = H^{\mathrm{BAR}} = 1,$$

$$v(t) = v^{\mathrm{BAR}}(t) - v^{\mathrm{SNS}}(t),\quad w(t) = w^{\mathrm{BAR}}(t),\quad Q(t) = Q^{\mathrm{BAR}}(t) = 0,$$

$$R(t)=R^{BAR}(t)+R^{SNS}(t),\quad P_0=\sigma_B^2$$

因此，式(8.52)和式(8.53)可以写成

$$\dot{x}(t)=-\alpha_B x(t)+\sqrt{2\sigma_B^2}\alpha_B w(t),\quad y(t)=x(t)+v(t)$$

问题被简化为在白噪声背景下马尔可夫过程的滤波问题。高度估计可写为 $\hat{h}(t)=y^{BAR}(t)-\hat{x}(t)$。

在式(8.52)给出的待估矢量 $\boldsymbol{X}(t)$ 模型和式(8.46)与式(8.47)给出的测量值都具备的情况下，可以采用基于非变数方案求解滤波问题[84,85]。图 8.3 给出了标量情况下这个过程的原理框图。问题的实质是将不必进行初步转换的原始测量值用作滤波器输入，然后，直接求解待估矢量 $\boldsymbol{X}(t)$。

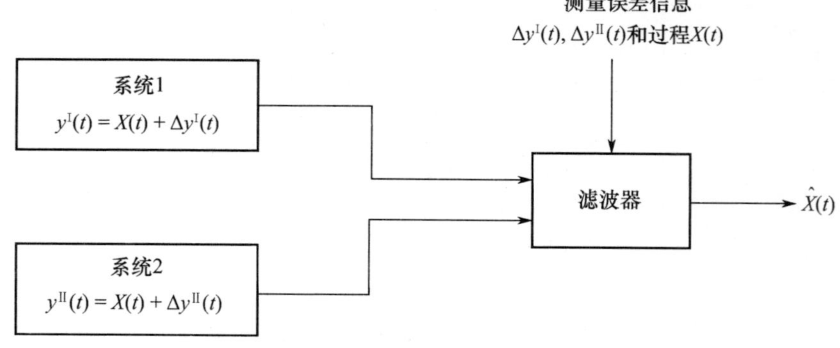

图 8.3　数据处理的非变数方案

对于矢量情况下卡尔曼滤波问题，有必要在状态矢量中输入一个附加子矢量 $\boldsymbol{x}^{\mathrm{III}}(t)$，由此将 $\boldsymbol{X}(t)$ 写为 $\boldsymbol{X}(t)=\boldsymbol{H}^{\mathrm{III}}(t)\boldsymbol{x}^{\mathrm{III}}(t)$。然后求解 $(n^{\mathrm{I}}+n^{\mathrm{II}}+n^{\mathrm{III}})$ 维状态矢量 $\boldsymbol{x}(t)=((\boldsymbol{x}^{\mathrm{I}}(t))^{\mathrm{T}},(\boldsymbol{x}^{\mathrm{II}}(t))^{\mathrm{T}},(\boldsymbol{x}^{\mathrm{III}}(t))^{\mathrm{T}})^{\mathrm{T}}$ 的滤波问题。这样的问题可以类比先前所采取的方法，即通过输入矩阵 $\boldsymbol{F}^{\mathrm{III}}(t)$、$\boldsymbol{G}^{\mathrm{III}}(t)$ 和 $\boldsymbol{Q}^{\mathrm{III}}(t)$ 完成滤波。滤波测量值可写成 $\boldsymbol{y}(t)=((\boldsymbol{y}^{\mathrm{I}}(t))^{\mathrm{T}},(\boldsymbol{y}^{\mathrm{II}}(t))^{\mathrm{T}})^{\mathrm{T}}$，这些测量值的模型由式(8.53)确定，其中 $\boldsymbol{H}(t)=\begin{bmatrix}\boldsymbol{H}^{\mathrm{I}}(t) & \boldsymbol{0}_{n\times n\mathrm{II}} & \boldsymbol{H}^{\mathrm{III}}(t)\\ \boldsymbol{0}_{n\times n\mathrm{I}} & \boldsymbol{H}^{\mathrm{II}}(t) & \boldsymbol{H}^{\mathrm{III}}(t)\end{bmatrix}$，$\boldsymbol{v}(t)=((\boldsymbol{v}^{\mathrm{I}}(t))^{\mathrm{T}},(\boldsymbol{v}^{\mathrm{II}}(t))^{\mathrm{T}})^{\mathrm{T}}$ 和 $\boldsymbol{R}(t)=\begin{bmatrix}\boldsymbol{R}^{\mathrm{I}}(t) & 0\\ 0 & \boldsymbol{R}^{\mathrm{II}}(t)\end{bmatrix}$。

式中：$\boldsymbol{H}^{\mathrm{I}}(t)$、$\boldsymbol{H}^{\mathrm{II}}(t)$ 和 $\boldsymbol{H}^{\mathrm{III}}(t)$ 分别为 $n\times n^{\mathrm{I}}$、$n\times n^{\mathrm{II}}$ 和 $n\times n^{\mathrm{III}}$ 维矩阵；$\boldsymbol{0}_{n\times n\mathrm{I}}$ 和 $\boldsymbol{0}_{n\times n\mathrm{II}}$ 分别为 $n\times n^{\mathrm{I}}$ 和 $n\times n^{\mathrm{II}}$ 维零矩阵。由此可以得到估计值 $\hat{\boldsymbol{x}}(t)=((\hat{\boldsymbol{x}}^{\mathrm{I}}(t))^{\mathrm{T}},(\hat{\boldsymbol{x}}^{\mathrm{II}}(t))^{\mathrm{T}},(\hat{\boldsymbol{x}}^{\mathrm{III}}(t))^{\mathrm{T}})^{\mathrm{T}}$ 及相应的协方差矩阵 $\boldsymbol{P}^{\mathrm{I}}(t)$、$\boldsymbol{P}^{\mathrm{II}}(t)$ 和 $\boldsymbol{P}^{\mathrm{III}}(t)$。

估计值 $\boldsymbol{X}(t)$ 可以通过 $\hat{\boldsymbol{X}}(t)=\boldsymbol{H}^{\mathrm{III}}(t)\hat{\boldsymbol{x}}^{\mathrm{III}}(t)$ 或 $\hat{\boldsymbol{X}}(t)=\boldsymbol{T}(t)\hat{\boldsymbol{x}}(t)$ 计算，其中

$T(t)=(0_{n\times n_1},0_{n\times n_2},H^{\mathrm{III}}(t))$。图 8.4 给出了该方案的框图。

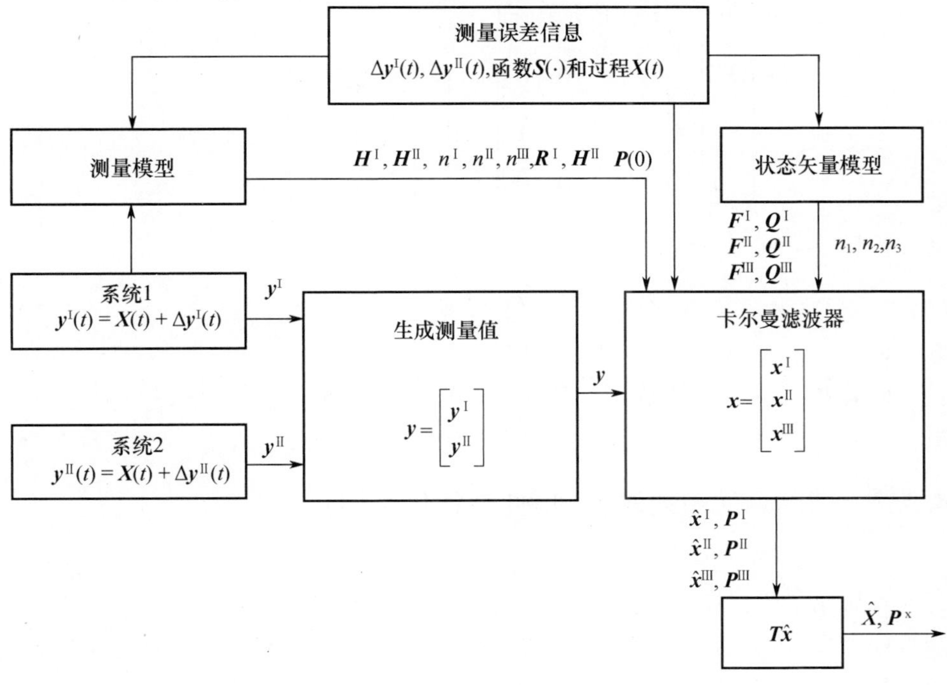

图 8.4　线性情况下数据处理的非变数方案

示例 8.2　非变数方案。

假设使用式(8.54)和式(8.55)给出的测量值,飞行器在垂直平面中的路径可以描述为一阶多项式 $h(t)=x_0+Vt$,其中 x_0、V 分别是初始高度和垂直速度,均为时不变参数;且 t 为从观察开始的时间。在这种情况下,假设卫星接收机和气压高度计中的误差如示例 8.1 所述,并引入状态矢量 $x(t)=(x_1(t),x_2(t),x_1(t))^{\mathrm{T}}=((x^{\mathrm{BAR}}(t))^{\mathrm{T}},(x^{\mathrm{III}}(t))^{\mathrm{T}})^{\mathrm{T}}$,其中 $x^{\mathrm{BAR}}(t)=\varepsilon^{\mathrm{BAR}}(t)$,$x^{\mathrm{III}}(t)=(h(t),V)^{\mathrm{T}}$,可以用公式表述滤波问题,式(8.52)和式(8.53)中的矩阵和矢量被定义为

$$F=\begin{bmatrix}-\alpha_B & 0 & 0\\ 0 & 0 & 1\\ 0 & 0 & 0\end{bmatrix},\quad G=\begin{bmatrix}\sqrt{2\sigma_B^2}\alpha_B\\ 0\\ 0\end{bmatrix},\quad w(t)=w^{\mathrm{BAR}}(t),\quad P_0=\begin{bmatrix}\sigma_B^2 & 0 & 0\\ 0 & \sigma_0^2 & 0\\ 0 & 0 & \sigma_V^2\end{bmatrix},$$

$$H(t)=\begin{bmatrix}H^{\mathrm{I}}(t) & H^{\mathrm{III}}(t)\\ 0 & H^{\mathrm{III}}(t)\end{bmatrix}=\begin{bmatrix}1 & 1 & 0\\ 0 & 1 & 0\end{bmatrix},\quad v(t)=\begin{bmatrix}v^{\mathrm{BAR}}(t)\\ v^{\mathrm{SNS}}(t)\end{bmatrix},$$

$$R=\begin{bmatrix}R^{\mathrm{BAR}} & 0\\ 0 & R^{\mathrm{SNS}}\end{bmatrix}$$

也就是说，为了获得高度的估计值，需要解决三维状态矢量($n^{\mathrm{I}}=1,n^{\mathrm{II}}=0,n^{\mathrm{III}}=2$)的滤波问题，矢量如下所示，即

$$\begin{bmatrix}\dot{x}_1\\ \dot{x}_2\\ \dot{x}_3\end{bmatrix}=\begin{bmatrix}-\alpha_B & 0 & 0\\ 0 & 0 & 1\\ 0 & 0 & 0\end{bmatrix}\begin{bmatrix}x_1\\ x_2\\ x_3\end{bmatrix}+\begin{bmatrix}\sqrt{2\sigma_B^2\alpha_B}\\ 0\\ 0\end{bmatrix}\boldsymbol{w}^{\mathrm{BAR}}(t)$$

其中使用了下列测量值，即

$$\boldsymbol{y}_1(t)=\boldsymbol{x}_1(t)+\boldsymbol{x}_2(t)+\boldsymbol{v}^{\mathrm{BAR}}(t)$$

$$\boldsymbol{y}_2=\boldsymbol{x}_2(t)+\boldsymbol{v}^{\mathrm{SNS}}[t]$$

滤波问题的结果是高度估计值，这是状态矢量第二分量的最优估计，即 $\hat{\boldsymbol{h}}(t)=\boldsymbol{T}(t)\hat{\boldsymbol{x}}=\hat{\boldsymbol{x}}_2(t)$，其中 $\boldsymbol{T}(t)=(0,1,0)$。

8.3.2 辅助导航系统滤波问题(线性化案例)

式(8.46)和式(8.47)给出测量值的一个特性是两个系统都能提供待估参数的直接测量值。导航数据处理中更常见的情况是其中只有一个系统能够直接测量待估参数，另一个系统提供这些参数的已知函数的测量值。此外，这个函数通常是非线性的。

根据不变方案考虑滤波问题，假设非线性函数可以进行线性化处理。假设导航系统以式(8.46)生成测量值，即

$$\boldsymbol{y}^{\mathrm{I}}(t)=\boldsymbol{X}(t)+\Delta\boldsymbol{y}^{\mathrm{I}}(t) \tag{8.56}$$

而附加辅助测量值为

$$\boldsymbol{y}^{\mathrm{II}}(t)=\boldsymbol{s}(\boldsymbol{X}(t)+\Delta\boldsymbol{y}^{\mathrm{II}}(t)) \tag{8.57}$$

为简化起见，假设需要估计飞行器的三维坐标，即 $\boldsymbol{X}(t)=(\boldsymbol{X}_1(t),\boldsymbol{X}_2(t),\boldsymbol{X}_3(t))^{\mathrm{T}}$，且 $\boldsymbol{y}^{\mathrm{I}}(t)$ 和 $\Delta\boldsymbol{y}^{\mathrm{I}}(t)$ 分别为导航系统的测量值和误差，$\boldsymbol{y}^{\mathrm{II}}(t)$ 和 $\Delta\boldsymbol{y}^{\mathrm{II}}(t)$ 分别为 m 维附加测量值及其误差，$\boldsymbol{s}(\boldsymbol{X}(t))$ 是以辅助测量值形式定义的 m 维已知矢量函数。在前面部分中，假设误差 $\Delta\boldsymbol{y}^{\mathrm{I}}(t)$ 和 $\Delta\boldsymbol{y}^{\mathrm{II}}(t)$ 可以用式(8.49)~式(8.51)描述。

为了获得不变处理方案，测量差值为

$$\boldsymbol{y}(t)=\boldsymbol{y}^{\mathrm{II}}(t)-\boldsymbol{s}(\boldsymbol{y}^{\mathrm{I}}(t)) \tag{8.58}$$

然后假设可以对函数 $\boldsymbol{s}(\boldsymbol{y}^{\mathrm{I}}(t))$ 进行线性化，且写为

$$\boldsymbol{s}(\boldsymbol{y}^{\mathrm{I}}(t))\approx\boldsymbol{s}(\boldsymbol{X}(t))+\left.\frac{\mathrm{d}\boldsymbol{s}(\boldsymbol{X}(t))}{\mathrm{d}\boldsymbol{X}^{\mathrm{T}}}\right|_{\boldsymbol{X}(t)=\boldsymbol{y}^{\mathrm{I}}(t)}\Delta\boldsymbol{y}^{\mathrm{I}}(t)$$

$$= \boldsymbol{s}(\boldsymbol{X}(t)) + \boldsymbol{H}^{*}(\boldsymbol{y}^{\mathrm{I}}(t))\Delta\boldsymbol{y}^{\mathrm{I}}(t) \tag{8.59}$$

其中矩阵$\boldsymbol{H}^{*}(\boldsymbol{y}^{\mathrm{I}}(t)) = \left.\dfrac{\mathrm{d}\boldsymbol{s}(\boldsymbol{X}(t))}{\mathrm{d}\boldsymbol{X}^{\mathrm{T}}}\right|_{\boldsymbol{X}(t)=\boldsymbol{y}^{\mathrm{I}}(t)}$定义为

$$\boldsymbol{H}^{*}(\boldsymbol{y}^{\mathrm{I}}) = \begin{bmatrix} \dfrac{\partial \boldsymbol{s}_1(\boldsymbol{X}(t))}{\partial \boldsymbol{X}_1} & \dfrac{\partial \boldsymbol{s}_1(\boldsymbol{X}(t))}{\partial \boldsymbol{X}_2} & \dfrac{\partial \boldsymbol{s}_1(\boldsymbol{X}(t))}{\partial \boldsymbol{X}_3} \\ \dfrac{\partial \boldsymbol{s}_2(\boldsymbol{X}(t))}{\partial \boldsymbol{X}_1} & \dfrac{\partial \boldsymbol{s}_2(\boldsymbol{X}(t))}{\partial \boldsymbol{X}_2} & \dfrac{\partial \boldsymbol{s}_2(\boldsymbol{X}(t))}{\partial \boldsymbol{X}_3} \\ \dfrac{\partial \boldsymbol{s}_1(\boldsymbol{X}(t))}{\partial \boldsymbol{X}_1} & \dfrac{\partial \boldsymbol{s}_2(\boldsymbol{X}(t))}{\partial \boldsymbol{X}_2} & \dfrac{\partial \boldsymbol{s}_3(\boldsymbol{X}(t))}{\partial \boldsymbol{X}_3} \end{bmatrix} \tag{8.60}$$

将式(8.59)代入式(8.58),并考虑式(8.57),可以很容易得到式(8.58)的测量差值为

$$\boldsymbol{y}(t) = -\boldsymbol{H}^{*}(\boldsymbol{y}^{\mathrm{I}}(t))\Delta\boldsymbol{y}^{\mathrm{II}}(t) + \Delta\boldsymbol{y}^{\mathrm{II}}(t) \tag{8.61}$$

考虑到式(8.49)~式(8.51)可以有效描述误差 $\Delta\boldsymbol{y}^{\mathrm{I}}(t)$和 $\Delta\boldsymbol{y}^{\mathrm{II}}(t)$,也可以容易地用式(8.52)和式(8.58)给出的测量差值表述状态矢量 $\boldsymbol{x}(t) = ((\boldsymbol{x}^{\mathrm{I}}(t))^{\mathrm{T}}, (\boldsymbol{x}^{\mathrm{II}}(t))^{\mathrm{T}})^{\mathrm{T}}$ 的滤波问题。在这种情况下,状态矢量模型和测量值模型所需的矩阵定义为

$$\boldsymbol{F} = \begin{bmatrix} \boldsymbol{F}^{\mathrm{I}} & 0 \\ 0 & \boldsymbol{F}^{\mathrm{II}} \end{bmatrix}, \quad \boldsymbol{G} = \begin{bmatrix} \boldsymbol{G}^{\mathrm{I}} & 0 \\ 0 & \boldsymbol{G}^{\mathrm{II}} \end{bmatrix}, \quad \boldsymbol{H} = [-\boldsymbol{H}^{*}\boldsymbol{H}^{\mathrm{I}}, \boldsymbol{H}^{\mathrm{II}}]$$

$$\boldsymbol{v}(t) = \boldsymbol{v}^{\mathrm{I}}(t) + \boldsymbol{H}^{*}\boldsymbol{v}^{\mathrm{II}}(t), \quad \boldsymbol{w}(t) = (\boldsymbol{w}^{\mathrm{I}}(t))^{\mathrm{T}}, (\boldsymbol{w}^{\mathrm{I}}(t))^{\mathrm{T}}, \quad \boldsymbol{Q}_i = \begin{bmatrix} \boldsymbol{Q}_i^{\mathrm{I}} & 0 \\ 0 & \boldsymbol{Q}_i^{\mathrm{II}} \end{bmatrix}$$

$$\boldsymbol{R} = \boldsymbol{R}^{\mathrm{II}} + \boldsymbol{H}^{*}\boldsymbol{R}^{\mathrm{I}}(\boldsymbol{H}^{*})^{\mathrm{T}}$$

该方案的一个特点是在形成 m 维测量差值时,来自一个系统的测量值 $\boldsymbol{y}^{\mathrm{I}}(t)$经历了非线性变换 $\boldsymbol{s}(\boldsymbol{y}^{\mathrm{I}}(t))$。在这种情况下,取决于未知矢量 $\boldsymbol{X}(t)$的被加数 $\boldsymbol{s}(\boldsymbol{X}(t))$从测量差值中已消除,这实际上决定了 $\boldsymbol{X}(t)$的估计具有不变性(独立性)。该方案如图 8.5 所示。

8.3.3 辅助导航系统中的滤波问题(非线性情况)

考虑在辅助导航系统使用式(8.57)给出的测量值进行滤波,无法对函数 $\boldsymbol{s}(\cdot)$进行线性化[55,56]。如果无法线性化,则无法消除 $\boldsymbol{s}(\boldsymbol{X}(t))$,因为测量值如下所示,即

$$\boldsymbol{y}(t) = \boldsymbol{y}^{\mathrm{II}}(t) - \boldsymbol{s}(\boldsymbol{y}^{\mathrm{I}}(t)) = \boldsymbol{s}(\boldsymbol{X}(t)) + \Delta\boldsymbol{y}^{\mathrm{II}}(t) - \boldsymbol{s}(\boldsymbol{X}(t) + \Delta\boldsymbol{y}^{\mathrm{I}}(t))$$

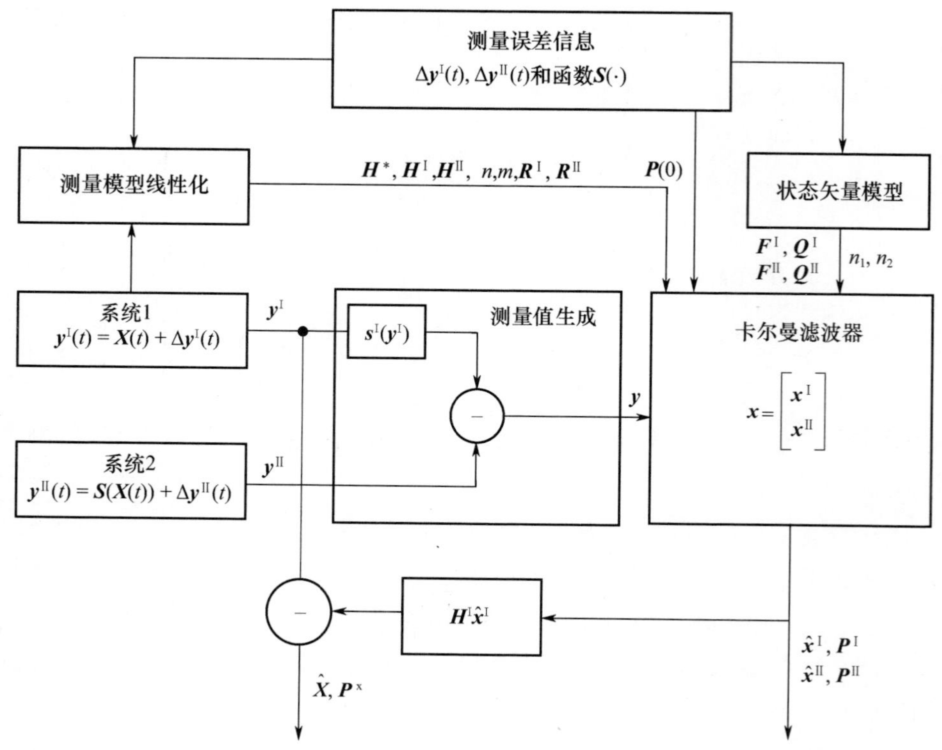

图 8.5　使用线性化测量值进行数据处理的不变方案

因此,在没有矢量 $\boldsymbol{X}(t)$ 模型的情况下表述滤波问题,必须依靠导航信息的分布规律[86]。根据规律,有些待处理的导航测量值可以认为是处理算法中的输入信号。在考虑的问题中,式(8.56)测量值可以视为输入信号。因此,测量值模型式(8.57)可以写成

$$\boldsymbol{y}^{\mathrm{II}}(t)=\boldsymbol{s}(\boldsymbol{y}^{\mathrm{I}}(t)-\Delta\boldsymbol{y}^{\mathrm{I}}(t))+\Delta\boldsymbol{y}^{\mathrm{II}}(t)=\tilde{\boldsymbol{s}}(\Delta\boldsymbol{y}^{\mathrm{I}}(t),t)+\Delta\boldsymbol{y}^{\mathrm{II}}(t) \tag{8.62}$$

在滤波问题表述中,状态矢量与 8.3.2 节相同。引入测量值 $\boldsymbol{y}\equiv\boldsymbol{y}^{\mathrm{III}}(t)$,滤波问题中使用的测量值模型可以写成

$$\begin{aligned}\boldsymbol{y}=\tilde{\boldsymbol{s}}(\Delta\boldsymbol{y}^{\mathrm{I}}(t),t)+\Delta\boldsymbol{y}^{\mathrm{II}}(t)=\boldsymbol{s}(\boldsymbol{y}^{\mathrm{I}}(t)-\boldsymbol{H}^{\mathrm{I}}(t)\boldsymbol{x}(t)\\+\boldsymbol{v}^{\mathrm{I}}(t))+\boldsymbol{H}^{\mathrm{II}}(t)\boldsymbol{x}(t)+\boldsymbol{v}^{\mathrm{II}}(t)\end{aligned} \tag{8.63}$$

在此,$\boldsymbol{y}^{\mathrm{I}}(t)$可以认为是已知的确定性输入信号。应该指出的是,虽然这个方案与不变的方案类似,但实质上是不同的。事实是,式(8.63)的右边取决于 $\boldsymbol{y}^{\mathrm{I}}(t)$,因为这些测量值决定了函数 $\tilde{\boldsymbol{s}}(\Delta\boldsymbol{y}^{\mathrm{I}}(t),t)$。假设 $\boldsymbol{y}^{\mathrm{I}}(t)$是已知的确定性信号,且假设矢量 $\Delta\boldsymbol{y}^{\mathrm{I}}(t)$为随机,而式(8.56)有效,实际上,意味着矢量 $\boldsymbol{X}(t)$具有随机性质。在这种情况下,$\boldsymbol{X}(t)$的数学期望是 $\boldsymbol{y}^{\mathrm{I}}(t)$,其统计特性由 $\Delta\boldsymbol{y}^{\mathrm{I}}(t)$

确定，因为 $\boldsymbol{X}(t)$ 的概率密度函数由 $\Delta\boldsymbol{y}^{\mathrm{I}}(t)$ 的概率密度函数确定 $\boldsymbol{f}(\boldsymbol{X}(t))=\boldsymbol{f}_{\Delta\boldsymbol{y}^{\mathrm{I}}}(\boldsymbol{y}^{\mathrm{I}}(t)-\Delta\boldsymbol{y}^{\mathrm{I}}(t))$，其中 $\boldsymbol{f}_{\Delta\boldsymbol{y}^{\mathrm{I}}}(\cdot)$ 是 $\Delta\boldsymbol{y}^{\mathrm{I}}(t)$ 的概率密度函数。因此，相对于矢量 $\boldsymbol{X}(t)$，算法将不再具有不变的属性。然而，它与不变方案的相似性显而易见，因为在这种情况下，也可以解决一个系统的误差 $\Delta\boldsymbol{y}^{\mathrm{I}}(t)$ 在另一个系统误差 $\Delta\boldsymbol{y}^{\mathrm{II}}(t)$ 背景下的滤波问题。图 8.6 显示了前述过程的框图。

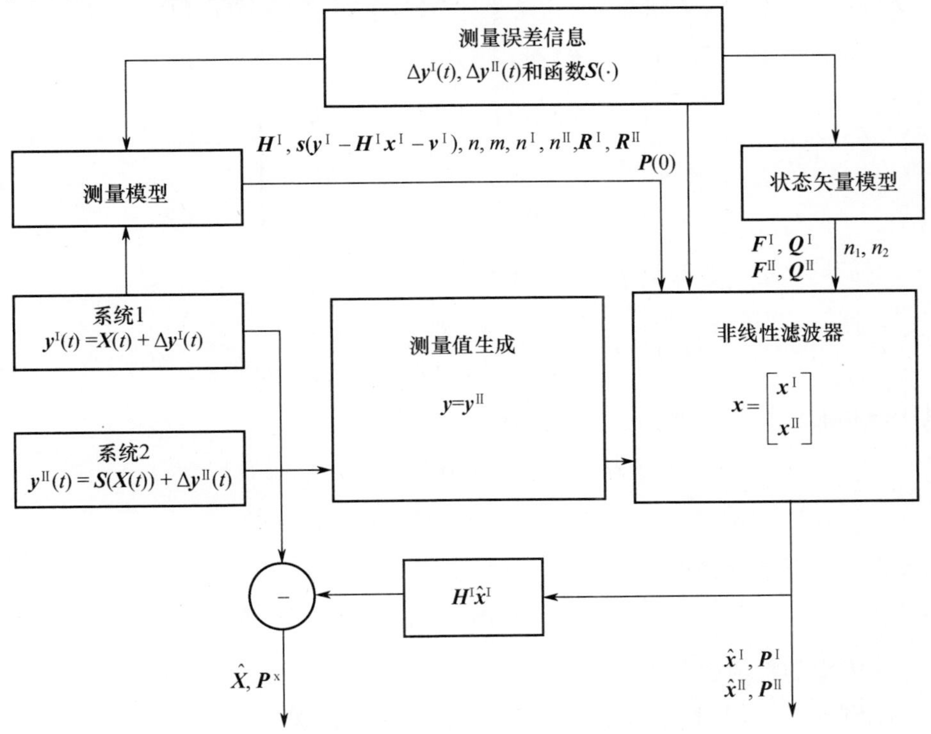

图 8.6 使用非线性测量值数据处理方案

该过程的一个特点是，在滤波问题中需要使用与待估矢量参数非线性相关的测量值 $\boldsymbol{y}(t)=\boldsymbol{y}^{\mathrm{II}}(t)$，而测量模型 $\tilde{\boldsymbol{s}}(\Delta\boldsymbol{y}^{\mathrm{I}}(t),t)=\boldsymbol{s}(\boldsymbol{y}^{\mathrm{I}}(t)-\Delta\boldsymbol{y}^{\mathrm{I}}(t))+\Delta\boldsymbol{y}^{\mathrm{II}}(t)$ 由测量值 $\boldsymbol{y}^{\mathrm{I}}(t)$ 和函数 $\boldsymbol{s}(\cdot)$ 构成。请注意，在式(8.63)给出的线性化中，它们完全符合早先介绍问题的表述。实际上，假设函数 $\boldsymbol{s}(\cdot)$ 的导数在先验不确定性域中没有变化，则可以写为

$$\begin{aligned}\boldsymbol{y}^{\mathrm{II}}(t)&=\boldsymbol{s}(\boldsymbol{y}^{\mathrm{I}}(t)-\Delta\boldsymbol{y}^{\mathrm{I}}(t))+\Delta\boldsymbol{y}^{\mathrm{II}}(t)\\&\approx\boldsymbol{s}(\boldsymbol{y}^{\mathrm{I}}(t))-\frac{\mathrm{d}\boldsymbol{s}(\boldsymbol{y}^{\mathrm{I}}(t))}{\mathrm{d}(\boldsymbol{y}^{\mathrm{I}}(t))^{\mathrm{T}}}\Delta\boldsymbol{y}^{\mathrm{I}}(t)+\Delta\boldsymbol{y}^{\mathrm{II}}(t)\end{aligned}$$

将已知值 $\boldsymbol{s}(\boldsymbol{y}^{\mathrm{I}}(t))$ 转移到左侧，可以得到与式(8.61)相一致的公式。

当引入矢量 $\boldsymbol{X}(t)=\boldsymbol{H}^{\mathrm{III}}(t)\boldsymbol{x}^{\mathrm{III}}(t)$ 的模型时,可以表述滤波问题非变数过程。然后,可以通过式(8.52)确定 $(n^{\mathrm{I}}+n^{\mathrm{II}}+n^{\mathrm{III}})$ 维状态矢量 $\boldsymbol{x}(t)=((\boldsymbol{x}^{\mathrm{I}}(t))^{\mathrm{T}},(\boldsymbol{x}^{\mathrm{II}}(t))^{\mathrm{T}},(\boldsymbol{x}^{\mathrm{III}}(t))^{\mathrm{T}})^{\mathrm{T}}$,其中

$$\boldsymbol{F}(t)=\begin{bmatrix}\boldsymbol{F}^{\mathrm{I}}(t) & 0 & 0\\ 0 & \boldsymbol{F}^{\mathrm{II}}(t) & 0\\ 0 & 0 & \boldsymbol{F}^{\mathrm{III}}(t)\end{bmatrix},\quad \boldsymbol{G}(t)=\begin{bmatrix}\boldsymbol{G}^{\mathrm{I}}(t) & 0 & 0\\ 0 & \boldsymbol{G}^{\mathrm{II}}(t) & 0\\ 0 & 0 & \boldsymbol{G}^{\mathrm{III}}(t)\end{bmatrix}$$

$$\boldsymbol{Q}(t)=\begin{bmatrix}\boldsymbol{Q}^{\mathrm{I}}(t) & 0 & 0\\ 0 & \boldsymbol{Q}^{\mathrm{II}}(t) & 0\\ 0 & 0 & \boldsymbol{Q}^{\mathrm{III}}(t)\end{bmatrix}$$

滤波问题的一个特点是使用 $n+m$ 维测量值,即

$$\boldsymbol{y}(t)=\begin{bmatrix}\boldsymbol{y}^{\mathrm{I}}(t)\\ \boldsymbol{y}^{\mathrm{II}}(t)\end{bmatrix}=\begin{bmatrix}\boldsymbol{X}(t)+\Delta\boldsymbol{y}^{\mathrm{I}}(t)\\ \boldsymbol{s}(\boldsymbol{X}(t))+\Delta\boldsymbol{y}^{\mathrm{II}}(t)\end{bmatrix}$$

其中包括非线性测量值。这些测量值的模型为

$$\boldsymbol{y}^{\mathrm{I}}(t)=\boldsymbol{H}^{\mathrm{III}}(t)\boldsymbol{x}(t)+\boldsymbol{H}^{\mathrm{I}}(t)\boldsymbol{x}(t)+\boldsymbol{v}^{\mathrm{I}}(t)$$

$$\boldsymbol{y}^{\mathrm{II}}(t)=\boldsymbol{s}(\boldsymbol{H}^{\mathrm{III}}(t)\boldsymbol{x}(t))+\boldsymbol{H}^{\mathrm{II}}(t)\boldsymbol{x}(t)+\boldsymbol{v}^{\mathrm{II}}(t)$$

由此得到以下估计,即

$$\hat{\boldsymbol{x}}(t)=((\hat{\boldsymbol{x}}^{\mathrm{I}}(t))^{\mathrm{T}},(\hat{\boldsymbol{x}}^{\mathrm{II}}(t))^{\mathrm{T}},(\hat{\boldsymbol{x}}^{\mathrm{III}}(t))^{\mathrm{T}})^{\mathrm{T}}$$

该方案的框图如图 8.7 所示。

示例 8.3　使用地形测量值的辅助导航系统的问题。

使用地形轮廓的辅助导航系统是使用地图进行辅助的一类特殊情况。该导航方法的基本思想是:用测量数据与地图参考数据进行比较,从而估计飞行器的位置。这种方法称为地图匹配导航、地图辅助导航或相关极值导航[55,56,86]。后者通常应用于使用图像信息的系统。这个名称源于设计处理算法时经常需要在测量值与参考图像间查找互相关函数的极值估计导航参数。这种系统的设计在第 6 章中介绍过。同时,这种系统中的导航参数可以用滤波理论进行估计。通过一个使用地形图的飞机导航问题示例予以说明。为简化起见,不需要确定高度(假设飞机在恒定高度上运动),只估计水平面中的坐标 $X_1(t)$、$X_2(t)$。在这种情况下,地形的标量测量值可以表示为

$$y^{\mathrm{TR}}(t)=\Psi(X_1(t),X_2(t))+\Delta y^{\mathrm{TR}}(t) \tag{8.64}$$

式中:函数 $\Psi(X_1(t),X_2(t))$ 为地形与飞行器坐标的相关性,并且用地图明确;

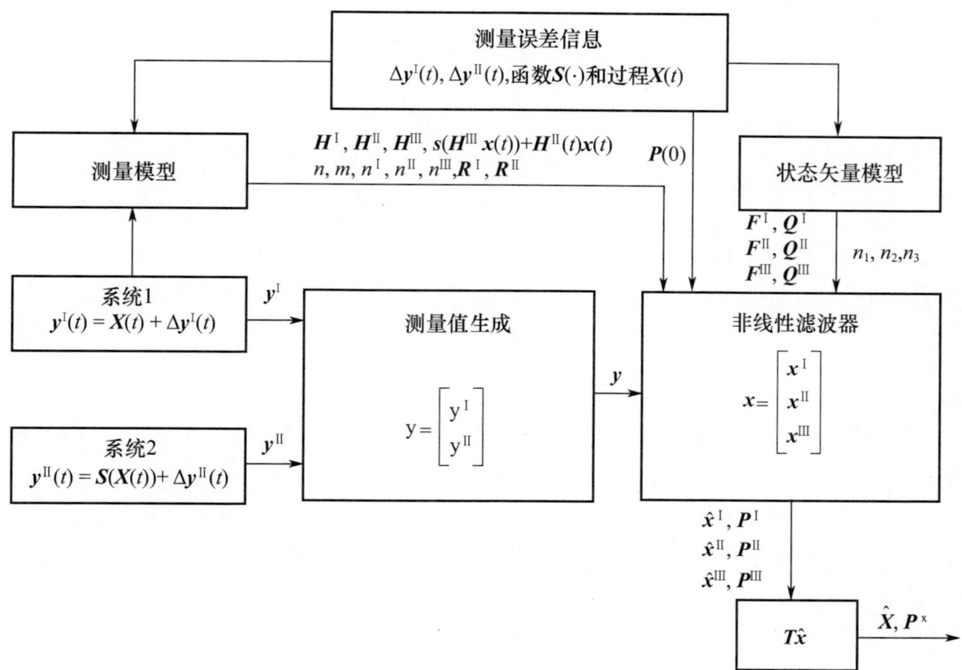

图 8.7 使用非线性测量值数据处理非变数方案

$\Delta y^{TR}(t)$为测量误差,该误差是地图和传感器误差之和。假设有一个辅助导航系统,该系统以式(8.56)的形式测量飞行器的坐标,即 $y_1^{NS}(t) = X_1(t) + \Delta y_1^{NS}(t)$, $y_2^{NS}(t) = X_2(t) + \Delta y_2^{NS}(t)$,将这些测量作为输入信号,可以写为

$$\Psi(X_1, X_2) = \Psi(y_1^{NS}(t) - \Delta y_1^{NS}(t), y_2^{NS}(t) - \Delta y_2^{NS}(t)) = \tilde{s}(\Delta y_1^{NS}(t), \Delta y_2^{NS}(t), t)$$

因此,式(8.64)的测量值可以表示为

$$y^{TR}(t) = \tilde{s}(\Delta y_1^{NS}(t), \Delta y_2^{NS}(t), t) + \Delta y^{TR}(t) \tag{8.65}$$

为了确定 $\Delta y^{NS}(t)$和 $\Delta y^{TR}(t)$的误差模型,可以将地形辅助导航问题表述为使用式(8.65)的测量值进行滤波的问题。

假设飞行器在观察期间匀速运动,则可以用非变量形式表述问题,即估计矢量 $\boldsymbol{x}^{III}(t) = (\boldsymbol{X}_1, \boldsymbol{V}_1, \boldsymbol{X}_2, \boldsymbol{V}_2)^T$ 为

$$\dot{\boldsymbol{x}}_1(t) = \boldsymbol{x}_2(t)$$

$$\dot{\boldsymbol{x}}_2 = 0$$

$$\dot{\boldsymbol{x}}_3(t) = \boldsymbol{x}_4(t)$$

$$\dot{\boldsymbol{x}}_4 = 0$$

其中使用测量值为

$$\boldsymbol{y}_1^{NS}(t) = \boldsymbol{x}_1(t) + \Delta\boldsymbol{y}_1^{NS}(t)$$

$$\boldsymbol{y}_2^{NS}(t) = \boldsymbol{x}_2(t) + \Delta\boldsymbol{y}_2^{NS}(t)$$

$$\boldsymbol{y}^{TR}(t) = \boldsymbol{\Psi}(\boldsymbol{x}_1(t), \boldsymbol{x}_2(t)) + \Delta\boldsymbol{y}^{TR}(t)$$

在第一个变量中考虑一个简单的情况。假设在观察期间导航系统的误差不变化,即 $\Delta\boldsymbol{y}_1^{NS}(t) = \boldsymbol{x}_1, \Delta\boldsymbol{y}_2^{NS}(t) = \boldsymbol{x}_2$ 是随机偏差,且误差 $\Delta\boldsymbol{y}^{TR}(t)$ 仅包含白噪声分量。在这种情况下,问题简化为矢量滤波,即

$$\dot{\boldsymbol{x}}_1 = 0$$

$$\dot{\boldsymbol{x}}_2 = 0$$

其中使用测量值 $\boldsymbol{y}^{TR}(t) = \tilde{\boldsymbol{s}}(\boldsymbol{x}_1, \boldsymbol{x}_2, t) + \boldsymbol{v}^{TR}(t)$,而 $\tilde{\boldsymbol{s}}(\boldsymbol{x}_1(t), \boldsymbol{x}_2(t), t) = \boldsymbol{\Psi}(\boldsymbol{y}_1^{NS}(t) - \boldsymbol{x}_1, \boldsymbol{y}_2^{NS}(t) - \boldsymbol{x}_2)$。

假设测量值取自离散的时间点。然后,假设估计矢量和测量误差相互独立,并且它们为具有相似方差 r^2 的高斯分布,则对于后验概率密度函数,可以写出以下等式[63],即

$$f(x/Y_m) = \frac{\exp\{-J(x, Y_m)f(x)\}}{\int \exp\{-J(x, Y_m)f(x)\}\,\mathrm{d}x}$$

其中 $J(x, Y_m) = \frac{1}{2r^2}\sum_{i=1}^{m}(y_i - \tilde{s}(x_1, x_2, t_i))^2$, $f(x) = N(x; 0, \sigma_0^2\boldsymbol{I}_2)$, $\boldsymbol{I}_2$ 是 2×2 单位矩阵。

图 8.8 中的两个图,描述了后验概率密度函数的可能特性,它通常具有多个极值。

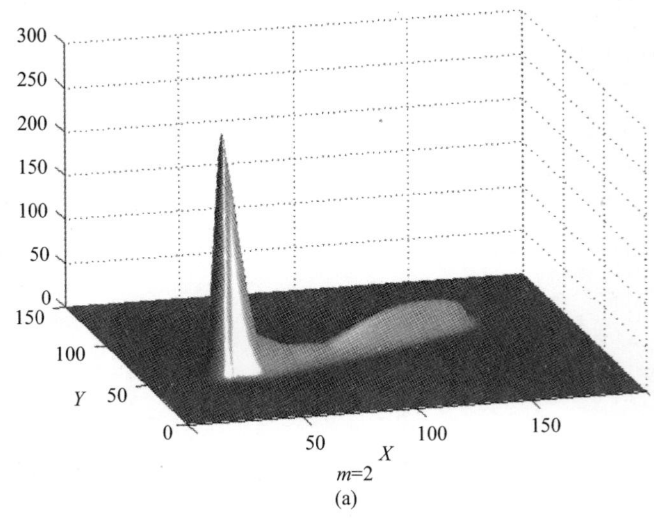

(a)

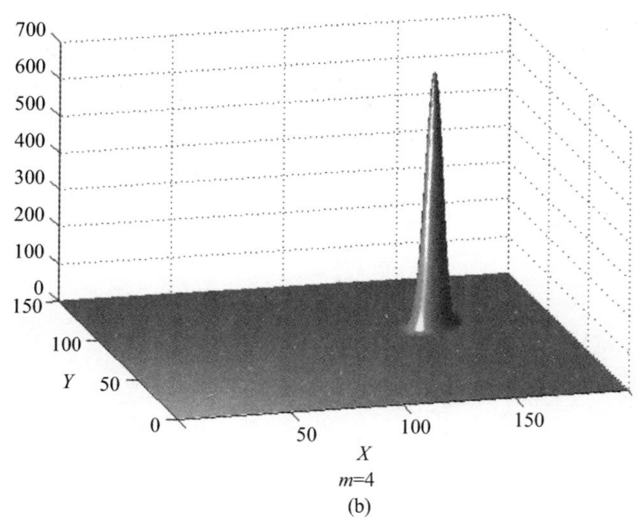

图 8.8　地形导航中后验概率密度函数图

有诸多算法被设计用来解决地图匹配问题。该问题以滤波形式表述，开启了在算法设计及其精度分析中采用各种方法整体解决非线性滤波问题的可能。特别是，该算法最合适的变化形式显著取决于域性质、先验位置不确定性水平及其他因素。

8.4　惯性导航和卫星导航系统的数据处理滤波算法

现代导航系统发展的主要趋势之一是将惯性导航系统(INS)和卫星导航系统(SNS)的数据进行整合[12,87-89]。本节介绍了 8.3 节中提出的问题如何应用于惯性导航和卫星导航系统的数据处理。

8.4.1　惯性导航系统误差模型

惯性导航系统误差方程在处理 INS/SNS 组合系统的数据中非常重要。具体地说，假设使用了一个捷联惯性导航系统[90]。

从 8.3 节开始，为了表述一个滤波问题，有必要描述惯性导航系统误差。描述惯性导航系统误差，以两个子矢量 $\boldsymbol{x}(t)=((\boldsymbol{x}^{\mathrm{I}_1}(t))^{\mathrm{T}},(\boldsymbol{x}^{\mathrm{I}_2}(t))^{\mathrm{T}})^{\mathrm{T}}$ 的形式表述状态矢量比较方便。其中一个子矢量 $\boldsymbol{x}^{\mathrm{I}_1}(t)$ 为主要导航参数的误差，即坐标、速度和姿态角。另一个子矢量 $\boldsymbol{x}^{\mathrm{I}_2}(t)$ 为惯性导航系统传感器的误差，即角速率传感器(ARSs)和加速度计的误差。然后参照参考文献[90]的研究结果，可以写出上述两个子矢量的整形滤波公式。为此,考虑子矢量 $\boldsymbol{x}^{\mathrm{I}_1}(t)$ 的方程,假设它包括地理坐标误差 $\Delta\boldsymbol{S}(t)=(\Delta\varphi,\Delta\lambda,\Delta h)^{\mathrm{T}}$ 的子矢量、速度分量误差 $\Delta\boldsymbol{V}(t)=(\Delta V_{\mathrm{N}},\Delta V_{\mathrm{E}},\Delta V_{\mathrm{H}})^{\mathrm{T}}$ 的子矢量以及子矢量 $\Delta\boldsymbol{\alpha}(t)=(\Delta\alpha,\Delta\beta,\Delta\gamma)^{\mathrm{T}}$(其中 α 是航向角误差,β、γ 是垂直角误差),如图 8.9 所示。

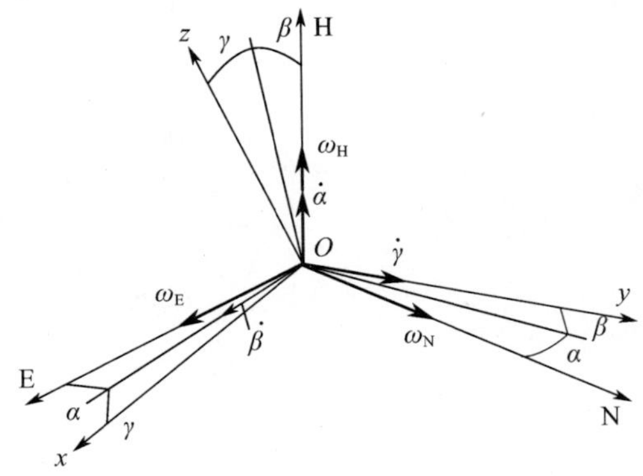

图 8.9 地理坐标误差

可以写出矢量 $\boldsymbol{x}^{\mathrm{I}_1}(t)$ 分量的微分方程,包括确定坐标、速度和姿态角误差分量的方程,即

$$
\begin{cases}
\Delta\dot{\varphi}=\dfrac{\Delta V_{\mathrm{N}}}{R}\\
\Delta\dot{\lambda}=\dfrac{\Delta V_{\mathrm{E}}}{R\cos\varphi}+\dfrac{V_E\cdot\sin\varphi}{R\cos^2\varphi}\Delta\varphi\\
\Delta\dot{h}=\Delta V_{\mathrm{H}}\\
\Delta\dot{V}_{\mathrm{E}}=n_{\mathrm{N}}\alpha-n_{\mathrm{H}}\gamma+\Delta a_{\mathrm{E}}-\delta a_{\mathrm{BE}}\\
\Delta\dot{V}_{\mathrm{N}}=-n_{\mathrm{E}}\alpha+n_{\mathrm{H}}\beta+\Delta a_{\mathrm{N}}-\delta a_{\mathrm{BN}}\\
\Delta\dot{V}_{\mathrm{H}}=n_{\mathrm{E}}\gamma-n_{\mathrm{N}}\beta+\Delta a_{\mathrm{H}}-\delta a_{\mathrm{BH}}\\
\dot{\alpha}=\omega_{\mathrm{N}}\beta-\omega_{\mathrm{E}}\gamma+\tan\varphi\dfrac{\Delta V_{\mathrm{E}}}{R}+\left(\Omega\cos\varphi+\dfrac{V_{\mathrm{E}}}{R\cos^2\varphi}\right)\Delta\varphi-\Delta\omega_{\mathrm{H}}\\
\dot{\beta}=-\omega_{\mathrm{N}}\alpha+\omega_{\mathrm{H}}\gamma-\dfrac{\Delta V_{\mathrm{N}}}{R}-\Delta\omega_{\mathrm{E}}\\
\dot{\gamma}=\omega_{\mathrm{E}}\alpha-\omega_{\mathrm{H}}\beta+\dfrac{\Delta V_{\mathrm{E}}}{R}-\Omega\sin\varphi\Delta\varphi-\Delta\omega_{\mathrm{N}}
\end{cases}
\tag{8.66}
$$

式中：ω_E、ω_N、ω_H 为角速率矢量分量；n_E、n_N、n_H 为力在地理坐标系上的投影；$\Delta\boldsymbol{\omega}(t)=(\Delta\omega_E,\Delta\omega_N,\Delta\omega_H)^T$、$\Delta\boldsymbol{a}(t)=(\Delta a_E,\Delta a_N,\Delta a_H)^T$ 分别为角速率传感器（陀螺仪）和加速度计误差在地理坐标系上的子矢量；δa_{BE}、δa_{BN}、δa_{BH} 是误差分量，即

$$
\begin{cases}
\delta a_{BE} = -\Delta V_H(2\Omega+\dot{\lambda})\cos\varphi + \Delta V_N(2\Omega+\dot{\lambda})\sin\varphi \\
\qquad + \Delta\varphi[V_H(2\Omega+\dot{\lambda})\sin\varphi + V_N(2\Omega+\dot{\lambda})\cos\varphi] \\
\qquad - \Delta\dot{\lambda}(V_H\cos\varphi - V_N\sin\varphi) \\
\delta a_{BN} = -\Delta V_E(2\Omega+\dot{\lambda})\sin\varphi - \Delta V_H\dot{\varphi} - \Delta\varphi V_E(2\Omega+\dot{\lambda})\cos\varphi \\
\qquad - \Delta\dot{\varphi}V_H - \Delta\dot{\lambda}V_E\sin\varphi \\
\delta a_{BH} = \Delta V_E(2\Omega+\dot{\lambda})\cos\varphi + \Delta V_N\dot{\varphi} - \Delta\varphi V_E(2\Omega+\dot{\lambda})\sin\varphi \\
\qquad + \Delta\dot{\lambda}V_E\cos\varphi + \Delta\dot{\varphi}V_N
\end{cases}
\tag{8.67}
$$

式中：φ 和 λ 分别为纬度和经度；V_E、V_N、V_H 为速度分量；Ω 为地球自转角速度。

注意：传感器误差在体坐标系 $x_by_bz_b$ 上给出。为了确定这些误差在地理坐标系上的投影 $\Delta\omega_E$、$\Delta\omega_N$、$\Delta\omega_H$、Δa_E、Δa_N、Δa_H，使用以下关系式，即

$$
\begin{bmatrix}\Delta\omega_E\\ \Delta\omega_N\\ \Delta\omega_H\end{bmatrix} = \boldsymbol{C}(t)\begin{bmatrix}\Delta\omega_{bx}\\ \Delta\omega_{by}\\ \Delta\omega_{bz}\end{bmatrix},\quad
\begin{bmatrix}\Delta a_E\\ \Delta a_N\\ \Delta a_H\end{bmatrix} = \boldsymbol{C}(t)\begin{bmatrix}\Delta a_{bx}\\ \Delta a_{by}\\ \Delta a_{bz}\end{bmatrix}
\tag{8.68}
$$

式中：$\Delta\omega_{bi}$、Δa_{bi}和 $i=x,y,z$ 是体坐标系 $x_by_bz_b$ 上陀螺仪和加速度计的误差；$\boldsymbol{C}(t)$是方向余弦矩阵，它决定了体坐标系与地理坐标系的转换关系，即

$$
\boldsymbol{C} = \begin{bmatrix}
\cos K\cos\theta + \sin K\sin\psi\sin\theta & \sin K\cos\psi & \cos K\sin\theta - \sin K\sin\psi\cos\theta \\
-\sin K\cos\theta + \cos K\sin\psi\sin\theta & \cos K\cos\psi & -(\sin K\sin\theta + \cos K\sin\psi\cos\theta) \\
-\cos\psi\sin\theta & \sin\psi & \cos\psi\cos\theta
\end{bmatrix}
$$

式中：K 为偏航角；ψ 和 θ 分别为滚动角和俯仰角。

引入矢量 $\boldsymbol{x}^{I_1}(t)=((\Delta\boldsymbol{S}(t))^T,(\Delta\boldsymbol{V}(t))^T,(\Delta\boldsymbol{a}(t))^T)^T$ 和考虑式(8.66)～式(8.68)，可以写出矢量矩阵方程，即

$$
\dot{\boldsymbol{x}}^{I_1}(t) = \boldsymbol{F}^{I_1}\boldsymbol{x}^{I_1}(t) + \boldsymbol{G}^{I_1}\boldsymbol{u}(t)
\tag{8.69}
$$

式中：$\boldsymbol{u}(t)=(\Delta\omega_{bx},\Delta\omega_{by},\Delta\omega_{bz},\Delta a_{bx},\Delta a_{by},\Delta a_{bz})^T$ 为传感器的总误差，该方程中包含的矩阵定义为

$$
\boldsymbol{G}^{\mathrm{I}_1}=\begin{bmatrix}\boldsymbol{0}_{3\times3} & \boldsymbol{0}_{3\times3}\\ \boldsymbol{0}_{3\times3} & \boldsymbol{C}\\ \boldsymbol{C} & \boldsymbol{0}_{3\times3}\end{bmatrix} \tag{8.70}
$$

$$
\boldsymbol{F}^{\mathrm{I}_1}=\begin{bmatrix}
0 & 0 & 0 & 0 & \frac{1}{R} & 0 & 0 & 0 & 0\\
\frac{V_{\mathrm{E}}\sin\varphi}{R\cos\varphi} & 0 & 0 & \frac{\cos\varphi}{R} & 0 & 0 & 0 & 0 & 0\\
0 & 0 & 0 & 0 & 0 & 1 & 0 & 0 & 0\\
f[4,1] & 0 & 0 & f[4,4] & f[4,5] & f[4,6] & n_{\mathrm{N}} & 0 & -n_{\mathrm{H}}\\
f[5,1] & 0 & 0 & f[5,4] & f[5,5] & f[5,6] & -n_{\mathrm{E}} & n_{\mathrm{H}} & 0\\
f[6,1] & 0 & 0 & f[6,4] & f[6,5] & 0 & 0 & -n_{\mathrm{N}} & n_{\mathrm{E}}\\
\Omega\cos\varphi+\frac{V_{\mathrm{E}}}{R\cos^2\varphi} & 0 & 0 & \frac{\tan\varphi}{R} & 0 & 0 & 0 & \omega_{\mathrm{N}} & -\omega_{\mathrm{E}}\\
0 & 0 & 0 & 0 & -\frac{1}{R} & 0 & -\omega_{\mathrm{N}} & 0 & \omega_{\mathrm{H}}\\
-\Omega\sin\varphi & 0 & 0 & \frac{1}{R} & 0 & 0 & \omega_{\mathrm{E}} & -\omega_{\mathrm{H}} & 0
\end{bmatrix} \tag{8.71}
$$

式(8.71)矩阵中元素$f[i,j]$定义为

$$
\begin{cases}
f[4,1]=\frac{V_{\mathrm{E}}}{R}(V_{\mathrm{H}}\tan\varphi-V_{\mathrm{N}}\tan^2\varphi)-(2\Omega+\dot{\lambda})(V_{\mathrm{H}}\sin\varphi+V_{\mathrm{N}}\cos\varphi)\\
f[4,4]=\frac{V_{\mathrm{H}}}{R}+\frac{V_{\mathrm{N}}}{R}\tan\varphi\\
f[4,5]=-(2\Omega+\dot{\lambda})\sin\varphi,\ f[4,6]=(2\Omega+\dot{\lambda})\cos\varphi\\
f[5,1]=(2\Omega+\dot{\lambda})V_{\mathrm{E}}\cos\varphi+\frac{V_{\mathrm{E}}^2}{R}\tan^2\varphi\\
f[5,4]=(2\Omega+\dot{\lambda})\sin\varphi+\frac{V_{\mathrm{E}}}{R}\tan\varphi,\ f[5,5]=\frac{V_{\mathrm{H}}}{R}\\
f[5,6]=\dot{\varphi},\ f[6,1]=(2\Omega+\dot{\lambda})V_{\mathrm{E}}\sin\varphi-\frac{V_{\mathrm{E}}^2}{R}\tan^2\varphi\\
f[6,4]=-(2\Omega+\dot{\lambda})\cos\varphi-\frac{V_{\mathrm{E}}}{R},\ f[6,5]=-\dot{\varphi}-\frac{V_{\mathrm{N}}}{R}
\end{cases}
$$

假设传感器误差可以表示为 4 个独立分量之和[90]，即

$$\Delta\varepsilon_{bi} = \Delta\bar{\varepsilon}_{bi} + \Delta\varepsilon_{bi}^{m} + \varepsilon_{bi}\Delta M_{\varepsilon i} + \tilde{w}_{bi}^{\varepsilon}, \varepsilon = \omega, a; i = x, y, z \tag{8.72}$$

式中：$\Delta\bar{\varepsilon}_{bi}$ 为陀螺仪（$\varepsilon=\omega$）和加速度计（$\varepsilon=a$）的偏移分量，其零位偏移是随机偏差，即

$$\Delta\bar{\varepsilon}_{bi} = 0$$

$\Delta\varepsilon_{bi}^{m}$ 是具有启动时“零”不稳定性的误差分量，表述为一阶指数相关马尔可夫过程，即

$$\Delta\dot{\varepsilon}_{bi}^{m} = -a_i^{\varepsilon}\Delta\varepsilon_{bi}^{m} + \sqrt{2a_i^{\varepsilon}(\sigma_i^{\varepsilon})^2}\,w_{bi}^{\varepsilon}$$

式中：w_{bi}^{ε} 为具有单位功率谱密度的零均值白噪声，与 i 和初始状态矢量不相关；$(\sigma_i^{\varepsilon})^2$ 和 a_i^{ε} 分别为相关间隔的方差和倒数；$\Delta M_{\varepsilon i}$ 为由随机偏差 $\Delta\dot{M}_{\varepsilon i}=0$ 描述的比例因子误差；$\tilde{w}_{bi}^{\varepsilon}$ 为已知功率谱密度的零均值白噪声误差分量，与 i 和初始状态矢量不相关；ε_{bi} 为对应测量参数的分量，即对于陀螺仪 $\varepsilon=\omega$，对于加速度计 $\varepsilon=a$，$\varepsilon=\omega,a$，$i=x,y,z$。

考虑到这些因素，可以引入子矢量 $\boldsymbol{x}^{\mathrm{I}_2}$，即

$$\boldsymbol{x}^{\mathrm{I}_2} = ((\boldsymbol{x}^{\varepsilon})^{\mathrm{T}}, (\boldsymbol{x}^{a})^{\mathrm{T}})^{\mathrm{T}}$$

其中

$$\boldsymbol{x}^{\varepsilon} = (\Delta\bar{\omega}_{bx} \quad \Delta\bar{\omega}_{by} \quad \Delta\bar{\omega}_{bz} \quad \Delta\omega_{bx}^{m} \quad \Delta\omega_{by}^{m} \quad \Delta\omega_{bz}^{m} \quad \Delta M_{\omega x} \quad \Delta M_{\omega y} \quad \Delta M_{\omega z})^{\mathrm{T}}$$

$$\boldsymbol{x}^{a} = (\Delta\bar{a}_{bx} \quad \Delta\bar{a}_{by} \quad \Delta\bar{a}_{bz} \quad \Delta a_{bx}^{m} \quad \Delta a_{by}^{m} \quad \Delta a_{bz}^{m} \quad \Delta M_{ax} \quad \Delta M_{ay} \quad \Delta M_{az})^{\mathrm{T}}$$

是描述传感器在体坐标轴上误差分量的子矢量。

根据上面描述，现在可以将惯性导航系统误差方程写为

$$\dot{\boldsymbol{x}}^{\mathrm{I}_1} = \boldsymbol{F}^{\mathrm{I}_1}\boldsymbol{x}^{\mathrm{I}_1} + \boldsymbol{F}_{12}\boldsymbol{x}^{\mathrm{I}_2} + \boldsymbol{G}^{\mathrm{I}_1}\boldsymbol{w}^{\mathrm{I}_1} \tag{8.73}$$

$$\dot{\boldsymbol{x}}^{\mathrm{I}_2} = \boldsymbol{F}^{\mathrm{I}_2}\boldsymbol{x}^{\mathrm{I}_2} + \boldsymbol{G}^{\mathrm{I}_2}\boldsymbol{w}^{\mathrm{I}_2} \tag{8.74}$$

其中 $\boldsymbol{F}^{\mathrm{I}_1}$ 是由式（8.71）定义的 9 维方阵；$\boldsymbol{G}^{\mathrm{I}_1}$ 是由式（8.70）定义的 9×6 矩阵；$\boldsymbol{F}^{\mathrm{I}_2}$ 是每块为 3×3 矩阵的 18 维块对角矩阵，其中除第 2 对角线块（$F_{\omega}=\mathrm{diag}\{-a_i^{\omega}\}$）和第 5 对角线块（$F_a=\mathrm{diag}\{-a_i^{a}\}$），$i=x,y,z$ 之外，所有块都为零；F_{12} 确定为

$$\boldsymbol{F}_{12} = \left[\begin{array}{ccc|ccc} \boldsymbol{0}_{3\times9} & \boldsymbol{0}_{3\times9} & \boldsymbol{0}_{3\times9} & \boldsymbol{0}_{3\times9} & \boldsymbol{0}_{3\times9} & \boldsymbol{0}_{3\times9} \\ \hline \boldsymbol{0}_{3\times9} & \boldsymbol{0}_{3\times9} & \boldsymbol{0}_{3\times9} & \boldsymbol{C} & \boldsymbol{C} & \boldsymbol{C}F_a \\ \hline \boldsymbol{C} & \boldsymbol{C} & \boldsymbol{C}F_{\omega} & \boldsymbol{0}_{3\times9} & \boldsymbol{0}_{3\times9} & \boldsymbol{0}_{3\times9} \end{array}\right] \tag{8.75}$$

其中

$$F_{\varepsilon}=\mathrm{diag}\{\varepsilon_{bi}\},i=x,y,z,\quad \varepsilon=\omega,a$$

$$(\boldsymbol{G}^{\mathrm{I}_2})^{\mathrm{T}}=\left[\begin{array}{c:c:c:c:c:c}\boldsymbol{0}_{3\times 3} & \boldsymbol{0}_{3\times 3} & \boldsymbol{0}_{3\times 3} & \boldsymbol{0}_{3\times 3} & \boldsymbol{G}_{\omega}^{\mathrm{I}_2} & \boldsymbol{0}_{3\times 3}\\ \hdashline \boldsymbol{0}_{3\times 3} & \boldsymbol{G}_{a}^{\mathrm{I}_2} & \boldsymbol{0}_{3\times 3} & \boldsymbol{0}_{3\times 3} & \boldsymbol{0}_{3\times 3} & \boldsymbol{0}_{3\times 3}\end{array}\right] \tag{8.76}$$

$$G_{g}^{\mathrm{I}_2}=\mathrm{diag}\{\sqrt{2a_i^{\varepsilon}(\sigma_i^{\varepsilon})^2}\},i=x,y,z,\quad \varepsilon=\omega,a$$

$\boldsymbol{w}^{\mathrm{I}_1}=(\widetilde{w}_{bx}^{\omega},\widetilde{w}_{by}^{\omega},\widetilde{w}_{bz}^{\omega},\widetilde{w}_{bx}^{a},\widetilde{w}_{by}^{a},\widetilde{w}_{bz}^{a})^{\mathrm{T}}$ 是具有指定功率谱密度 $q_{\varepsilon i}^2,i=x,y,z,\varepsilon=\omega,a$ 的传感器白噪声在体坐标系的 6 维矢量;$\boldsymbol{w}^{\mathrm{I}_2}=(w_{bx}^{\omega},w_{by}^{\omega},w_{bz}^{\omega},w_{bx}^{a},w_{by}^{a},w_{bz}^{a})^{\mathrm{T}}$ 是指数相关误差分量的具有单位功率谱密度白噪声的 6 维矢量。这里,假设 $\boldsymbol{w}^{\mathrm{I}_1}$ 和 $\boldsymbol{w}^{\mathrm{I}_2}$ 彼此不相关,并且与初始条件也不相关。

分析式(8.73)和式(8.74),有必要注意以下事实。在这些方程中,矩阵取决于地理坐标、速度、角速度和力,以及包含在方向余弦矩阵 $\boldsymbol{C}(t)$ 中的姿态角。换句话说,这些矩阵取决于待估参数。为了克服式(8.73)和式(8.74)中矩阵元素计算的难题,使用了直接从辅助惯性导航系统的测量值。例如,由 φ 代替 φ^{INS} 这种方式的可能性下面进行叙述。在矩阵 $\boldsymbol{F}^{\mathrm{I}_1}$ 中使用明显的关系式 $\varphi=\varphi^{\mathrm{INS}}-\Delta\varphi$,可以得到状态矢量其他分量与 $\varphi^{\mathrm{INS}}-\Delta\varphi$ 的乘积。因此可得,例如,$\varphi\Delta\varphi=(\varphi^{\mathrm{INS}}-\Delta\varphi)\Delta\varphi\approx\varphi^{\mathrm{INS}}\Delta\varphi$ 具有无限小的二阶求和精度。然而,重要的是,表述惯性导航系统误差的线性方程仅当这些误差在一定限度内变化时才有效。正是这个事实决定了需要反馈,也就是要考虑式(8.73)中矩阵滤波问题求解给出的校正。

应该注意的是,分别用于矩阵 $\boldsymbol{G}^{\mathrm{I}_1}$、$\boldsymbol{F}_{12}$ 和 $\boldsymbol{G}^{\mathrm{I}_2}$ 的式(8.70)、式(8.75)和式(8.76),主要取决于需要将传感器误差从地理坐标系变换到体坐标系上。还要注意,需要这样的变换确定捷联惯性导航系统的方程式(8.73)的非平稳(时变)特性。

8.4.2 INS/SNS 松散耦合中的滤波问题

本节介绍在 INS/SNS 松散耦合方案中数据融合的滤波问题[89]。从问题的不变表述开始,先前考虑的处理方案(图 8.1)可以如图 8.10 所示,更详细内容如图 8.2 所示。

为了解决这个问题,我们假设飞行器高度由一个单独的滤波器决定,即所谓的垂直通道滤波器。在这种情况下,来自卫星导航系统的测量值是水平面中的坐标和速度分量。根据不变方案,滤波问题的测量值可以写成如下形式,即

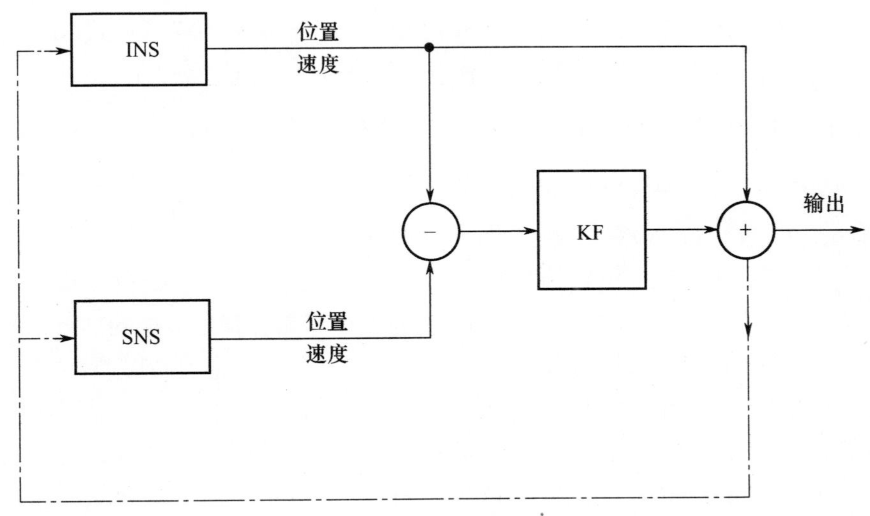

图 8.10 INS/SNS 松散耦合数据融合框图

$$\begin{cases} y_1(t) = \varphi^{\mathrm{INS}}(t) - \varphi^{\mathrm{SNS}}(t) = \Delta\varphi(t) - \Delta\varphi^{\mathrm{SNS}}(t) \\ y_2(t) = \lambda^{\mathrm{INS}}(t) - \lambda^{\mathrm{SNS}}(t) = \Delta\lambda(t) - \Delta\lambda^{\mathrm{SNS}}(t) \\ y_3(t) = V_{\mathrm{E}}^{\mathrm{INS}}(t) - V_{\mathrm{E}}^{\mathrm{SNS}}(t) = \Delta V_{\mathrm{E}}(t) - \Delta V_{\mathrm{E}}^{\mathrm{SNS}}(t) \\ y_4(t) = V_{\mathrm{N}}^{\mathrm{INS}}(t) - V_{\mathrm{N}}^{\mathrm{SNS}}(t) = \Delta V_{\mathrm{N}}(t) - \Delta V_{\mathrm{N}}^{\mathrm{SNS}}(t) \end{cases}$$

式中：φ^{INS}、φ^{SNS}和 λ^{INS}、λ^{SNS}分别为纬度和经度；V_i^{INS}，V_i^{SNS}，$i = \mathrm{E}, \mathrm{N}$ 分别为来自惯性导航系统和卫星导航系统的速度分量；$\Delta\varphi(t)$、$\Delta\lambda(t)$、$\Delta V_{\mathrm{E}}(t)$、$\Delta V_{\mathrm{N}}(t)$ 和 $\Delta\varphi^{\mathrm{SNS}}(t)$、$\Delta\lambda^{\mathrm{SNS}}(t)$、$\Delta V_{\mathrm{E}}^{\mathrm{SNS}}(t)$、$\Delta V_{\mathrm{N}}^{\mathrm{SNS}}(t)$ 为惯性导航系统和卫星导航系统的误差。假设卫星导航系统误差仅包含白噪声误差，即 $x^{\mathrm{II}}(t) = x^{\mathrm{SNS}}(t)$ 不存在，$\Delta y^{\mathrm{II}}(t) = \Delta y^{\mathrm{SNS}}(t) = v^{\mathrm{SNS}}(t)$，且 $R^{\mathrm{SNS}} = \mathrm{diag}\{R[i,i]\}$，$i = \overline{1.4}$。在这种情况下，状态矢量方程可以完全由式(8.73)和式(8.74)定义，该方程包含 SINS 误差的 27 维矢量 $\boldsymbol{x}(t) = \boldsymbol{x}^{\mathrm{INS}}(t) = ((\boldsymbol{x}^{\mathrm{I}_1}(t))^{\mathrm{T}}, (\boldsymbol{x}^{\mathrm{I}_2}(t))^{\mathrm{T}})^{\mathrm{T}}$；$\boldsymbol{w}(t) = ((\boldsymbol{w}^{\mathrm{I}_1})^{\mathrm{T}}, (\boldsymbol{w}^{\mathrm{I}_2})^{\mathrm{T}})^{\mathrm{T}}$ 是系统白噪声的 12 维矢量；$\boldsymbol{v} = -\boldsymbol{v}^{\mathrm{SNS}}(t)$ 是测量白噪声的 4 维矢量。式(8.52)和式(8.53)中 27×27、27×12 和 4×27 维的 $\boldsymbol{F}$、$\boldsymbol{G}$ 和 $\boldsymbol{H}$ 矩阵定义为

$$\boldsymbol{F} = \begin{bmatrix} \boldsymbol{F}^{\mathrm{I}_1} & \boldsymbol{F}_{12} \\ 0 & \boldsymbol{F}^{\mathrm{I}_2} \end{bmatrix}, \boldsymbol{G} = \begin{bmatrix} \boldsymbol{G}^{\mathrm{I}_1} & 0 \\ 0 & \boldsymbol{G}^{\mathrm{I}_2} \end{bmatrix}, \boldsymbol{H} = [\boldsymbol{H}_1, \boldsymbol{0}_{4\times 22}]$$

$$\boldsymbol{H}_1 = \begin{bmatrix} 1 & 0 & 0 & 0 & 0 \\ 0 & 1 & 0 & 0 & 0 \\ 0 & 0 & 0 & 1 & 0 \\ 0 & 0 & 0 & 0 & 1 \end{bmatrix}$$

式中：$\boldsymbol{F}^{I_1}$、$\boldsymbol{F}^{I_2}$、$\boldsymbol{F}_{12}$、$\boldsymbol{G}^{I_1}$和$\boldsymbol{G}^{I_2}$由式(8.70)、式(8.71)、式(8.75)和式(8.76)确定。在得到估计值$\hat{x}(t)$之后，组合导航系统的坐标可以确定为

$$\hat{\varphi}(t)=\varphi^{\mathrm{INS}}(t)-\hat{\Delta}\varphi(t),\hat{\lambda}(t)=\lambda^{\mathrm{INS}}(t)-\hat{\Delta}\lambda(t),\hat{V}_{\mathrm{N}}(t)=V_{\mathrm{N}}^{\mathrm{INS}}(t)-\hat{\Delta}V_{\mathrm{N}}(t)$$

$$\hat{V}_{\mathrm{E}}(t)=V_{\mathrm{E}}^{\mathrm{INS}}(t)-\hat{\Delta}V_{\mathrm{E}}(t)$$

式中：$\hat{\Delta}\varphi(t)$、$\hat{\Delta}\lambda(t)$、$\hat{\Delta}V_{\mathrm{E}}(t)$和$\hat{\Delta}V_{\mathrm{N}}(t)$为$\hat{x}(t)$的分量。

应当注意，状态矢量包括传感器误差，作为滤波问题的结果，这些误差也要进行估计。在这方面，请注意，图 8－10 中的虚线意味着算法生成的估计值不仅可以用于校正输出数据，还可以用于估计惯性导航系统传感器的误差，并提升卫星用户设备中卫星导航系统信号跟踪的质量。还应该指出的是，尽管滤波问题的目的之一是提高确定坐标的精度，但并不是惯性导航系统辅助的主要目标。关键在于通常组合系统（卫星导航系统可用）的坐标精度与卫星导航系统的坐标精度没有太大差异。然而，辅助可以实现对惯性导航系统传感器误差的估计，这在卫星信号丢失且卡尔曼滤波器以预测模式运行的情况下（即只使用惯性导航系统数据），可以大大提高导航参数和坐标的精确性。

8.4.3 INS/SNS 紧耦合中的滤波问题

本节介绍在紧耦合情况下，与 INS/SNS 数据融合相关的滤波问题[89]。INS/SNS 紧耦合数据处理方案如图 8.11 所示，更详细内容如图 8.5 所示。

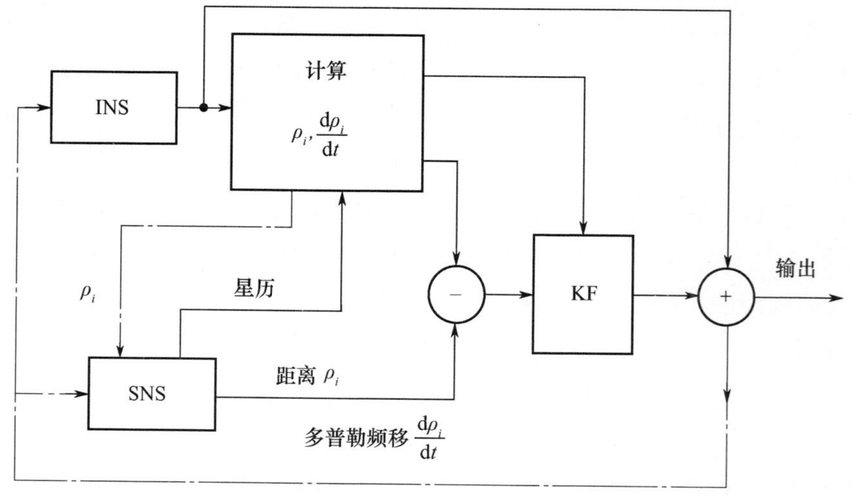

图 8.11 INS/SNS 紧耦合数据处理框图

从图 8.11 可以看出，根据紧耦合方案处理数据时，来自惯性系统（I = INS）的坐标和速度测量值可以用式(8.56)给出的测量值，而式(8.57)的测量值

由卫星导航系统（Ⅱ = SNS）每颗卫星的伪距 $\boldsymbol{\rho}^{\text{SNS}}(t)$ 和多普勒频移 $\dot{\boldsymbol{\rho}}^{\text{SNS}}(t)$ 表示为

$$\rho(t) = \sqrt{(X_1^i - X_1)^2 + (X_2^i - X_2)^2 + (X_3^i - X_3)^2} + c\Delta t + \varepsilon(t)$$

$$\dot{\rho}_i = \frac{(X_1^i - X_1)(\dot{X}_1^i - \dot{X}_1) + (X_2^i - X_2)(\dot{X}_2^i - \dot{X}_2) + (X_3^i - X_3)(\dot{X}_3^i - \dot{X}_3)}{\sqrt{(X_1^i - X_1)^2 + (X_2^i - X_2)^2 + (X_3^i - X_3)^2}} + c\Delta\dot{t} + \widetilde{\varepsilon}_i \tag{8.77}$$

式中：X_1、X_2、X_3 为正交坐标系中用户的未知坐标；$X_j^i, j=1,2,3$ 为同一坐标系中传送给用户的第 i 颗卫星坐标；$\dot{X}_j$、$\dot{X}_j^i, j=1,2,3$ 分别为用户速度和第 i 颗卫星的分量；Δt 为用户时钟误差；ε_i 为总测量误差；c 为光速；$\Delta\dot{t}$ 为用户移动引起的误差；$\widetilde{\varepsilon}_i$ 为总多普勒测量误差。计算伪距和多普勒频移的值，形成式（8.58）的测量差值。考虑到这些，可以将式（8.58）写成

$$y(t) = \boldsymbol{\rho}^{\text{SNS}}(t) - \boldsymbol{\rho}^{\text{INS}}(X^{\text{INS}}(t)) = \Delta\boldsymbol{\rho}^{\text{SNS}}(t) - \Delta\boldsymbol{\rho}^{\text{INS}}(t) \tag{8.78}$$

式中：$\boldsymbol{\rho}^{\text{INS}}(X^{\text{INS}}(t))$ 为使用惯性导航系统坐标和从卫星接收的星历计算出的伪距；$\Delta\boldsymbol{\rho}^{\text{INS}}$ 为这些伪距的计算误差；$\boldsymbol{\rho}^{\text{SNS}}(t)$ 和 $\Delta\boldsymbol{\rho}^{\text{SNS}}(t)$ 分别为伪距的测量值和相应的误差。

为了描述式（8.78）给出的测量值，需要引入状态矢量 $\boldsymbol{x}(t)$，$\boldsymbol{x}(t)$ 有两个维度，分别是 n^{INS} 和 n^{SNS} 的子矢量 $\boldsymbol{x}^{\text{I}}(t) = \boldsymbol{x}^{\text{INS}}(t)$ 及 $\boldsymbol{x}^{\text{II}}(t) = \boldsymbol{x}^{\text{SNS}}(t)$。子矢量 $\boldsymbol{x}^{\text{I}}(t) = \boldsymbol{x}^{\text{INS}}(t)$ 与前面的松散耦合方案的类似子矢量一致，而子矢量 $\boldsymbol{x}^{\text{II}}(t) = \boldsymbol{x}^{\text{SNS}}(t)$ 具有不同的结构。当使用 m 颗卫星的数据时，该矢量可以写为

$$\boldsymbol{x}^{\text{SNS}}(t) = (\boldsymbol{\Delta}(t), (\boldsymbol{x}_\rho^1(t))^{\text{T}}, (\boldsymbol{x}_\rho^2(t))^{\text{T}}, \cdots, (\boldsymbol{x}_\rho^m(t))^{\text{T}})^{\text{T}}$$

式中：$\boldsymbol{\Delta}(t) = \Delta t$ 为用户的时钟误差，且子矢量 $\boldsymbol{x}_\rho^j(t), j = \overline{1.\ m}$ 用于描述每颗卫星的误差分量 $\boldsymbol{\varepsilon}_\rho^j(t)$。

在简单情况下，只存在白噪声误差分量，即 $\boldsymbol{\varepsilon}_\rho^j(t) = 0, j = \overline{1.\ m}$，子矢量 $\boldsymbol{x}^{\text{SNS}}(t) = \Delta t$，其维度为 1。如果除了白噪声误差外，还存在缓慢变化的误差分量 $\boldsymbol{\varepsilon}^j(t)$，且它们可以用例如随机过程（Random Walk）或指数相关过程描述，则子矢量 $\boldsymbol{x}^{\text{SNS}}(t) = (\boldsymbol{\Delta}(t), \boldsymbol{x}_\rho^1(t), \boldsymbol{x}_\rho^2(t), \cdots, \boldsymbol{x}_\rho^m(t))^{\text{T}}$，其维度为 $m+1$。

用适当的符号 $\Delta\boldsymbol{\rho}^{\text{SNS}}$ 和 $\Delta\boldsymbol{\rho}^{\text{INS}}$ 采取以下形式，有

$$\Delta\boldsymbol{\rho}^{\text{SNS}}(t) = \boldsymbol{H}_\rho^{\text{SNS}}\boldsymbol{x}^{\text{SNS}}(t) + \boldsymbol{v}_\rho^{\text{SNS}}(t)$$

$$\Delta\boldsymbol{\rho}^{\text{INS}}(t) = \boldsymbol{H}_\rho^{\text{INS}}\boldsymbol{x}^{\text{INS}}(t)$$

式中：$\boldsymbol{H}_\rho^{\text{SNS}}$ 和 $\boldsymbol{H}_\rho^{\text{INS}}$ 为从子矢量 $\boldsymbol{x}^{\text{SNS}}(t)$ 和 $\boldsymbol{x}^{\text{INS}}(t)$ 的分量得到的对应距离测量误

差的矩阵；$\boldsymbol{v}_{\rho}^{\mathrm{SNS}}(t)$为白噪声距离测量误差[88,91]。

在4颗卫星的情况下，定义描述卫星导航系统误差的矢量和矩阵，随机过程描述了伪测量误差$\boldsymbol{\varepsilon}^{j}(t)$的缓慢变化分量。在这种情况下，矢量$\boldsymbol{x}^{\mathrm{SNS}}(t)$的维度为5，矢量$\boldsymbol{w}^{\mathrm{SNS}}(t)$和$\boldsymbol{v}^{\mathrm{SNS}}(t)$的维度为4，即

$$\boldsymbol{F}^{\mathrm{SNS}}(t)=0_5, \boldsymbol{Q}^{\mathrm{SNS}}(t)=q^2\delta(t)E_4, \boldsymbol{R}^{\mathrm{SNS}}(t)=r^2\delta(t)E_4$$

$$\boldsymbol{G}^{\mathrm{SNS}}(t)=\begin{bmatrix}0&0&0&0\\1&0&0&0\\0&1&0&0\\0&0&1&0\\0&0&0&1\end{bmatrix}, \boldsymbol{H}_{\rho}^{\mathrm{SNS}}(t)=\begin{bmatrix}1&1&0&0&0\\1&0&1&0&0\\1&0&0&1&0\\1&0&0&0&1\end{bmatrix}$$

$$\boldsymbol{P}_0^{\mathrm{SNS}}=\begin{bmatrix}\sigma_{\Delta}^2&0&0&0&0\\0&\sigma^2&0&0&0\\0&0&\sigma^2&0&0\\0&0&0&\sigma^2&0\\0&0&0&0&\sigma^2\end{bmatrix}$$

式中：q^2和r^2为系统和测量噪声的功率谱密度；σ_{Δ}^2确定了用户时钟误差的不确定性水平；σ^2为初始时刻随机过程分量的均方根值。为简化起见，对于不同的卫星，假定这些量是相同的。

对于紧耦合处理方案，与松散耦合情况一样，图8.11中的虚线为反馈，它允许滤波的结果用于估计惯性导航系统传感器的数据，提高卫星导航系统信号跟踪的精度。

需要注意的是，在紧耦合方案中，可以使用没有用户时钟误差分量的状态矢量，这对所有卫星是一致的。为此，应该预先生成来自不同卫星的差分伪距测量值，并将其中一颗卫星作为基准。这样做时，卫星导航系统测量维度变为$m-1$。在表述相应的滤波问题时，需要考虑到协方差矩阵$\boldsymbol{R}^{\mathrm{SNS}}(t)$将不再是对角矩阵[88,91]。

8.4.4 组合INS/SNS的滤波算法示例

本节介绍一个滤波问题的解决方案示例，即对INS/SNS松散耦合系统进行滤波。这里，矩阵$\boldsymbol{F}$、$\boldsymbol{G}$和$\boldsymbol{H}$如8.4.2节所述确定，计算用到的程序是专门为组合导航系统线性滤波算法开发的[92]。计算程序需要以下输入数据。

（1）对角初始协方差矩阵，指定状态矢量所有27个分量的初始协方差。

(2) $q_{\varepsilon i}^2, i = x, y, z, \varepsilon = \omega, a$,指定传感器误差的白噪声分量的功率谱密度。

(3) $(\sigma_i^{\varepsilon})^2, a_i^{\varepsilon}$ 分别指定指数相关过程的方差和相关间隔,用于描述开始时传感器“零”状态的不确定性。

(4) $R[i,i], i = \overline{1.4}$,指定测量误差的水平。

(5) 飞行器轨迹,其决定动力学矩阵的元素。

(6) 使用卫星测量值的时间图。

为便于模拟,假设飞行器以 $V = 50\text{m/s}$ 的速度直线运动,且初始偏航角 $K = 30°, \varphi = 60°$。还假设该系统使用的微机电(MEMS)角速率传感器和加速度计性能特征如表 8.1 所列。在此假设 3 个轴的参数相同。

表 8.1 角速率传感器和加速度计的精度特性

参数	角速率传感器	加速度计
零偏,均方根	30(°)/h	0.01m/s^2
比例因子误差,均方根	1%	1%
开始时传感器“零”态的不确定性:均方根	$\sigma^{\omega} = 10(°)/\text{h}$	$\sigma^{a} = 0.01\text{m/s}^2$
相关间隔:$\tau^{\varepsilon} = 1/a^{\varepsilon}, \varepsilon = \omega, a$	$\tau^{\omega} = 180\text{s}$	$\tau^{a} = 180\text{s}$
白噪声功率谱密度	$q_{\omega}^2 = (30(°)/\text{h})^2 \cdot \text{s}$	$q_a^2 = (0.03\text{m/s}^2)^2 \cdot \text{s}$

为了在初始时刻确定矩阵 $\boldsymbol{F}^{I_2}$ 和协方差矩阵 $\boldsymbol{P}_0$,必须使用表 8.1 中的数据。也可以假设 $\boldsymbol{P}_0[i,i] = 0, i = \overline{1.6}$,这些值用于观察位置和速度误差是如何增加的;$\boldsymbol{P}_0[i,i] = (0,5°)^2$ 为偏航误差;$\boldsymbol{P}_0[i,i] = (0,3°)^2$ 为垂直误差。

为了初步估计传感器误差不同分量对位置和速度误差的影响,可以看出,在惯性导航系统自主模式(无卫星导航系统辅助)中,位置和速度误差的变化大致由以下简单关系决定[63],即

$$\sigma_{\Delta\phi} = g\sigma_{\Delta\omega}\frac{t^3}{6}, \sigma_{\Delta V_N} = g\sigma_{\Delta\omega}\frac{t^2}{2}$$

通过这些公式计算的 $t = 100\text{s}$ 时位置和速度误差如表 8.2 所列。

表 8.2 传感器误差对位置和速度误差的影响(均方根)

误差源		坐标/m	速度/(m/s)
角速率传感器	零偏	237	7.1
	白噪声	32	0.8
	马尔可夫分量	74.7	2.2
加速度计	零偏	50	1
	白噪声	17.3	0.3
	马尔可夫分量	46.5	0.9

(续)

误差源	坐标/m	速度/(m/s)
总计(不含马尔可夫分量)	245.5	7.3
总计(含马尔可夫分量)	262.8	7.6

从表 8.2 可以看出,角速率传感器偏差是导航参数误差的主要原因。

使用近似关系获得的结果与使用模型式(8.71)获得的结果基本一致,如图 8.12所示。

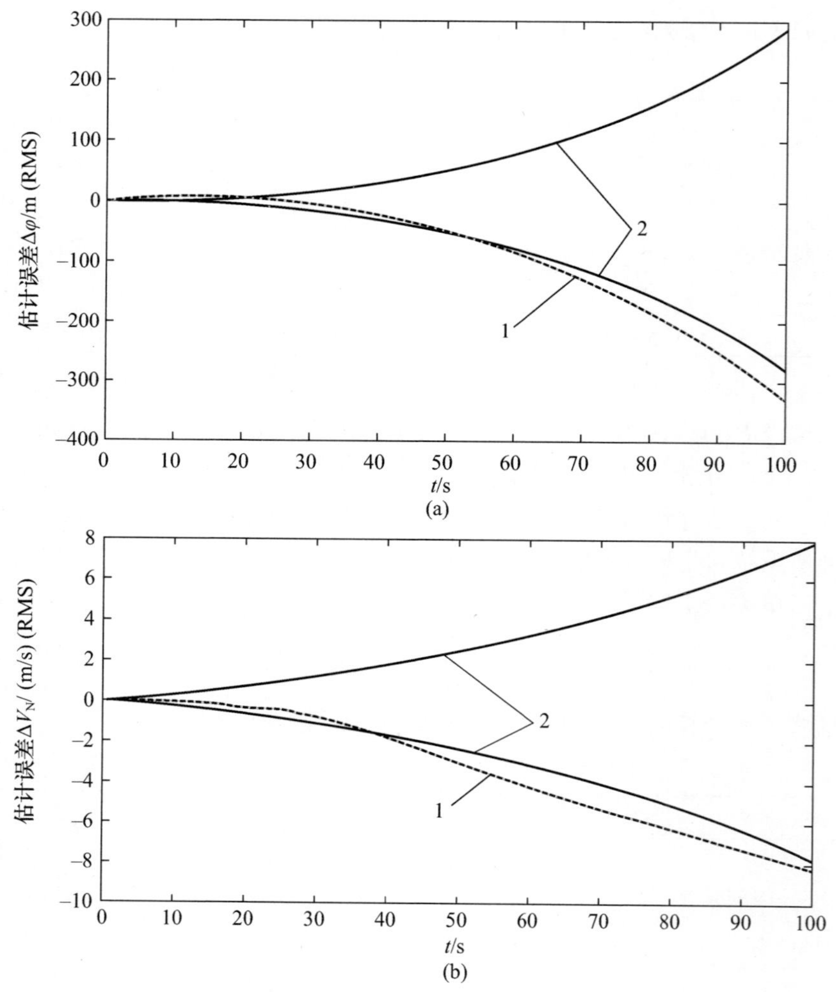

图 8.12 自主模式中纬度(a)和速度北向分量(b)
(1 和 2 分别为它们的误差样本和均方根误差样本)

现在考虑卫星导航系统辅助的情况。由相关功率谱密度设置的卫星测量误差水平取为 $R[i,i]=(5\mathrm{m})^2\mathrm{s}, i=1,2$(位置)和 $R[i,i]=(0.1\mathrm{m/s})^2\mathrm{s}, i=3,4$(速度)。这些值对应于5m(位置)和0.1m/s(速度)的均方根误差,白噪声平均间隔为1s。

假设卫星测量值在总计400s时间内前一个和最后一个100s期间不可用,位置和速度误差的结果将如图8.13所示。

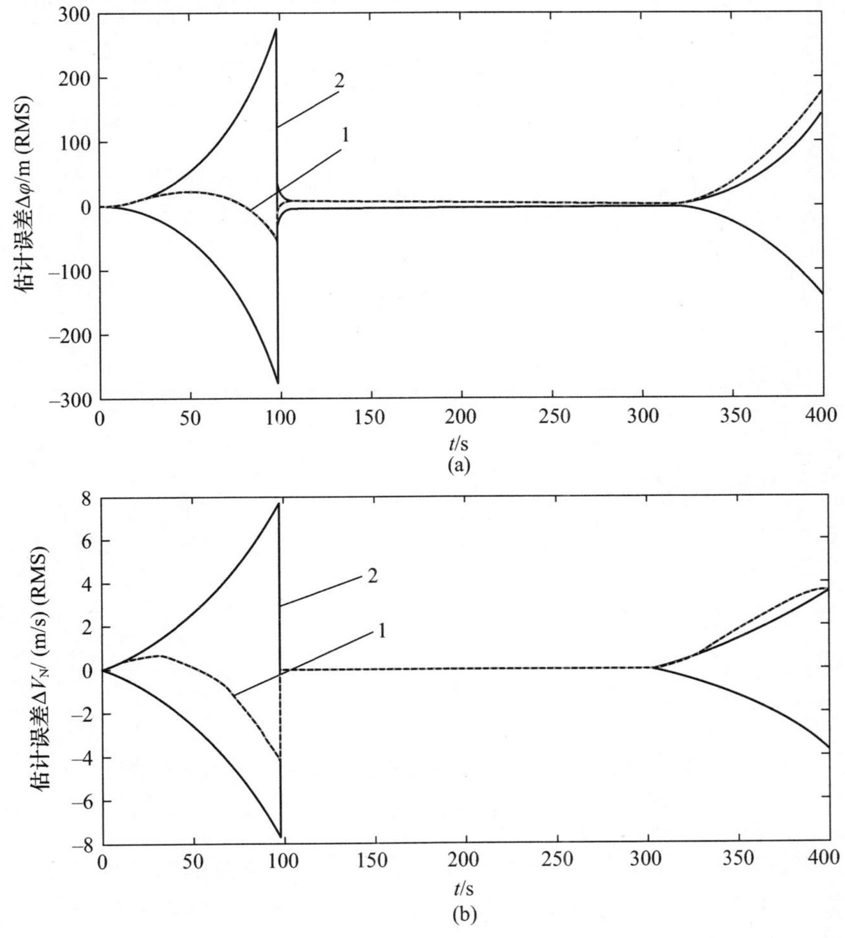

图8.13 卫星导航辅助模式中纬度(a)和速度北向分量(b)
(1和2分别为它们的误差样本和均方根误差样本)

图中的主要结论是:没有卫星导航系统时,与第一个时间间隔0~100s相比,从第300s开始的第二个时间间隔的误差增加得明显更慢。它完全符合预期结果:借助卫星导航系统,角速率传感器偏差值在100~300s间隔进行估计(图

8.14(a)),此时减慢了卫星导航系统信号中断后的误差积累。这实际上是惯性导航系统辅助的一个主要目标,即在卫星导航系统中断期间对传感器误差进行估计,以提高系统性能。结果表明,加速度计零偏误差和指数相关马尔可夫过程描述的角速率传感器不确定性保持在先验水平上(图 8.14(b))。此过程为使用简化的状态矢量设计次优滤波器创造了先决条件[60]。

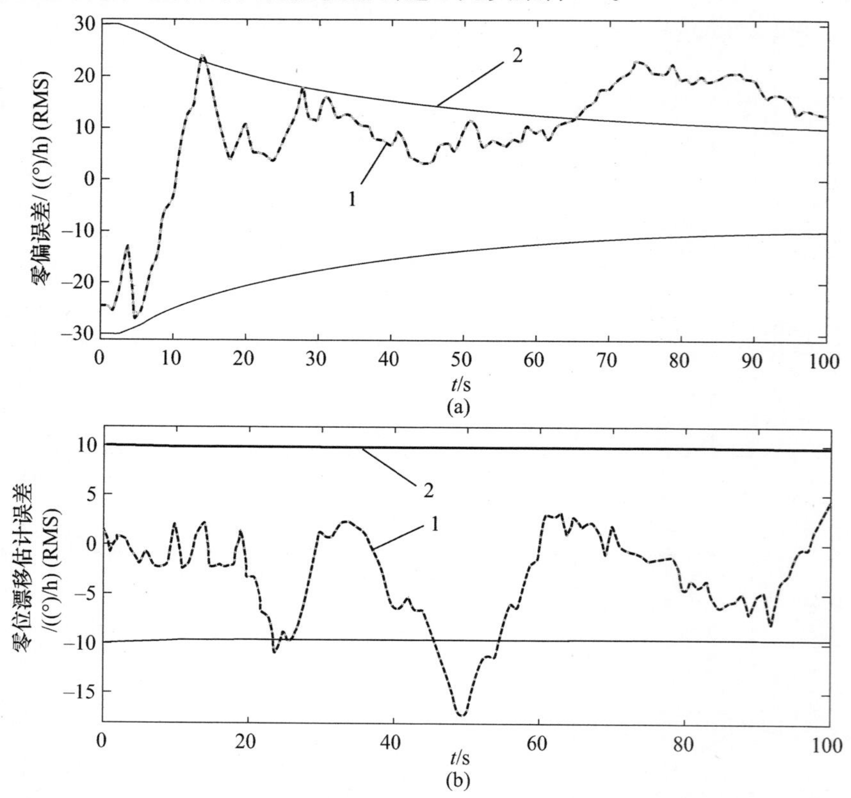

图 8.14 辅助模式中水平轴角速率敏感器零偏(a)和零偏不确定性(b)
(1 和 2 分别表示它们的误差样本和均方根误差样本)

这里,提供了去掉马尔可夫误差分量的状态矢量滤波器的计算结果。在这些计算中,用 27 维矢量描述惯性导航系统误差,包括传感器误差的指数相关分量。然而,假设卡尔曼滤波器不包含这些分量,即卡尔曼滤波器中的状态矢量维度减少 6 个分量。在这种情况中,应该记住,卡尔曼滤波器(计算矩阵)中生成的协方差矩阵与滤波器真实协方差矩阵不同。图 8.15 和图 8.16 列出了使用上述方案计算的结果[92]。如果状态矢量的实际模型与卡尔曼滤波器使用的假设模型之间存在差异,则有助于分析研究滤波器的灵敏度。计算中,卫星测量值在 25 ~ 75s 的时间段内可用。

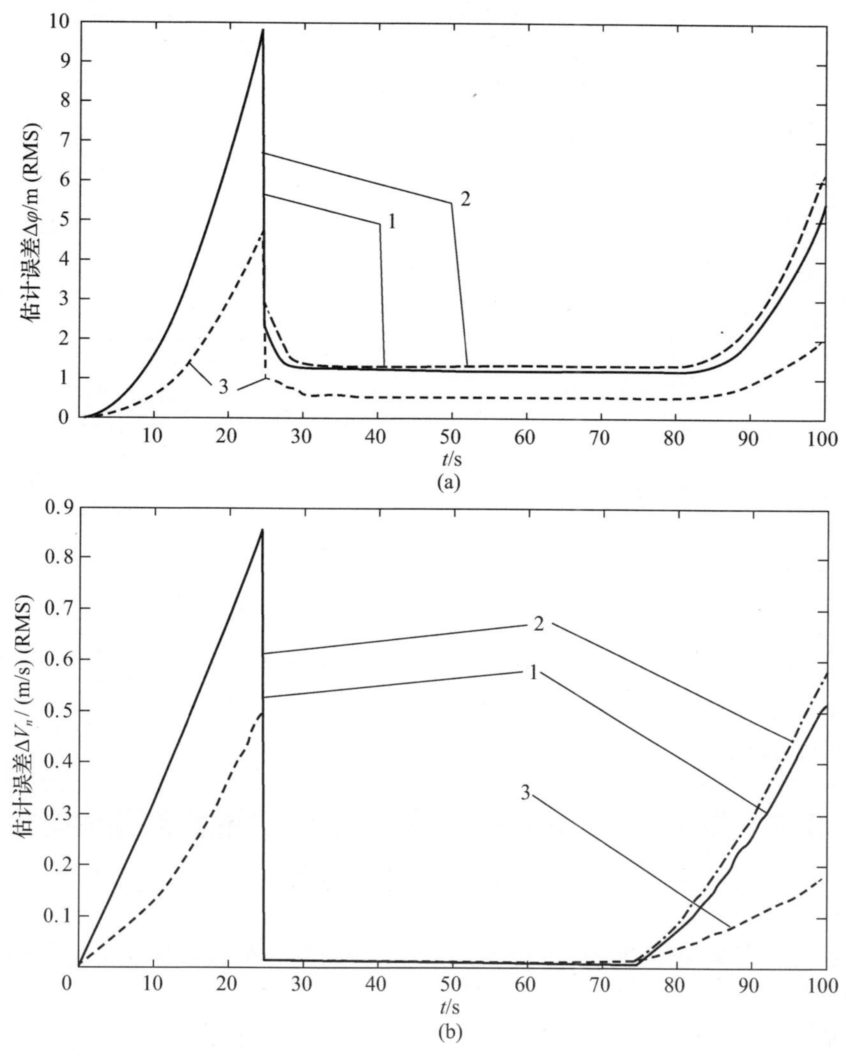

图 8.15　纬度(a)和正北速度分量(b)的均方根误差(1、2、3 分别为简化卡尔曼滤波器生成的最优、次优和假定的均方根)

分析图表明,最优和次优滤波器的均方根(RMS)估计误差差别很小。同时,在滤波器中计算的均方根误差显著低于真实误差,即假设的均方根误差更优。因此,通过减少状态矢量的维度来简化算法产生了这样一个问题,即卡尔曼滤波器中生成的协方差矩阵对实际协方差矩阵来说是不足的。可以使用保证估计质量的滤波器(其提供了充足的分析协方差矩阵)解决该问题。例如,在参考文献[93,94]中提出了设计这种滤波器的方法。

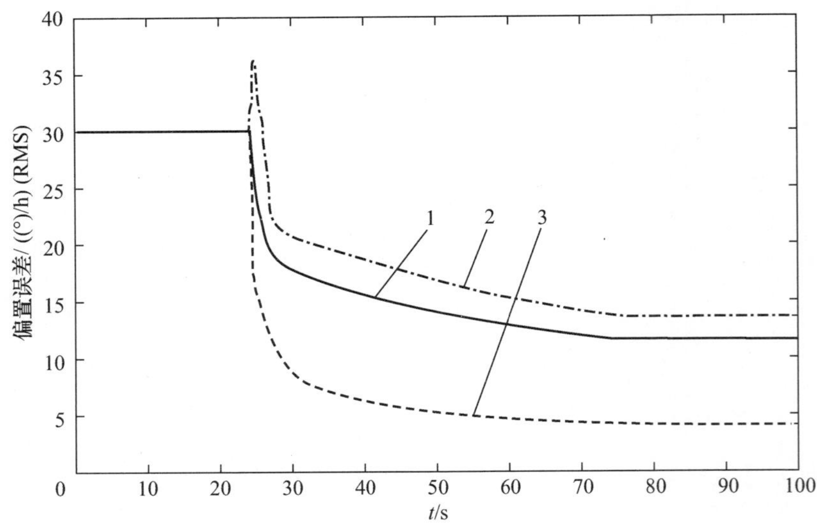

图 8.16　角速率偏差的均方根误差(1、2、3 分别为最优、次优卡尔曼滤波和均方根估计误差)

在本节最后,还应指出,这种方法也可以用于借助卫星导航系统接收机的自主卫星轨道确定[95,96]。此外,还可以见参考文献[97]中关于卫星导航系统数据滤波结果的研究。

8.5　综合卡尔曼和维纳方法在航空重力测量中的滤波和平滑问题

在飞行器上使用重力计进行重力异常(GAs)估计的技术现在已经得到广泛应用[98-103]。

重力异常数据对于高精度导航非常重要,航空重力测量的进展在很大程度上取决于垂直平面中确定飞行器位置和速度的精度。使用这些数据的目的是从重力仪数据中去除飞行器未知的垂直加速度。这样的信息可以从具有相位测量的差分模式卫星导航系统中获得。同时,也可以形成重力仪读数的二重积分与卫星导航系统高度测量值之间的差值。因此,所有数据处理都可以表述为滤波和平滑问题。卡尔曼和维纳方法的综合使用,可以求解相关最优滤波和平滑问题,下面给出描述[98,104]。

8.5.1　在重力仪和卫星测量值处理中最优滤波和平滑问题

在处理重力仪数据、坐标垂直分量(高度)和速度(垂直速度)的卫星测量值

数据时会遇到滤波和平滑问题[98]。在这个问题中，使用以下测量值，即

$$h^{\mathrm{SNS}}(t)=h(t)+\delta h^{\mathrm{SNS}}(t) \tag{8.79}$$

$$V^{\mathrm{SNS}}(t)=V(t)+\delta V^{\mathrm{SNS}}(t) \tag{8.80}$$

$$\tilde{g}^{\mathrm{GR}}(t)=\dot{V}(t)+\tilde{g}(t)+\delta g(t) \tag{8.81}$$

式中：$h(t)$、$V(t)$和$\dot{V}(t)$分别为高度、垂直速度和加速度；$\delta h^{\mathrm{SNS}}(t)$、$\delta V^{\mathrm{SNS}}(t)$分别为使用卫星导航系统数据得到的高度和垂直速度误差；$\tilde{g}(t)$为重力异常；$\delta g(t)$为重力计误差。为简化起见，假设高度和垂直速度的初始值为已知。通过连续积分重力仪数据，可以计算出高度和垂直速度。它们的误差为

$$\begin{cases}\Delta \dot{h}^{\mathrm{GR}}(t)=\Delta V^{\mathrm{GR}}(t)\\ \Delta \dot{V}^{\mathrm{GR}}(t)=\tilde{g}(t)+\delta g(t)\end{cases} \tag{8.82}$$

式中：$\Delta h^{\mathrm{GR}}(t)$和$\Delta V^{\mathrm{GR}}(t)$分别为高度和垂直速度的误差；$\tilde{g}(t)$为重力异常；$\delta g(t)$为重力计误差。

使用不变处理方案，估计问题的测量值一方面可以表述为式(8.81)给出的重力仪数据的第一和第二重积分的差值，另一方面，还可表述为式(8.79)和式(8.80)给出的高度和垂直速度的卫星测量值。这些差值可以表示为

$$y^h=\frac{\tilde{g}^{\mathrm{GR}}}{p^2}-h^{\mathrm{SNS}}=\frac{\tilde{g}+\delta g}{p^2}-\delta h^{\mathrm{SNS}}$$

$$y^V=\frac{\tilde{g}^{\mathrm{GR}}}{p}-V^{\mathrm{SNS}}=\frac{\tilde{g}+\delta g}{p}-\delta V^{\mathrm{SNS}}$$

测量值可以写成如下形式，即

$$y^h=\Delta h^{\mathrm{GR}}-\delta h^{\mathrm{SNS}} \tag{8.83}$$

$$y^V=\Delta V^{\mathrm{GR}}-\delta V^{\mathrm{SNS}} \tag{8.84}$$

考虑式(8.79)～式(8.82)，并指定$\tilde{g}$、δh^{SNS}、δV^{SNS}和δg的随机模型，就可以表述相关估计问题，即滤波和/或平滑[98]。其目的是使用式(8.83)和式(8.84)给出的测量值估计重力异常$\tilde{g}$、高度和垂直速度。

应该注意的是，由于估计问题的差值测量的具体形式，所考虑的处理方案对于高度是不变的，而对于重力异常则是变化的。它需要引入统计模型描述重力异常。

在下文中分析求解重力异常估计问题的方法。

8.5.2 卡尔曼方法中的问题表述和求解

假设$\tilde{g}$可以表示为由相关整形滤波器描述的马尔可夫过程的一个分量。然

后，引入状态矢量 $\boldsymbol{x}=(\Delta h^{GR},\Delta V^{GR},\tilde{g},\cdots)^{T}$，考虑高度误差 δh^{SNS}、垂直速度误差 δV^{SNS} 和重力计误差 δg 的模型，就可以用卡尔曼方法描述估计问题。此问题[98]假定重力异常可以描述，如使用所谓的约旦模型描述。根据该模型，沿着直线轨迹重力异常的相关函数可以表示为

$$K_{\tilde{g}}(\rho)=\sigma_{\tilde{g}}^{2}\left(1+a\rho-\frac{(a\rho)^{2}}{2}\right)e^{-a\rho} \tag{8.85}$$

式中：$\sigma_{\tilde{g}}^{2}$ 为方差；a 为确定重力异常空间变化性的参数；ρ 为沿着直线轨迹的路径长度。相关功率谱密度由下式给出，即

$$S_{\tilde{g}}(\omega)=2a^{3}\sigma_{\tilde{g}}^{2}\frac{5\omega^{2}+a^{2}}{(\omega^{2}+a^{2})^{3}} \tag{8.86}$$

式中：ω 为模拟角频率。

为了将式(8.85)转换到时域，应使用 $\rho=Vt$ 代替 ρ，其中 V 是速度。相关函数式(8.85)可微分，其导数的方差可以如下确定，即

$$\sigma_{\partial\tilde{g}/\partial\rho}^{2}=-\frac{d^{2}}{d\rho^{2}}K_{\tilde{g}}(\rho)\bigg|_{\rho=0}=2a^{2}\sigma_{\tilde{g}}^{2} \tag{8.87}$$

图 8.17 给出了归一化相关函数 $K_{\tilde{g}}(\tau)/\sigma_{\tilde{g}}^{2}$ 与 ρa(a) 和 $aS_{\tilde{g}}(\omega)/\sigma_{\tilde{g}}^{2}$ 与 ω/a(b) 的关系曲线。

使用已知的处理指定功率谱密度过程的整形滤波器的方法，可以获得具有功率谱密度式(8.86)所表达的整形滤波器。这个功率谱密度可以表示为

$$S_{\tilde{g}}(\omega)=2a^{3}\sigma_{\tilde{g}}^{2}\frac{(a+\sqrt{5}j\omega)(a-\sqrt{5}j\omega)}{(a+j\omega)^{3}(a-j\omega)^{3}}$$

由此看出，$\tilde{g}$ 的整形滤波器可以表示为

$$\begin{cases}\dot{g}_{1}(t)=-\beta g_{1}(t)+g_{2}(t)\\ \dot{g}_{2}(t)=-\beta g_{2}(t)+g_{3}(t)\\ \dot{g}_{3}(t)=-\beta g_{3}(t)+q_{w}w(t)\end{cases} \tag{8.88}$$

$$\tilde{g}(t)=\dot{\tilde{g}}_{1}(t)+\tilde{g}_{1}(t)\frac{\beta}{\sqrt{5}}=-\beta\frac{\sqrt{5}-1}{\sqrt{5}}\tilde{g}_{1}(t)+\tilde{g}_{2}(t) \tag{8.89}$$

式中：$\beta=Va$ 为确定时域中域变化的参数；$w(t)$ 为具有单位功率谱密度和 $q_{w}=\sqrt{10\beta^{3}\sigma_{\tilde{g}}^{2}}$ 的白噪声。

使用式(8.88)和式(8.89)可获得归一化样本 $\tilde{g}(t)$，如图 8.18 所示。

假设高度、垂直速度和重力仪数据的误差分别由功率谱密度为 R_{h}、R_{V} 和

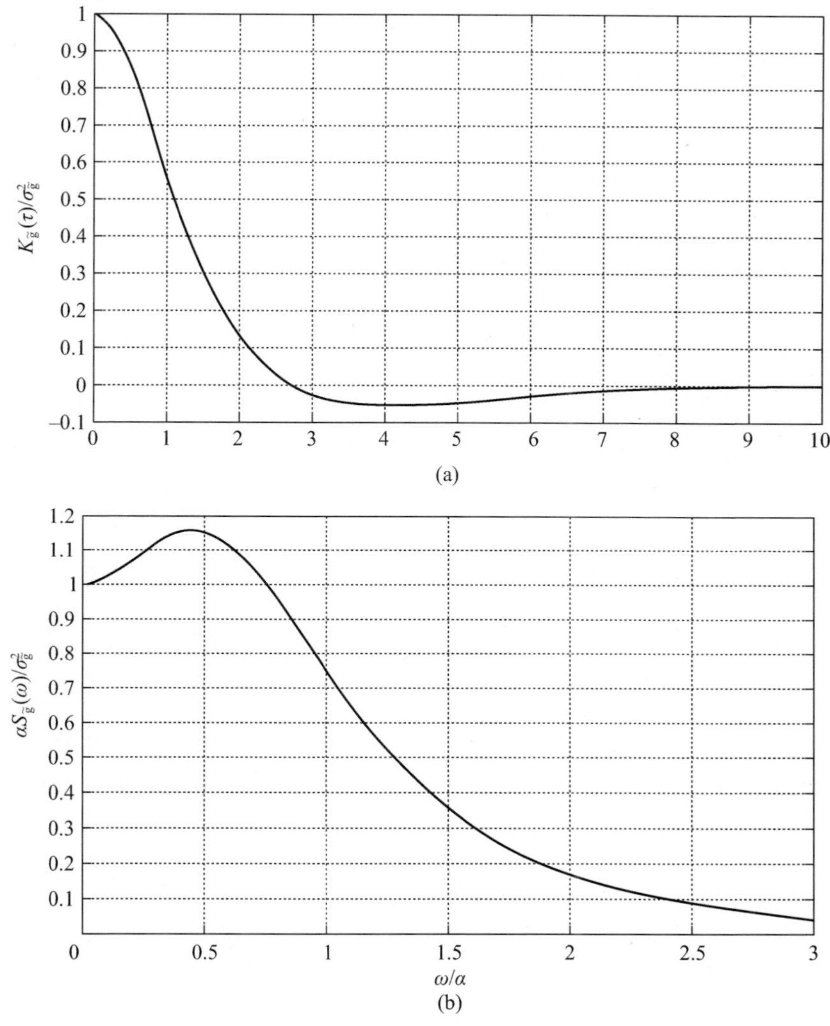

图 8.17 归一化自相关函数(a)和约旦模型中重力异常的功率谱密度(b)

R_{GR}的不相关白噪声来描述。通过这些假设,可以将问题简化为用分量 $\boldsymbol{x}(t)=(\Delta h^{GR}(t),\Delta V^{GR}(t),x_3(t),x_4(t),x_5(t))^T$ 估计一个 5 维矢量 $\boldsymbol{x}(t)$,其中前两个分量由式(8.82)描述,且$(x_3,x_4,x_5)^T\equiv(g_1,g_2,g_3)^T$。因此,状态矢量分量可以写成

$$\dot{x}_1(t)=x_2(t)$$

$$\dot{x}_2(t)=-\beta\zeta x_3(t)+x_4(t)+\sqrt{R_{GR}}w_{GR}(t)$$

$$\dot{x}_3(t)=-\beta x_3(t)+x_4(t)$$

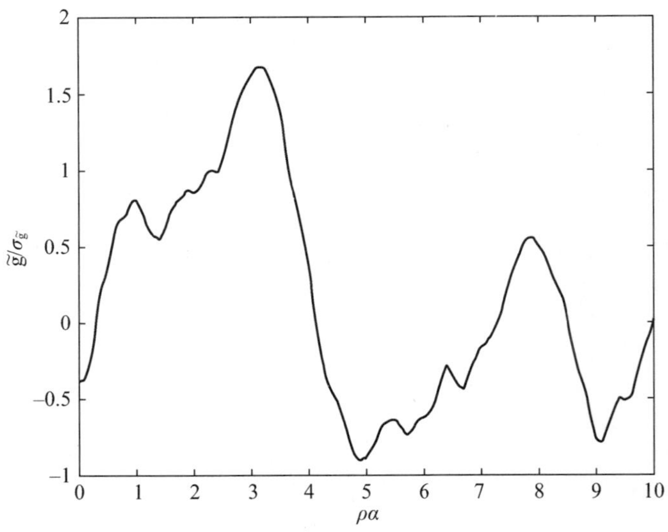

图 8.18 约旦模型中重力异常归一化样本

$$\dot{x}_4(t) = -\beta x_4(t) + x_5(t)$$

$$\dot{x}_5(t) = -\beta x_5(t) + q_w w(t)$$

式中：$\zeta = (\sqrt{5}-1)/\sqrt{5}$为无量纲系数；$w_{\mathrm{GR}}(t)$为具有单位功率谱密度的白噪声。因此，可以得到式(8.24)和式(8.25)形式的问题，其中 $n=5, m=2, p=2$，矩阵为

$$\boldsymbol{F} = \begin{bmatrix} 0 & 1 & 0 & 0 & 0 \\ 0 & 0 & -\beta\zeta & 1 & 0 \\ 0 & 0 & -\beta & 1 & 0 \\ 0 & 0 & 0 & -\beta & 1 \\ 0 & 0 & 0 & 0 & -\beta \end{bmatrix}, \boldsymbol{G} = \begin{bmatrix} 0 & 0 \\ \sqrt{R_{\mathrm{GR}}} & 0 \\ 0 & 0 \\ 0 & 0 \\ 0 & q_w \end{bmatrix} \tag{8.90}$$

$$\boldsymbol{H} = [\boldsymbol{I}_2 \quad \boldsymbol{0}_{2\times 3}], \boldsymbol{Q} = \boldsymbol{I}_2, \boldsymbol{R} = \begin{bmatrix} R_h & 0 \\ 0 & R_V \end{bmatrix} \tag{8.91}$$

式中：$\boldsymbol{I}_2$、$0_{2\times 3}$分别为 2×2 单位矩阵和 2×3 零矩阵。为简化起见，假设白噪声的功率谱密度为 q_w^2，式(8.90)中的相应系数为 1。设计滤波算法的问题简化为由式(8.90)和式(8.91)明确的卡尔曼滤波器的实现。解决平滑问题的算法可以依次使用参考文献[98,104]中的方法实现。为了分析最优滤波和平滑的精度，

可以通过求解相关协方差方程并分析它们的分量计算其误差协方差矩阵。然而，应该注意的是，这种精度分析不是很方便，因为精度分析需要进行大量的计算，取决于飞行器的速度、高度、速度精度和重力异常的变化。前面提到的功率谱密度局部近似法[65]也可以用来解决这个难题。

8.5.3 功率谱密度局部近似法

在功率谱密度局部近似法中，稳态模式最优滤波器的传递函数主要由有效信号与噪声的功率谱密度交叉点及其在这一点的斜率决定。假设在飞行器速度为 $V=50\text{m/s}$ 条件下，确定重力加速度。根据卫星接收机的性能，取 $R_V=0.01^2(\text{m/s})^2\cdot\text{s}$，$R_h=0.005^2\text{m}^2\cdot\text{s}$，重力计误差 $R_{GR}=5^2(\text{mGal})^2\cdot\text{s}$[101,102]。初步调查显示，在此情况下，重力计仪器误差可忽略不计，因为它几乎不影响重力异常估计的精度。采用对数刻度来绘制重力异常功率谱密度图表和条件功率谱密度垂直速度 ω^2R_V 与高度误差 ω^4R_h 的图。式(8.86)的分析表明，在这些条件下，重力异常的功率谱密度在交叉点附近非常近似($\omega>>a$)，即

$$S_{\tilde{g}}(\omega)\approx\frac{q_w^2}{\omega^4}\tag{8.92}$$

这对应于重力异常可作为白噪声的二重积分，即 $q_w^2=10\beta^3\sigma_{\tilde{g}}^2$。所有上述功率谱密度的曲线如图 8.19 所示。

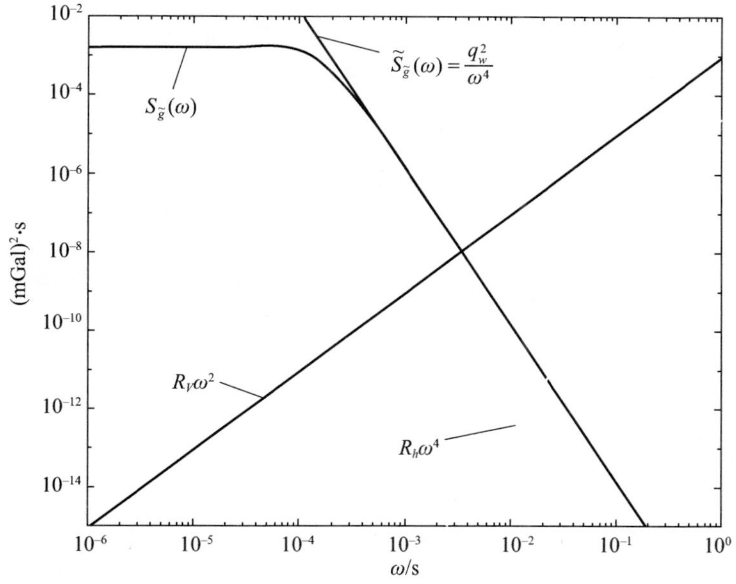

图 8.19 重力异常功率谱密度近似值和高度与垂直速度误差的功率谱密度

在状态空间中，重力异常的模型式(8.92)可以写为

$$\begin{cases}\dot{g}_1(t)=g_2(t)\\ \dot{g}_2(t)=q_w w(t)\end{cases}$$
$$\tilde{g}(t)=g_1(t) \tag{8.93}$$

式中：$w(t)$为具有单位功率谱密度的白噪声；$q_w=\sqrt{10\beta^3\sigma_{\tilde{g}}^2}$。

按照前面的假设，可以采用更简单的模型替代式(8.90)和式(8.91)。由于重力异常的模型是白噪声的二次积分，因此，状态矢量由具有相同测量值和矩阵的 $\boldsymbol{x}(t)=(\Delta h^{\mathrm{GR}}(t),\Delta V^{\mathrm{GR}}(t),g_1(t),g_2(t))^{\mathrm{T}}$ 给出，即

$$\boldsymbol{F}=\begin{bmatrix}0&1&0&0\\0&0&1&0\\0&0&0&1\\0&0&0&0\end{bmatrix},\boldsymbol{Q}=1,\boldsymbol{G}=\begin{bmatrix}0\\0\\0\\q_w\end{bmatrix},\boldsymbol{H}=[\boldsymbol{I}_2\quad \boldsymbol{0}_{2\times2}] \tag{8.94}$$

使用参考文献[65,98]中的结果，稳态滤波和平滑模式的传递函数 $\boldsymbol{W}^f(p)$、$\boldsymbol{W}^s(p)$可以使用高度测量值获得，即

$$\boldsymbol{W}^f(p)=W_B(p)\begin{bmatrix}\gamma\left(\dfrac{p}{\rho}\right)^3+\dfrac{\gamma^2}{2}\left(\dfrac{p}{\rho}\right)^2+\gamma\dfrac{p}{\rho}+1\\ p\left(\dfrac{\gamma^2}{2}\left(\dfrac{p}{\rho}\right)^2+\gamma\dfrac{p}{\rho}+1\right)\\ p^2\left(\gamma\dfrac{p}{\rho}+1\right)\\ p^3\end{bmatrix} \tag{8.95}$$

$$\boldsymbol{W}^s(p)=W_B(p)W_B(-p)\begin{bmatrix}1\\p\\p^2\\p^3\end{bmatrix} \tag{8.96}$$

其中

$$W_B(p)=\frac{\rho^4}{p^4+\gamma p^3\rho+\dfrac{\gamma^2}{2}p^2\rho^2+\gamma p\rho^3+\rho^4} \tag{8.97}$$

且 $\rho=(q_w/\sqrt{R_h})^{1/4}$，$\gamma=\sqrt{2(2+\sqrt{2})}$为无量纲系数。

还可以看出,稳态模式下滤波误差协方差矩阵为

$$
\boldsymbol{P}_{\infty}^{f}=R_{h}\begin{pmatrix}
\gamma\rho & \dfrac{\gamma^{2}\rho^{2}}{2} & \gamma\rho^{3} & \rho^{4} \\
\dfrac{\gamma^{2}\rho^{2}}{2} & \gamma\xi\rho^{3} & \dfrac{\gamma^{4}\rho^{4}}{8} & \gamma\rho^{5} \\
\gamma\rho^{3} & \dfrac{\gamma^{4}\rho^{4}}{8} & \gamma\xi\rho^{5} & \dfrac{\gamma^{2}\rho^{6}}{2} \\
\rho^{4} & \gamma\rho^{5} & \dfrac{\gamma^{2}\rho^{6}}{2} & \gamma\rho^{7}
\end{pmatrix} \tag{8.98}
$$

式中:$\rho=(q_{w}/\sqrt{R_{h}})^{1/4}$;$\gamma=\sqrt{2(2+\sqrt{2})}$;$\xi=\sqrt{2}+1$。使用参考文献[63]和式(8.98)的结果,也可以找到平滑误差协方差矩阵 P_{∞}^{s} 的表述公式。

分析简化模型式(8.93)的滤波和平滑算法的性能,表明它们相当有效。特别是,如果真实模型功率谱密度与式(8.86)一致,则它们的精度非常接近最优滤波器的精度。此外,使用简化模型除了可为滤波和平滑问题提供显式传递函数外,还可生成状态矢量所寻求分量的估计误差方差的分析公式。表 8.3 是在 $R_{\mathrm{GR}}=0$ 时,重力异常的滤波和平滑(使用由式(8.83)和式(8.84)表述的高度与垂直速度测量值描述)的误差方差公式。例如,使用滤波和平滑的误差协方差矩阵的相关对角元素可以得到这些公式。因此,在坐标测量值的情况下,重力异常滤波误差方差由式(8.98)矩阵的第 3 个对角元素决定。

表 8.3　重力异常估计误差方差公式

问题	卫星导航系统测量值	误差方差估计
滤波	垂直速度(式(8.80))	$3R_{V}^{1/2}q_{w}$
	高度(式(8.79))	$6.31R_{h}^{3/8}q_{w}^{5/4}$
平滑	垂直速度(式(8.80))	$0.17R_{V}^{1/2}q_{w}$
	高度(式(8.79))	$0.14R_{h}^{3/8}q_{w}^{5/4}$

应当注意,如果使用速度测量值来获取重力异常的传递函数公式和估计误差方差的公式,则可以使用状态矢量 $\boldsymbol{x}(t)=(\Delta V^{\mathrm{GR}}(t),g_{1}(t),g_{2}(t))^{\mathrm{T}}$。

滤波和平滑误差主要取决于重力异常沿着轨迹的变化。这种变化可以用沿运动方向 $\nabla\tilde{g}=\partial\tilde{g}/\partial\rho$ 的导数表征。

表 8.4 是计算滤波和平滑均方根误差的示例。然后,将白噪声 $q_{w}w(t)$ 的功率谱密度 q_{w}^{2} 设置为 $q_{w}^{2}=\nabla\tilde{g}^{2}3V^{3}/\rho$,其中 ρ 是确定重力异常增量路径的长度,V 是速度。使用白噪声二重积分的方差公式,根据参考文献[63]中的结果,其中

$\sigma_{\tilde{g}}^2(t)=q_w^2t^3/3$ 成立。设置此值等于增量方差$(\nabla\tilde{g}\rho)^2$，可以写出 $\sigma_{\tilde{g}}^2=q_w^2t^3/3=\left(\frac{\partial\tilde{g}}{\partial\rho}\rho\right)^2=(\nabla\tilde{g}\rho)^2$。然后，有

$$q_w^2=\frac{3\sigma_{\tilde{g}}^2}{\rho^3}V^3=\frac{3\left(\frac{\partial\tilde{g}}{\partial\rho}\rho\right)^2}{\rho^3}V^3=3(\nabla\tilde{g})^2V^3/\rho$$

表 8.4 重力异常均方根误差：滤波（分子）和平滑（分母）（单位：mGal）

测量值	梯度 $\partial\tilde{g}/\partial\rho$/(mGal/km)			
	1	3	5	10
V_z	3.4/0.8	7.7/1.8	11.2/2.7	18.8/4.5
h	0.8/0.12	2.2/0.33	3.5/0.53	6.7/1.0
$h+V_z$	0.8/0.12	2.2/0.33	3.5/0.53	6.7/1.0

从结果可以看出，解决平滑问题而不是滤波问题时，重力异常估计的均方根误差可以显著降低。如果使用速度测量值，则由滤波均方根和平滑均方根之间的比值决定的增益为4.2，如果使用高度测量值，则为6.7。

结果分析表明，在当前卫星测量值的高度与速度精度比值下，且高度数据存在，速度辅助本质上不影响重力异常估计的精度。

参考文献

[1] Anderson, B. D. O. (1979) Optimal Filtering. Englewood Cliffs: Prentice – Hall.

[2] Anderson, B. D. O. and Moore, J. B. (1991) Kalman Filtering: Whence, What, and Whither? Mathematical System Theory: The Influence of R. E. Kalman: A Festschrift in Honor of Professor R. E. Kalman on the Occasion of his 60th Birthday, Antoulas, A. C., Ed., Berlin: Springer – Verlag.

[3] Bar – Shalom, Y., Rong Li, X., Kirubarajan, T. (2001) Estimation with Applications to Tracking and Navigation. New York: John Wiley & Sons, Inc.

[4] Bar – Shalom, Y., Willett, P. K, and Tian, X. (2011) Tracking and Data Fusion. A Handbook of Algorithms. Storrs: YBS Publishing.

[5] Basar, T. Ed. (2001) Control Theory. Twenty Five Seminal Papers (1932 – 1981). New York: IEEE Press.

[6] Brown R. G. and Hwang, P. Y. C. (1997) Introduction to Random Signals and Applied Kalman Filtering with Matlab Exercises and Solutions. New York: John Wiley & Sons.

[7] Bucy, R. S. and Joseph, P. D. (1968) Filtering for Stochastic Processes with Applications to Guidance. New York: Wiley – Interscience.

[8] Bucy, R. S. and Senne, K. D. (1971) Digital Synthesis of Nonlinear Filters, Automatica, 7(3), 287 – 298.

[9] Daum, F. (2005) Nonlinear Filters: Beyond the Kalman Filter, IEEE Aerospace and Electronic Systems Magazine, 20(8), 57 –71.

[10] Fomin, V. N. (1984) Rekurentnoye otsenivanie i adaptivnaya fil'tratsiya [Recurrent Estimation and Adaptive Filtering], Moscow: Nauka(in Russian).

[11] Gelb, A., Kasper, J., Nash, R., Price, C., and Sutherland, A. (1974) Applied Optimal Estimation. Cambridge, MA; MIT Press.

[12] Grewal, M. S. and Andrews, A. P. (1993) Kalman Filtering: Theory and Practice. New Jersey: Prentice Hall.

[13] Jazwinski, A. H. (1970) Stochastic Processes and Filtering Theory. New York: Academic Press.

[14] Kailath, T. (1974) View of Three Decades of Linear Filtering Theory. IEEE Transactions on Information Theory, IT –20, 146 –181.

[15] Kailath, T. (1980) Linear Systems. Prentice –Hall, Inc, Englewood Cliffs.

[16] Kailath, T., A. Sayed, and B. Hassibi(2000) Linear Estimation. Upper Saddle River: Prentice –Hall.

[17] Kurzhanski, A. B. (1977) Upravlenie i nablyudenie v usloviyakh neopredelennosti [Control and Observation under Uncertainty], Moscow: Nauka(in Russian).

[18] Kushner, H. J. (1964) On the Dynamical Equations of Conditional Probability Density Functions, with Applications to Optimal Stochastic Control Theory. Journal of Mathematical Analysis and Applications, 8, 332 –344.

[19] Lainiotis, D. G. (1974a) Estimation Algorithms, I: Nonlinear Estimation, Information Sciences, 7(3/4), 203 –235, II: Linear Estimation, Information Sciences, 7(3/4), 317 –340.

[20] Lainiotis, D. G. (1974b) Estimation: Brief Survey, Information Sciences, 7, 191 –202.

[21] Liptser, R. Sh. and Shiryaev, A. N. (1974) Statistika sluchainykh protsessov [Statistics of Random Processes], Moscow: Nauka(in Russian).

[22] Mathematical System Theory(1991) The Influence of R. E. Kalman: A Festschrift in Honor of Professor R. E. Kalman on the Occasion of his 60th Birthday, Antoulas, A. C., Ed., Berlin: Springer –Verlag.

[23] Maybeck, P. S. (1979) Stochastic Models, Estimation and Control, vol. 1. New York: Academic Press.

[24] Medich, J. S. (1969) Stochastic Optimal Linear Estimation and Control. New York: McGraw –Hill.

[25] Mehra, R. K. (1972), Approaches to Adaptive Filtering, IEEE Transactions on Automatic Control, 17 (5), pp. 693 –698.

[26] Pugachev, V. S. and Sinitsyn I. N. (1985) Stokhasticheskie differentsial'nye sistemy [Stochastic Differential Systems]. Moscow: Nauka(in Russian).

[27] Ristic, B., Arulampalam, S., and Gordon, N. (2004) Beyond the Kalman Filter: Particle Filter for Tracking Applications. Norwood, MA: Artech House Radar Library.

[28] Rozov, A. K. (2002) Nelineinaya fil'tratsiya signalov [Nonlinear Filtering of Signals]. Saint Petersburg: Politekhnika, 372 pp. (in Russian).

[29] Sage, A. R. and Melsa, J. L. (1971) Estimation Theory with Applications to Communications and Control. New York: McGraw –Hill.

[30] Sinitsyn, E. N. (2006) Fil'try Kalmana i Pugacheva [Kalman and Pugachev Filters], Moscow: Logos(in Russian).

[31] Sorenson, H. W. (1970), Least Square Estimation from Gauss to Kalman, IEEE Spectrum,7(7),63 –68.

[32] Sorenson, H. W. (1985) Kalman Filtering: Theory and Application. New York: IEEE Press.

[33] Stepanov, O. A. (2011) Kalman Filtering: Past and Present. An Outlook from Russia [On the Occasion of the 80th birthday of Rudolf Emil Kalman], Gyroscopy and Navigation, 2(2), pp. 99 – 110.

[34] Stratonovich, R. L. (1960) Conditional Markov Processes. Theory Probability and its Applications, 5, 156 – 178.

[35] Stratonovich, R. L. (1966) Uslovnye markovskie protsessy i ikh primenenie k teorii optimal' nogo upravleniya [Conditional Markov Processes and their Application to Optimal Control Theory]. Moscow: MGU.

[36] Tikhonov, V. I. (1983) Development of Optimal Filtering Theory in the USSR, Radiotekhnika, 11, 11 – 25(in Russian).

[37] Tikhonov, V. I. (1999) Development of Optimal Nonlinear Estimation of Random Processes and Fields in Russia, Radiotekhnika, 10, 4 – 20(in Russian).

[38] Van Trees, H. L. (1968) Detection, Estimation, and Modulation Theory. New York: John Wiley & Sons, Inc.

[39] Yarlykov, M. S. and Mironov, M. A. (1993) Markovskaya teoriya otsenivaniya sluchainykh protsessov. Moscow: Radio i svyaz' (in Russian); (1996) The Markov Theory of Estimating Random Processes, Telecommunications and Radioengineering, vol. 50, no. 2 – 12. New York: Begell House.

[40] Gibbs, B. P. (2011) Advanced Kalman Filtering, Least – Squares and Modeling: A Practical Handbook, Hoboken: John Wiley & Sons, Inc.

[41] Kolmogoroff, A. (1939) Sur l' interpolation et extrapolation des suites stationnaires, Comptes Rundus de l' Acad. Sci. Paris, 208, 2043 – 2045.

[42] Kolmogorov, A. N. (1941) Interopolyatsiya i ekstrapolyatsiya statsionarnykh sluchainykh posledovatel' nostei, Izvestiya Akad. Nauk SSSR, Seriya Matematika, 5, 3 – 14(in Russian); Kolmogorov, A. N. (1962) Interpolation and Extrapolation of Stationary Random Sequences, 3090 – PR. Santa Monica: Rand Corporation.

[43] Wiener, N. (1949) Extrapolation, Interpolation and Smoothing of Stationary Time Series, with Engineering Applications. John Wiley, New York, 1949(Originally issued in February 1942, as a classified National Defense Research Council Report).

[44] Kalman, R. E. (1960) A New Approach to Linear Filtering and Prediction Problems. Transactions of the ASME—Journal of Basic Engineering, 82(Series D), pp. 35 – 45.

[45] Kalman, R. E. and Bucy, R. S. (1961) New Results in Linear Filtering and Prediction Theory, Transactions of the ASME—Journal of Basic Engineering, 83, pp. 95 – 107.

[46] Stratonovich, R. L. (1959a) Optimum Nonlinear Systems which Bring about a Separation of a Signal with Constant Parameters from Noise, Izvestiya vuzov SSSR, Seriya Radiofizika, 2, 862 – 901(in Russian).

[47] Stratonovich, R. L. (1959b) K teorii optimal' noi nelineinoi fil' tratsii sluchainykh funktsii [Some Aspects of Optimal Nonlinear Filtering of Random Functions], Teoriya veroyatnostei i eyo primeneniya, 4(2), pp. 239 – 241(in Russian).

[48] Li, X. R. and Jilkov, V. P. (2004) A Survey of Maneuvering Target Tracking: Approximation Techniques for Nonlinear Filtering. Proceedings of the SPIE Conference on Signal and Data Processing of Small Targets, San Diego, CA, USA, pp. 537 – 535.

[49] Stepanov, O. A. (2006) Linear Optimal Algorithm for Navigation Problems, Giroskopiya i navigatsiya, 4,

11 – 20(in Russian).

[50] Åström, K. J. (1991) Adaptive Control, Mathematical System Theory: The Influence of R. E. Kalman: A Festschrift in Honor of Professor R. E. Kalman on the Occasion of his 60th Birthday, Antoulas, A. C., Ed., Berlin: Springer Verlag.

[51] Battin, R. H. (1964) Astronautical Guidance. New York: McGraw – Hill.

[52] Kailath, T. (1991) From Kalman Filtering to Innovations, Martingales, Scattering and Other Nice Things. Mathematical System Theory: The Influence of R. E. Kalman: A Festschrift in Honor of Professor R. E. Kalman on the Occasion of his 60th Birthday, Antoulas, A. C., Ed., Berlin: Springer – Verlag.

[53] Lainiotis, D. G. (1976) Partitioning: A Unifying Framework for Adaptive Systems, 1: Estimation, Proceedings of the IEEE 64, 1126 – 1142.

[54] Schmidt, S. F. (1981) The Kalman Filter: its Recognition and Development for Aerospace Applications, AIAA Journal of Guidance and Control, 4, 4 – 7.

[55] Bergman, N. (1999) Recursive Bayesian Estimation. Navigation and Tracking Applications. Ph. D. dissertation No. 579. Department of Electrical Engineering Linkoping University, Sweden.

[56] Stepanov, O. A. (1998) Primenenie teorii nelineinoi fil'tratsii v zadachakh obrabotki navigatsionnoi informatsii [Application of Nonlinear Filtering Theory for Processing Navigation Information]. St. Petersburg: Elektropribor(in Russian).

[57] Shakhtarin, B. E. (2008) Fil'try Kalmana and Vinera [Kalman and Wiener filters]. Moscow: Gelios, ARB(in Russian).

[58] Boguslavski, I. A. (1970) Metody navigatsii i upravleniya po nepolnoi statisticheskoi informatsii [Methods for Navigation and Control Using Incomplete Statistical Information], Moscow: Mashinostroenie(in Russian).

[59] Chelpanov, I. B. (1967) Optimal'naya obrabotka signalov v navigatsionnykh sistemakh [Optimal Signal Processing in Navigation Systems], Moscow: Nauka(in Russian).

[60] Rivkin, S. S., Ivanovsky, R. E., and Kostrov, A. V. (1976) Statisticheskaya optimizatsiya navigatsionnykh sistem [Statistical Optimization of Navigation Systems]. Leningrad: Sudostroenie(in Russian).

[61] Pamyati professora Nesenyuka L. P. (2010) Izbrannye trudy i vospominaniya [In Commemoration of Professor L. P. Nesenyuk. Selected Works and Recollections]. St. Petersburg: OAO Kontsern Elektropribor(in Russian).

[62] Ivanovski, R. I. (2012) Some Aspects of Development and Application of Stationary Filters to Navigation Systems, Gyroscopy and Navigation, 3(1), 1 – 8.

[63] Stepanov, O. A. (2012) Osnovy teorii otsenivaniya s prilozheniyami k zadacham obrabotki navigatsionnoi informatsii [Fundamentals of the Estimation Theory with Applications to the Problems of Navigation Information Processing], Part 1, Vvedenie v teoriyu otsenivaniya [Introduction to the Estimation Theory]. St. Petersburg: TsNII Elektropribor, 2010(in Russian); Part 2, Vvedenie v teoriyu filtrazii [Introduction to the Filtering Theory], St. Petersburg: Elektropribor, 2012(in Russian).

[64] Chelpanov, I. B., Nesenyuk, L. P., and Braginskii, M. V. (1978) Raschet kharaktiristik navigatsionnykh priborov [Calculation of Characteristics of Navigation Gyro Instruments], Leningrad: Sudostroenie(in Russian).

[65] Loparev, A. V., Stepanov, O. A., and Chelpanov, I. B. (2014) Time – Frequency Approach to Naviga-

tion Information Processing. Automation and Remote Control, 75(6), 1091 – 1109.

[66] Nebylov, A. V. (2004) Ensuring Control Accuracy. Lecture Notes in Control and Information Sciences, vol. 305. Heidelberg: Springer – Verlag.

[67] Zinenko, V. M. (2012) Application of Suboptimal Time – Invariant Filters, Gyroscopy and Navigation, 3 (4), 286 – 297.

[68] Stepanov, O. A. and Toropov, A. B. (2010) A Comparison of Linear and Nonlinear Optimal Estimators in Nonlinear Navigation Problems. Gyroscopy and Navigation, 1(3), 183 – 190.

[69] Juiler, S. J. and Uhlmann, J. K. (2004) Unscented Filtering and Nonlinear Estimation, Proceedings of the IEEE, 92(3), 401 – 422.

[70] Lefebvre, T., Bruyninckx, H., and De Schutter, J. (2005) Nonlinear Kalman Filtering for Force – Controlled Robot Tasks. Berlin: Springer.

[71] Van der Merwe, R. and Wan, E. A. (2001) The Unscented Kalman Filter. In: Kalman Filtering and Neural Networks, Haykin, S., Ed., New York: John Wiley & Sons, Inc., pp. 221 – 268.

[72] Alspach, D. L. and Sorenson, H. W. (1972) Nonlinear Bayesian Estimation Using Gaussian Sum Approximations, IEEE Transactions on Aerospace and Electronic Systems, AC – 17(4), 439 – 448.

[73] Doucet, A. and Johansen, A. M. (2011) A tutorial on particle filtering and smoothing: Fifteen years later. In: The Oxford Handbook of Nonlinear Filtering. Oxford Handbooks in Mathematics. Oxford: Oxford University Press, pp. 656 – 705.

[74] Doucet, A., de Freitas, N., and Gordon, N. J. (2001) Sequential Monte Carlo Methods in Practice. New York: Springer – Verlag, p. 581.

[75] Gustafsson, F., Gunnarsson, F., Bergman, N., Forssell, U., Jansson, J., Karlsson, R., and Nordlund, P. – J. (2002) Particle Filters for Positioning, Navigation and Tracking, IEEE Transactions on Signal Processing, 50(2), 425 – 437.

[76] Liu, J. S. and Chen, R. (1998) Sequential Monte Carlo Methods for Dynamic Systems, Journal of the American Statistical Association, 93(443), 1032 – 1044.

[77] Shön, T., Gustaffson, F., and Nordlund, P. – J. (2005) Marginalized Particle Filters for Linear/Nonlinear State – space Models. IEEE Transactions on Signal Processing, 53(7), 2279 – 2289.

[78] Zaritsky, V. S., Svetnik, V. B., and Shimelevich, L. I. (1975) Metod Monte – Karlo v zadachakh optimal'noi obrabotki informatsii, Avtomatika i telemekhanika, 12, 95 – 103(in Russian); (1975) Zaritsky, V. S., Svetnik, V. B., and Shimelevich, L. I. The Monte – Carlo Techniques in Problems of Optimal Information Processing. Automation and Remote Control, 36, 2015 – 2022.

[79] Bolić, M., Djurić, S., and Hong, P. M. (2004) Resampling Algorithms for Particle Filters: A Computational Complexity Perspective, EURASIP Journal on Applied Signal Processing(15), 2267 – 2277.

[80] Gordon, N. J., Salmond, D. J., and Smith, A. F. M. (1993) Novel Approach to Nonlinear/Non – Gaussian Bayesian State Estimate, IEEE Proceedings on Radar and Signal Processing, 140(2), 107 – 113.

[81] Ivanov, V. M., Stepanov, O. A., and Korenevski, M. L. (2000) Monte Carlo Methods for a Special Nonlinear Filtering Problem, 11th IFAC International Workshop on Control Applications of Optimization, vol. 1, pp. 347 – 353.

[82] Smith, A. F. M. and Gelfand, A. E. (1992) Bayesian Statistics without Tears: A Sampling – Resampling Perspective, The American Statistician, 46, 84 – 88.

[83] Brown, R. G. (1972 – 1973) Integrated Navigation Systems and Kalman Filtering: A Perspective. Navigation: Journal of the Institute of Navigation, 19(4), 355 – 362.

[84] Dmitriev S. P., Stepanov, O. A. and Pelevin, A. E. (2000) Motion Control and Non – Invariant Algorithms Using the Vehicle Dynamics for Inertial – Satellite Integrated Navigation, Proceedings of the Seventh Saint Petersburg International Conference on Integrated Navigation Systems, St. Petersburg, Russia, May 29 – 31. IEE, pp. 75 – 82.

[85] Mikhailov, N. V. and Koshaev, D. A. (2014) Positioning of a Spacecraft in Geostationary Orbit Using the Model of its Perturbed Motion and the Satellite Navigation Receiver, Proceedings of the 21st Saint Petersburg International Conference on Integrated Navigation System, St. Petersburg, Russia, May 26 – 28, pp. 416 – 425.

[86] Krasovski, A. A., Beloglazov, E. N., and Chigin, G. P. (1979) Teoriya korrelyatsionno – ekstremal' nykh navigatsionnikh sistem [Theory of Correlation Extremal Navigation Systems]. Moscow: Nauka (in Russian).

[87] Barbour, N. and Schmidt, G. (2001) Inertial Sensor Technology Trends. IEEE Sensors Journal, 1(4), 332 – 339.

[88] Parkinson, B. W. and Spiller, J. J., Eds. (1996). Global Positioning System: Theory and Applications, vol. I/II. Washington, DC: American Institute of Aeronautics and Astronautics.

[89] Schmidt, G. and Phillips, R. (2003) INS/GPS Integration Architectures. NATO RTO Lecture(NATO). Advances in Navigation Sensors and Integration Technology(232): 5 – 1 – 5 – 15.

[90] Anuchin, O. N. and Emel'yantsev, G. I. (1999) Integrated Attitude and Navigation Systems for Marine Vehicles. St. Petersburg: Elektropribor.

[91] Grewall M., Weill L. R., and Andrews A. P. (2013) Global Navigation Satellite Systems, Inertial Navigation, and Integration. 3rd Edition, New York: John Wiley & Sons, Inc.

[92] Koshaev, D. A. and Stepanov, O. A. (2011) A Program for Designing Linear Filtering Algorithms for Integrated Navigation Systems. IFAC Proceedings Volumes (IFAC – PapersOnline), 18 (Part 1), 4256 – 4259.

[93] Kulakova V. I. and Nebylov A. V. (2008) Guaranteed Estimation of Signals with Bounded Variances of Derivatives. Automation and Remote Control, 69(1), 76 – 88.

[94] Litvinenko, J. A., Stepanov, O. A., and Tupysev, V. A. (2009) Guaranteed Estimation in the Problems of Navigation Information Processing, Proceedings of the IEEE Multi – Conference on Systems and Control. Conference on Control Applications(CCA'09), St. Petersburg, Russia, July.

[95] Mikhailov, N. V. and Mikhailov, V. F. (2013a) Determining the Coordinates and Velocities of a Geostationary Spacecraft Using Measurements of Satellite Navigation Systems, Uspekhi sovremennoi radioelektroniki, 2013(2), 113 – 121(in Russian).

[96] Mikhailov N. V., Mikhailov, V. F., and Vasil'ev, M. V. (2010) Autonomous Orbit Determination of Artificial Earth Satellites Using Satellite Navigation Systems, Giroskopiya i navigatsiya, 2010(4), 41 – 52(in Russian).

[97] Mikhailov, N. V. and Mikhailov, V. F. (2013b) Determining the Parameters of a Geostationary Satellite Orbit Using a Satellite Navigation System, Izvestiya vysshikh uchebnykh zavedenii Rossii, Radioelektronika, 2013(2), 71 – 76(in Russian).

[98] Koshaev, D. A. and Stepanov, O. A. (2010) Analysis of Filtering and Smoothing Techniques as Applied to Aerogravimetry, Gyroscopy and Navigation, 1(1), pp. 19 – 25.

[99] Krasnov, A. A., Nesenyuk, L. P., Peshekhonov, V. G., Sokolov, A. V., Elinson L. S. (2011a) Integrated Marine Gravimetric System. Development and Operation Results. Gyroscopy and Navigation, 2(2), 75 – 81.

[100] Krasnov, A. A., Sokolov, A. V., and Usov, S. V. (2011b) Modern Equipment and Methods for Gravity Investigation in Hard – to – Reach Regions, Gyroscopy and Navigation, 2(3), 178 – 183.

[101] Krasnov, A. A., Sokolov, A. V., and Elinson, L. S. (2014a) Operational Experience with the Chekan – AM Gravimeters, Gyroscopy and Navigation, 5(3), 181 – 185.

[102] Krasnov A. A., Sokolov A. V., Elinson L. S. (2014b) A New Air – Sea Shelf Gravimeter of the Chekan Series, Gyroscopy and Navigation, 5(3), 131 – 137.

[103] Kulakova, V. I., Nebylov, A. V., and Stepanov, O. A. (2010) Using the H 2/H ∞ Approach to Aviation Gravimetry Problems, Gyroscopy and Navigation, 1(2), 141 – 145.

[104] Stepanov, O. A. (2004) An Efficient Unified Algorithm for Filtering and Smoothing Problems, Proceedings of the IFAC Workshop on Adaptation and Learning in Control and Signal Processing, ALCOSP 04, Yokohama, Japan, August 30 – September 1, pp. 759 – 763.

[105] Fisher, R. A. (1925) Statistical Methods for Research Workers. Edinburgh: Oliver and Boyd; republished by Oxford University Press, Oxford, 1990.

[106] Jordan, S. K. (1972) Self – consistent Statistical Models for Gravity Anomaly and Undulation of the Geoid, Journal of Geophysical Research, 77(20), 3660 – 3670.

第 9 章 导航显示系统

Ron T. Ogan 美国民航巡逻队队长，IEEE 高级成员

9.1 现代航空导航显示系统简介

载人飞行器的航空电子系统负责显示导航数据，飞行员或机组人员可以根据这些数据感知和控制飞行器。飞行器包括商业、军事和通用航空(GA)类别，每个类别飞行器对驾驶舱电子系统的复杂性有不同的要求。商用飞行器系统凭借易用性和创新的特点领导了导航技术的进步。军事导航显示系统对瞄准、夜视和红外成像系统的适应性有严格的空间限制。顾名思义，通用航空可以包括从轻型运动飞行器到豪华“喷气式飞机”(如庞巴迪 Learjets™)。

因此，导航显示系统要具备为飞行员和机组人员提供情景感知的功能，飞行员因此可以控制飞机飞行，以便在不同地形、不同气象条件下将乘客和货物安全运达。

美国联邦航空管理局(FAA)规定了飞行装备在空中运行的标准。飞机显示系统需要不断改进，以满足美国联邦航空管理局下一代飞行控制系统要求，即计划于 2020 年 1 月 1 日实施的自动相关监控广播(Automatic Dependent Surveillance – Broadcast, ADS – B IN/OUT)。这些显示系统将链接到美国大陆 700 多个地面站，通过(飞行信息服务广播)提供交通信息服务广播(TIS – B)和气象信息，以提高安全性和数据传输效率[1,2]。

9.1.1 人机接口显示控制——按钮技术

大多数老式通用航空(GA)飞机具有如图 9.1 所示的传统驾驶舱，包括广受欢迎的单引擎塞斯纳 C – 172 型飞机。2000 年前建造的波音 737 喷气式客机导航显示系统也采用传统的圆形表盘或“蒸汽压力表”，主要因为其成本较低，且当时缺乏性能稳定的电子显示器。像大多数轻型飞机一样，C – 172 飞机仪器仪表由飞机电气系统(转向协调器)、皮托静力系统(空速指示器、垂直速度指示器和高度计)或发动机驱动的真空系统(姿态指示器和定向陀螺仪)提供能源。这

些系统和仪器在“航空航天传感器”章节有过详细介绍。此外，一些系统由于安全原因使用了两种供电方式。飞行员调整操作仅限于根据当前大气压力设置高度计、对姿态指示器进行零位设置、在起飞前进行定向陀螺仪校准及后续飞行中为校正误差进行重新调整等。

图 9.1　典型的 C－172 飞机驾驶舱布局

20 世纪 70 年代中期，商业运输飞机驾驶舱平均有 100 多个仪表和控制装置，包括各种指示器、状态条和其他仪表。因此，驾驶舱日益增长的设备对安装空间要求越来越高，对飞行员注意力提出了挑战。航空电子设备差异很大，没有良好的人机界面，缺乏有效的布局。在此期间，发光二极管（LED）显示器开始得到应用，但在不同的环境或人造照明环境中难以读取显示数据。有些发光二极管具有定制的激光微调电阻器，可以调节发射光的强度，以提供更好的显示效果。

图 9.2 为具有控制面板和模拟仪表显示器的洛克希德·马丁公司 C－5A 驾驶舱，图 9.3 为 C5A 银河飞机的升级版驾驶舱。因为模拟仪表具有复杂、缺乏标准化和数量种类多等缺点，飞行员在模拟仪器培训方面有很多困难：在飞行期间，飞行员需要持续查看很多仪器仪表以监控飞机性能，且工效学未被视为优先事项。为了方便飞行员的有效使用，现代显示系统更加灵活，且可以进行专门定制。

现代航空导航显示系统主要包括 3 种类型的设备，即雷达显示器、平视显示器（Head－Up－Display，HUD）和航空电子显示系统。图 9.4 显示了霍尼韦尔公司平视显示器 2020，它可让飞行员的视觉焦点保持在外界。紧凑的平视显示器

图 9.2 洛克希德·马丁公司 C－5A 飞机的模拟仪表板

图 9.3 洛克希德·马丁公司 C－5A 飞机的 AMP 升级版仪表板

2020 在轻型组合器上生成一幅图像,可以为飞行员提供实时的飞行数据。平视显示器 2020 是由飞行员设计的,从完整的系统角度来看,完全集成了 Gulfstream 公司大型商用飞机上的整套标准航空电子设备。霍尼韦尔集成视觉导航系统(Visual Guidance System™,VGS)是专为 Primus Epic®(霍尼韦尔)系统设计的平视显示器。

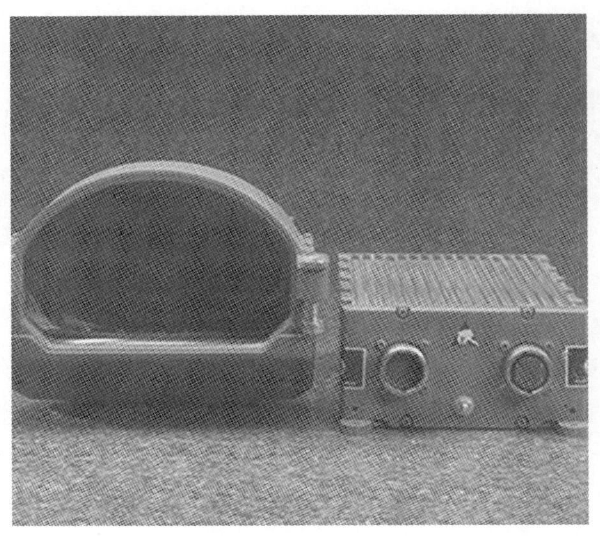

图 9.4 霍尼韦尔公司 HUD 2020 平视显示器

美国空军/洛克希德·马丁公司的 F-22 型战机搭载全玻璃布局驾驶舱,可提供更多的光线、空间和可见度,以提高驾驶舱的适居性,如图 9.5 所示。通过显示设计和内置诊断,对航空性能和安全性进行了优化,可减少维护工作量和人为差错。握杆控制(the Hands on Throttle and Stick,HOTAS)和显示控制减少了飞行员工作量,增加了飞行员的安全性和生存能力。通过提供更好的视野,优化面板边缘灯、防碰撞灯和闪光灯的位置,进一步提高了安全性。备用飞行设备(A Standby Flight Group,SFG)在其他系统故障时可以继续运行,为飞行员提供关键飞机信息,从而提高系统和人员的生存能力。集成报警、建议和警告(the Integrated Caution,Advisory, and Warning,ICAW)系统通过定义系统故障并推荐相应的应对措施简化问题,从而减少飞行员工作量,提高任务效能。

图 9.5 所示的 F-22 飞机的平视显示器位于人眼的最佳高度,约为 11.4cm,它使用了由美国空军仪器飞行中心开发的标准化符号系统,这样机组人员不需要认知新的符号。战术符号设置与 F-22 飞机下视显示器(Head-Down-Display,HDD)上使用的符号相同,可以进行交叉检查并减少人为差错。驾驶舱内的 6 个液晶显示屏(LCD)可以用色彩呈现信息,而且在阳光直射下也

图 9.5　F－22 平视显示器雷达和液晶显示器

可以读取。备用飞行设备与飞机的最后一套电源相关联，在其他电气系统故障情况下，仍能保持供电，因此，可以增加安全性和生存能力。

单独设计的集成报警、建议和警告系统减少了飞行员在分析信息和做出应对操作方面的工作量。这些信息显示在飞行员易于看到的显示器上，显示器能识别出特定的问题，并提供解决问题的电子清单。

握杆控制开关设计简化了超过 60 种时间关键功能。飞机的主要飞行控制、侧杆控制器和两个节气门已重新定位，作为新设计的一部分。该操作杆位于右侧控制台上，带有可摆动的可调式扶手，节气门位于左侧控制台上。除了显示管理信息（美国空军）之外，握杆控制还包括控制攻防武器系统的按钮。

阿斯彭航电设备（Aspen Avionics Evolution）2500 是一套先进的集成玻璃驾驶舱显示屏，飞行员通过底部和侧面的按钮与旋钮输入数据或指令，如图 9.6 所示。阿斯彭航电设备 2500 综合了强大的 EFD1000 Pro 主飞行显示系统（Primary Flight Display，PFD）、EFD1000 多功能飞行显示系统（Multifunction Flight Display，MFD）和 EFD500 多功能飞行显示系统，研制出了阿斯彭全玻璃驾驶舱。主飞行显示系统和 EFD1000 多功能飞行显示系统提供了安全性与可靠性，EFD500 多功能飞行显示系统扩展了显示区域，可以为飞行员提供更多的飞行数据。这使得通用航空飞机玻璃驾驶舱既易于使用，又具有良好的兼容性，可大大降低安装和使用成本。符合 RTCA DO－178B C 级的软件菜单除提供安全飞行所需的关键飞行参数外，还提供交通、气象、发动机性能和防撞警报的显示。

图 9.6　阿斯彭航电设备 2500 显示屏

9.1.2　专用玻璃驾驶舱的快速配置显示

“玻璃驾驶舱”这一名词的起源，据说是在 NASA 宇航员弗雷德·格雷戈里(Fred Gregory)获悉航天飞机“亚特兰蒂斯”号的驾驶舱采用了一项全新技术时提出的。他建议航天飞机管理人员与航空专家沟通交流，这说明了为什么“亚特兰蒂斯”号的新驾驶舱类似于现代客机驾驶舱，彩色多功能计算机显示器从一侧延伸到另一侧。这一布局的重大改进反映出驾驶舱复杂的功能。格雷戈里原来就职于美国 NASA 兰利研究中心，后来成为美国 NASA 安全和任务保障协会主任，他意识到兰利研究中心率先在 NASA 737 飞行实验室的地面模拟器和演示飞行中采用了玻璃驾驶舱的概念。根据这项研究和客户的良好反应，波音公司已经成功为飞机开发出了第一代玻璃驾驶舱。

目前，玻璃驾驶舱具有数字电子仪器显示器，通常通过大型液晶显示屏代替传统的模拟表盘和仪表。传统的驾驶舱依赖于许多机械仪表来显示信息，而玻璃驾驶舱只使用几个由飞行管理系统(Flight Management Systems，FMS)驱动的显示器，飞行管理系统可根据需要调整显示信息。这简化了飞机操作和导航，使飞行员能够专注于最相关的信息。它们也受到了航空公司的欢迎，因为它们不需要大量的飞行工程师进行维护，从而节约了成本。近年来，这种技术也在小型飞机上广泛使用。

现代航空航天显示系统具有主飞行显示系统,它位于飞机机长或飞行员指挥(Pilot - In - Command,PIC)前面,还有位于中心面板或副驾驶(第二副驾驶)前面的辅助多功能飞行显示系统。多功能飞行显示系统通常显示交通、气象和发动机性能信息,也可以在出现故障时重新配置为主飞行显示系统或所需的其他功能。

随着飞机显示系统的现代化,相关传感器技术也在不断进步。传统的陀螺仪飞行仪器仪表已被电子姿态和航向基准系统(Attitude and Heading Reference System,AHRS)与空中数据计算机(Air Data Computers,ADC)所取代,从而提高了可靠性,降低了成本。此外,全球定位系统(GPS)接收机通常也被集成到玻璃驾驶舱中。

技术的发展使得玻璃驾驶舱电子设备与现代飞机相结合成为可能,包括采用液晶显示屏替代老旧的阴极射线管和分段 LED 数据显示器。液晶显示屏具有很大的灵活性,它允许飞行员或机组人员重新设置显示器,以显示关键的空速、姿态和高度,以及地形地图、交通情况和气象模式等信息。

平板显示屏在受控条件(如在“标准环境”照明条件和 25℃温度环境)下连续使用寿命接近 100000h。

电影与电视工程师协会(SMPTE)建议屏幕尺寸不小于座位的 30°视角。在飞机中,这意味着为了获得最佳效果,从飞行员眼睛到显示器的距离应该满足 30°的最小角度(对于电视来说,这对应于观看电视的距离为屏幕宽度的 1.87 倍)。

设计中应考虑的另一个问题是液晶显示屏位置如何与观看者的个人视觉系统相关,或者更具体地说,与飞行员的视力相关。视力问题并不涉及屏幕尺寸的最佳观看位置,而是需要考虑限制飞行员视力的最大距离,超过此距离将不容易看清所有的图片细节。

根据定义,视力是眼睛空间分辨能力的度量,即最小可分辨事物的角度大小(图 9.7)。

具有正常视力的人(通常称为 6/6,以米为单位)在 6.1m 外观察图案时,如果能够分辨图案,要求图案中的每个元素占据眼睛 1′的角度(即 1/60°)。这表示最小分辨角,意味着具有正常视力的人可以在 6.1m 的距离处分辨出高度为 1.77mm 的物体。

从液晶显示屏观看距离的角度出发,视力意味着当观看距离过大时,一些图片细节将不能分辨,因为看起来它会与相邻的图片信息相融合。在实践中,这意味着最小的图像元素(像素)从 0.915m 距离观看时应该具有不小于 0.59mm 的尺寸,0.915m 是在飞机驾驶舱观察仪器仪表的典型最大距离。

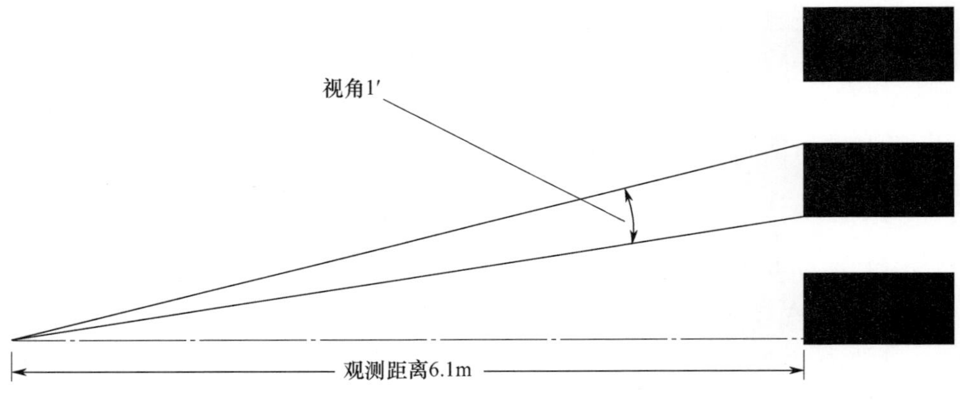

图 9.7　最小分辨角

9.2　全球定位系统接收机和地图显示

美国 GPS 在 1995 年开始运行,系统配置了 24 颗环绕地球的人造卫星,轨道半径为 26560km,周期约 12h。卫星布置在相对于赤道平面倾斜 55°的 6 个轨道平面中,4 颗主卫星在每个轨道上非均匀分布。虽然 GPS 原本是为军事目的设计的,但民用海事、陆基和机载应用发展迅速。

堪萨斯州奥拉西的 Garmin 国际公司是航空 GPS 导航设备研发领域的领头羊,其产品是目前电子导航设备的首选。通过将分散在众多仪表中的视觉线索和数据结合在一起,Garmin G1000™系统使飞行信息更容易观察,以便飞行员能够更加快速、直观和自信地做出反应。典型配置包括一个双显示或三显示系统,平面显示屏幕尺寸 10 ~ 15 英寸,它适用于从下一代商用喷气机到单活塞飞机的各种机型,并形成多功能、完全集成的玻璃飞行驾驶舱。该系统的大型 XGA 高分辨率(1024 × 768)屏幕允许飞行员一目了然地看到所需的数据,而无需观察多页信息。

图 9.8 显示了 Garmin G1000 的构成。系统基本配置、主飞行显示系统、多功能飞行显示系统和系统概观分别如图 9.8 ~ 图 9.11 所示。

每个显示器都由 X 级微处理器驱动,并具有高性能图形加速器,用于 3D 渲染。这些显示器具有较广的观看视角,是可在阳光下阅读的 TFT 光学器件,为飞行员提供非常全面的飞行关键数据和其他信息。模块化可更换单元(Modular Line Replaceable Units,LRU)可为硬件提供方便的即插即用设置功能:所有组件都具有共同的程序语言并用高速以太网连接,以便与集成航空电子设备、仪表以及飞行控制功能同步。中心位置的多功能飞行显示系统用于发动机和燃油系统

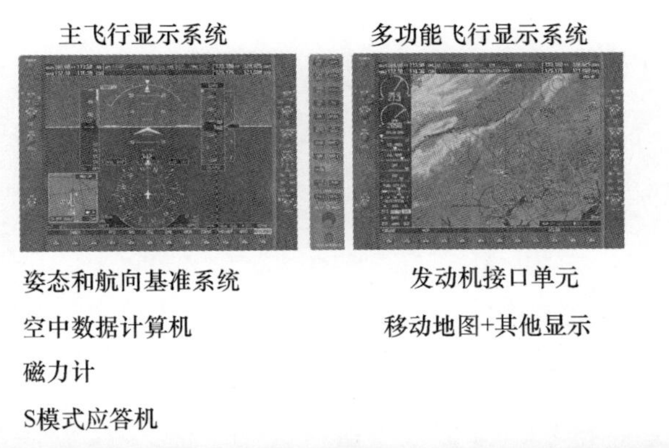

图 9.8　Garmin G1000 基本配置

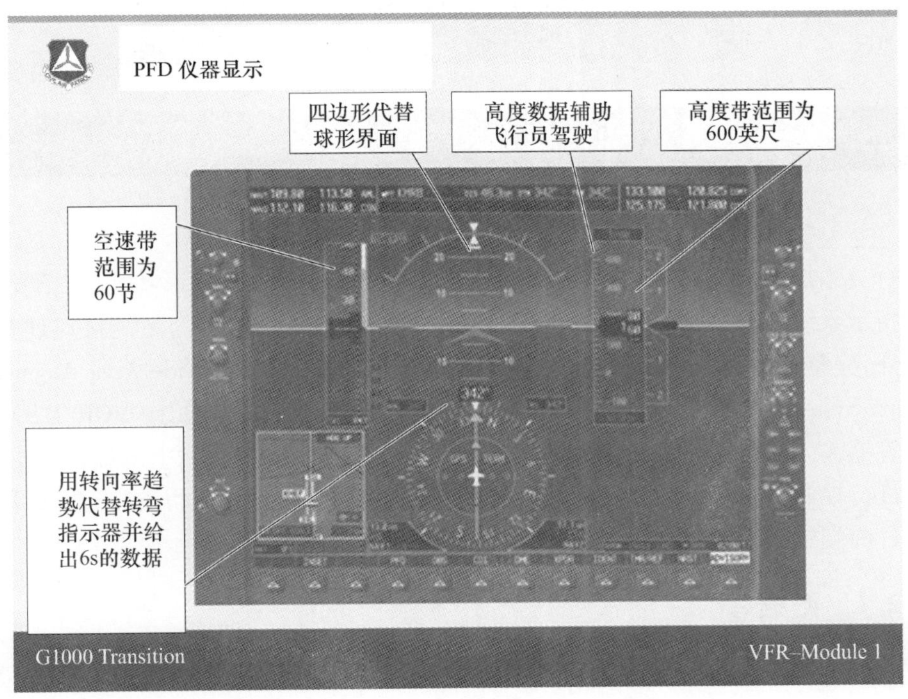

图 9.9　Garmin G1000 主飞行显示系统

监控，以及显示详细的地图图形。地图功能具有各种传感器输入接口，由此可以根据需要加载气象、雷电、交通、地形和其他回避系统信息。因此，这些显示允许

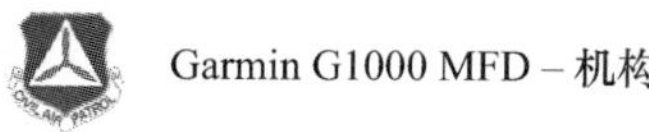

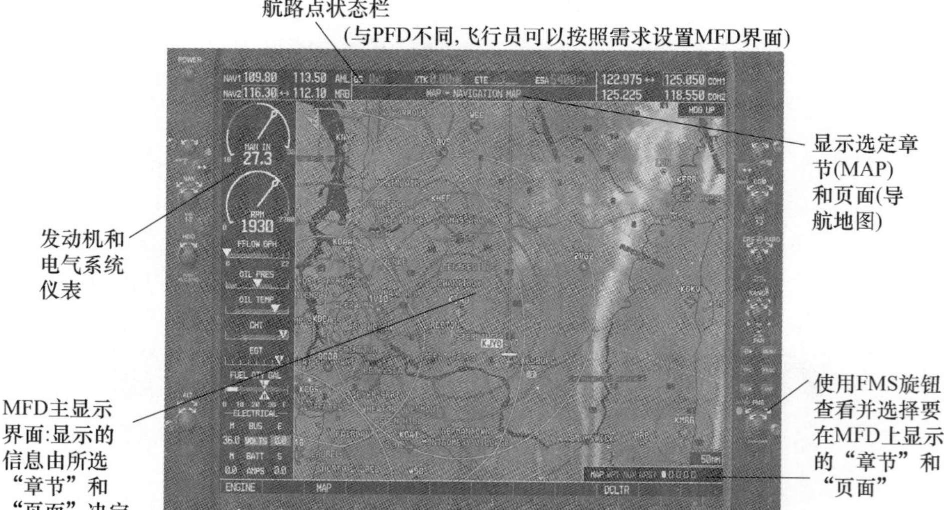

图 9.10　Garmin G1000 多功能显示系统

飞行员添加或取消选择加载项,以根据需要进行定制。其他图形功能,包括发动机指示系统(EIS)和机组警报系统(CAS)的信息可通过内置的系统接口连接。此外,完整的甚高频(VHF)通信、3 类广域增强系统(Class 3 Wide Area Augmentation System,WAAS)认证的 GPS、甚高频全向信标/仪表着陆系统(VOR/ILS)和应答器输入由位于主飞行显示系统及多功能飞行显示系统边框上的旋钮与功能键进行控制。屏幕导航以及通信和地图功能,由内置数据库进行支持,数据可以通过前端数据卡进行升级更新,通常每 3 个月更新一次。

9.2.1　数据库

有很多内置的地形和地图数据库为 Garmin G1000 导航提供了图形参考。在最基本层,一幅世界地图可以在多功能飞行显示系统上确定城市、道路、河流、湖泊和其他地面特征。内置的地形高程数据库可以增强飞行安全性,当飞行员接近凸升地形时,该数据库使用颜色编码提醒飞行员注意(B 类地形警告系统,可在 G1000 上选装,它在颜色编码地形警告基础上增加了语音警报)。

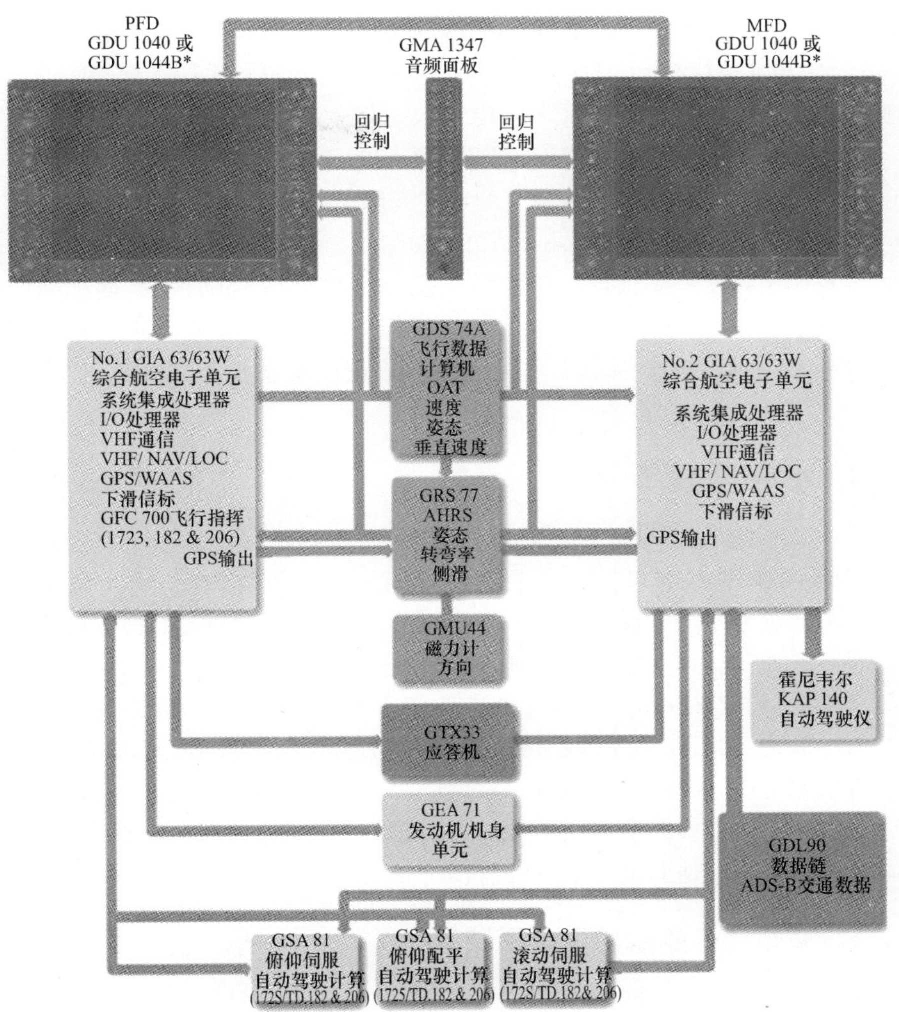

图 9.11　Garmin G1000 系统概观

对于地面导航，内置的 Garmin SafeTaxi® 图表可帮助飞行员看到飞机的确切位置和飞临众多机场上的方向。对于起飞和着陆，标准的 Garmin FliteCharts® 可提供美国机场的电子版 NACO 终端程序图。作为替代方案，飞行员也可以选择 Garmin ChartView™。ChartView 具有一项独特的功能，可以在电子进场图上叠加飞机符号，因此，可为飞行员提供入境飞行进度的检查。在着陆时，ChartView 将自动显示目的地机场的地图。

先进的数据链接技术为 G1000 系统提供了一系列气象和机上信息。GDL 69A™数据链接接收机可接收 XM WX 卫星信息，提供下一代雷达(Next – Generation Radar,NEXRAD)气象、METARs、TAFs、临时飞行限制(Temporary Flight Restrictions,TFR)和高空风,以及回波高度、地表降水、雷电和美国任何地方及高度的风暴数据等。用户还可以将下一代雷达屏幕显示范围扩大到2500n mile,以便查看全国范围内气象。为了客舱娱乐,G1000还提供了一个用户界面,通过XM卫星广播提供超过170个频道的数字音频节目。Garmin的GDL®90通用收发器(Universal Access Transceiver,UAT)数据链连接单元已经过自动相关监控广播(ADS-B)操作认证。这使得飞机能够自动传输位置、速度和航向信息,以增强美国联邦航空管理局自动相关监控广播地面站的空中交通监控能力。这些将最终可在全国范围内提供交互式交通独立服务,而无需地面雷达支持。

9.2.2 全集成飞行控制

另举一个例子,Garmin GFC700数字飞行控制系统可提供基于航向基准系统(AHRS)的情景基准和双通道自我监测安全功能。该系统使用飞行手册中预先存储的数据来优化飞行性能,可以在所有飞行阶段进行精确的横向和垂直导航,以及保持空速、垂直导航曲线、垂直速度基准和自动驾驶程序。对于爬升和下降,该系统的软件模型可以确保平滑轨迹,同时,自动导航捕获系统有助于在繁忙机场简化线路,还可提供半倾斜飞行、控制轮操控、软着陆、滚动姿态和设施保持等功能,且该系统完全依靠广域增强系统GPS仪表进场操作。目前,广域增强系统正在向许多机场提供类似仪表着陆系统(ILS)的滑翔导航方法,这些机场没有任何地面辅助设施(这些设施可能既昂贵又不便使用)。

9.2.3 高级姿态和航向基准系统架构

为了可靠地输出飞机位置、速度和加速度数据,G1000使用GRS77姿态和航向基准系统架构。即使在飞机移动时,姿态和航向基准系统架构也能正确导引,姿态和航向基准系统还使用GPS、磁强计和飞行数据计算机系统的其他数据进行对比参照,以提高可靠性和精度。

9.2.4 气象和数字音频功能

G1000系统通过WxWorx气象信息服务(该服务通过XM卫星网络进行连续播报),提供气象和无线电信息。WxWorx气象源在美国有几千个分布点,持续不断地提供气象数据。

XM卫星传送系统由2颗商用卫星构成,它们同时传输数据,不间断地覆盖整个美国大陆。如果订购了XM服务,GDL 69/69A数据链接接收器就可以获取气象数据，并根据需要在主飞行显示系统和多功能飞行显示系统上进行显示。

然而，需要注意的是，从驾驶舱 XM 气象系统接收到的气象数据必须从国家气象局/FSS 处获得批准。因此，数据链气象系统只能作为参考，且 XM 气象系统不能作为飞行前或飞行中决策的主要依据。

多功能飞行显示系统适用于所有地图上的临时飞行限制，所有多功能飞行显示系统页面单体运动显示由气象数据链页面设置菜单控制。

在导航地图页面上，按下 MAP（地图）软键即可显示 NEXRAD（下一代雷达）和 XM 雷电数据。

在气象数据链页面上，所有可用的气象产品都可以通过软键显示。在按下 WX 软键显示 METAR 和 TAF 文本信息时，气象信息页显示在第一个 Waypoint（WPT）页面上。

报告/预测产品标有气象站报告的日期和格林尼治时间，而不是数据链接收机接收数据的时间。

XM 气象只提供云 - 地雷电信息。为了接收云 - 云雷电信息，飞机必须配备额外的雷电检测设备，如 Stormscope™（雨雪范围探测）。

NEXRAD 是一种多普勒雷达系统，它大大提高了雷暴、龙卷风和飓风等气象条件的检测。

9.2.5 交通信息服务

在以下章节中，为符合美国商业仪器和美国联邦航空管理局规范，距离（如入侵飞机）以英尺为单位时，按照 1 英尺 = 0.3048m 转换为米。类似地，重量以磅为单位时，按照 1lb = 0.4536kg 转换为千克。同样，1n mile 为 1.852km。

要在交通信息服务显示屏上看到入侵飞机，任何入侵飞机必须具有至少一个操作应答器（模式 A、C 或 S）。为了使用交通信息服务，两架飞机都必须配备适当的设备，必须飞行在提供交通信息服务的 S 模式雷达站的覆盖范围内。这通常在距离该雷达站 55n mile 范围内和 S 模式雷达的视线范围内。

使用交通信息服务，GIFD 可以在一个服务空间内（该服务空间定义为距离入侵飞机 7n mile，向上 3500 英尺和向下 3000 英尺以内的空间）在主飞行显示系统/多功能飞行显示系统上显示多达 8 个入侵飞机。交通信息服务信息每 5s 播放 1 次。

交通警告（Traffic Advisory，TA）是一个高度警报，当任何飞机出现在高度 ±500英尺、距离 0.5n mile 范围内时发出。无论距离或高度如何，当飞机预计在

34s 内会发生碰撞时,都会发出交通警告。交通警告发出时,主飞行显示系统上会显示一个黄色的交通警告圈,并发出一个音频警报。

接近警告(Proximity Advisory,PA)是当入侵飞机接近 ±1200 英尺和 4n mile 之内时发出的高度警报。

当检测到会发生潜在碰撞时,美国联邦航空管理局空中交通管制员(Air Traffic Controller,ATC)可以发出交通警告,并且空中交通管制员的指令必须被遵守,除非飞行员指挥根据安全判断选择不执行指令。交通显示旨在协助飞行员在目视飞行规则(VFR)下以目视气象条件(VMC)飞行时观察这些飞机。交通信息服务并不是为了防止碰撞,也不能减轻飞行员“观察和避免”其他飞机的责任。在仪表气象条件(Instrument Meteorological Conditions,IMC)或在无法观察到入侵飞机的时间内,它不得用于规避行动。

广域增强系统使用地面站网络为接收 GPS 卫星导航信号提供必要的校正。精确测量的地面基准站布设在美国各地(包括阿拉斯加、夏威夷和波多黎各),以收集 GPS 卫星数据。使用这些信息纠正任何信号误差,并且这些消息被广播到机载接收机。广域增强系统旨在提供准确的、可用的和完整的信息,使用户在所有飞行阶段都能够依靠 GPS 到达广域增强系统覆盖的机场。

广域增强系统提供两组不同的校正参数,即校正的 GPS 参数(位置、时间等)和电离层参数。第一组校正参数与用户位置无关,即它们适用于位于广域增强系统服务区内的所有用户。第二组与区域相关,广域增强系统为其服务区域中的多个点(以网格形式)提供校正参数。机载用户接收机基于算法(根据用户位置采用适当的网格点)计算 GPS 信号的电离层校正。然而,由于 GPS 卫星位于天空中的不同位置,因此用户接收机接收和处理的每个 GPS 卫星信号的网格点可能不同。这两组校正参数的组合可以在广域增强系统服务区内显著增加用户位置的精度和置信度。

技术标准条款(Technical Standard Order,TSO) - C146a(GPS 设备)自动利用广域增强系统误差校正实现横向/纵向(LNAV/VNAV)仪表导航,并提供水平和垂直引导。该设备还可以采用专为广域增强系统开发的 LPV 导航方案,从而提供类似仪表着陆系统的性能。

装备广域增强系统的 TSO - C146a GPS 设备的位置精度如下。

(1) 水平位置精度≈15m。

(2) 垂直位置精度≈23m。

(3) GPS 位置更新速率 = 1Hz。

对于 TSO - C146a 系统,有以下几方面。

(1) 水平位置精度 <3m。

(2) 垂直位置精度 <4.5m。

(3) GPS 位置更新速率 =5Hz。

9.3 自动相关监控广播系统显示

美国联邦航空管理局下一代自动相关监控广播(ADS - B)系统需要一个 S 模式转发器、一个数据链(根据高度,选择 1090MHz 扩展中转或 978MHz 的通用收发器),以及一个机载多功能显示器。自动相关监控广播提供交通信息服务广播(Traffic Information Service - Broadcast,TIS - B)和飞行信息服务广播(Flight Information Service - Broadcast,FIS - B),以提高飞行员对实时空中交通和气象方面的感知。

除非空中交通管制另有授权,否则,任何人不得在受控的 A、B、C、D 和 E 级空域内驾机飞行,除非该飞机配备了联邦法规规定的适用设备[3,4]。

S 模式转发器在 1090MHz 频率下广播,自动和独立于任何雷达询问。目前,所有需要 C 模式的受控空域都将需要 S 模式转发器,因为 S 模式可以响应连接空中交通管制的地面站的询问,可以提供飞机识别码、编码高度、速度和飞行方向,也可以根据需要,在数据链消息的限制内,添加其他安全参数。

2013 年至 2020 年,目前,基于雷达控制的空中交通管制系统正逐步转变为基于全球定位卫星系统。美国联邦航空局和欧盟航空管理机构正在分别通过 ATS(NextGen,下一代)和单一欧洲空中交通管理研究(SESAR)计划推进这一转变。到目前为止,预计这是航空导航和安全领域最重要和最昂贵的转变,美国预计花费超过 2500 亿美元,而在世界其他国家则将超过 3500 亿美元。

到 2018 年,NextGen 已经将总飞行延误减少约 21%,从而为旅客、飞机运营商和美国联邦航空管理局创造约 220 亿美元效益。这需要尽早实施自动相关监控广播 2020 年计划,以实现减少地面延误、通过有效路由减少航空里程、通过预判气象提高安全裕度。

自动相关监控广播包括一个飞行情报服务广播,它以近实时频率播报,从而提高飞行的安全性,因为气象因素是飞机事故的主要因素。图 9.12 为驾驶舱中显示的气象模式。

交通信息服务广播为装备自动相关监控广播的飞机提供位置信息,该信息在没有装备自动相关监控广播的飞机上由二次监视雷达提供,如图 9.13 所示。

美国联邦航空管理局下一代空中交通管制系统将于 2020 年 1 月 1 日前完成改进,新系统采用基于 GPS 的系统替代目前基于雷达的系统,以提高精

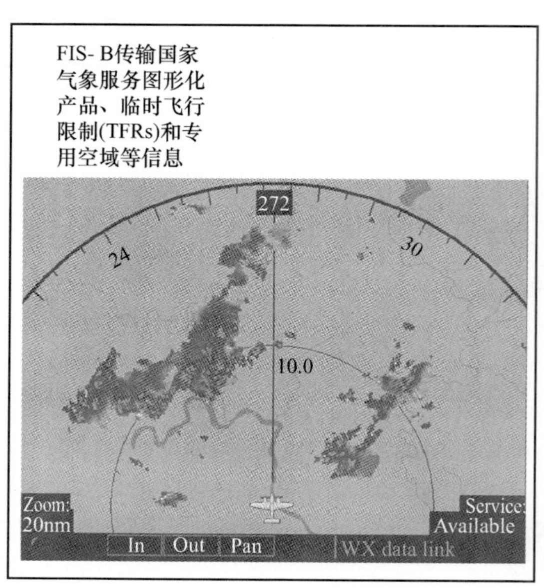

图 9.12　显示当前气象情况的 ADS – B 飞行信息服务广播(FIS – B)

图 9.13　ADS – B 交通信息服务广播(TIS – B)显示

度和路由效率。如图 9.14 所示,装备改进后飞机将可以连续不断地监控飞机的垂直与横向间距,以及位置等信息,并通过数据链与空中交通管制系统地面站联系。

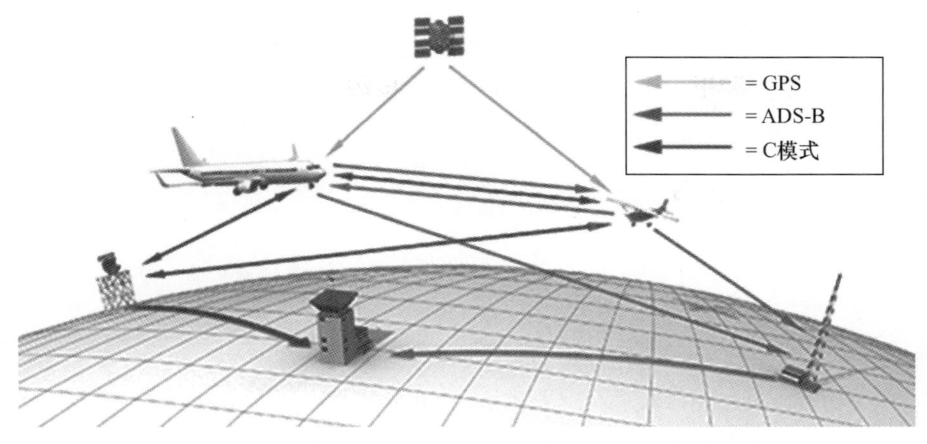

图 9.14　美国联邦航空管理局下一代 ADS - B 系统的运行模式

9.4　空中防撞和地面警告显示系统

空中防撞系统 TCAS Ⅱ提供交通警告(TAs)和解决建议(Resolution Advisories,RAs),它也给出规避机动建议,在垂直方向机动以增加或保持飞机间现有的垂直距离。TCAS Ⅱ在美国授权给商业飞机,包括超过 30 个座位的支线飞机,或最大起飞质量超过 14968kg 的飞机。虽然没有授权给通用航空,但是许多通用航空涡轮飞机和一些直升机也配备了 TCAS Ⅱ。

空中防撞系统 TCAS Ⅱ可以在每平方海里飞行器密度最高达到 0.3 架时运行,即 5n mile 半径内有 24 架飞机,这是 2030 年前设想的最高交通密度。空中防撞系统计算机处理器执行空域监视、入侵跟踪、本机高度跟踪、威胁检测、解决建议机动确定和选择,以及提供咨询等。该处理器使用自身飞机的压力高度、雷达高度和离散飞机状态,控制确定空中防撞系统周围保护区的碰撞避免参数。

空中防撞系统监控跟踪飞机,以确定是否需要选择规避机动,这将在本机与入侵飞机之间产生足够的垂直距离,同时,又能将对现有飞行路径的扰动降到最低。如果入侵飞机也配备了 TCAS Ⅱ,则规避机动会与入侵飞机进行协调。

图 9.15 给出了典型的空中防撞系统显示器,左下图显示了本机、其他飞机、靠近飞机、交通警告和解决建议数据的符号图形。图 9.16 给出了 Honeywell™ TCAS Ⅱ系统显示屏(美国联邦航空管理局,2011),图 9.17 给出了相关的功能框图。完整的操作框图,包括与飞行员的交互,如图 9.18 所示。

图 9.15　典型的空中防撞系统显示系统

图 9.16　空中防撞系统 Honeywell™ TCAS Ⅱ显示系统

9.4.1　地形提示和警告系统:A 类和 B 类

地形提示和警告系统(TAWS)提供最高级别的预防可控飞行撞地(Controlled Flight into Terrain,CFIT)事故。地形提示和警告系统 A 类可提供 B 类系

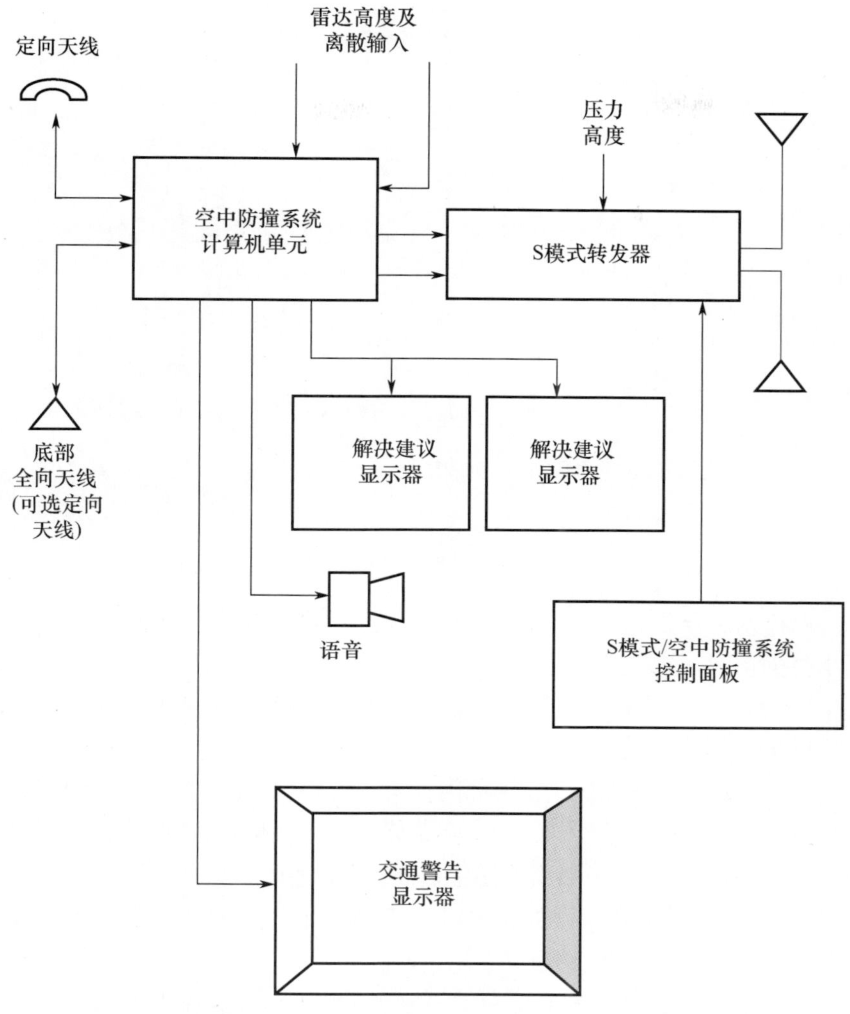

图 9.17 空中防撞系统 TCAS Ⅱ 功能框图

统的所有功能，并能在飞机显示系统上增加地形识别显示和全自动地面接近警告系统（Ground Proximity Warning System，GPWS）。它还能提供设定所选高度的智能倾斜飞行角警报、最低标注和高度标注。此外，它还提供了与地面即将接触的特殊类型（需要 RTCA DO－161A 和 TSO－C92c GPWS）警告。

根据 TSO－C151b 要求，地形提示和警告系统 A 类和 B 类都能基于地形数据和飞机状态与预测飞行路径等信息，提供撞地预警（Forward Looking Terrain Avoidance，FLTA），过早下降预警（语音“500”播报），以及基于温度补偿 GPS 高度警报（即将与地面接触的警报）。

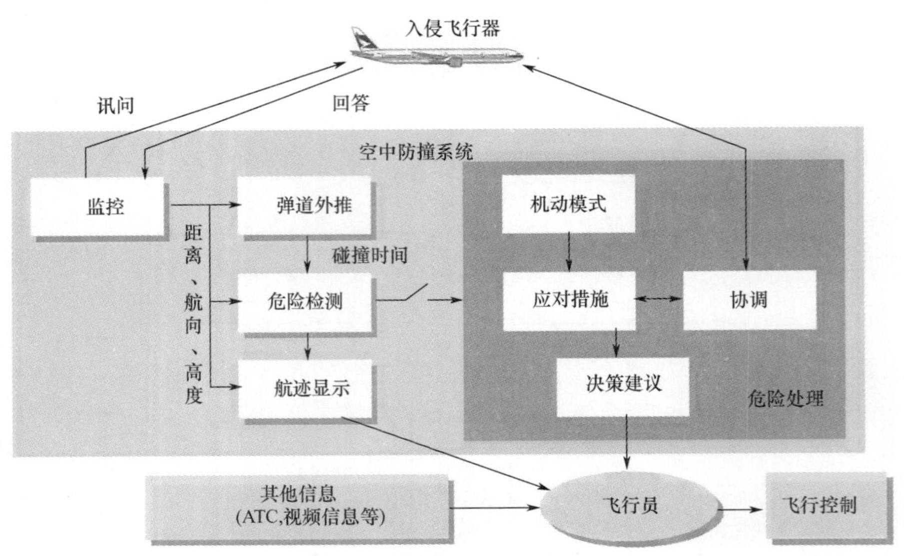

图 9.18　空中防撞系统 TCAS Ⅱ操作框图及与飞行员的互动

地形提示和警告系统与飞行管理系统集成,可根据飞行计划信息提供独特的预测警报功能。它在飞行管理系统 CDU 或飞行驾驶舱显示屏(如 MFD－640 或 EFI－890R)上以 3 种视图格式(地图视图、三维透视图和剖面视图),提供清晰的地形图。

高分辨率地形数据库存储在内部闪存中,并借助高速以太网总线使用数据传输单元进行更新。在世界范围内约每 0.5 英里一个数据点,在山区机场可增加到 0.1 英里一个数据点。地形数据库还包括描绘海洋和大型内陆水体的数据。

图 9.19 显示了一个飞行路径的拓扑结构,并将任何高于飞机的地理或人造物体区别显示。

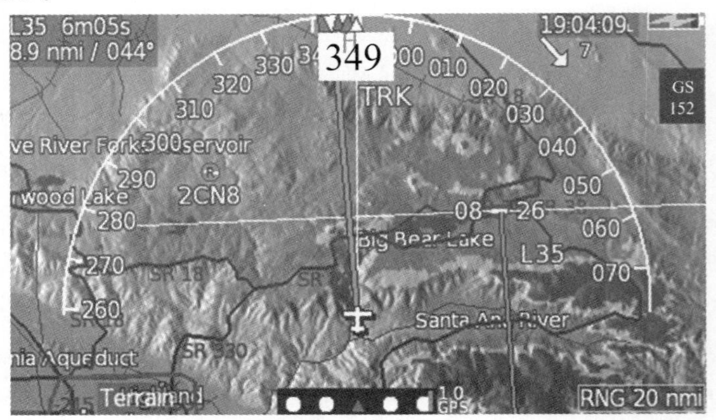

图 9.19　GRT 公司地形提示和警告系统 EFIS Horizon HX 6.5" 显示系统

附录　美国联邦航空条例的术语

APV:垂直导航方法,它是与国际民航组织(International Civil Aviation Organization,ICAO)在2000年5月通过的一项特殊标准相关的术语。该方法允许使用垂直导航进行稳定下降,而不需要传统精确方法所需的精度。美国已经制定了符合这种方法分类的横向/垂直导航(LNAV/VNAV)和LPV程序的标准。LNAV/VNAV和LPV方法在横向与垂直平面上都提供导航。

LNAV:横向导航,它可为剖面或路径提供横向导航。这个术语用于GPS非精确方法。

LNAV/VNAV:横向导航/垂直导航,它可以提供横向导航和垂直滑翔导航。

LPV:定位器垂直导航性能,它是一种新型的APV方法,其中角度横向精度与电子滑道相组合。TERPS方法标准与仪表着陆系统(ILS)方法非常相似。

RAIM:接收机自动集成监控(Receiver Autonomous Integrity Monitoring),它可提供集成检查功能,以确保在进行IFR飞行操作时安全使用GPS。TSO - C146a系统唯一需要RAIM预测是当广域增强系统不可用时。

SBAS:基于卫星的增强系统(Satellite - Based Augmentation Systems),它使用卫星和地面站网络,为接收GPS卫星信号提供更高的准确性。在国际上,许多国家正在与国际民航组织(ICAO)合作,在全球范围内规范基于卫星的增强系统。广域增强系统是美国目前正在实施的基于卫星的增强系统。

WAAS:WAAS是由设备和软件组成的一套卫星导航系统,其中增加了GPS标准定位服务(Standard Positioning Service,SPS)。它在集成性、准确性、可用性和连续性方面超过GPS SPS。差分校正功能提高了定位精度。

VNAV(或VNV):垂直导航管理高度剖面。VNAV的概念是指定一个目标高度来辅助控制操作。使用飞行方案,可以将目标高度分配给任何航点。为了达到目标高度,要计算和显示下降率,并提供垂直导航以到达下降剖面。

参 考 文 献

[1] Federal Register(2010 - 12645). FAA, 14 CFR Part 91 Automatic Dependent Surveillance - Broadcast (ADS - B) Out Performance Requirements.

[2] Traffic Control(ATC) Service Final Rule, May 28, 2010.

[3] FAA. AC20 - 165A Airworthiness Approval of Automatic Dependent Surveillance - Broadcast(Out)(May 21, 2010).

[4] R D Grappel, R Wiken(April 3,2006)"Compliance Verification for S - Mode Transponder Elementary Sur-

veillance(ELS), Enhanced Surveillance(EHS) and Automatic Dependent Surveillance via Broadcast(ADS - B) Applications." Massachusetts Institute of Technology, Lincoln Laboratory, Lexington, MA. Project Memorandum Number 42PM - AFST - 0002.

[5] Aspen Avionics. Available at: http://www.aspenavionics.com/products/general - aviation/evolution - 2500(accessed on December 18, 2015).

[6] FAA Publication. Introduction to TCAS Ⅱ (2011). FAA, Washington, DC.

[7] Garmin™: G - 1000™ Integrated Flight System. Available at: www.garmin.com; GPS www.gps.gov(accessed on December 18, 2015).

[8] GIFD: Pilot's Training Guide Instructor's Reference 190 - 00368 - 06 Rev. B.

[9] GRT Avionics: Terrain Awareness Warning System display by EFIS Horizon HX 6.5" Display Unit. Available at: www.planesfactory.it(accessed on December 18, 2015).

[10] Honeywell. Available at: http://aerospace.honeywell.com/products/cockpit - displays/head - up - displays#sthash.9SuO6fSs.dpuf(accessed on December 18, 2015).

[11] NASA: FS - 2000 - 06 - 43 - LaRC, 'The Glass Cockpit'.

[12] Universal Avionics: Terrain Awareness Warning Systems.

[13] US Air Force IHSI I 311HSW/PA Case File #07 - 205 at http:www.globalsecurity.org/military/systems/aircraft/f - 22 - cockpit.htm

第 10 章　无人机导航

Vladimir Y. Raspopov　图拉国立大学，俄罗斯
Alexander V. Nebylov　圣彼得堡州立航空航天大学，俄罗斯
Sukrit Sharan and Bijay Agarwal　班加罗尔轻易达印度有限公司，印度

10.1　无 人 机

无人驾驶飞行器(The Unmanned Aerial Vehicles,UAV)通常称为无人机,是完成整个远程控制和操作中没有飞行员驾驶的一类飞行器。通常,它是一种能够以全自动模式飞行的飞行器,其组成系统包括一个由人操作的地面控制站。

在美国国防部(DoD)的文件中,通常使用“无人驾驶飞行器系统”(Unmanned Aircraft System,UAS)这一术语。无人机更通用,可以指飞机、直升机、轻型飞行器,或任何其他无人驾驶的飞行装置。

10.2　小型无人机

用于不同类别的无人机系统,其大小和质量相差巨大。“SUAV”是小型无人机,其起飞质量从 12g 到 10kg 不等,这类无人机数量几乎占所有类型无人机总数的 50% [1-5]。

无人机的空气动力学设计受到发动机布局、控制面和驱动设备的影响。也就是说,无人机的形状很大程度上取决于所需的控制力和控制力矩,因此与产生这些力和力矩的装置的布局有很大关系。

无人机空气动力学方案分为固定翼型和直升机型。固定翼型包括使用上翼、下翼和中翼设计以及鸭式等翼型的飞行器。最常见的设计采用高翼布局,其机翼位于机身的上部。高翼在大攻角下可增强机身纵向稳定性,可以在机翼下安装发动机。它的缺点是在大攻角下机尾进入机翼气流区时降低了垂尾的效率。图 10.1 列出了 4 种典型的小型无人机。

中翼和低翼小型无人机不太常见,因为它们会导致静态稳定性下降,而且着

图 10.1　4 种不同的高翼小型无人机

(a) Orlan - 10(俄罗斯,STC);(b) Aladin(德国,EMT);

(c) Aerosonde(美国,AAI);(d) NAL Slybird 无人机(印度,民用)。

陆困难,要解决此问题会使整体设计更加复杂。

鸭式布局的纵向控制面位于机翼前方,人类第一架飞机(莱特兄弟的 Flyer 号)就采用了这样的设计。该方案的主要优点:由于压力中心向后偏移,所以在高速飞行下后翼可提供更好的气动特性。此外,由于不需要安装方向舵,因而,能够减小飞行器质量。还有,该方案提高了临界迎角,从而增加了机动性。至于高翼结构,各个结构元件的布局可能会差别很大,如图 10.2 所示。

无人机的常见其他空气动力学方案是采用飞翼或无尾翼布局,其在垂直平面不设置单独的控制面,而依靠安装在机翼后缘上的副翼(图 10.3)。

这种配置的优点是机身质量小、阻力低;然而,副翼效率降低,导致俯仰控制效率下降。采用线控(Fly - by - wire)控制系统可最大程度地减少这一影响。此外,飞行器质量小可以增加机动性。对于军事用途,这种结构形式能够降低雷达发现概率。

根据无人机的质量、大小、强度和初始速度要求,可以采用多种方式起飞和降落。对于轻型无人机,可以通过手持方式发射。对于需要更高起飞速度的较重无人机,可使用弹射器发射(图 10.4)。另外,一些无人机可以像有人驾驶飞机一样在跑道上起飞。使用降落伞着陆(目前,在一些有人驾驶轻型飞机上作

图 10.2　鸭式小型无人机:印度 Rustom 级无人机

(a)　(b)

(c)

图 10.3　采用飞翼的小型无人机

(a)Black Widow Wasp(美国);(b)RQ－14 DragonEye NRL/MCWL 原型(美国);
(c)ZALA 421－08(俄罗斯)。

为应急措施)的无人机也很常见。还有使用非标准技术进行着陆,如将水平飞行转换为水平旋转,“腹部撞击”在充气装置上,也是可能的一种着陆方式。

(a)

(b)

图 10.4 无人机起飞方法

(a)通过手持发射;(b)气动或机械弹射发射器发射。

民用小型无人机应用包括以下任务。

(1) 航空摄影(制图),检查水文状况,观测气象情况,主动监测辐射目标。

(2) 监测环境状况,包括自然辐射、气体和化学物浓度以及测量地震状况。

(3) 促进区域内和区域间电信网络的发展,包括手机、电视、无线电广播中心和导航系统。

(4) 海上交通管制:寻找和侦察船只;协助港口预防事故;监测海上边界;根据渔业法规进行巡检。

(5) 海洋学,包括对冰面状况进行探测、监测海况、寻找鱼群。

(6) 协助农业和地质勘查,了解土壤特征,勘探矿床和一般地下勘探。

小型无人机的军事用途包括以下几方面。

(1) 在山脉或水面上进行侦察飞行;确定敌方领土上目标的位置;对部队进行最佳部署,协助军事指挥;在部队位置上空飞行,以获取部队有关信息。

(2) 侦察和战场监视,以校正炮火。

(3) 激光瞄准目标位置。

(4) 进行电子战(电子情报、电子侦察、通信探测、电子对抗、反电子对抗)。

(5) 提供微波传输。

(6) 在训练中作为机载目标。

(7) 保护重要目标。

(8) 在坚固设防地区破坏地面目标,以避免损失有人驾驶飞机。

(9) 空中作战。

在许多国家,小型无人机已经得到越来越广泛的应用。表 10.1 列出了一些小型无人机的技术指标。

表 10.1 各型无人机技术指标

无人机名称	技术指标								
	起飞质量/kg	载荷质量/kg	翼展/m	长度/m	工作距离/km	飞行高度/m	速度/(km/h)	持续飞行时间/h	国家
WASP Ⅲ	0.454	—	0.735	—	5.0	—	—	0.7 ~ 0.8	美国
RQ - 14	2.7	—	1.1	0.9	<5.0	90 ~ 150	65	1.0	美国
Aladin	3.2	—	1.5	—	15.0	30 ~ 150	37 ~ 76	—	德国
RQ - 11	17	—	1.5	0.96	10.0	5000	95	1.0 ~ 1.2	美国
Orbiter	6.5	—	2.2	1.0	15 ~ 50	>5000	—	2.0 ~ 3.0	美国
Boomerang	7.0	1.2	2.75	—	15.0	500	55 ~ 110	2.5	以色列
Inspector 101	0.25	0.05	0.3	—	1.5	25 ~ 500	30 ~ 45	0.5 ~ 1.0	俄罗斯

（续）

无人机名称	技术指标								
	起飞质量/kg	载荷质量/kg	翼展/m	长度/m	工作距离/km	飞行高度/m	速度/(km/h)	持续飞行时间/h	国家
ZALA 421－11	0.79	0.1	0.4	0.4	5.0	<2500	60~130	0.5	俄罗斯
Inspector 201	1.3	0.15	0.8	—	5.0	50~1000	35~90	0.5~0.6	俄罗斯
ZALA 421－08	1.7~2.1	0.2	0.81	0.425	<15	50~3600	65~130	15	俄罗斯
T23 Aileron	2.8	—	1.47	0.45	10~30	<3000	65~105	1.25	俄罗斯
BROTHER	3.0	0.3	2.0	1.0	10	<5000	90	1.0	俄罗斯
Irkut－2M	3.0	0.3	1.5	0.5	20	300~3000	65~105	<1.5	俄罗斯
Curl	3.5	0.6	2.0	0.95	<25	50~3000	60~120	1.0	俄罗斯
ZALA 421－12	3.9	<1.0	1.6	0.62	<40	<3600	65~120	2.0	俄罗斯
T－3	5.0	—	1.8	0.7	<25	—	60~120	1.0~1.5	俄罗斯
Inspector 301	5.5	0.4	1.5	—	15	<1000	55~150	0.75~1.5	俄罗斯

无人机系统的运行数据应该包括造成损失的原因，如发动机问题（37%）、控制系统故障（25%）、操作人员问题（17%）、通信问题（11%）、其他（10%）。

10.3　无人机作为受控对象

无人机作为刚体，其运动可以用矢量形式的微分方程描述，即

$$m\left\{\frac{\mathrm{d}\boldsymbol{V}}{\mathrm{d}t}+\boldsymbol{\omega}\times\boldsymbol{V}\right\}=\boldsymbol{R}$$

$$\frac{\mathrm{d}\boldsymbol{K}}{\mathrm{d}t}+\boldsymbol{\omega}\times\boldsymbol{K}=\boldsymbol{M} \tag{10.1}$$

式中：m 为无人机的质量；$\boldsymbol{V}$ 为质心的速度矢量；$\boldsymbol{R}$ 为外力矢量；$\boldsymbol{M}$ 为外力矩；$\boldsymbol{K}$ 为无人机角动量；$\boldsymbol{\omega}$ 为角速度矢量。

使用式（10.1）需要以下条件。

（1）获得无人机的空气动力特性。

（2）获得发动机牵引特性 P，它是流入气流的速度 V、转速 n 和螺旋桨几何形状的函数。

这些特性可以在风洞中通过测量得到，也可以通过以下方式获得。

（1）使用 Solid－Works 软件包中的 Floworks 模块确定无人机空气动力特性的虚拟吹风法[6]。

（2）使用 PropCalc 3.0 程序确定发动机牵引特性。

图 10.5 给出了使用虚拟吹风法的阻力系数 C_{xa} 和升力系数 C_{ya} 与攻角的关系，即

$$X_a = c_{xa} S \frac{\rho V^2}{2}, \quad Y_a = c_{ya} S \frac{\rho V^2}{2}$$

式中：ρ 为空气密度；V 为飞行速度；S 为翼展 1.56m、采用 NACA－0016 翼型的无人机机翼面积。

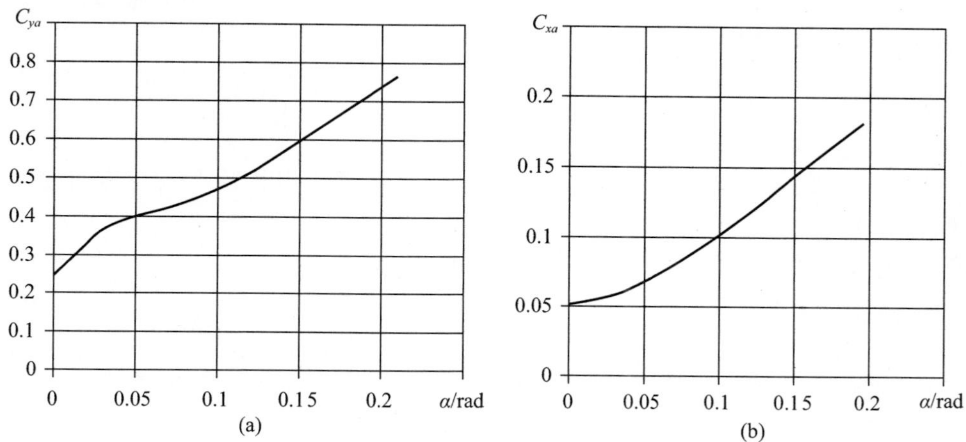

图 10.5　系数 $C_{ya}(a)$ 和 $C_{xa}(a)$ 与攻角的关系

使用 PropCalc 3.0 程序获得的固定螺距螺旋桨（型号 APC 7×5）在各种飞行速度下的推力特性如图 10.6 所示。

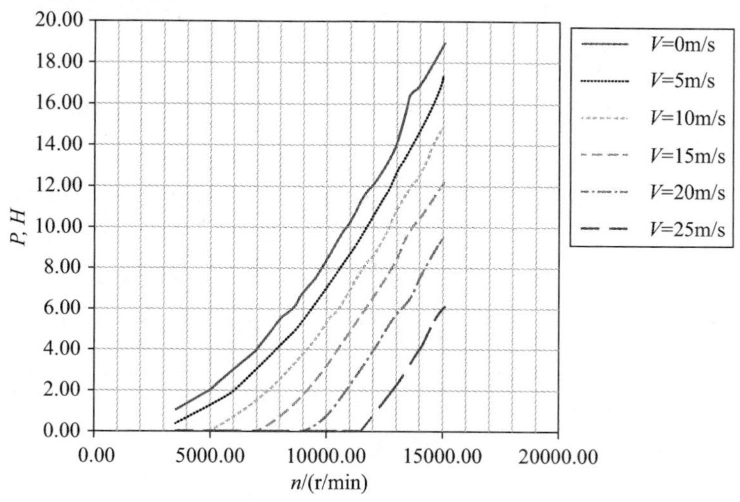

图 10.6　三叶片螺旋桨（型号 APC 7×5）在不同流速下的牵引特性

由数学模型求出的无人机运动特性要通过实际飞行测试进行检验,飞行测试可作为以下比较的结果。

(1) 无人机自由飞行(即没有自动驾驶仪)记录的坐标 $K_p(\psi,\vartheta,\gamma,H,V)$ 与无人机数学模型 K_m 的比较——与一个方向舵面偏差 δ_K 的相同坐标进行比较。

(2) 比较无人机自动驾驶仪飞行中记录的坐标 K_p 的反应,以及在给定 K_r(ψ_r,H_r,V_r,等)的情况下,无人机/自动驾驶仪的数学模型解出的坐标。

可以使用测量值 ε_c 的相对误差和稳态下 n_c 控制时间计算出的平均误差$\overline{\varepsilon}_c$ 对无人机数学模型参数进行一致性评估,即

$$\varepsilon_k = \frac{K_p - K_m}{K_p} \times 100\% , \quad \overline{\varepsilon_c} = \frac{1}{n_c} \cdot \sum_{i=1}^{n_k} \varepsilon_c$$

其中:K_m 为数学模型的瞬态过程;K_p 为真实模型的瞬态过程;1 为相应方向舵的输入动作。

图 10.7 显示了模型飞机 TwinStar Ⅱ角坐标的瞬态过程,表 10.2 中列出了它们确定的误差。

表 10.2 确定数学模型($n_k=9$)飞行参数的误差

飞行参数(坐标 K)	误差	
	最大 ε_k/%	$\overline{\varepsilon}_k$/%
偏航角(ψ)	22	9.5
俯仰角(ϑ)	19	10
滚动角(γ)	14	10

从表 10.2 可看出,数学建模预测的运动参数的平均相对误差不大于 10%,这证明了数学模型可以有效反映无人机的实际运动。

将无人机作为一个完整的控制体,控制执行机构与机载设备及地面设备构成了无人机的自动控制系统。

现代自动控制系统大多数都使用三通道方案。通常,每个通道都称为控制体,3 个通道包括上下(稳定器)通道、方向通道和副翼通道。有一个通用的通道管理系统:上下(稳定器)通道用于控制俯仰角和高度,副翼通道用于滚动,方向通道用于消除偏航。最后,还有一个非常重要的、控制速度的自动油门系统。

自动控制系统完成以下功能。

(1) 通过控制确保飞行器动态特性处于最优状态。

(2) 使用定向系统的信息来稳定飞行器的方向。

(3) 自动控制飞行器轨迹,使飞行器经过路线的某一点,或以预定速度稳定地在特定路径上运动。注意:轨迹控制需要使用来自导航系统的信息。

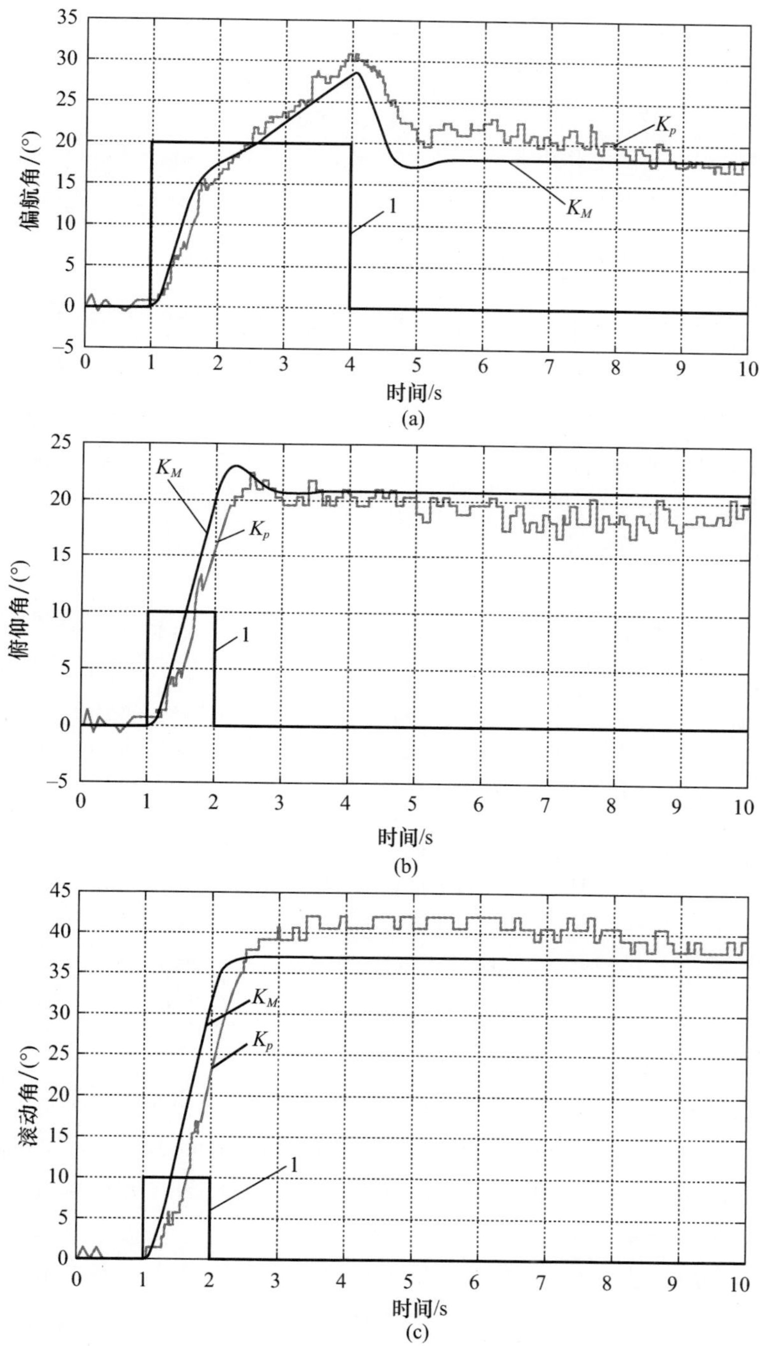

图 10.7 数学模型和 TwinStar Ⅱ飞机实际模型的瞬态过程在速度为 18m/s 时的偏航角(a)、俯仰角(b)和滚动角(c)

10.4 无人机导航

对于现代无人机承担的许多任务，需要无人机具备完成任务的性能。实现这些需求的方法在下面给出描述。

10.4.1 按照预定轨迹飞行的控制方法

无人机的飞行路径实际上是其质心在空间的运动曲线。这个时空轨迹由飞行导航程序表示，飞行导航程序取决于无人机的目的。通常，飞行导航程序应该包括一个检查点飞行时间表，它是飞行中一系列单个元素，这些元素包括在空中某点完成主要任务的条件，如沿着飞行路线拍摄指定的区域或在指定点投放有效载荷等。

飞行器相对于地球的速度称为地速，它与飞行路径相切，其水平投影是地面速度。

通常，路径可以用轨迹和飞行剖面表示。轨迹是无人机飞行在地球表面上的投影，飞行剖面反应出无人机在高度上的变化，它可以由垂直平面中的轨迹表示。飞行路径中通常会设置参考点，如起飞点和着陆点及路线变化点（如转弯点）。飞行模式发生变化的点称为里程碑，包括某一飞行目标函数开始实施和结束点、首次爬升的开始和结束点等。

无人机自动控制系统应确保完成在设定的高度（飞行高度）精确按照路线飞行、确定导航飞行参数、执行飞行目标和在正确的时间向着陆点执行逼近程序等。

通常，导航飞行可分为二维、三维和四维导航。二维导航意味着按照给定的轨迹运动，三维导航增加了飞行剖面的分配和控制功能，四维导航要求飞行任务按照预定时间表进行。

飞行器（包括无人机）沿着预定路径（预定轨道，the Intended Track 或 IT）的控制可以通过地面（Ground）、航向（Course）或路径（Route）3 种方式顺序建立路径内转折点（Turning Points within the Route，TPR），如图 10.8 所示。LPP（the Line of Predetermined Path）是预定路线。

横向运动控制通过建立路径方位跟踪（Bearing Track for the Route，BTR）的方式执行。对于沿着预定轨道飞行和沿着路径方位跟踪的运动，地面速度矢量应该指向特定点。为此，方位跟踪的角度 ψ_w 必须保持为零，即

$$\psi_w = \mathrm{DTA} - \mathrm{ATA} = \mathrm{DTA} - (\mathrm{TC} + \alpha) = 0 \tag{10.2}$$

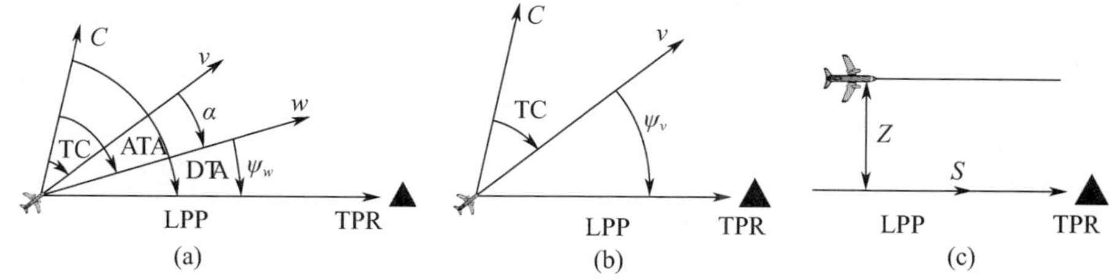

图 10.8　沿着预定路径进行飞行控制的方法

（a）路径（path）；（b）航向（course）；（c）行程（trip）。

式中：DTA（Defined Track Angle）为设定的轨迹角；ATA（Actual Track Angle）为实际轨迹角；TC（True Course）为真实航迹；α 为漂移角。

式（10.2）将使飞行器沿着穿过该给定点和路径内转折点的大圆以最短距离到达指定点。这是路径方法的优点，但是当飞行器偏离预期路线时，它不能进行纠正。如果风力参数未知，则无人机“认为”偏移角为零，路径方法就变为航向方法。

在航向方法中，横向运动控制通过使定位方向保持为零的方式执行。在无风的情况下，飞行器将以最短的距离接近路径方位，但是在有风的情况下，它的路径与期望路径将不一致。因此，在某些情况下，实际路径（Actual Path of the Line，APL）与预期路径、预定路径之间可能存在显著偏差。

沿预期路径飞行的行程方法和沿路径方位跟踪的飞行通过连续采集坐标 Z 和 S 实现。相关问题在地面坐标系中进行求解，其中一个轴是预期路径，第二轴与它垂直。行程方法中控制参数是距预期路径的线性横向偏差 Z。

当 $Z=0$ 时，飞行器沿着预期路径飞行并到达路径方位。在行程控制方法中，实际路径形状由预定路径的形状确定，如果沿着行程段的转折点是圆形，则行程方法的运动就沿着圆运动。当飞行器偏离设定行程时，飞行器会沿适当的修复路径飞行，这是行程方法的优点。

使用行程方法进行轨迹优化通常通过调节器构造法实现。无人机运动控制系统的主要调节器是自动驾驶仪，最严谨的解决方案是通过使用描述飞行器和控制系统空间运动的非线性方程求解。然而，在这种方法中，很难考虑管理层级关系，特别是导航系统（“导航员”）与飞行指挥（“飞行员”）之间的关系，它们都有自己的控制回路。导航系统比驾驶系统层级高，它承担实际飞行控制，其控制部分以滚动角、俯仰角和偏航角以及速度和高度的形式为驾驶系统提供指示。

在解决优化问题时，必须考虑到这些影响，这实际上是确定角度、高度和速度（所有涉及控制律的因素）的变化，以使系统调整到正确的状态。

在任何飞行控制方法中，有必要确定无人机要飞过的空间点的坐标。这是导航的主要任务,目前主要通过位置法和航位推算法解决。

位置法根据测量距离、飞行器相对位置的角度及已知点(如地标、信标和灯)的几何关系确定飞行器的坐标。这种方法是基于天文技术、无线电导航和视觉定向的。无线电导航使用导航卫星,即卫星导航系统(SNS),它广泛应用于无人机。使用信标的电子方法和借助影像系统的视觉方法可以用于无人机自动着陆。

航位推算法通过测量飞行器速度的大小和方向及起点的坐标计算飞行器的轨迹,可以使用绝对压力传感器以及惯性导航系统(INS)和卫星导航系统测量空速。为了测量无人机的航向,可以使用磁力计导航、惯性导航和卫星导航。

10.4.2 无人机惯性导航基本方程

图 10.9 表示的是坐标系之间的相对位置。

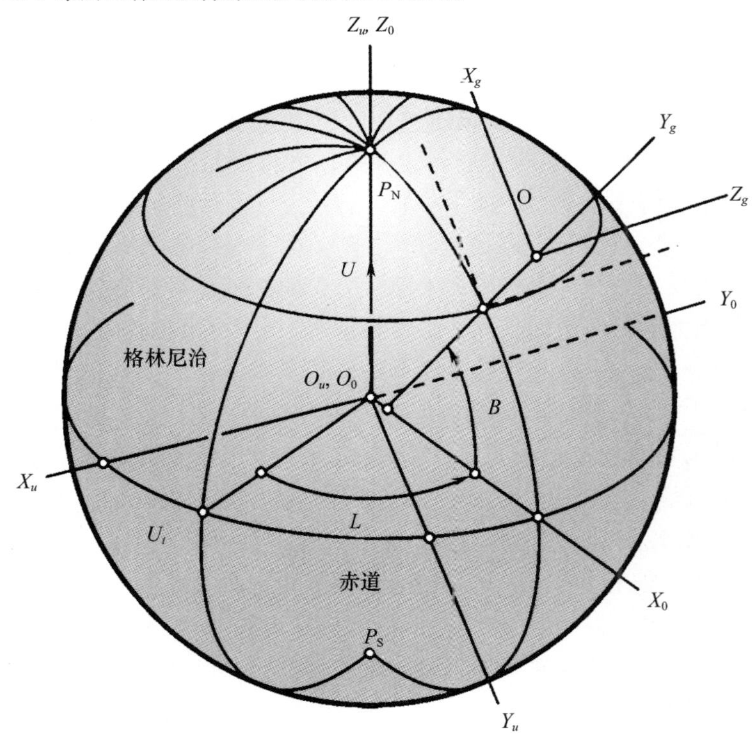

图 10.9 惯性、赤道和正常坐标系的相对位置

惯性坐标系 $OX_uY_uZ_u$ 以地球中心为原点;OZ_u 轴沿地球旋转轴指向北极;OX_u 轴则沿着赤道平面与格林尼治子午线相交。

地球(赤道)坐标系 $O_0X_0Y_0Z_0$ 相对地球固定,初始时间与惯性坐标系一致。

$OX_gY_gZ_g$ 是简正坐标系。

如果无人机相对于地球以线性速度$\overline{V}$在高度 H 运动，大地坐标由以下关系决定，即

$$\dot{B}=\frac{V_{Xg}}{R_1},\quad \dot{L}=\frac{V_{Zg}}{R_2\cos\varphi},\quad \dot{H}=V_{Yg} \tag{10.3}$$

式中：V_{Xg}、V_{Yg}和 V_{Zg}分别为速度矢量在坐标轴 OX_g、OY_g 和 OZ_g 上的投影，且

$$R_1=\frac{a_{Kr}(1-e^2)}{(1-e^2\sin^2B)^{3/2}}+H,\quad R_2=\frac{a_{Kr}}{(1-e^2\sin^2B)^{1/2}}+H$$

式中：$a_{Kr}=6378245\text{m}$ 和 $b_{Kr}=6356863\text{m}$ 分别为克拉索夫斯基椭球的长轴和短轴；$e=\sqrt{a_{Kr}^2-b_{Kr}^2}/a_{Kr}$为椭球的偏心率。

为了实现捷联惯性导航系统(Strapdown Inertial Navigation System，SINS)的算法，需要无人机的运动参数，即绝对旋转角速度在 $OX_gY_gZ_g$ 三轴上的分量和绝对线性加速度的分量。绝对角速度分量定义为

$$\begin{cases}\omega_{xg}=(U+\dot{L})\cos B=U\cos B+\dfrac{V_{Zg}}{R_2}\\[2ex]\omega_{yg}=(U+\dot{L})\sin B=U\sin B+\dfrac{V_{Zg}}{R_2}\tan B\\[2ex]\omega_{zg}=-B=-\dfrac{V_{Xg}}{R_1}\end{cases} \tag{10.4}$$

式中：$U=7.292116\cdot10^{-5}\text{rad/s}$ 为地球的旋转角速度。

绝对线性加速度分量为

$$a_{xg}=\dot{V}_{Xg}+a_{xg}^a,\quad a_{yg}=\dot{V}_{Yg}+a_{yg}^a,\quad a_{zg}=\dot{V}_{Zg}+a_{zg}^a \tag{10.5}$$

式中：a_{xg}^a、a_{yg}^a和 a_{zg}^a分别为要补偿的视加速度分量。

视加速度分量可以通过安装在无人机即关联坐标系中的固定加速度计测量。然后，需要将这些加速度计数据从关联坐标系转换到简正坐标系。如果关联坐标系与简正坐标系之间的关系已知，则可以完成转换。为了描述关联坐标系和简正坐标系的相对位置，可以使用不同的运动学参数：欧拉－克里洛夫角、方向余弦、罗德里格斯－汉密尔顿参数和凯莉·克莱因参数等[7-13]。

式(10.4)和式(10.5)是惯性导航方程，它可以求解出无人机的位置。

从 $OX_gY_gZ_g$ 坐标系到 $OXYZ$ 坐标系的转换可以用偏航角 ψ、俯仰角 ϑ 和滚动角 γ 连续旋转实现(图 10.10(a))。

简正坐标系和关联坐标系的相对位置可以用方向余弦和四元数描述。四元

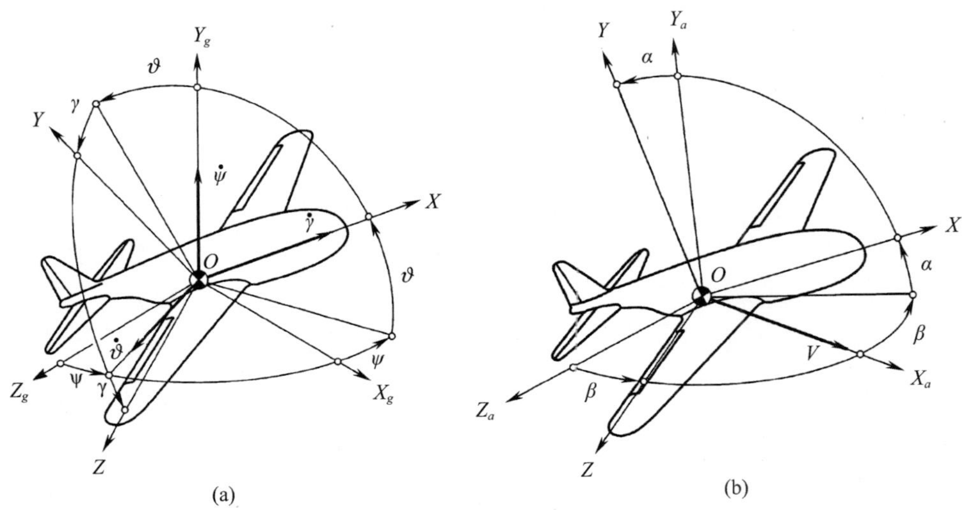

图 10.10　坐标系

(a)简正坐标系和关联坐标系；(b)关联坐标系和速度坐标系(ψ、ϑ、γ 分别为偏航角、俯仰角、滚动角；α、β 分别为攻角和侧滑角)。

数是一个复合数,即

$$\Lambda = \lambda_0 + \lambda_1 \boldsymbol{i} + \lambda_2 \boldsymbol{j} + \lambda_3 \boldsymbol{k}$$

其元素是罗德里格斯－汉密尔顿参数 $\lambda_n (n = 1,2,3)$，其中 $\boldsymbol{i}$、$\boldsymbol{j}$、$\boldsymbol{k}$ 为 3 个虚轴。最终旋转序号、相应的方向余弦矩阵和四元数在表 10.3 中给出。

表 10.3　坐标系 $OX_gY_gZ_g$ 和 $OXYZ$ 相对位置的运动学参数

最终旋转序号	欧拉—克里洛夫角	方向余弦	四元数
Ⅰ	ψ	$A_\psi = \begin{Vmatrix} \cos\psi & 0 & -\sin\psi \\ 0 & 1 & 0 \\ \sin\psi & 0 & \cos\psi \end{Vmatrix}$	$\boldsymbol{P} = \cos\frac{\psi}{2} + \boldsymbol{j}\sin\frac{\psi}{2}$
Ⅱ	ϑ	$A_\vartheta = \begin{Vmatrix} \cos\vartheta & \sin\vartheta & 0 \\ -\sin\vartheta & \cos\vartheta & 0 \\ 0 & 0 & 1 \end{Vmatrix}$	$\boldsymbol{Q} = \cos\frac{\vartheta}{2} + \boldsymbol{k}\sin\frac{\vartheta}{2}$
Ⅲ	γ	$A_\gamma = \begin{Vmatrix} 1 & 0 & 0 \\ 0 & \cos\gamma & \sin\gamma \\ 0 & -\sin\gamma & \cos\gamma \end{Vmatrix}$	$\boldsymbol{R} = \cos\frac{\gamma}{2} + \boldsymbol{i}\sin\frac{\gamma}{2}$

通过使用方向余弦矩阵和四元数从坐标系得到的转换矩阵定义为

$$
\begin{aligned}
\boldsymbol{A} &= A_\gamma A_\vartheta A_\psi \\
&= \begin{pmatrix} \cos\psi\cos\vartheta & \sin\vartheta & -\sin\psi\cos\vartheta \\ -\cos\psi\sin\vartheta\cos\gamma+\sin\psi\sin\gamma & \cos\vartheta\cos\gamma & \sin\psi\sin\vartheta\cos\gamma+\cos\psi\sin\gamma \\ \cos\psi\sin\vartheta\sin\gamma+\sin\psi\cos\gamma & -\cos\vartheta\sin\gamma & -\sin\psi\sin\vartheta\sin\gamma+\cos\psi\cos\gamma \end{pmatrix}
\end{aligned}
\tag{10.6}
$$

$$\boldsymbol{\Lambda} = \boldsymbol{P} \circ \boldsymbol{Q} \circ \boldsymbol{R} = \lambda_0 + \lambda_1 \boldsymbol{i} + \lambda_2 \boldsymbol{j} + \lambda_3 \boldsymbol{k} \tag{10.7}$$

式中:罗德里格斯-汉密尔顿参数定义为

$$
\begin{cases}
\lambda_0 = \cos\dfrac{\psi}{2}\cos\dfrac{\vartheta}{2}\cos\dfrac{\gamma}{2} - \sin\dfrac{\psi}{2}\sin\dfrac{\vartheta}{2}\sin\dfrac{\gamma}{2} \\
\lambda_1 = \cos\dfrac{\psi}{2}\cos\dfrac{\vartheta}{2}\sin\dfrac{\gamma}{2} + \sin\dfrac{\psi}{2}\sin\dfrac{\vartheta}{2}\cos\dfrac{\gamma}{2} \\
\lambda_2 = \sin\dfrac{\psi}{2}\cos\dfrac{\vartheta}{2}\cos\dfrac{\gamma}{2} + \cos\dfrac{\psi}{2}\sin\dfrac{\vartheta}{2}\sin\dfrac{\gamma}{2} \\
\lambda_3 = \cos\dfrac{\psi}{2}\sin\dfrac{\vartheta}{2}\cos\dfrac{\gamma}{2} - \sin\dfrac{\psi}{2}\cos\dfrac{\vartheta}{2}\sin\dfrac{\gamma}{2}
\end{cases}
\tag{10.8}
$$

用罗德里格斯-汉密尔顿参数记录的方向余弦矩阵式(10.6)表述为

$$
\boldsymbol{A} = \begin{pmatrix} 2\lambda_0^2+2\lambda_1^2-1 & 2\lambda_1\lambda_2+2\lambda_0\lambda_3 & 2\lambda_1\lambda_3-2\lambda_0\lambda_2 \\ 2\lambda_1\lambda_2-2\lambda_0\lambda_3 & 2\lambda_0^2+2\lambda_2^2-1 & 2\lambda_2\lambda_3+2\lambda_0\lambda_1 \\ 2\lambda_1\lambda_3+2\lambda_0\lambda_2 & 2\lambda_2\lambda_3-2\lambda_0\lambda_1 & 2\lambda_0^2+2\lambda_3^2-1 \end{pmatrix}
\tag{10.9}
$$

偏航角、俯仰角和滚动角由罗德里格斯-汉密尔顿参数确定为

$$
\begin{cases}
\psi = \mathrm{arctg}\left(-\dfrac{A_{13}}{A_{11}}\right) = \mathrm{arctg}\left(-\dfrac{2\lambda_1\lambda_3-2\lambda_0\lambda_2}{2\lambda_0^2+2\lambda_1^2-1}\right) \\
\vartheta = \arcsin(A_{12}) = \arcsin(2\lambda_1\lambda_2+2\lambda_0\lambda_3) \\
\gamma = \mathrm{arctg}\left(-\dfrac{A_{32}}{A_{22}}\right) = \mathrm{arctg}\left(-\dfrac{2\lambda_2\lambda_3-2\lambda_0\lambda_1}{2\lambda_0^2+2\lambda_2^2-1}\right)
\end{cases}
\tag{10.10}
$$

式中:A_{mn}为矩阵式(10.9)中的元素。

为了实现捷联惯性导航的算法,需要知道在任何时刻相对于简正坐标系的位置信息。该信息可以从式(10.7)表示的四元数 $\boldsymbol{\Lambda}$ 得到,它类似于式(10.6)表示的方向余弦矩阵 $\boldsymbol{A}$。知道 $\boldsymbol{\Lambda}$ 后,无人机的视加速度可以计算出来。

图 10.11 显示了通过四元数 $\boldsymbol{K}$、$\boldsymbol{\Lambda}$ 和全部转换四元数 $\boldsymbol{M}$，从惯性坐标系 $OX_uY_uZ_u$ 到关联坐标系 $OXYZ$ 和简正坐标系 $OX_gY_gZ_g$ 的转换。

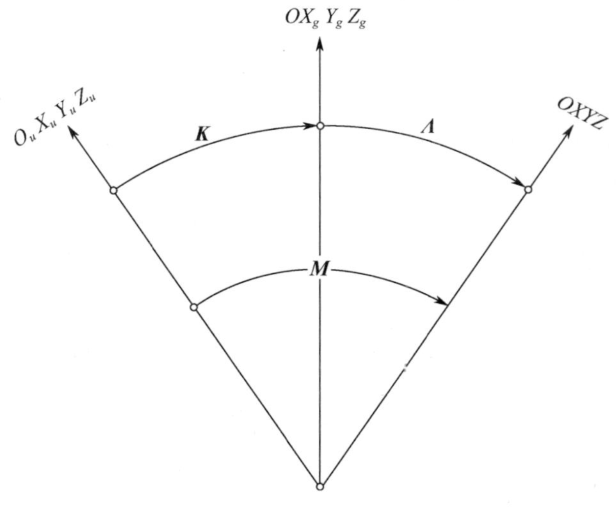

图 10.11 坐标系转换

按照图 10.11，有

$$\boldsymbol{M} = \boldsymbol{K} \circ \boldsymbol{\Lambda}$$

因此，有

$$\boldsymbol{\Lambda} = \overline{\boldsymbol{K}} \circ \boldsymbol{M} \tag{10.11}$$

式中：$\overline{\boldsymbol{K}}$是共轭四元数。

式(10.11)两边分别对时间进行微分，得

$$\dot{\boldsymbol{\Lambda}} = \dot{\overline{\boldsymbol{K}}} \circ \boldsymbol{M} + \boldsymbol{K} \circ \dot{\boldsymbol{M}}$$

上式可转换为

$$2\dot{\boldsymbol{\Lambda}} = \boldsymbol{\Lambda} \circ \boldsymbol{\Omega} - \boldsymbol{\Omega}_g \circ \boldsymbol{\Lambda} \tag{10.12}$$

式中：$\boldsymbol{\Omega}$、$\boldsymbol{\Omega}_g$ 分别为绝对角速度在简正坐标系和关联坐标系的显示矢量。

式(10.12)可以求出四元数 $\boldsymbol{\Lambda}$，从而解决无人机相对简正坐标系的方位问题。

在式(10.12)的数值解中，由于所谓的标准四元数原因，可能存在计算误差，即

$$\boldsymbol{\Lambda} \circ \overline{\boldsymbol{\Lambda}} = 1$$

为用自动归一化四元数代替式(10.12)，有必要用四元数校正范数求解该

方程,即

$$2\dot{\boldsymbol{\Lambda}} = \boldsymbol{\Lambda} \circ \boldsymbol{\Omega} - \boldsymbol{\Omega}_g \circ \boldsymbol{\Lambda} + \boldsymbol{\Lambda}(1 - \boldsymbol{\Lambda}^2)$$

其中

$$\boldsymbol{\Lambda}^2 = \lambda_0^2 + \lambda_1^2 + \lambda_2^2 + \lambda_3^2$$

使用下式进行视加速度坐标转换,即

$$\boldsymbol{N}_g = \boldsymbol{\Lambda} \circ \boldsymbol{N} \circ \overline{\boldsymbol{\Lambda}}$$

式中:$\boldsymbol{N}$ 为视加速度矢量;$\boldsymbol{N}_g$ 为在简正坐标系中的矢量。

将方向和导航参数转换到无人机的简正坐标系后,在式(10.3)和式(10.5)的基础上可以实现导航算法。连续时间捷联惯性导航系统的流程图如图 10.12 所示。

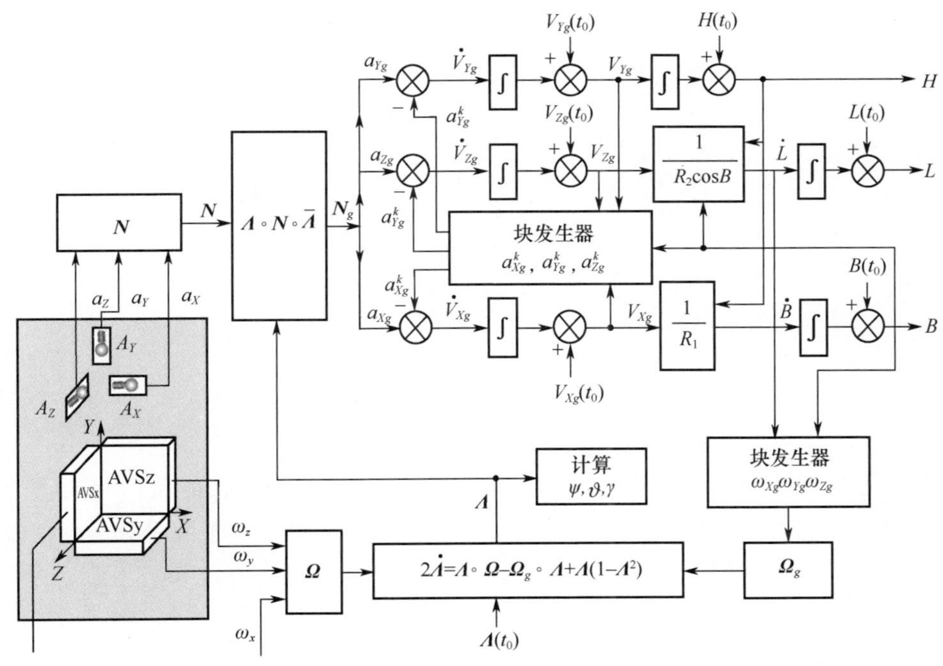

图 10.12　捷联惯性导航系统流程图

捷联惯性导航系统流程图表明将无人机视加速度和角速度的主要信息转换成质心和角度的坐标。完成捷联惯性导航系统算法,即计算相应的积分和变量从一个坐标系到另一个坐标系的变换时,需要知道变量、积分和四元数的连续值。由于机载计算机(微控制器)数据处理是以离散形式进行的,所以它需要连续离散信号,即量化时间和电平上的连续信号。为了提高准确性,必须对捷联系统惯性传感器进行校准,这需要校验各种类型的系统误差。

10.4.3 四维(终端)导航算法

终端导航系统可以使无人机以预定地面速度 V_{gr} 在确定时间段 $t_f = t_T - t_0$ 内从某点(坐标(x_0y_0))到达目标点(T,坐标(x_Ty_T))。通常,无人机飞行在大尺度风场的作用下进行,如全球气流,其平均速度在相当长的距离(数十千米)内是恒定的。

因此,可以在考虑空气干扰速度的情况下,在路径内转折点之间的地面坐标系统中,以分段线性近似或预定路线(Line of Predetermined Path,LPP)的形式表示小型无人机的飞行轨迹,如图 10.13 所示。

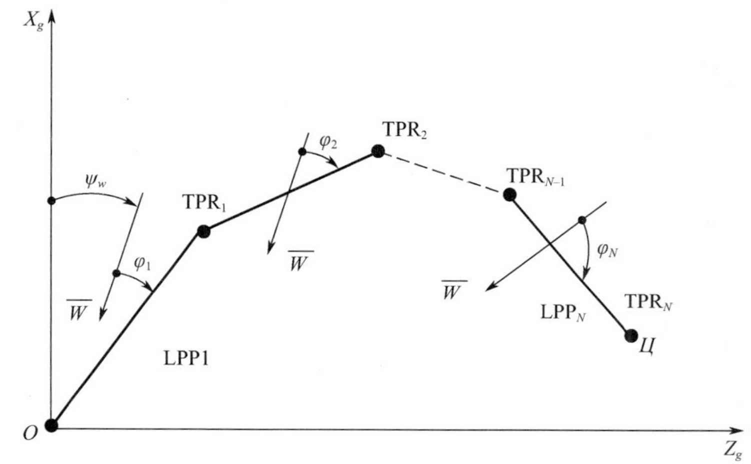

图 10.13 无人机飞行轨迹的分段线性近似

导航算法包括稳定飞行速度的静止自动油门(Autothrottle,AT)算法、大尺度风场干扰识别算法、在设定时间内引导无人机飞行到目标的路径输出算法等。下面分别介绍这些算法。

(1) 自动油门算法。自动油门调整无人机地面速度 V_g 的算法由非线性微分方程系统描述,即

$$\begin{cases}\dot{V}_g(t) = \dfrac{1}{m}\left(P - c_x S\dfrac{\rho V^2}{2} - G\sin\vartheta\right)\\ \dot{P}(t) = \dfrac{1}{T}[K(V_r, n_r)n_r - P]\end{cases} \tag{10.13}$$

式中:T 为发动机时间常数;n 和 n_r 分别为实际和所需的发动机转速;K 为参数 V_r、n_r 与牵引力 P 的函数。

需要找到描述无人机在给定速度 $V_{gs}(t)$ 和限制条件 $V_g(t) - V_{gr}(t) = 0$ 下飞

行转速 $n_r(t)$ 的方程，以最小化函数表示，即

$$I = \int_0^{t_K} [V_g(t) - V_{gr}(t)]^2 \mathrm{d}t \tag{10.14}$$

根据式(10.13)，牵引力 P_r 和发动机转速 $n_r(t)$ 由以下表达式定义，即

$$\begin{cases} P_r(t) = \dfrac{m}{T_V}\Delta V + c_x Sq + G\sin\vartheta \\ n_r(t) = \dfrac{1}{T_V T_n K(V_r, n_r)} m\Delta V + \dfrac{T}{T_n K(V_r, n_r)} c_x qS + \left(1 - \dfrac{T}{T_n}\right) n(t) \end{cases} \tag{10.15}$$

式中：$\Delta V = V_{gr} - V_g$；T_V、T_n 分别为转换过程在无人机速度和发动机转速上的时间常数；$q = \rho V^2/2$。

对于无人机，包括小型无人机，$T_n \ll T_V$，速度与发动机转速的最大比值不应超过10%。

(2) 风场干扰识别算法。在轴相关坐标投影系统中水平飞行($\omega_x = \omega_y = \omega_z = 0$)和大尺度风场干扰下的无人机质心轨迹数学模型，可以由以下等式表示，假设$\overline{W}_{yg} = 0$，则有

$$\dot{V}_{gx} = g(n_x - \sin\vartheta), \quad \dot{V}_{gy} = g(n_y - \cos\vartheta), \quad \dot{V}_{gz} = gn_z, \quad \dot{W}_{xg} = 0, \dot{W}_{zg} = 0 \tag{10.16}$$

式中：n_x、n_y、n_z 分别为沿相应轴的过载(加速度除以重力加速度)。

测量系统的数学模型可以用下列方程式表示，速度 V^{ins} 的估计值及其分量 V_{gx}^{ins} 和 V_{gz}^{ins} 为

$$\begin{gathered} V_{gx}^n = V_{gx} + \Delta V_{gx}, \quad V_{gz}^n = V_{gz} + \Delta V_{gz} \\ V^n = \sqrt{(V_{gx} - W_{xg})^2 + (V_{gz} - W_{xz})^2} + \Delta V_V \end{gathered} \tag{10.17}$$

式中：ΔV_i 为确定各自速度的误差。

对于无人机，大尺度风场干扰按下述方法进行识别。无人机运动由式(10.16)描述(使用式(10.17)中的测量值)，同时考虑角度传感器 α 和 β 的模型(图 10-10(b))及状态矢量的估计，即

$$\boldsymbol{X} = (V_{gx}, V_{gy}, V_{gz}, W_{xg}, W_{zg})^{\mathrm{T}}$$

在卡尔曼滤波器的基础上，估计方程以连续形式表示，具有以下形式[4,14]，即

$$\dot{\hat{\boldsymbol{X}}}(t) = \boldsymbol{K}(t)[\boldsymbol{z}(t) - \boldsymbol{h}(\hat{x})]$$

式中：$\boldsymbol{K}(t)$ 为数学增益；$\boldsymbol{z}(t) = [V_{gx}^{\mathrm{ins}}, V_{gy}^{\mathrm{ins}}, V_{gz}^{\mathrm{ins}}, V^{\mathrm{ins}}, \alpha^{\mathrm{ins}}, \beta^{\mathrm{ins}}]^{\mathrm{T}}$ 为测量值矢量；

$\boldsymbol{h}(\hat{x})$为通过已知矢量估计获得的矢量测量值。

对简正坐标系($OX_gY_gZ_g$)中的一些数字(i),传感器读数的表达式为

$$V_{gxi}^{\text{ins}} = V_{gxi} + \Delta V_{gxi}, \quad V_{gyi}^{\text{ins}} = V_{gyi} + \Delta V_{gyi}, \quad V_{gzi}^{\text{ins}} = V_{gzi} + \Delta V_{gzi}$$

$$V_i^{\text{ins}} = \sqrt{(V_{gxi} - W_{xgi})^2 + (V_{gyi} - W_{xyi})^2 + (V_{gzi} - W_{xzi})^2} + \Delta V_i$$

$$\alpha_i^{\text{ins}} = \arcsin\left(-\frac{V_{gyi} - W_{yi}}{\sqrt{(V_{gxi} - W_{xi})^2 + (V_{gyi} - W_{yi})^2}}\right) + \Delta\alpha_i$$

$$\beta_i^{\text{ins}} = \arcsin\left(-\frac{V_{nzi} - W_{zi}}{\sqrt{(V_{gxi} - W_{xi})^2 + (V_{gyi} - W_{yi})^2 + (V_{gzi} - W_{zi})^2}}\right) + \Delta\beta_i$$

式中:ΔV_{gxi}、ΔV_{gyi}、ΔV_{gzi}、ΔV_i、$\Delta\alpha_i$、$\Delta\beta_i$ 通常为离散随机过程矢量各分量测量值的误差函数。

在最简单(或最基本)的情况下,假设保持预定路线,使用接近于零的滚动角和俯仰角,速度和方向的矢量由下式定义,即

$$W = \sqrt{W_{xh}^2 + W_{zg}^2}, \quad \psi_W = \arctan\left(\frac{W_{zg}}{W_{xg}}\right)$$

(3)路径输出算法。从起始点到终点的距离 L_p 内,假设在路径上的 N 个点($\text{TPR}_i, i=1,2,\cdots,N$)处进行转弯,无人机飞行时间为 t_f,不考虑转弯时间时所需的平均速度等于

$$V_r = \frac{L_p}{t_f} \tag{10.18}$$

假设无人机加速和减速的限度分别为 $a_{\max}^a$、$a_{\min}^d$,到达终点所需的最小时间($t_{\min}$)和最大时间($t_{\max}$)分别由以下等式定义,即

$$t_{\min} = \frac{L_p}{V_{g\max}} + \frac{V_{g\max} - V_{gi}}{a_{\max}^a}$$

$$t_{\max} = \frac{L_p}{V_{l\max}} + \frac{V_{g\min} - V_{gi}}{a_{\min}^d}$$

式中:V_{gi}、$V_{g\max}$、$V_{g\min}$分别为初始、最大和最小地面速度。

在识别每段路径内转折点 TPR_i 的风场参数 W_i、ψ_{Wi}后,可知第 i 个飞行段上的风向 φ_i(图 10.13)。飞行中每段的空气速度为 $\overline{V} = \overline{W} + \overline{V}_g$;因此,每段所需的速度将为

$$\overline{V}_d = \overline{W}_i + \overline{V}_r \tag{10.19}$$

式中：$W_i = |\overline{W}|\cos\phi_i$ 为飞行中第 i 段预定路线 LPP_i 的风速矢量的投影。

描述所需路径 L_p 与无人机以速度 V_r 在剩余时间移动到终点的实际路径之间差异的函数为

$$I = L_p - L - V_r(t_f - t) \tag{10.20}$$

式中：L 和 t 分别为当前行程的距离与时间。

因此，飞行输出算法包括以下几方面。

（1）飞行第 i 段实时风场参数 W_i、ψ_{Wi} 和 φ_i 的识别。

（2）使用式（10.18）确定所需的平均地面速度 V_r。

（3）使用式（10.19）计算每段飞行所需的空气速度。

（4）对所需空气速度进行可行性检查，即

$$V_{\min} \leqslant V_d(t) \leqslant V_{\max}$$

如果条件不成立，必须在时间 t_f 内进行校正，然后返回到步骤（2）。

通过式（10.15）和式（10.20）确定发动机转速由下式实现，即

$$n_r^*(t) = \beta_0\beta_1 \frac{T}{K(V_r, n_r)} m(V_{gr} - V_g) + \frac{\beta_0 T}{2K(V, n)} c_x S\rho V^2 + (1 - \beta_0 T) n(t) + \Delta n_T \tag{10.21}$$

式中：$\beta_0 = 1/T_n$；$\beta_1 = 1/T_V$；$\Delta n_T = K(V,n)I$；$K(V,n)$ 是为式（10.20）函数 I 重新计算的系数。

功率器件转速限制为

$$n_{\min} \leqslant n_r^* \leqslant n_{\max}$$

假定 $\vartheta = 0$，可以用运算符形式写出微分方程式（10.13），以给出无人机牵引力和地面速度的表达式，即

$$P = \frac{K(V,n)n_r}{Tp + 1}, \quad V_g = \frac{1}{mp}\left(P - \frac{CxS\rho V^2}{2}\right) \tag{10.22}$$

式中：p 为微分算子。

使用式（10.21）和式（10.22），用于终端导航模式（无人机在给定点在设定时间和设定速度下运动）的无人机自动油门系统方框图如图 10.14 所示。

图 10.15 和图 10.16 显示了通过 4 个控制点（TPR_1，…，TPR_4）和返回到起点（TPR_1）的无人机自动油门系统飞行数学建模结果。路径总长度 $L_p = 3200$m，设定的飞行时间 $t_f = 140$s，地面速度 $Vg_T \approx 23$m/s（82km/h）。风速的西向分量 $W_{west} = 2$m/s，北向分量 $W_{north} = 2$m/s。

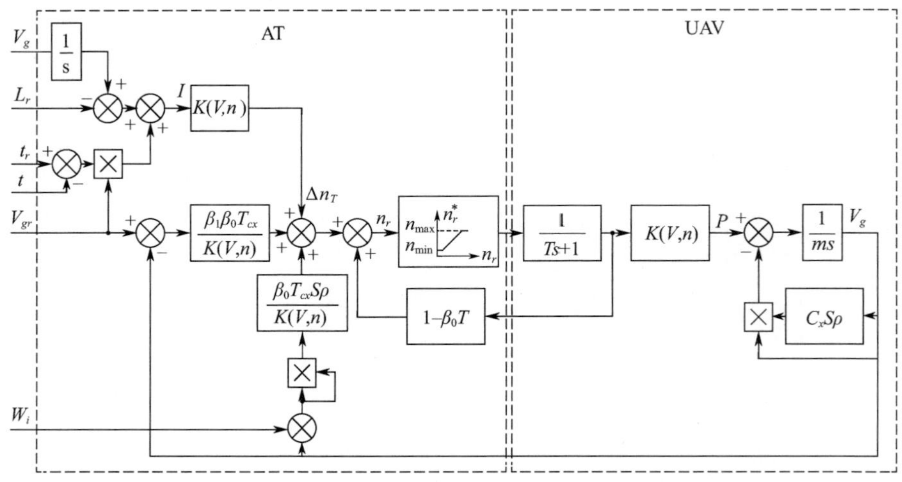

图 10.14　用于终端导航模式的无人机自动油门系统框图

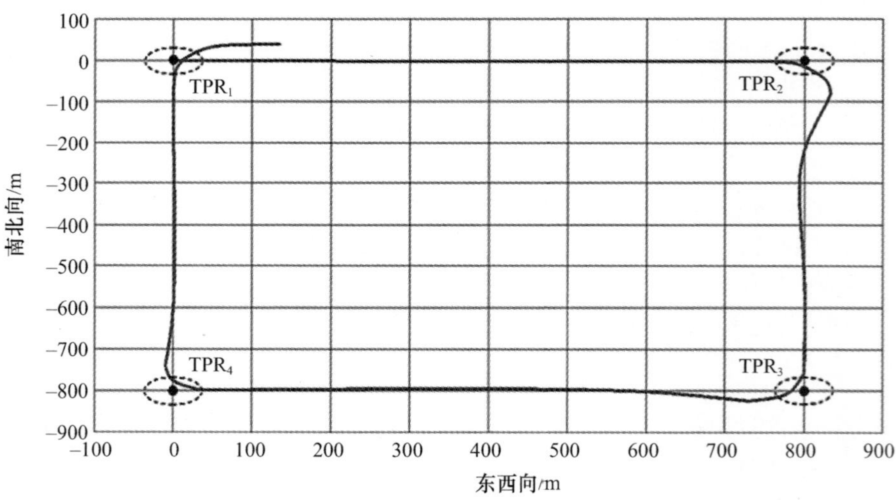

图 10.15　考虑到风场的影响，终端导航模式下的无人机飞行轨迹

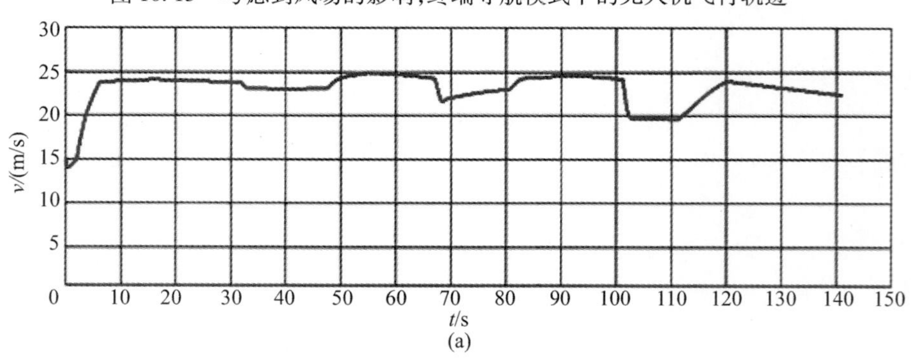

(a)

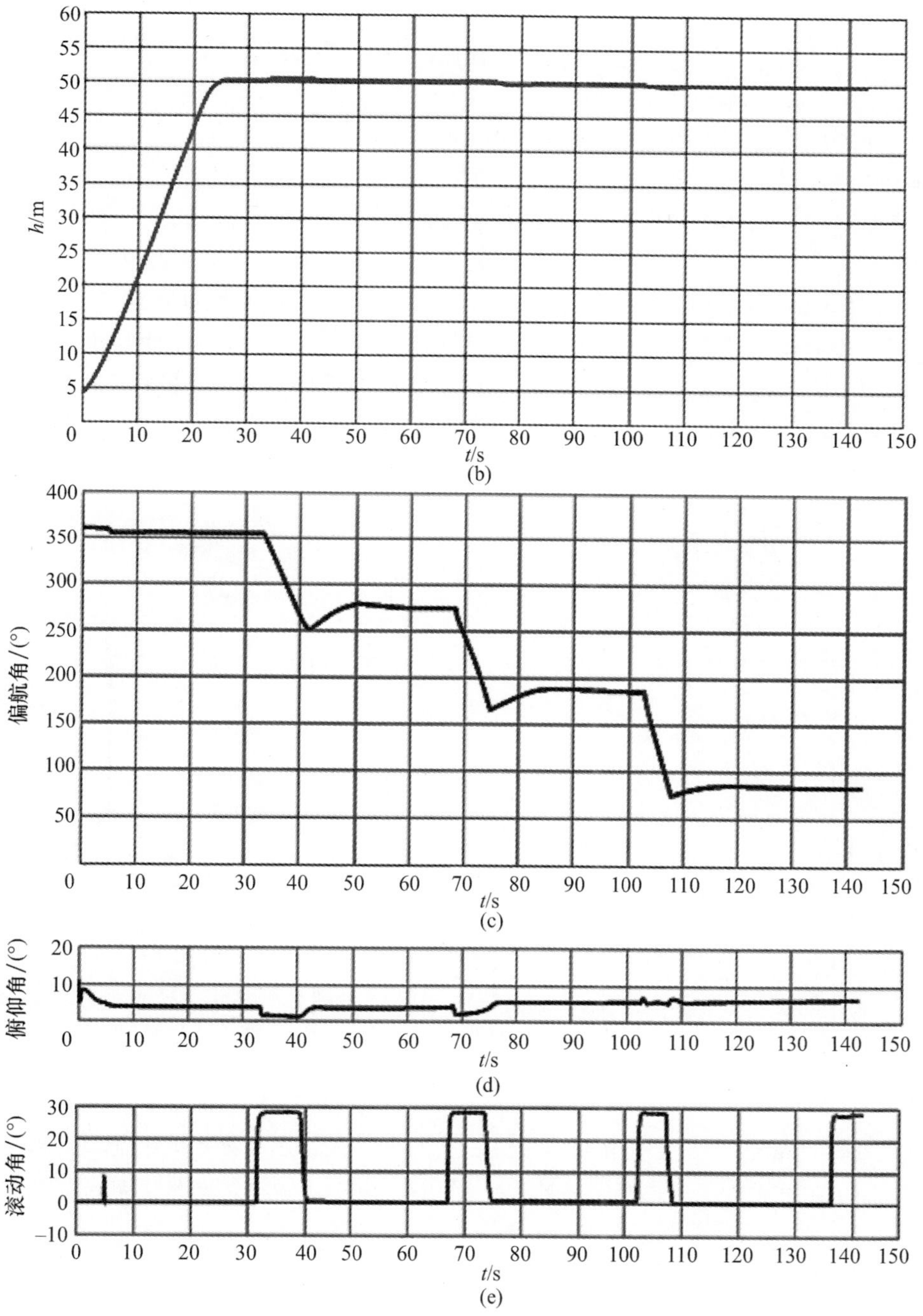

图 10.16　终端导航模式中无人机自动油门系统转换过程的时间表

(a)地面速度；(b)高度；(c)偏航角；(d)俯仰角；(e)滚动角。

10.5 机载控制设备的结构和技术特性示例

任何电子控制设备(Avionic Control Equipment,ACS)的核心都是一系列操作:测量系统状态、比较当前状态与所需状态,以及后续的补偿当前状态与所需状态偏差的控制动作。该系列中的决定因素是测量当前状态,该功能通过组合导航系统实现,组合导航系统基本上由若干个导航系统(惯性导航、磁力计导航、卫星导航等)组成,每个导航系统都具有自己的操作原理和信息更新速率。根据目前的运动状态,“主滤波器”会从这些系统中选择最佳的接收条件[15,16]。

图 10.17 的功能框图显示了 LLC TekNol® 产品中用于评估小型无人机惯性导航系统状态和为特定导航与控制飞行模式设置自动驾驶参数的原理[14,17,18]。

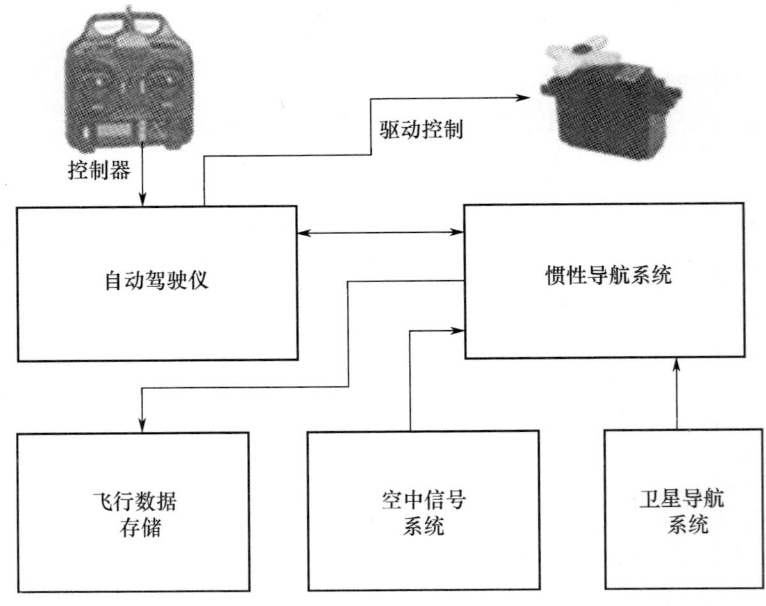

图 10.17 用于小型无人机导航和控制的 LLC TekNol® 电子设备功能框图

机载设备系统是一种用于无人机控制的全功能导航系统,可承担以下任务。

(1) 确定导航参数、方位角和无人机运动参数(角速度、速度和加速度)。

(2) 无人机沿着预定路线飞行中的导航和管理。

(3) 无人机飞行中方位的稳定控制。

(4) 生成遥测传输数据,传输导航参数和无人机方位角数据。

(5) 有效载荷的可编程控制。

该系统包括 3 个主要模块:卫星导航系统/GPS 接收机、惯性导航系统和自动驾驶仪。

所选用的卫星导航系统 GPS 模块型号是 Trimble® Lassen® iQ，它可确定飞行器坐标并将数据传输到惯性导航系统。该惯性导航系统包含传感器（测量角速度的加速度计和陀螺仪），并根据卫星导航系统数据和内置气压高度计进行调整。然后，测量无人机运动的导航参数，并将其传送到自动驾驶仪模块。

当自动驾驶仪从惯性导航系统接收到数据时，它根据预设的控制规律产生控制指令，并将其以 PWM 信号的形式发送到无人机控制单元。自动驾驶仪模块还可兼容手动控制系统，可以通过命令打开或关闭。为此，无线电频段使用脉码调制（PCM）。

在其基本配置中，飞行管理通过副翼进行偏航控制，通过升降机构进行俯仰和高度控制，方向舵用于方向控制，以及发动机控制。

在一个实例中，由圣彼得堡 Transas JSC 设计局研发的无人机 Dozor 安装了 TekNol® 系统，但后来更换为自己研发的电子控制设备。TekNol® LLC 航空电子设备提供的无人机飞行参数精度如表 10.4 所示。这些数据是与真实飞行测试结果相比较确定出的均方误差/积分平方误差（1σ）。

表 10.4　组合导航系统提供的无人机飞行参数的精度

	集成导航系统模式	自动惯性模式
坐标（集成解决方案）	6m	500m（GPS 丢失 5min 后）
高度	2m	6m
地面速度	0.2m/s	5m/s（GPS 丢失 5min 后）
垂直速度	0.25m/s	0.3m/s
方位角（滚动，俯仰）		
直线飞行①	0.2°…0.3°	0.3°…0.4°（不限时）
机动②	0.3°…0.5°	0.5°…0.7°（不限时）
高机动飞行③	1.3°	1.5°（不限时）
偏航角④	0.4°	3.0°（GPS 丢失 5min 后）

① 直线飞行为没有偏航、俯仰和滚动的飞行；
② 俯仰角和滚动角不大于 45°；
③ 俯仰角和滚动角为 45° ~75°；
④ 对磁偏差进行补偿时，可以实施自动/独立（无卫星导航系统）的偏航控制

除 TekNol® LLC 之外，俄罗斯的 JSC 设计局还致力于无人机电子设备研发和 STA-32® 航空电子设备规模化生产。它可以通过改进以适应特定类型的无人机[19]。

第二届和第三届莫斯科国际论坛和展览主题为“无人多用途综合/飞行器系统”(2008/2009),两届展览都对 Ptero® LLC 监控和诊断系统进行了展示,该系统有着广泛的应用前景[20]。其他无人机设施包括加拿大微型自动驾驶仪的机载航空电子设备,即 GPS 接收机、无线电调制解调器、用于伺服控制的微控制器、降落伞释放系统、有效载荷和用于控制电力推进系统的电力装置。

Ptero - E®(Ptero® 的升级版)无人机控制系统的核心采用 Topcon® 精密 GPS 接收机测量相对高度。无人机有 4 个天线:1 个位于质心,1 个位于鼻锥、剩余 2 个在翼尖(图 10.18)。通过测量 4 个天线之间的高度差,可以获得无人机在任何姿态下的滚动角和俯仰角。此外,不管无人机的姿态、海拔高度、地面速度和航向如何,GPS 都可以确定无人机的坐标位置。

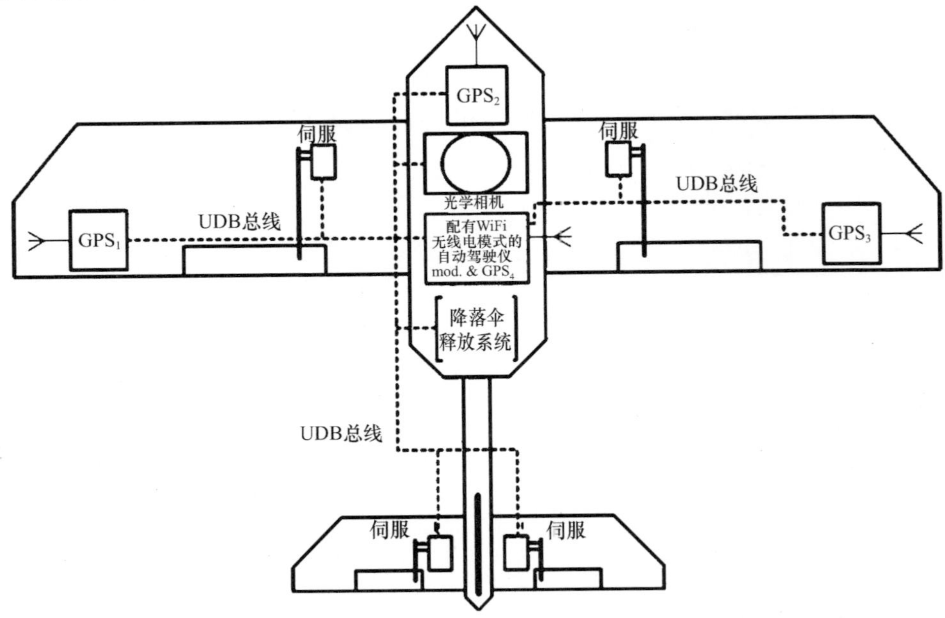

图 10.18　使用 Ptero® 无人机控制系统航空电子设备的布局图

航向角的误差不会随着时间的增长而累积,也不会限制无人机的飞行时间。因为滚动角和俯仰角的测量值与天线和接收机的信号相关,所以角度的精度不取决于给定时间的 GPS 信号或接收电平。因此,所有 GPS 接收机坐标误差对滚动角或俯仰角的精度没有影响。但是,并不是所有的接收机都适用于 Ptero - E® 型的机载航空电子设备。

这种航空电子设备的缺点是依赖于外国授权。精密定位授权由美国国防部控制,除此之外,4 台精密 GPS 接收机的价格超过了采用惯性元件的传统航空电子设备价格。

外国开发商提供大量的自动驾驶仪。安装在Kestrel"Rabbit"3000系列微控制器上的KestrelV2.22® 自动驾驶仪和微型驾驶仪MP2128® 是最受欢迎的产品,如图10.19所示。

(a)　　(b)

图10.19　自动驾驶仪

(a)Kestrel V2.22®;(b)MP2128®。

Kestrel V2.22® 自动驾驶仪包含3个加速度计、3个陀螺角速度传感器、1个三轴磁力计和1个GPS解码器。内置的20级温度补偿器和开关电压调节器(3.3V和5V,500mA)可以保证模块稳定运行。处理器工作频率为29MHz,具有512KB的RAM;有4个串口,4个内置和8个外部伺服控制器;有3个模拟12位输入通道和12个数字通道用于信息交换(6个双向,3个输入,3个输出);可以完成电压电流控制、自校正、带有误差校正的数据传输系统复制、稳定和摄像机控制等功能。

MP2128® 自动驾驶仪包含三轴微机电陀螺仪和加速度计、气压高度传感器、空速传感器、GPS卫星导航模块和采集/存储数据系统。计算核心是能够完成每秒150万次操作的RISC微处理器。模块的尺寸仅为10cm×4cm,其质量仅为28g。MP2128® 可以对无人机实施完成从起飞到着陆全过程控制。

无人机导航AP04自动驾驶仪可用于翼展小于1m的小型无人机、翼展最大为4m的中型无人机,以及旋转式无人机。自动驾驶仪包含1个捷联姿态基准系统(Strapdown Attitude Reference System,SARS)(图10.20)。

AP04® 是一个全集成的自动驾驶仪,通过内置无线电通道可进行手动控制和有效载荷控制。它可完成自动起飞、按照指定路径飞行和自动降落功能,也可以在飞行期间进行配置——内置的无线电数据传输,最大距离约100km。

沿一条路径自动飞行可以用具有三维(纬度、经度和高度)控制点的形式进行,它适用于以下空速范围(km/h)的无人机:低速,25~150km/h;正常,35~250km/h;高速,45~450km/h。

图 10.20　无人机导航自动驾驶仪 AP04®

手动操作系统允许地面操作员通过模型飞机的标准操纵手柄等设备对无人机进行控制。AP04 还包含一个冗余的微处理器，以确保较高的安全性和灵活性。

AP04® 的其他功能还包括降落伞和陀螺稳定摄像机的控制。可以使用 RS232 端口与地面站进行通信，接口允许对发动机进行控制并跟踪其运行参数，这些参数也可以传输到地面站。总之，自动驾驶仪可以控制多达 16 个伺服单元或其他外围设备。

10.6　小型无人地效飞行器和水陆两用无人机

地效飞行器（WIG）包括用于水面的载人飞行器，但在这里，只考虑无人驾驶飞行器——地效无人机，以及地效无人车辆（WIG USV）。

10.6.1　地效无人机和水陆两用无人机的发展趋势

无人机和无人地面车辆已经取得了重大进步，这些为研发无人地效飞行器铺平了道路，这些地效飞行器集成了无人机和无人地面车辆的许多特性和功能。在许多情况下承担相关任务比无人机更简单更有利[3,21-24]。

有几种类型的常规无人机能够贴近水面以非常低的高度飞行，但在极低高度下对飞行器进行稳定控制是一项非常复杂的任务。然而，地效飞行器专门用于执行这样的低空运动，如果设计适当，水面附近的动态气垫可以大大提高飞行器稳定性。它还有许多其他优点，最重要的优点是可以将船舶和飞机的许多特性和功能综合在一起。

地效飞行器是一种有趣的特殊物理现象，它有很多特点，对“WIG 模式”的飞行既有正面影响也有负面影响。相比小型无人机，小型无人驾驶地效飞行器和无人驾驶水陆两用飞行器在控制系统和导航系统中面临着特殊的挑战。

为了充分利用地面效应，并为两栖平台提供良好的功能特性，以下特征通常是它们与传统无人机的区别。

（1）采用小弦比机翼（机翼安装位置相对较低）或采用“飞翼”布局。

（2）在翼尖上的边界板用于增强贴近表面运动时机翼的气动力，通常也作为浮板。

（3）尾部组件包括一个带方向舵的高桅（或鳍）、水平稳定器和尽可能高的升降机构。

（4）加装特殊设备，以加快起飞和降落。

要贴近下表面进行无障碍运动需要确保以下几方面。

（1）精确控制距离表面的高度，误差不超过 3 ~ 10cm。

（2）在贴近表面引起的瞬态非线性空气动力学效应的情况下，仍能确保飞行器稳定。

（3）提供坐标的非接触测量值、跟踪和估计值，以及海浪的偏差，以提高控制效率（图 10.21 和图 10.22）。

图 10.21　小型无人水陆两用飞行器原型（在圣彼得堡国立航空航天大学中测试）

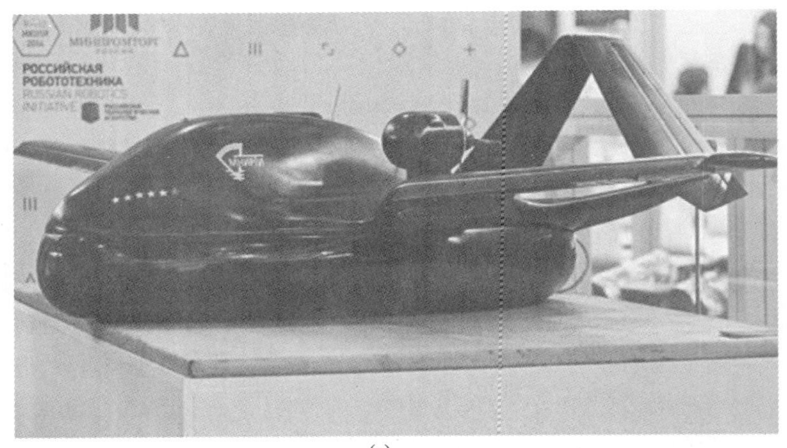

(a)

(b)

图 10.22　2014 年 Innoprom 国际技术展览会上公开展示的
俄罗斯“Chirok”水陆两用无人机

无人小型地效飞行器未来开发中重要的自主技术包括[22]以下几方面。

（1）传感器系统的发展，可综合各种不同机载传感器的信息。

（2）在信息不完整的情况下，处理多个器件之间的通信和协调。

（3）运动规划（也称为“路径规划”），用于确定最佳飞行路径，同时满足某些目标和约束条件（如障碍物）。

（4）轨迹生成，用于沿给定路径以最佳控制进行操作。

（5）任务分配和调度，以确定在时间和设备等条件限制下任务的最优分配。

(6) 为最优排序和空间分布制定合作策略,以便最大限度地提高任务成功率。

自动化的首要要求是无人机能够在不对环境造成破坏的情况下实现自动控制,同时能够完成任务。根据圣彼得堡国际先进航空航天技术研究所的一项研究,以下任务对于无人机嵌入式软件非常关键。

(1) 嵌入式电子产品实时解决方案。

(2) 研发可以在地效模式和自由飞行模式下工作的高级系统。

(3) 通过 GLONASS、GPS、D-GPS 和惯性器件提供导航。

(4) 开发故障-安全导航模式。

(5) 与动态实时增益、限制和调整相关的注意事项。

(6) 为精确导航提供双扩展卡尔曼滤波。

(7) 压缩数字图像传输的能力。

(8) 从陆地、水面或冰面自主起飞和着陆的能力,以及在不同模式下(包括浮在水面上)自主飞行的能力。

(9) 在通信丢失、GLONASS/GPS 信号丢失等情况下,具有安全返回模式。

(10) 通信中继模式。

(11) 可定制的软件滤波器,用于传感器降噪。

(12) 通过惯性导航系统自动进行目标坐标检测。

(13) 嵌入式容错软件。

(14) 可以支持多个无人机的合作操作。

智能计算需要以下条件。

(1) 神经网络。

(2) 模糊系统。

(3) 进化计算。

(4) 混合智能系统。

特殊要求:

为了成功完成任务,必须适当注意以下事项,在考虑各种运动方式时,必须认真考虑算法和程序等系统的分配。这些事项包括以下几方面。

(1) 鲁棒和最佳控制方法与算法。

(2) 特殊的自动控制方法和飞行参数监测系统。

(3) 人工智能。

(4) 预编程飞行控制。

(5) 使用 GLONASS 和 GPS 等卫星导航系统进行导航。

(6) 有限的地面站用于特殊控制模式和特殊任务。

(7) 异步学习环境。

（8）以网络为中心的操作。

（9）可靠获取可重定位目标。

（10）智能天线。

（11）天线阵列。

（12）波束形式。

（13）集成系统。

（14）时空自适应处理。

无人驾驶地效飞行器的控制系统，包括无人水陆两用飞机长时间沿地面飞行，与普通无人机相比具有其固有的特性；对所有空气动力学系数有显著的非线性依赖性；与相对较低飞行高度的相关性以及波动干扰的影响等[24]。

当在支撑表面上方较高高度飞行时，地效飞行器可以像飞机一样，只要其重心（Center of Gravity，CG）在其压心之前，就具有纵向稳定性。设定合适的重心，飞机飞行中的压心（部分取决于攻角）可在一定范围内满足这一要求。

在支撑表面动作区域内，纵向稳定性可能会受到干扰，因为空气动力不仅取决于攻角，而且还取决于高度。此外，压心位置可以根据几个因素而发生变化。当高度降低时，由于在正攻角下机翼后缘区域压力增加，压心向后移动，在零和负攻角下压心向前移动。

偏航角变化时，阻力和飞行速度会发生变化，所以速度稳定系统至关重要。因此，控制系统中所有通道必须参与保持飞行器纵向稳定运动。控制规律可以采用多个准则，但在大多数情况下，这些规律的总体结构是相似的，必须对飞行器稳定误差估计、线性和角速率以及波动干扰的影响进行准确地滤波处理。

通过研发针对地效飞行器的无线电高度计（Radio Altimeters，RA）[3,21]，圣彼得堡ⅡAAT SUAI已经有效地解决了准确测量低高度的问题；设计出了一个完整的飞行参数测量系统，用于控制试样地效飞行器，并在下列条件下记录其飞行参数。

（1）飞行高度可达5m，精度为5cm。

（2）速度可达180m/s，精度达到0.1～0.2m/s。

（3）滚动角和俯仰角测量精度为0.1°～0.2°。

（4）垂直过载可达3g，精度为0.06g。

主传感器包括3个专用无线电高度计、1个垂直基准系和1个多天线DGPS接收机。这些都是为了提高精度和提供容错性而组合在一起。

10.6.2 无线电高度计和惯性传感器组合

米量级高度测量在现实中缺少相应的手段。因此，测量低空飞行参数最有效的方法(对于小型无人驾驶的地效飞行器或无人驾驶水陆两用飞行器)是使用主动雷达,其与测量高度和垂直加速度的惯性传感器组合在一起。这种方法最大的优点是相对简单,可用性强。飞行器以低高度飞过强干扰海面时,其无线电高度计的输出信号为

$$x_{\mathrm{LV}}(t)=h(t)+\sigma_{\mathrm{LV}}(t)=h(t)+y(t)+\Delta h(t) \tag{10.23}$$

式中:$h(t)$为相对于扰动海面平均高度的真实飞行高度;$\sigma_{\mathrm{LV}}(t)$为引入的误差;$y(t)$为位于中心点的波形纵坐标;$\Delta h(t)$为高度计的位置误差。

当飞行器进行垂直运动时,可以用加速度计垂直灵敏度轴进行测量,即

$$\delta(t)=\delta_1(t)+\delta_2(t)+\delta_3(t) \tag{10.24}$$

式中:$\delta_1(t)$为由传感器增益因子偏离标称值引起的误差;$\delta_2(t)$为传感器零点的漂移;$\delta_3(t)$为传感器垂直度不准确造成的误差。

通过将一个传感器误差与另一个传感器误差相分离(考虑它们的频率差异)的技术,可以增加综合测量系统的有效性。然后,从总输出信号中减去分离的误差,以进行补偿。

图 10.23 给出了无线电 - 惯性测量系统的框图。

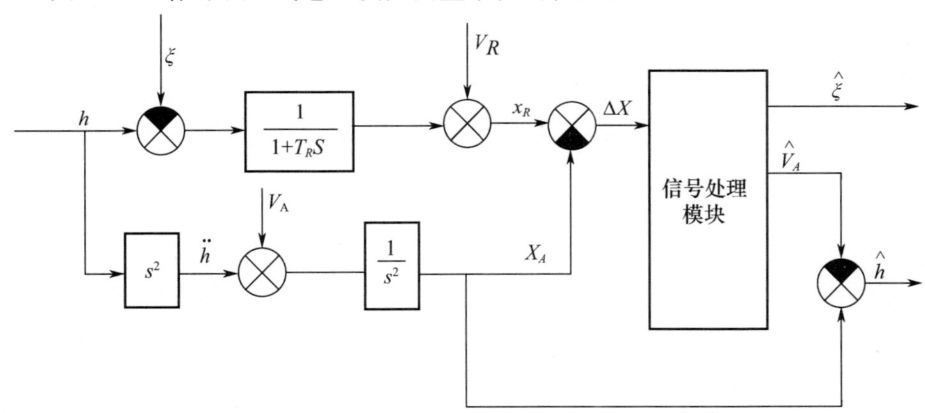

图 10.23 组合无线电 - 惯性系统框图

利用飞行器下方若干点海浪运动信息,可以改进这种测量方案。为此,测量系统需要采用多通道设计,包括利用飞行器各处传感器信息来进行角度估计。

垂直敏感加速度计为低空飞行控制提供最基本的信息,沿着飞行器机体分布的 3 个无线电高度计和加速度计可以提供良好的高度和角加速度估计(显然,滚动角和俯仰角测量所需的无线电高度计/加速度传感器的最小数量是 3)。

Ⅱ AAT SUAI 研发了一套试验装置,以协助设计一项使用 PMD® 成像传感器的专用三维 ToF 技术,该技术用于运动控制系统。这种三维 ToF 技术特别适用

于恶劣条件下辅助水上飞机着陆，并且有望安装在地效飞行器上。Ⅱ AAT SUAI 还研发了基于视觉方法确定水面上飞行器空间位置的方法。

生成的三维图像是一个矩阵，其大小取决于容纳元素的数量。矩阵中每个元素的输出电平取决于其与表面的距离。通常，测量的距离是在以摄像机中心为原点的径向坐标下表示，如果需要，也可以将其转换为笛卡儿坐标形式。

测量距水面距离的三维 ToF 摄像机优点显著，因为摄像机自动测量接近垂直线的距离，即最短距离。然而，由于水面通常会扰动，所以反射信号会从相对较广的区域反射回来。摄像机拍摄区域中每个像素都可以提供距离水面高度值。因此，为了提供最短垂直距离的估计，需要对三维图像进行处理。

使用三维 ToF PMD 摄像机可获得高度测量结果表明，这种方法是一种替代和非常规方法，对于海面以上较低高度运动特别有效。反射信号形态复杂，但确实提供了一种稳定测量高度的方法。特别是，试验已经表明，在水面上方约 4.5m 的高度，测量误差约为 0.05m。进一步的试验和研究表明，该技术不仅可以测量飞行器的真实高度，而且可以测量飞行器的角度以及接近海面过程中海面的扰动特征。

除了三维 ToF 技术之外，使用专门设计的无线电高度计在为地效飞行器提供低空飞行支持，可以为自动控制系统提供更高的可靠性和效率。它也可以辅助水陆两用无人机在波浪表面条件下进行着陆。

10.6.3 无人机和水陆两用无人机控制系统的开发

无线电高度计测量值和垂直加速度计输出值的复杂滤波算法用于高度测量值，也用于俯仰角和偏航角测量。

无线电高度计和垂直加速度计测量值滤波算法框图（图 10.24）包括一个模块，用于从惯性单元（IU）安装点重新计算无线电高度计测量值，以及从重心处惯性单元安装点重新计算高度估计值。在图中，滤波器 1 用于高度，滤波器 2 用于垂直加速度。

使用 3 个无线电高度计和 1 个紧凑型惯性测量系统，可以搭建 1 个测量近海面运动参数的组合系统。这包括 3 个角速率传感器和 3 个线性加速度计，以及 1 个用于补偿温度漂移的计算器与温度传感器。

在图中，单元 1 用于重新计算与惯性器件安装点相关的高度计输出数据，单元 2 用于重新计算重心处和高度计安装点的高度估计值。

该测量系统允许在飞行器鼻锥部和两侧的无线电高度计安装点等 3 个点跟踪海浪轮廓 ξ_n、ξ_l、ξ_r，在海况 4 情况下具有 10cm 的精度。这对于优化着陆和溅落的方法非常重要。另外，自动估算海浪方向的问题已经得到解决，这对于优化

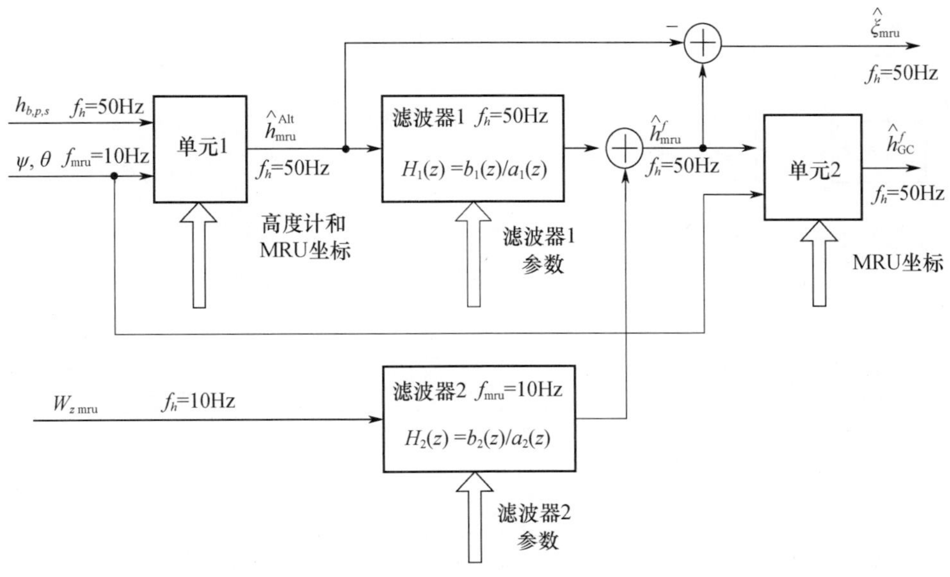

图 10.24　算法结构框图

水面着陆非常重要,还必须重视利用 3 个无线电高度计输出数据自动估算海浪传播方向的问题(图 10.25)。

根据以下条件,可以重新计算与重心相关的高度计输出数据,即

$$h_{GC-k}=h_k-x_k\psi+z_k\theta-y_k$$

式中:$k=n,l,r$,其中 n 为鼻锥高度计,l 为左侧高度计,r 为右侧高度计。

使用下面关系式,可以重新计算从重心到惯性测量系统安装点的高度,即

$$\hat{h}^{Ail}_{INS}=\mathrm{med}(h_{GC-k}+x_{INS}\psi-z_{INS}\theta+y_{INS})$$

式中:med(·)为取中间值。

从惯性单元安装点到重心(单元 2)的高度重新计算滤波公式为

$$\hat{h}^f_{GC}=\hat{h}^f_{INS}-x_{INS}\psi+z_{INS}\theta-y_{INS}$$

高度和垂直加速度滤波器具有以下传递函数,即

$$H_1(s)=\frac{\tau^2s^2+2\tau k_3s+k_3}{s^3+\tau^2k_3s^2+2\tau k_3s+k_3}$$

$$H_2(s)=\frac{s}{s^3+\tau^2k_3s^2+2\tau k_3s+k_3}$$

其中

$$k_3=0.035s^{-3},\tau=1.32/\sqrt[3]{k_3}=4.035s$$

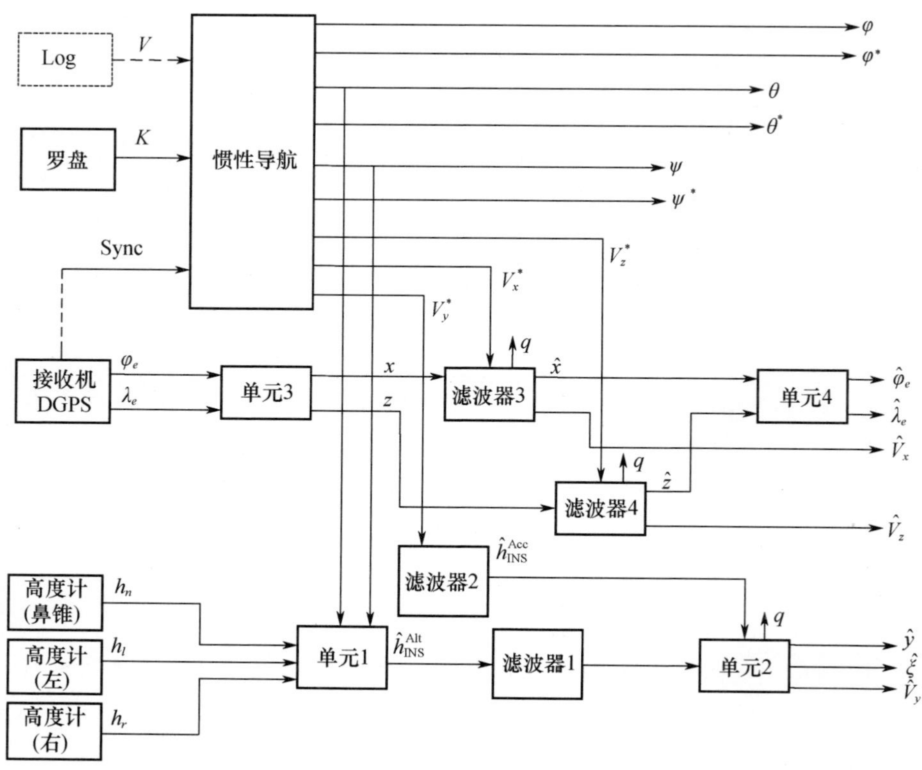

图 10.25　组合测量系统框图

在离散时间内，滤波器的结构由下列公式描述，即

$$H_1(z)=\frac{b_2^1 z^2+b_1^1 z+b_0^1}{z^3+a_2^1 z^2+a_1^1 z+a_0^1}$$

$$H_2(z)=\frac{b_2^2 z^2+b_1^2 z+b_0^2}{z^3+a_2^1 z^2+a_1^1 z+a_0^1}$$

10.6.4　精确测量低高度的仪器和传感器组合设计

同位素高度计专为低高度测量而设计和制造，它们利用从底层反射的 γ 射线辐射的原理进行高度测量[3]。它们具有结构简单的优点，但测量用的 γ 辐射强度不仅取决于飞行器的高度，还取决于下面表面的斜率（这可能导致误差）。同样的原因，在任何粗糙的表面上使用时也会产生误差。同位素高度计还有许多缺点，而对于无线电高度计，无线电信号的信息参数没有能量，因此，通过稳定的定向天线可以提高测量精度。

原则上，激光高度计也可以用非常窄的光束来提高测量精度。但是，其主要缺点是在恶劣的气象条件下（如雾）工作时性能不可靠。此外，现代激光高度计通常采用脉冲工作模式，以实现具有高质量调制的强光束，有效划分发出光束和返回光束是一个技术难题，它限制了最小高度的测量。

IIAAT SUAI（圣彼得堡）研发了可以处理若干个无线电高度计、加速度计、垂直陀螺仪和 GPS 接收机信号的合成算法。为了估计海上低空飞行关键参数以及波浪干扰的特征，开发了综合使用卡尔曼滤波和鲁棒滤波的方法。即使在主传感器误差先验信息不完整，以及飞行器运动模式存在多样性的情况下，这些方法也能确保估计值有较高的质量。

这种测量系统允许在 3 个点处（对应于安装在飞行器鼻锥和左右两侧的无线电高度计）跟踪海浪轮廓 ξ_n、ξ_l、ξ_r，在海况 4 情况下的精度为 10cm。

使用 3 个无线电高度计输出数据对海浪分布方向进行自动估计的问题，在当前仍然没有彻底解决，这个问题对于优化水陆两用飞机和地效飞行器的着陆进场模式和降落非常重要。

参 考 文 献

[1] Austin Reg. Unmanned Air Systems: UAV Design, Development and Deployment. Wiley, Hoboken, NJ, 2010, 372 p.

[2] Beard R. W., McLain T. W. Small Unmanned Aircraft: Theory and Practice. Princeton University Press, Princeton, NJ, 2012, 300 p.

[3] Nebylov A. V. (Ed.) Aerospace Sensors. Momentum Press, New York, 2013a, 350 p.

[4] Valavanis K. P., Vachtsevanos G. J. Handbook of Unmanned Aerial Vehicles. Springer Publication, Dordrecht, 2015, 3022 p.

[5] Unmanned Aircraft Systems. The Global Perspective. 2008/2009. Available at: www.wikipedia.org (accessed on November 19, 2015).

[6] Telukhin S. V., Raspopov V. Y. Determination of aerodynamic coefficients of UAV, "Vestnik" Journal of Computer and IT, 2010, 2, 17 – 22 (in Russian).

[7] Bortz J. E. A new mathematical formulation for strapdown inertial navigation, IEEE Aerospace and Electronic Systems Magazine, 1971, AES – 7(1), 61 – 66.

[8] Branets V. N., Shmigleevskiy I. P. Application of Quaternion in Problems of Solid Body Orientation. Nauka, New York, 1973, 320 pp. (in Russian).

[9] Gundlach J. Designing Unmanned Aircraft Systems: A Comprehensive Approach (AIAA Education Series), American Institute of Aeronautics & Astronautics, 2011, 805 p.

[10] Kuzovkov N. T., Salichev O. S. Inertial Navigation and Optimal Filtrations. Mashinostroenie, Moscow, 1977, 144 p. (in Russian).

[11] Matveev V. V., Raspopov V. Y. Fundamental Principles for Design of Non – Platform Inertial Navigation

Systems. Edited by: Raspopov V. Y. : CSRI Elektropribor, St. Petersburg, 2009, 300 p. (in Russian).

[12] Savage P. G. Coning algorithm design by explicit frequency shaping. Journal of Guidance Control and Dynamics, 2010, 33(4), 1123 - 1132.

[13] Veremeenko K. K. et al. Guidance and Control of Unmanned Aerial Vehicles on the Basis of Contemporary Information Technologies. Edited by: Krasilschikov M. N. , Sebryakov G. G. : Fizmatlit, Moscow, 2009a, 280 pp. (in Russian).

[14] Stepanov O. A. Basic Theory of Estimation for Application to Problems Concerning Navigation Information Processing. St. Petersburg: CSRI Elektropribor, 2009, 496 pp. (in Russian).

[15] Alaluev P. V. , Ladonkin A. V. , Malyutin D. M. et al. Microsystems for Orientation of UAVs. Edited by: Raspopov V. Y. : Mashinostroenie, Moscow, 2011, 180 p. (in Russian).

[16] Veremeenko K. K. , Zheltov S. Y. , Kim N. V. et al. Modern Information Technologies in Navigation and Guidance of UAVs. Edited By: Krasilschikov M. N. , Sebryakov G. G. : Fizmatlit, Moscow, 2009b, 556 pp. (in Russian).

[17] Lozano R. (Ed.) Unmanned Aerial Vehicles: Embedded Control. Wiley - ISTE, 2010, 352 p.

[18] Voronov V. Onboard systems for UAV control, Aerospace Kurier, 2006, 6(48), 62 - 63(in Russian).

[19] Topekhin A. UAV systems "NTC Rissa". Aerospace Kurier, 2006, 6(48), 67. (in Russian).

[20] Valiev A. "Ptero" system distance control and diagnostics, Aerospace Kurier, 2007, 5(53), 42 - 43(in Russian).

[21] Nebylov A. V. WIG - Craft Flight Control Systems Development. Fifth European Conference for Aeronautics and Space Sciences(EUCASS), Munich, Germany, July 1 - 5, 2013b, pp. 1 - 6.

[22] Nebylov A. V. , Nebylov V. A. Wing - in - Ground Effect Vehicles Flight Automatic Control Systems Development Problems. AEROTECH V: Progressive Aerospace Research, Applied Mechanics and Materials, vol. 629. Trans Tech Publications Inc. , Pfaffikon, October 2014, pp. 370 - 375. Available at: http://www. ttp. net/978 - 3 - 03835 - 232 - 7/6. html(accessed on January 22, 2016).

[23] Nebylov A. V. , Nebylov V. A. WIG - Craft Motion Control Concept. Proceedings of the Third CEAS Euro GNC 2015 Conference, Tu/PMB/Tr. 1. Toulouse, France, April 13 - 15, 2015.

[24] Nebylov A. , Wilson P. Controlled Flight Close to Surface. WIT Press, Southampton, 2002, 312 p.

[25] Nebylov A. , Nebylov V. , Fabre P. WIG - Craft Flight Control above the Waved Sea. ACNAAV 2015: Workshop on Advanced Control and Navigation for Autonomous Aerospace Vehicles, Seville, Spain, June 10 - 12, 2015, pp. 102 - 107.

[26] Nebylov A. , Nebylov V. , Sharan S. Development of New - Generation Automatic Control Systems for Wing - in - Ground Effect Crafts & Amphibious Seaplanes. Advances in Control and Optimization of Dynamical Systems, Indian Institute of Technology, Kanpur, India, March 13 - 16, 2014, pp. 1 - 8.

[27] Nebylov A. , Sukrit S. Perspectives for Development of Autonomous & Intelligent WIG Crafts and its Peculiar Control Problems. IFAC "AGNFC" Workshop Proceedings, Samara, Russia, June 30 - July 2, 2009, pp. 1 - 6.

[28] Nebylov A. , Sharan S. , Rumyantseva E. Comparative Analysis of Design Variants for Low Altitude Parameters Measuring System. Automatic Control in Aerospace - IFAC Symposium Proceedings, Toulouse, France, June 25 - 29, 2007, p. 46.

[29] Raspopov V. Y. Micro - System Avionics. Tula: Grif K, 2010. 247 pp. (in Russian).